W0269173

Karlheinz Roth

Zahnradtechnik

Band I
Stirnradverzahnungen –
Geometrische Grundlagen

Mit 96 Abbildungen in 301 Einzeldarstellungen

Springer-Verlag Berlin Heidelberg GmbH 1989

Dr.-Ing. Karlheinz Roth
o. Professor

Institut für Konstruktionslehre, Maschinen- und Feinwerkelemente
der Technischen Universität Braunschweig

ISBN 978-3-540-51168-7

CIP-Titelaufnahme der Deutschen Bibliothek
Roth, Karlheinz:
Zahnradtechnik / K. Roth.

Bd. 1. Stirnradverzahnungen. – Geometrische Grundlagen. –
1989
ISBN 978-3-540-51168-7   ISBN 978-3-662-10992-2 (eBook)
DOI 10.1007/978-3-662-10992-2

Offsetdruck: Color-Druck Dorfi GmbH, Berlin; Bindearbeiten: Lüderitz & Bauer, Berlin
2362/3020-543210 – Gedruckt auf säurefreiem Papier

Vorwort

Ein neues Buch über Evolventen-Verzahnungen zu schreiben, scheint angesichts gut
eingeführter Standardwerke zunächst nicht erforderlich, ist es aber dennoch. wenn
- wie im vorliegenden Fall - versucht wird, neue Berechnungsmethoden zu berücksichtigen, das große Gebiet der Verzahnungen auch außerhalb der genormten Bezugsprofile zu betrachten und schließlich zahlreiche Zusammenhänge zwischen bekannten
und weniger bekannten Ausführungen in übersichtlichen Konstruktionskatalogen dar-
zustellen. Es soll die Aufmerksamkeit auch auf den Einsatz der nicht berücksichtig-
ten Verzahnungen in Grenzgebieten, der Sonderverzahnungen mit extremen Eigenschaften, gelenkt werden.

Die Absicht, eine gewisse Abrundung bei der Behandlung von Stirnrad- und Kegel-
radverzahnungen zu erzielen, sowohl die genormten als auch die wichtigsten nicht
genormten zu behandeln, ihre Geometrie und Tragfähigkeit sowie die Prinzipien für
ihre Herstellung, veranlaßten den Autor, vier Bände vorzusehen. Die vorliegenden
ersten zwei Bände befassen sich ausschließlich mit Stirnrädern (Zylinderrädern) und
Stirn-Radpaarungen, der dritte Band mit den für die Konstruktion wichtigen Prinzipien ihrer Herstellung und der vierte mit den nicht genormten Evolventenverzahnungen wie Evoloid-Verzahnungen ($z = 1$ bis 5), den konischen Verzahnungen, den Keil-
schräg-Verzahnungen (axiale Doppelschräg-Verzahnungen), den Kronenrad-Verzah-
nungen, den Komplement-Verzahnungen (für erhöhte Tragfähigkeit) und den Kegel-
rad-Verzahnungen.

Im ersten und zweiten Band sind die Grundlagen der Verzahnungsgeometrie, der
Toleranz- und Tragfähigkeitsberechnung enthalten. Geometrie und Toleranzberech-
nungen sind weitgehend so dargestellt und erläutert, daß sie für die Sonderverzahnungen des vierten Bandes angewendet werden können (z.B. die Behandlung des
Teilkreises als nicht herausgehobenem Kreis und die Betrachtung der Zähnezahlen
von $z = -\infty$ über $z = -1$, $z = +1$ bis $z = +\infty$). Die Tragfähigkeitsberechnungen
im Band II wurden dagegen ausschließlich auf DIN 3990 [7/1] abgestimmt. In Band IV
werden sie im Hinblick auf die speziellen Verzahnungen erweitert.

Bei der Darstellung des Stoffes wird versucht, den Ansprüchen verschiedener Leser-
kreise gleichzeitig gerecht zu werden. Für Studierende und Leser, die sich in den
Stoff einarbeiten wollen, sind zum Verständnis der Zusammenhänge keine speziellen
verzahnungstechnischen Kenntnisse vorausgesetzt. Für alle wichtigen Probleme wer-

den beispielhafte Aufgabenstellungen mit Lösungen in Gleichungsform und als Zahlenrechnung gebracht. Hilfreich kann dabei die Verwendung der Diagramme und der Formelsammlung sowie der Struktogramme in Kapitel 8 zur Übertragung der Berechnung auf Rechner sein. Der Konstrukteur und der im Betrieb arbeitende Ingenieur findet für eine erste Auslegung alle notwendigen Unterlagen und Daten in den entsprechenden Kapiteln.

Band I und II kann auch zur Vorbereitung für das Einsteigen in schwierigere Standardwerke sowie in die mit Faktenwissen und Definitionen angehäuften, nicht ganz leicht verständlichen Normblätter [2/1;4/1] verwendet werden. Das wird erleichtert, da die Bezeichnungen und Gleichungen vollkommen übereinstimmen und ein ausführliches Sachverzeichnis vorliegt. Die Bildunterschriften sind relativ ausführlich, so daß sie beim schnellen Nachschlagen zur ersten Erklärung des Bildinhalts genügen. Schließlich ist eine ganze Reihe von Zusammenhängen erläutert, bildlich dargestellt und systematisch variiert worden, die mehr den "Feinschmecker" ansprechen, den auch das "Warum" und nicht allein das "Wie" interessiert wie z.B. der Zusammenhang zwischen Eingriffswinkel, Achsabstand und Kopfhöhenänderung bei Außen- und Innen-Radpaaren, bei V-Plus- und V-Minus-Verzahnungen, auftretende Reibsysteme bei Außen- und Innen-Radpaaren, für Übersetzungen ins Langsame und ins Schnelle, vor und nach dem Wälzpunkt sowie neue Methoden zur Berechnung der Passung (des Flankenspiels) usw. Eine Formelsammlung aller Gleichungen bringt schließlich Kapitel 8, ebenso eine kurzgefaßte Abhandlung über das Rechnen mit Grenzmaßtoleranzen und verschiedenen Berechnungsmöglichkeiten für die Ersatzzähnezahlen.

In der Verzahnungstechnik erhalten die einzelnen Bestimmungsgrößen häufig zahlreiche Indizes, die für den Außenstehenden sehr verwirrend sein können. Sie entpuppen sich aber als wesentliche Hilfe zum Verständnis, wenn sie konsequent angewendet werden. Leider wurden in dem Normblatt DIN 3960 [7/1], in den nach 1976 folgenden Ausgaben neben vielen Verbesserungen auch sehr unschöne Kompromisse gemacht. Was soll man davon halten. wenn Teilkreisgrößen als spezielle Größen keinen Index erhalten, einige Größen im Normalschnitt (wie der Profilverschiebungsfaktor), eine andere im Stirnschnitt (wie der Achsabstand) ohne entsprechenden Index geschrieben werden? Es entstehen dann Gleichungen, die statt der allgemeinen Form $a \cdot \cos \alpha = $ konst. z.B. die Form haben: $a_d \cdot \cos \alpha_{wt} = a_v \cdot \cos \alpha_{vt}$, wobei es irreführend ist, daß für zusammenhängende Größen verschiedene Indizes verwendet werden. Die "Übersetzungstabelle" in Abschnitt 8.1 soll dann weiterhelfen.

In den einzelnen Kapiteln werden unter anderem folgende Gebiete behandelt:

Band I

Kapitel 1: Übersichten
Konstruktionskataloge von Zahnrädern und Zahnradpaarungen bezüglich der Drehbe-

wegung, Achslage, Grundkörper, Schrägungswinkel und Paarungsmöglichkeiten verschiedener Zahnkörper.

Kapitel 2: Grundlagen der Evolventengeometrie für Stirnräder

Erzeugen der Evolventenverzahnung mit Zähnezahlen von $z = 1$ bis ∞ (mit Schablone), Spitzen- und Unterschnittgrenzen, die Zahnradpaarung als Reibsystem.

Kapitel 3: Schrägverzahnungen und Paarungen

Problematik und Genauigkeit von Ersatzzähnezahlen

Kapitel 4: Hohlräder

Spektrum der Hohlradpaarungen (Übersicht von Planetengetrieben). Gegenüberstellung von Profilverschiebung, Zahnhöhen- und Kopfhöhenänderung bei Außen- und Innenrädern.

Band II

Kapitel 5: Profilverschiebung

Auswirkungen auf innenverzahnte Räder, Eingriffsbeginn und -ende bei Außen- und Innen-Radpaarungen, notwendige Zahnkorrekturen, Angriff der Übertragungskräfte, Gleitgeschwindigkeiten.

Kapitel 6: Toleranzen und Passungen

Vergleich von Längen- und Zahnradpassungen. Berechnung des Flankenspiels mit dem System für Toleranz-Summierung. Maschinenbau- und feinwerktechnisches Paßsystem für Verzahnungen.

Kapitel 7: Tragfähigkeit

Berechnung von Zahnradpaarungen nach DIN 3990 [7/1] Methode B. Zusammenfassung mit übersichtlichen Beispielen, Berechnung der Einflußfaktoren.

Kapitel 8: Benennungen und Berechnungsunterlagen

Übersichtliche Formeltafeln, Spitzen- und Unterschnittdiagramme. Rechenregeln für die Summierung von Grenzmaßtoleranzen, Berechnung von Ersatzzähnezahlen. Verschiedene Struktogramme, Modul- und Involutfunktions-Tafeln.

Für die vorbildliche Ausführung der Zeichnungen und das geduldige Verständnis bei der Durchführung zahlreicher Änderungen danke ich ganz herzlich Frau Ursula Gent. Den Schriftsatz besorgte mit größter Sorgfalt und Hingabe Frau Renate Metje, der ich dafür an dieser Stelle meinen ganz besonderen Dank ausspreche. Das Hauptverdienst für zahlreiche Verbesserungsvorschläge, für die Abstimmung der Zeichen- und Schreibarbeiten, für die Übereinstimmung und Richtigkeit der Gleichungen und Textpassagen sowie für inhaltliche und formale Korrekturen gebührt dem Akademischen Rat,

X

Herrn Dr.-Ing. Ulrich Haupt, dem ich dafür meinen ganz besonderen Dank ausspreche. Dank sage ich auch für Korrektur, Durchsicht und wertvolle Hinweise Herrn Dipl.-Ing. Detlev Petersen (ihm auch für die umfangreichen Arbeiten an Kapitel 7) sowie für die Ausführung der Aufgabenstellungen Herrn Dipl.-Ing. Andreas Wenzel. Dem Springer-Verlag danke ich für die ansprechende Gestaltung des Buches. Entscheidende Voraussetzungen, um dieses Buch schreiben zu können, schuf meine Frau, der ich dafür ganz herzlich danke.

Mögen die Erkenntnisse und Erfahrungen, welche auf langjähriger Industrietätigkeit sowie Forschungs- und Lehrtätigkeit an der Hochschule beruhen, zum besseren Verständnis, zur besseren Beherrschung der konventionellen und zur Anwendung neuer Verzahnungstechniken dienen.

Braunschweig, August 1989   K. Roth

Inhaltsverzeichnis

Inhaltsübersicht der übrigen Bände

Band II

Stirnradverzahnungen - Profilverschiebung, Toleranzen, Festigkeit

Band III

Wahl der Herstell-, Mess- und Prüfverfahren

Band IV

Verzahnungen mit extremen Eigenschaften

1 Einleitung und Überblick

1.1 Zielsetzung

Die Zahnräder als Elemente für die Übertragung und Veränderung einer Drehbewegung durch Normalflächenschluß kommen in sehr vielen Maschinen und Geräten vor. Eugen Roth [1/4] weiß das so treffend als "Mensch" auszudrücken:

> ... Und staunend hat er bald entdeckt,
> Wo überall ein Zahnrad steckt:
> Beinah in allem Nützlich-Guten,
> Oft dort selbst, wo wir's nicht vermuten ...

Tritt aber nun tatsächlich ein technisches Problem auf, bei dem es notwendig ist, Zahnräder zu verwenden, zu ändern oder ein Problem, bei dem unkonventionelle Zahnräder eine elegante Lösungsmöglichkeit bieten, dann soll sich der Leser anhand der Unterlagen oder der Hinweise der folgenden Ausführungen zu helfen wissen, sei es, daß er auf die zu beachtenden wesentlichen Probleme hingewiesen wird, oder daß er sich letztendlich das notwendige Wissen leicht aneignen kann.

Es werden daher in möglichst anschaulichen Bildern und Übersichten die wichtigsten Grundlagen der Evolventenverzahnungen entwickelt. Sie sollen nicht nur das Verständnis der Zusammenhänge, die Berechnungen der geometrischen Daten, sondern auch eine überschlägige Abschätzung der Festigkeitswerte und Verzahnungstoleranzen möglich machen. Besonderer Wert wird auf Übersichtsdarstellungen gelegt, die neben einer informativen Systematik stets auch die Grenzgebiete der üblichen Verzahnungstechnik berücksichtigen. Das ermöglicht ein leichteres Erfassen der Gesetzmäßigkeiten und läßt das Neue als Teil des Bekannten leichter in eine Gesamtübersicht einordnen. Einige Übungsaufgaben wurden im Text aufgenommen, um das Verständnis zu fördern und den eigenen Wissensstand zu prüfen.

Das erste Kapitel enthält eine Übersicht und eine Einteilung wichtiger Verzahnungen, insbesondere der Evolventenverzahnungen, im zweiten Kapitel werden die Grundlagen der Verzahnungsgeometrie für Evolventen-Geradverzahnungen in leicht verständlicher Weise entwickelt, im dritten bis fünften Kapitel werden die Schräg- und

Innenverzahnung, die Profilverschiebung, im sechsten Kapitel die Tolerierung und im siebten die Festigkeitsberechnung behandelt. Die zur Berechnung notwendigen Ausgangswerte sind nach Möglichkeit schon in der Aufgabenstellung angegeben oder durch Schrifttumshinweise zugänglich gemacht. In Kapitel 8 sind enthalten: Zeichen und Benennungen, alle Gleichungen, Spitzen- und Unterschnittdiagramme, Diagramme über zulässige Profilverschiebungen bei Innen-Radpaarungen, weitere Möglichkeiten zur Bestimmung der Ersatzzähnezahlen, einige Struktogramme, Rechenregeln für die Summierung tolerierter Maße und eine Tafel 7-stelliger Werte der inv-Funktion.

Die Berechnungen beschränken sich auf die Auslegung der Verzahnungspaarungen, nicht auf die des Radkörpers, der Welle und der Lagerungen. Behandelt werden in den ersten beiden Bänden nur zylindrische Stirnrad-Verzahnungen. Diesen Verzahnungen liegt ein genormtes Bezugsprofil zugrunde. Für die Sonderverzahnungen, die im vierten Band besprochen werden, gilt das nicht.

Da Band 1 und II nur allgemeine technische, jedoch keine verzahnungstechnischen Voraussetzungen erfordern, sind sie für technische Schulen, Fach- und Hochschulen geeignet, ebenso auch für das schnelle Nachschlagen in der Getriebe-Auslegungspraxis. Insbesondere soll das Verständnis der Zusammenhänge gefördert und der Leser stets bis zu dem entscheidenden Punkt geführt werden, aus dem Schlüsse für die Weiterverfolgung in Spezialwerken oder für den Übergang zu anderen Lösungsmöglichkeiten entnommen werden. Die Unterlagen ermöglichen die Auslegung von Zahnradpaarungen in allen wesentlichen Punkten. Die Bezeichnungen, Formeln und Festigkeitsberechnungen sind den gültigen DIN-Normen angeglichen, um von der formalen Seite her keine zusätzlichen Schwierigkeiten entstehen zu lassen.

1.2 Übertragen der Drehbewegung durch Tangential- und Normalflächenschluß

Die einfachen Zahnradpaarungen bestehen aus drei Gliedern, nämlich den beiden Zahnrädern und dem Gestell. Bei dreigliedrigen Getrieben muß für den Zwanglauf e i n e Elementenpaarung zweiwertig, d.h. ein Kurvengelenk sein, und zwei Paarungen müssen einwertig, d.h. zwei Dreh- oder ein Dreh- und ein Schubgelenk sein. Die Bewegungsübertragung über Kurvengelenke (auch Zwiegelenke) kann nun entweder durch Normalflächenschluß (normal zur Berührungstangente) oder durch Tangentialflächenschluß (in Richtung der Berührungstangente) übertragen werden. Daher gibt es für die Übertragung der Drehbewegung mit drei Gliedern formschlüssig und reibschlüssig wirkende Getriebe, üblicherweise als Zahnrad- und Reibradgetriebe bezeichnet.

Der grundsätzliche Unterschied dieser Getriebearten besteht im Nichtauftreten oder im Auftreten von Schlupf. Der Schlupf verändert die Nennübersetzung der beiden Räder, je nach Größe des zu übertragenden Drehmoments. Schlupf tritt ausschließlich bei Reibradgetrieben auf und ist bei Zahnradgetrieben nicht möglich. Wegen der größeren Kräfte, die bei gleichen Abmessungen mit Normalflächenschluß übertragen werden können, ist der Leistungsdurchsatz pro Volumen bei Zahnradgetrieben viel größer. Daher werden sie viel häufiger als die Reibradgetriebe in Maschinen, Geräten und Apparaten verwendet.

Den wesentlichen Unterschied zwischen beiden Getriebearten kann man aus der Änderung ihrer Übersetzung, z.B. bei Belastung erkennen. Die Übersetzung i eines Radpaares [1/1] ist das Verhältnis der Winkelgeschwindigkeiten (Drehzahlen) des treibenden Rades (Index a) zu der des getriebenen Rades (Index b).

Diese Unterschiede für die Übersetzung i bei Reibrad- und Zahnradpaarungen zeigt Bild 1.1. Es wird dabei zwischen der momentanen, der mittleren und der nach DIN definierten Übersetzung i [1/1] unterschieden. Die momentane Übersetzung i_ω kennzeichnet das Winkelgeschwindigkeitsverhältnis während eines beliebigen Zeitpunkts des Zahndurchgangs, die mittlere Übersetzung $i_{\omega m}$ gilt als Durchschnitt für eine Periode, nach der sich die gleichen Zahnpaare wieder berühren und die übliche Übersetzung i als der theoretische Sollwert der Übersetzung nach einer Umdrehung des größeren Rades. Wie aus Bild 1.1 zu entnehmen ist, bleibt bei Reibradpaarungen weder die momentane Übersetzung i_ω noch die mittlere Übersetzung $i_{\omega m}$ konstant, während bei allen Zahnradpaarungen die mittlere Übersetzung grundsätzlich konstant bleibt. Die Übersetzungen i_ω und $i_{\omega m}$ sind im Normblatt [1/1] nicht definiert.

Bei Reibradgetrieben stehen den Vorteilen des kleinen Achsabstands, des geringen Gewichts, des niedrigen Preises und des Sicherungseffekts beim Durchrutschen doch erhebliche Nachteile wie die große Anpreßkraft und der starke Verschleiß entgegen. Die Zahnradgetriebe dagegen haben stets eine konstante mittlere Übersetzung und bei bestimmten Flanken (Evolventen und Zykloiden) auch eine konstant bleibende momentane Übersetzung. Die konstante mittlere Übersetzung garantiert stets die gleiche, einmal eingestellte Relativlage der Zahnkörper, die konstante momentane Übersetzung einen gleichförmigen Lauf, der nur durch toleranz- und fertigungsbedingte Abweichungen der Verzahnungsgeometrie oder elastische Verformungen infolge hoher Belastung gestört wird. Der gleichförmige Lauf ist zur Vermeidung von Massenkräften und Geräusch für schnell laufende Getriebe eine der wichtigsten Voraussetzungen.

Die folgenden Darstellungen beziehen sich allein auf Paarungen mit verzahnten Rädern bzw. Zahnstangen, insbesondere mit solchen, deren momentane Übersetzung bei fehlerfrei vorausgesetzten geometrischen Formen während des ganzen Eingriffs konstant bleibt.

Schlußart	Tangentialflächenschluß (Schlupf)	Normalflächenschluß (kein Schlupf)
Beispiel / Übersetzung	Reibräder (ω_b, r_{wb}, r_{wa}, ω_a)	Zahnräder (z_b, ω_b, r_{wb}, r_{wa}, z_a, ω_a)
momentane $i_\omega = \dfrac{\omega_a}{\omega_b}$	$i_\omega \lessgtr i$	$i_\omega = i$ .... (Evolvente, Zykloide) $i_\omega \lessgtr i$ ....(Kreisbogen)
mittlere $i_{\omega m} = \dfrac{1}{t_2 - t_1} \displaystyle\int_{t_1}^{t_2} i_\omega\, dt$	$i_{\omega m} \leqq i$	$i_{\omega m} = i$
Übersetzung i	$i = -\dfrac{r_{wb}}{r_{wa}}$ (r_{wa}, r_{wb} Nennmaße)	$i = -\dfrac{z_b}{z_a}$

Bild 1.1. Momentane und mittlere Übersetzung für Radpaarungen mit Tangential- und Normalflächenschluß, verglichen mit der (Nenn-)Übersetzung i nach [1/1]. Die momentane Übersetzung i_ω erhält man aus den momentanen Winkelgeschwindigkeiten ω_a und ω_b der Räder, die sich umgekehrt proportional mit den momentanen Ersatzwälzkreisen (r_{wa} und r_{wb}) ändern. Index: a treibend, b getrieben.

Bild 1.2. Mögliche Änderung der Drehbewegung durch eine Zahnradpaarung, dargestellt in einem Konstruktionskatalog, der wie folgt aufgebaut ist:

Gliederungsteil: Ursache der Drehbewegungsänderung bezüglich Drehrichtung, Drehsinn, Drehzahl

Hauptteil: Typische Beispiele für Zahnradpaarungen

Zugriffsteil: Auswahl über wichtige Eigenschaften

Aufgezeigt werden soll, mit welchen - auch unüblichen - Paarungen eine Änderung der Drehbewegung möglich ist, wenn man zu deren Ermittlung eine systematische Gliederung und Kombination z.B. in einem Konstruktionskatalog vornimmt.

Die periodisch veränderliche Übersetzung wird durch exzentrische Lage des Grundkörpers (Grundkreisradius) erzielt.

Gliederungsteil				Hauptteil			Zugriffsteil		
Drehbewegungen ω_1, ω_2				Beispiele	Schrägungs-Winkel β_1, β_2	Weitere Möglichkeiten	Änderung		
Dreh-richtung	Dreh-sinn	Drehzahl-verhältnis	Nr.	Anordnung			Dreh-rich-tung	Dreh-sinn	Dreh-zahl
1	2	3	Nr.	1	2	3	1	2	3
Parallel	Gleich	Gleich, $i = 1$	1	1.1 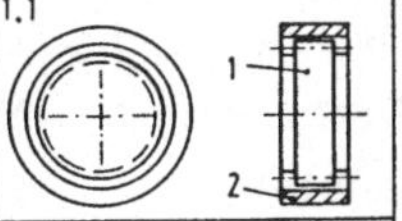	1.2 $\beta_1 = \beta_2 = 0$	1.3 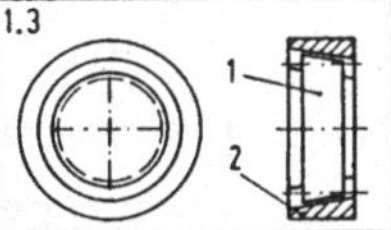			—
		Verschieden, $0 < i \neq 1$, i konstant	2	2.1 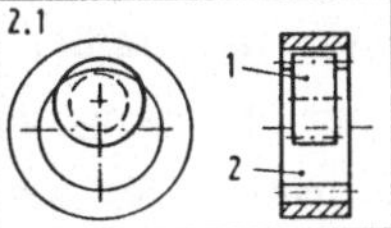	β_1 rechts-steigend, β_2 rechts-steigend, oder β_1 links-steigend, β_2 links-steigend	2.3 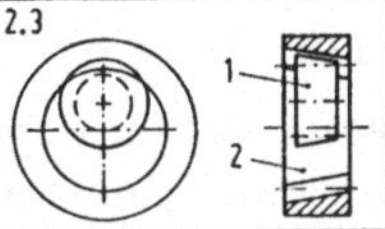	—	—	z_2/z_1
		Verschieden, i_ω periodisch veränderlich	3	3.1 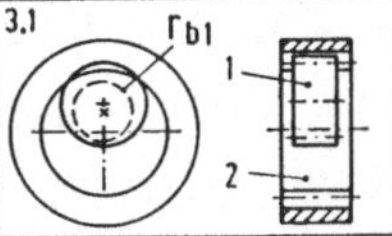 r_{b1}		3.3 r_{b1} 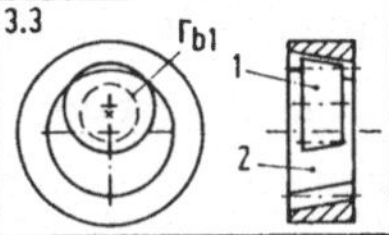			Exzentrischer Grundkreis (r_b)
	Ver-schie-den	Gleich, $i = -1$	4	4.1 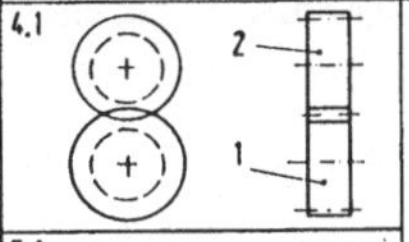	4.2 $\beta_1 = \beta_2 = 0$	4.3 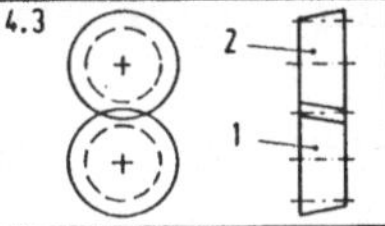	—	Durch Außenverzahnung	—
		Verschieden, $0 > i \neq -1$, i konstant	5	5.1 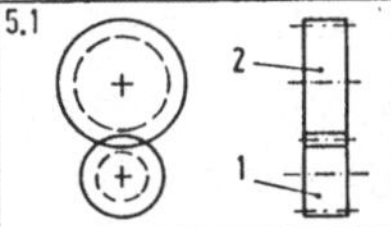	β_1 rechtsst. β_2 linksst., oder β_1 linksst. β_2 rechtsst.	5.3 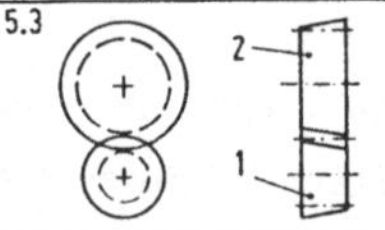			z_2/z_1
		Verschieden, i_ω periodisch veränderlich	6	6.1 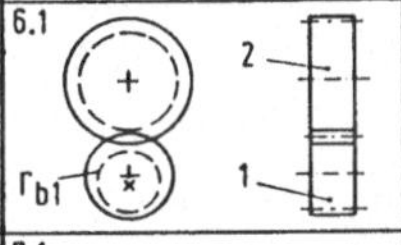 r_{b1}		6.3 r_{b1} 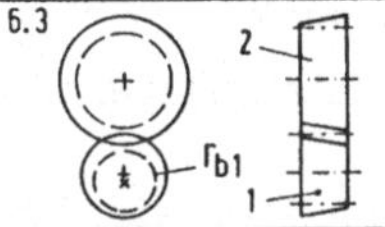			Exzentrischer Grundkreis (r_b)
Nicht parallel	Gleich	Gleich, $i = 1$	7	7.1 —	7.2	7.3 2) 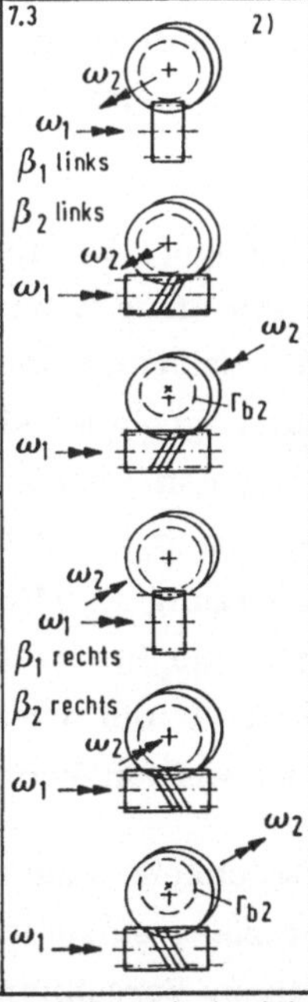 ω_2 ω_1	Durch nicht parallele Achslagen	—	—
		Verschieden, $0 < i \neq 1$, i konstant	8	8.1 1) 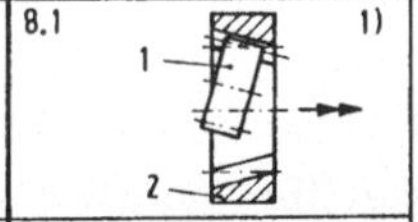	8.2 $\beta_1 = \beta_2 = 0$ β_1 rechtsst. β_2 rechtsst., oder β_1 linksst. β_2 linksst.	β_1 links β_2 links ω_2 ω_1			z_2/z_1
		Verschieden, i_ω periodisch veränderlich	9	9.1 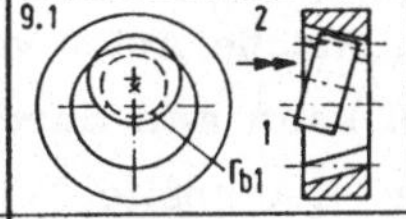 r_{b1}		ω_2 r_{b2} ω_1			Exzentrischer Grundkreis (r_b)
	Ver-schie-den	Gleich, $i = -1$	10	10.1 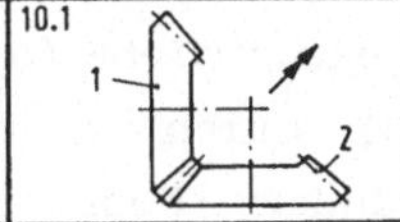	10.2 $\beta_1 = \beta_2 = 0$	ω_2 ω_1		Durch Außenverzahnung	—
		Verschieden, i konstant, $0 > i = -1$	11	11.1 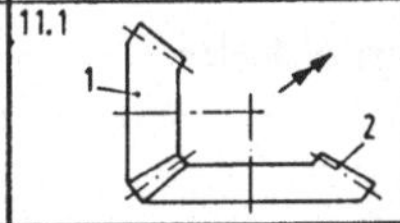	β_1 rechtsst. β_2 linksst., oder β_1 linksst. β_2 rechtsst.	β_1 rechts β_2 rechts ω_2 ω_1			z_2/z_1
		Verschieden, i_ω periodisch veränderlich	12	12.2 —		ω_2 r_{b2} ω_1			Exzentrischer Grundkreis (r_b)

1) Feld 8.1...11.1 Drehsinn auf Pfeilrichtung bezogen   2) Feld 7.3 Drehsinnbeziehung nicht definiert
+ Mittelpunkt Radkörper,   × Mittelpunkt Grundkörper

1.3 Aufgaben der Zahnradpaarungen

Von der Funktion her können Zahnradpaarungen sowie aus hintereinander geschalteten Paarungen bestehende Zahnradgetriebe folgende Aufgaben erfüllen:

1. Übertragen einer Drehbewegung (ω)
2. Übertragen eines Drehmoments (M)
3. Übertragen einer Leistung (P).

Das "Übertragen" [1/5] kann ein "Leiten" sein, das heißt, daß die Drehbewegung, das Moment oder die Leistung vom Eingang zum Ausgang im Betrag nicht geändert werden, sondern nur eine Ortsänderung erfahren, oder kann ein "Umformen" sein, was bedeutet, daß die Drehbewegung bzw. das Moment in seinem Betrag und seinem Richtungssinn eine einmalige oder eine laufende Änderung erfährt. Diese Änderung kann z.B. den Betrag der Winkelgeschwindigkeit (also die Drehzahl) verändern. Da die Leistung[1] bis auf die unvermeidlichen Verluste gleich bleibt,

$$P = M \cdot \omega = \text{konst.,} \qquad (1.1)$$

bedingen Winkelgeschwindigkeitsänderungen auch Momentenänderungen und umgekehrt. Hat ein Zahnrad den Radius $r \to \infty$, wird es zur Zahnstange, und die Umformung erfolgt von einer Winkel- in eine Translationsgeschwindigkeit, von einem Drehmoment in eine Kraft und umgekehrt. Das "Umformen" kann auch mit einer Ortsänderung, also mit "Leiten" verknüpft sein.

Die folgenden Übersichten wie die Bilder 1.2, 1.5 und 1.6 möge der Leser zunächst nur zur allgemeinen Orientierung überfliegen. Die Feinheiten und einzelne, noch nicht erläuterte Begriffe werden in den entsprechenden Kapiteln eingehend besprochen.

Ein Konstruktionskatalog [1/5], in Bild 1.2 dargestellt, zeigt die möglichen Drehbewegungsübertragungen einer Zahnradpaarung übersichtlich zusammengefaßt, bringt Beispiele für ihre Realisierung und gibt an, welche Arten von Verzahnungen für die einzelnen Möglichkeiten geeignet sind. Dabei kann man durch Paarung mit Außen- oder Innenverzahnung den Drehsinn ändern (Kopfspalte 2), durch das Zähnezahlverhältnis die Übersetzung i und durch die exzentrische Lage des Grundkörpers r_b die momentane Übersetzung i_ω (Kopfspalte 3). Durch Änderung des Achskreuzungswinkels läßt sich auch die Drehrichtung verändern (Kopfspalte 3). Im Hauptteil des Katalogs sind in Spalte 1 und 3 mehrere Möglichkeiten dargestellt, mit denen diese Änderungen realisiert werden können.

Die theoretische Möglichkeit, eine variable Änderung der Achslage und des Drehsinnes während des Betriebs einzustellen, ist in Bild 1.2 nicht erfaßt, da beides mit den bekannten hochwertigen Verzahnungen nicht möglich ist.

---

[1])Zeichen und Benennungen siehe nach Kapitel 4

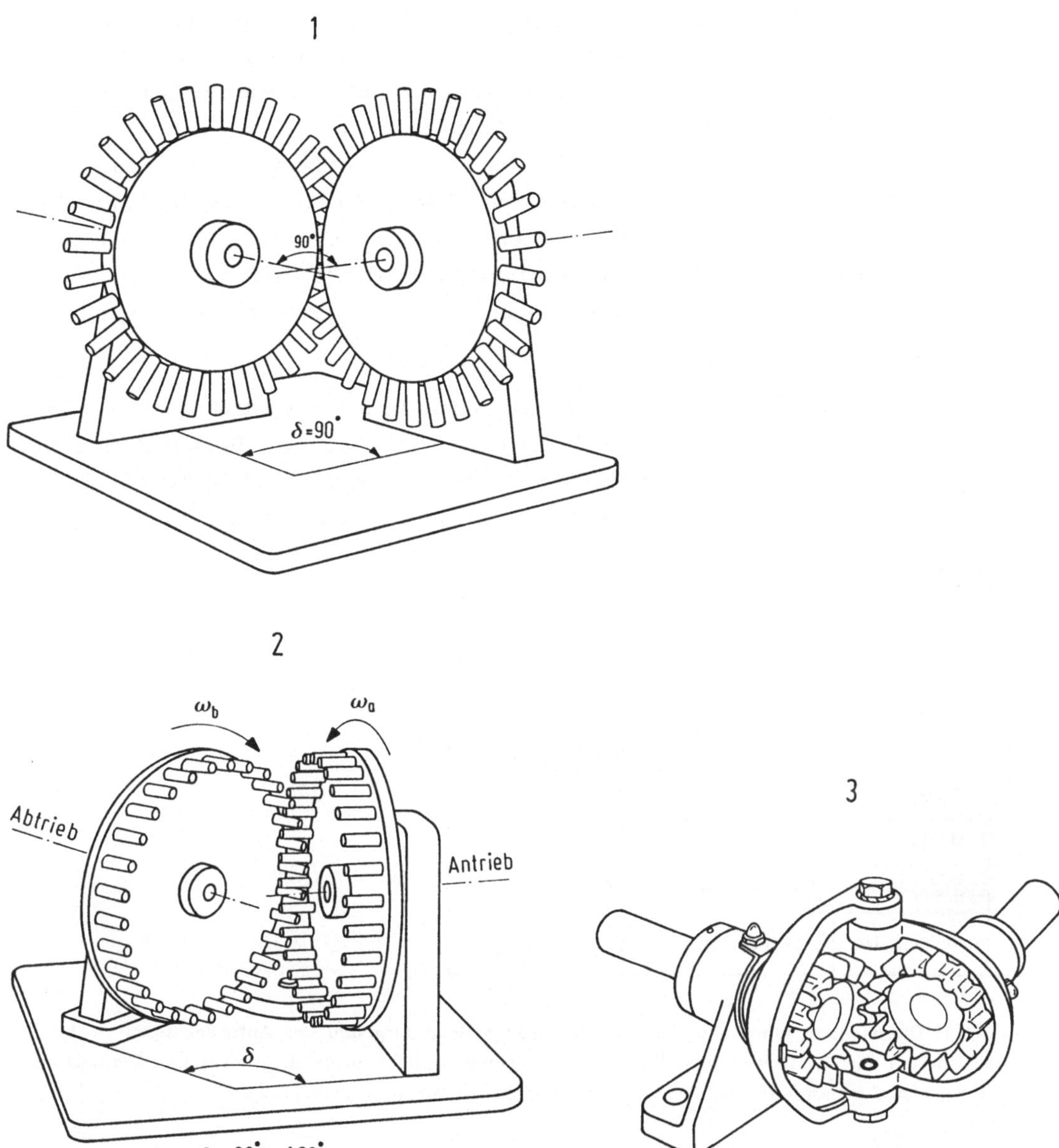

Bild 1.3. In Stahl ausgeführte Kamm- und Kronenräder

Teilbild 1: Kammräder. Sie haben im wesentlichen ein kleines Spiel. Ihre Achsen schneiden sich.

Teilbild 2: Kronenräder. Sie haben ein großes loses Spiel. Bei Kronenrädern (Übersetzung i=1) läßt sich der Achswinkel δ während des Betriebs verändern, im vorliegenden Fall von 80° bis 180°. Die Drehbewegung wird bei diesen Rädern von der Antriebsseite nur in einem Richtungssinn korrekt übertragen, weil die Achsmitten um eine Bolzendicke versetzt sind. Die Achsen kreuzen sich, schneiden sich aber nicht. Die Verzahnung kann auch als feste Kupplung für sich kreuzende und versetzte Achsen betrachtet werden.

Teilbild 3: Schwenkbarer Winkelantrieb [1/13;1/14].

Mit den mittelalterlichen Kronenrädern, Bild 1.3, Teilbild 2, konnte man den Achswinkel δ verschieden auslegen oder während des Betriebs in weiten Grenzen verändern. Der Vollständigkeit halber ist auch eine Paarung mit mittelalterlichen Kammrädern (Bild 1.3, Teilbild 1) angeführt. Solche Zahnräder wurden für wind- und wasserkraftgetriebene Arbeitsmaschinen wie Mühlen und Hebewerke verwendet. Zum Handwerk der Müller gehörte es auch, zerbrochene Zähne kunstvoll nachzuschnitzen und ins Rad einzusetzen, während zum Handwerk der Uhrmacher und Astronomen die Herstellung von kleinen und von Präzisionszahnrädern gehörte. Eine moderne Ausführung von achswinkelverstellbaren Getrieben ist in Bild 1.3, Teilbild 3, dargestellt [1/13, 1/14].

Während im heutigen mittleren und Großmaschinenbau die Anforderungen meistens auf eine günstige Leistungsübertragung hinzielen, spielt diese bei feinwerktechnischen Zahnradgetrieben oft eine untergeordnete Rolle. Wie aus Bild 1.4 [1/2] zu entnehmen ist, steht häufig die Übertragung der Drehbewegung, in bestimmten Fällen sogar allein die Übertragung eines während des Zahndurchgangs konstanten Drehmoments, im Vordergrund.

	Getriebeart	Wichtige Anforderungen	Beispiel
1	Leistungsgetriebe	$i_\omega \rightarrow$ konstant guter Wirkungsgrad	Motor- nachschaltgetriebe
2	Meßgetriebe	$i_\omega \rightarrow$ konstant	Meßuhr
3	Laufwerkgetriebe	$i_{\omega m} =$ konstant	Zählwerk
4	Einstellgetriebe	$\dfrac{d\,i_\omega}{d\,t} \rightarrow$ stetig	Mikroskop
5	Ablaufgetriebe	$i_M \rightarrow$ konstant	Zeitablaufwerke (mech. Uhrwerke)

Bild 1.4. Unterteilung feinwerktechnischer Zahnradgetriebe aufgrund der Anforderungen an die Eigenschaften der Drehbewegungs-Übertragung, gekennzeichnet durch die momentane Übersetzung i_ω durch das Drehmomentenverhältnis i_M und durch den Wirkungsgrad [1/2].

1.4 Einteilung der Zahnradpaarungen nach Achslagen, Wälzkörper und Flankenverlauf

1.4.1 Einteilung nach Achslagen

Die Relativlage der beiden Rotationsachsen einer Zahnradpaarung bedingt weitgehend die Art der Verzahnung. Die Radachsen können entweder in der gleichen oder in verschiedenen Ebenen liegen. Liegen sie in einer Ebene, dann können sie entweder parallel verlaufen (Bild 1.5, Teilbild 1, Zeile 1) oder sich schneiden (Zeile 2). Kann

Teilbild 1

Getriebeart	Zahnradkörper: Achslage	Zahnradkörper: Verzahnungseingriff	Zahnradbezeichnung Nr.	Zahnradbezeichnung 1	Zahnradpaarung 2	Mantelflächen der Zahnrad- und Grundkörper 3
Ebene Wälzgetriebe	Parallel	In der Achsenebene	1	1.1 Stirnräder	1.2 Achsebene 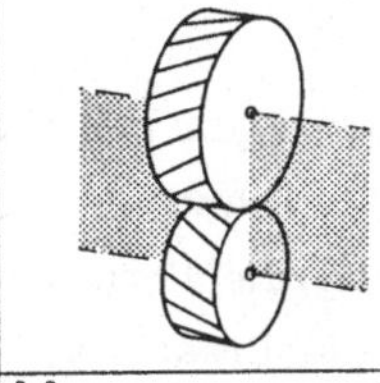	1.3 Zylinder (A, B, Grundkörper (B), Zahnradkörper (A)) 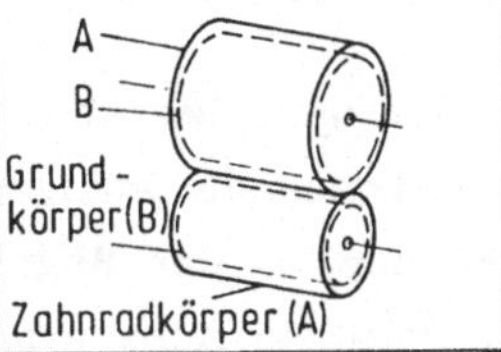
	Nicht parallel (schneidend)		2	2.1 Kegelräder	2.2 Achsebene 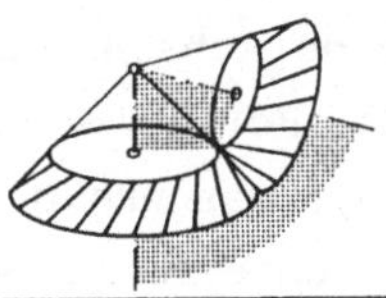	2.3 Kegel (A, B) 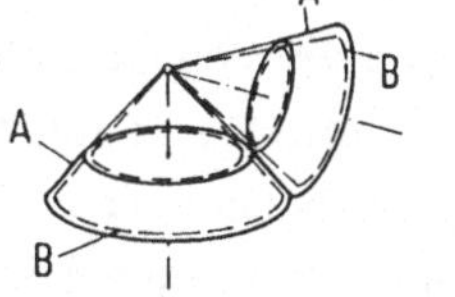
Räumliche Wälzgetriebe (Schraubgetriebe)	Nicht parallel (nicht schneidend)	Im Achslot	3	3.1 Stirn-Schraubräder	3.2 Achslot 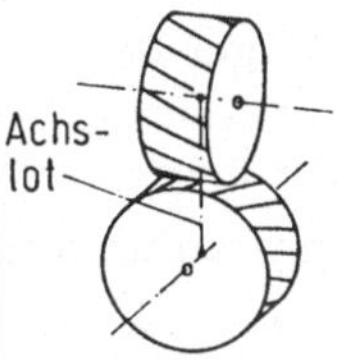	3.3 Zylinder (A, B) 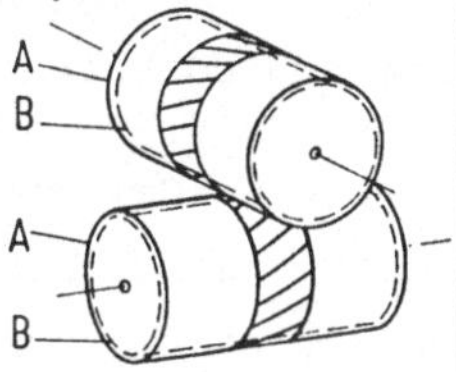
		Außerhalb des Achslots	4	4.1 Kegel-Schraubräder	4.2 Achslot 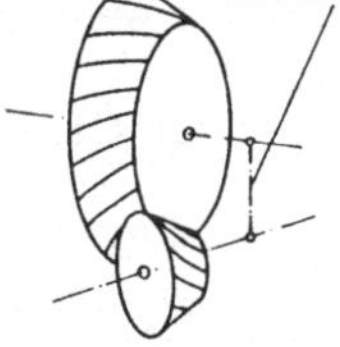	4.3 Hyperboloid (A, B) 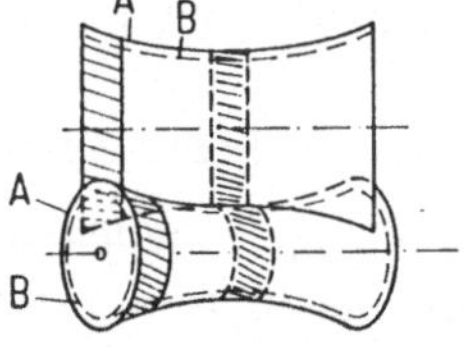

◥ Linienberührung

Bild 1.5. Einteilung der Zahnradpaarungen nach verschiedenen Achslagen, nach Zahn- und Grundkörperformen und deren Äquidistanz sowie nach dem Flankenlinienverlauf.

Teilbild 1: Zahnradpaarungen mit verschiedenen Achslagen. Die Achslage bestimmt in entscheidendem Maße die Verzahnungsart. So ergeben parallele Achsen (Zeile 1) Stirnräder, sich schneidende Achsen (Zeile 2) Kegelräder, gekreuzte, sich nicht schneidende Achsen (Zeile 3) Stirn-Schraubräder gegebenenfalls Schneckenräder für Verzahnungen im Achslot und Kegel-Schraubräder (Hypoidräder, Zeile 4), für Verzahnungen, die nicht im Achslot sind. Alle Verzahnungen, bei denen sich die körpererzeugenden Linien (Geraden) decken, haben Linienberührung, hier die Paarungen der Zeilen 1,2,4.

man mit den Achsen keine gemeinsame Ebene aufspannen, dann gibt es eine Stelle ihrer kürzesten Entfernung, an der sie sich kreuzen, das sogenannte Achslot (Zeile 3). Die Verzahnungen liegen dann mit der Mitte der Zahnbreite im Achslot. Werden die Verzahnungen außerhalb des Achslots an den Zahnkörper angebracht, ergibt das wieder eine andere Verzahnungsart (Zeile 4), die auf Hyperboloidkörper zurückzuführen ist [1/6].

Diese Relativlagen der Achsen bedingen bestimmte rotationssymmetrische Körper, deren Mantelflächen die späteren Verzahnungen tragen und die Form für gedachte Ersatzwälzkörper, in der Regel auch die Form der zu verzahnenden Radkörper festlegen. Für parallele Achsen sind die Ersatzwälzkörper (d.h. Körper, die die Zahnradpaarung als wälzende Reibradpaarung ersetzen, siehe auch Bild 1.9) Zylinder (Bild 1.5, Teilbild 1, Feld 1.3). Man erhält mit ihnen die üblichen zylindrischen Stirnräder (Feld 1.2). Für sich schneidende Achsen sind es Kegel (Feld 2.3); man erhält die üblichen Kegelräder (Feld 2.2). Für gekreuzte und sich nicht schneidende Achsen sind es Hyperboloide (Feld 4.3); man erhält die Kegel-Schraubräder (Feld 4.2). Die Hyperboloide, hier durch Geraden erzeugt, können auch mit Zylindern (Feld 3.3) oder mit Kegeln (bei Hypoidverzahnungen) angenähert werden. Man erhält die Stirn-Schraubräder (Feld 3.2) und die Kegel-Schraubräder (Feld 4.2).

Berühren sich die Ersatzwälzkörper längs einer Linie, dann kann man aus ihnen eine Verzahnung mit Linienberührung entwickeln. Stirnrad-Paarungen mit gekreuzten Achsen müssen schrägverzahnte Räder haben. Ist der Kreuzungswinkel wesentlich kleiner als 90°, muß mindestens ein Rad, ist er in der Größenordnung von 90°, müssen jedoch beide Räder schrägverzahnt sein.

1.4.2 Einteilung nach Lage der Wälz- und Grundkörper

Die Zahnradkörper haben zwar in der Regel, aber nicht immer die Form der Ersatzwälzkörper wie in Bild 1.1 bzw. die bei Evolventenverzahnungen für die Übersetzung maßgebende Form der Grundkörper (siehe Kapitel 2). Es gibt nun drei Achsen für ein Zahnrad, die über dessen Eigenschaft entscheiden:

1. Die Zahnkörper-Mittelachse.

2. Die Ersatzwälzkörperachse, bei Evolventenrädern auch durch die Grundkörperachse ersetzt.

3. Die tatsächliche Drehachse.

Alle Maßnahmen, welche die Ersatzwälzkörperachse aus der Drehachse rücken (z.B. auch Maßtoleranzen), bedingen eine Abweichung von der theoretischen Übersetzung, also bei runden Ersatzwälzkreisen (bzw. Grundkreisen) eine periodisch schwankende Übersetzung, wie schon in Bild 1.2 dargelegt wurde. Die Lage der Zahnkörperachse

Teilbild 2

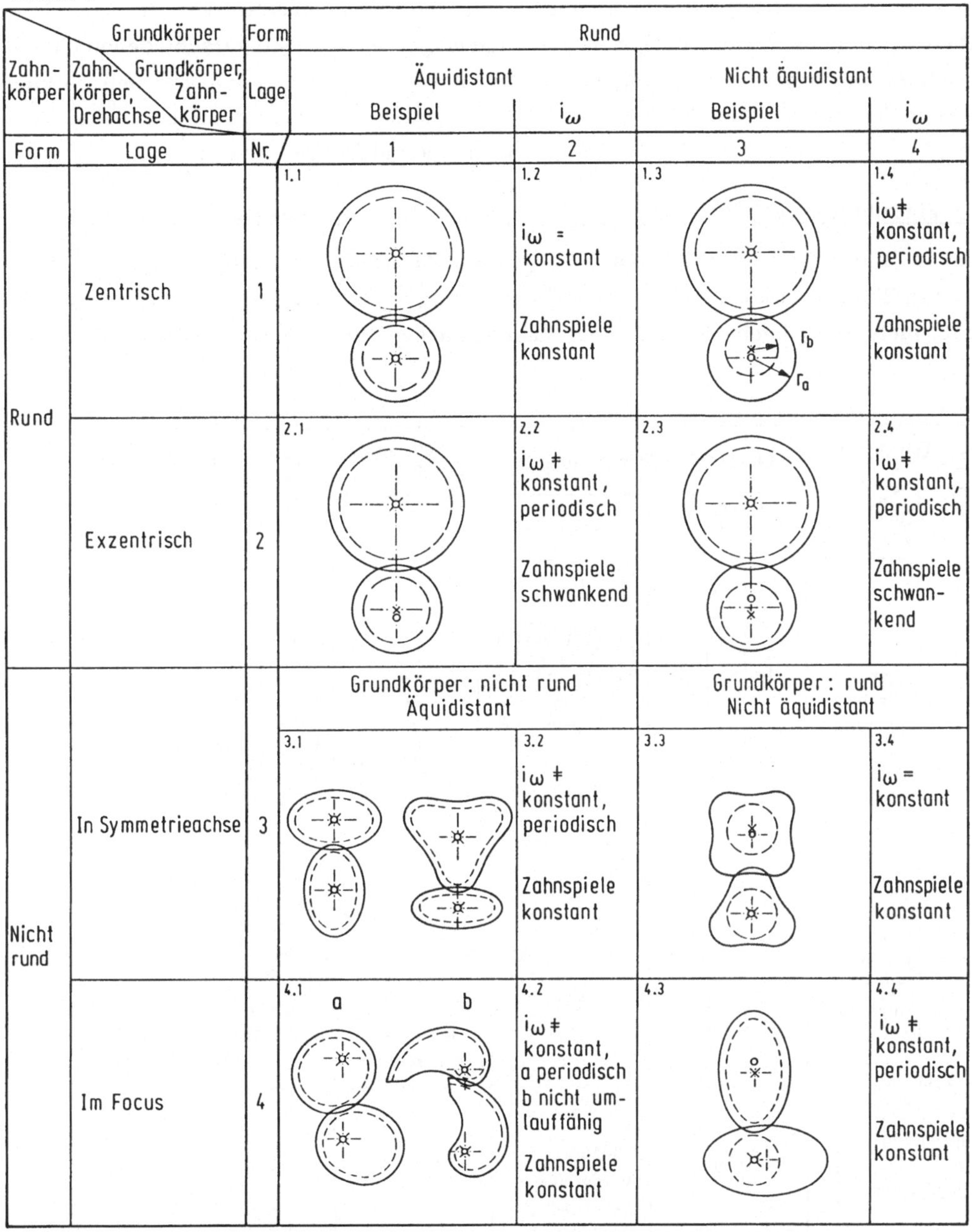

Grundkörper / Form			Rund			
Zahnkörper	Grundkörper, Zahnkörper, Drehachse / Zahnkörper	Lage	Äquidistant Beispiel	i_ω	Nicht äquidistant Beispiel	i_ω
Form	Lage	Nr.	1	2	3	4
Rund	Zentrisch	1	1.1	1.2 $i_\omega =$ konstant Zahnspiele konstant	1.3 (r_b, r_a)	1.4 $i_\omega \neq$ konstant, periodisch Zahnspiele konstant
	Exzentrisch	2	2.1	2.2 $i_\omega \neq$ konstant, periodisch Zahnspiele schwankend	2.3	2.4 $i_\omega \neq$ konstant, periodisch Zahnspiele schwankend
			Grundkörper: nicht rund Äquidistant		Grundkörper: rund Nicht äquidistant	
Nicht rund	In Symmetrieachse	3	3.1	3.2 $i_\omega \neq$ konstant, periodisch Zahnspiele konstant	3.3	3.4 $i_\omega =$ konstant Zahnspiele konstant
	Im Focus	4	4.1 (a, b)	4.2 $i_\omega \neq$ konstant, a periodisch b nicht umlauffähig Zahnspiele konstant	4.3	4.4 $i_\omega \neq$ konstant, periodisch Zahnspiele konstant

○ Drehachse; —¦— Zahnkörper-Mittelpunkt ;   × Grundkörper-Mittelpunkt

Bild 1.5. Einteilung der Zahnradpaarungen
Teilbild 2: Einfluß der Zahnkörper-, Grundkörper- und Drehachslage im Stirnschnitt auf die Übersetzung und das Zahnspiel. Die Relativlage des Grundkörpers (bzw. Ersatzwälzkörpers) zur Drehachse und seine radiale Form bestimmen die momentane Übersetzung i_ω und aufgrund ihrer Größenverhältnisse auch die Übersetzung i. Liegen beide Grundkörper im Drehpunkt und sind rund - wie in den Feldern 1.1 und 3.3 -, dann ist $i_\omega =$ konstant, in allen anderen Fällen nicht. Form und Lage des Zahnkörpers spielt dabei keine Rolle, darf nur nicht zu Durchdringungen führen und beeinflußt in erster Linie die Zahnspiele, die dann konstant bleiben, wenn die Körperformen aufeinander abgestimmt und die maßgebenden Körperformachsen in der Sollage sind.

hat nur eine Bedeutung für die Eingriffs- und Zahnspielverhältnisse. In Bild 1.5, Teilbild 2, sind die grundsätzlichen Paarungsmöglichkeiten mit verschiedenen Zahn- und Wälzkörperformen zusammengestellt. Es ist bemerkenswert, daß man mit runden und rund laufenden Zahnrädern periodisch schwankende Übersetzungen realisieren kann (Feld 1.3) und mit eckigen Zahnkörpern gleichförmige (Feld 3.3).

1.4.3 Einteilung nach Zahnrad- und Grundkörperlage im Achsschnitt

Schon in Bild 1.2, Felder 1.3 bis 6.3, wurden Zahnradpaarungen gezeigt, bei denen der Grundkörper (maßgebend für die Übersetzung) und der Zahnradkörper im Achsschnitt nicht die gleiche Form haben. Man kann sich nun Mischkombinationen vorstel-

Teilbild 3

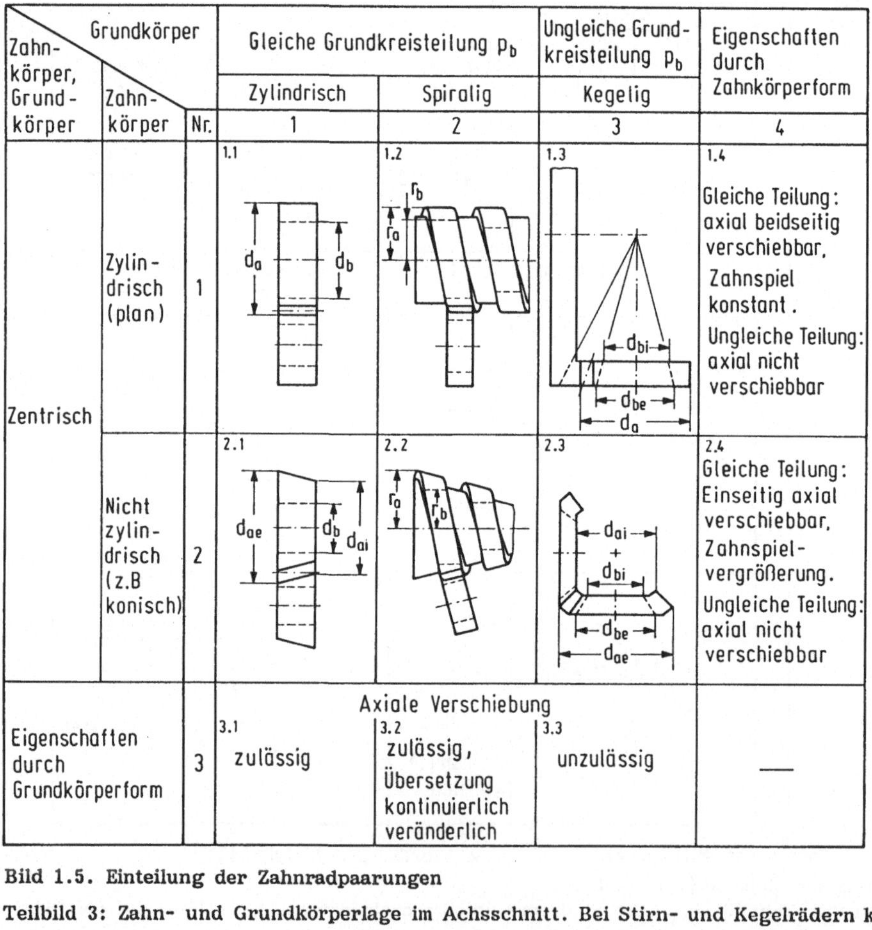

Zahnkörper, Grundkörper	Grundkörper / Zahnkörper	Nr.	Gleiche Grundkreisteilung p_b		Ungleiche Grundkreisteilung p_b	Eigenschaften durch Zahnkörperform
			Zylindrisch	Spiralig	Kegelig	
			1	2	3	4
Zentrisch	Zylindrisch (plan)	1	1.1 (d_a, d_b)	1.2 (r_b, r_a)	1.3 (d_{bi}, d_{be}, d_a)	1.4 Gleiche Teilung: axial beidseitig verschiebbar, Zahnspiel konstant. Ungleiche Teilung: axial nicht verschiebbar
	Nicht zylindrisch (z.B konisch)	2	2.1 (d_{ae}, d_b, d_{ai})	2.2 (r_a, r_b)	2.3 (d_{ai}, d_{bi}, d_{be}, d_{ae})	2.4 Gleiche Teilung: Einseitig axial verschiebbar, Zahnspielvergrößerung. Ungleiche Teilung: axial nicht verschiebbar
Eigenschaften durch Grundkörperform		3	3.1 zulässig	3.2 zulässig, Übersetzung kontinuierlich veränderlich	3.3 unzulässig	—

In Zeile 3 sind die Spalten 1 bis 3 mit "Axiale Verschiebung" überschrieben.

Bild 1.5. Einteilung der Zahnradpaarungen

Teilbild 3: Zahn- und Grundkörperlage im Achsschnitt. Bei Stirn- und Kegelrädern können die Zahnkörper (Begrenzung der Zahnköpfe bzw. der Zahnfüße) sowie die Grundkörper (Abwicklungskörper der Evolvente) gleich oder verschieden, z.B. zylindrisch, spiralig oder kegelig sein. Dabei kommen beim gleichen Rad auch Mischkombinationen von Zahn- und Grundkörpern vor wie in Feld 2.1 (kegelig und zylindrisch), in Feld 2.2 (der Zahnkörper spiralig kegelig und der Grundkörper spiralig parallel zur Achse) sowie in Feld 1.3 (zylindrisch und kegelig). Alle Kombinationen haben besondere Eigenschaften, wie der Zeile 3 und der Spalte 4 zu entnehmen ist.

len (Bild 1.5, Teilbild 3), bei denen Zahnradkörper/Grundkörper zylindrisch/zylindrisch sind (Feld 1.1 mit normalen Stirnrädern), zylindrisch/kegelig (Feld 1.3 mit Planrädern), kegelig/zylindrisch (Feld 2.1 mit konischen Rädern), kegelig/kegelig (Feld 2.3 mit normalen Kegelrädern).

Es kann daher festgestellt werden, daß die durch die Achslage bestimmte Verzahnungsart nicht primär durch die Form des späteren Zahnkörpers gekennzeichnet wird, sondern durch die Form des Ersatzwälzkörpers bzw. dem ihm vollkommen ähnlichen verkleinerten Grundkörper. So haben die zylindrischen und konischen Stirnräder der Felder 1.1 und 2.1 in Bild 1.5, Teilbild 3, bezüglich Achslage, Übersetzung und Linienberührung - nicht der Überdeckung - die gleichen Eigenschaften, weil sie gleiche Ersatzwälz- bzw. Grundkörper besitzen.

Für kontinuierlich veränderliche Übersetzungen durch seitliches Verschieben der Ritzel sind Spiralräder geeignet, bei denen Zahn- und Grundkörper ein schraubenförmiges zylindrisches Band und ein zur Achse paralleles Spiralband sein können (Feld 1.2), oder der Zahnkörper als kegeliges, der Grundkörper als achsparalleles Spiralband ausgebildet werden (Feld 2.2). Solche Zahnradpaarungen sind nicht beliebig lange umlauffähig, sondern es muß das Ritzel durch Umkehr der Drehrichtung axial wieder zurückgeschoben werden.

1.4.4 Einteilung nach dem Flankenverlauf

Die Flankenrichtungen könnten theoretisch die Form jeder kontinuierlichen Kurve annehmen. Aus herstellungstechnischen Gründen kommen für Stirnräder nur Gerad- und Schrägverzahnung in Betracht, bei Rädern mit großen Axialkräften, vornehmlich

Teilbild 4

Flankenverlauf		Gerad	Schräg	Pfeilförmig	Bogenförmig
Verzahnung	Nr.	1	2	3	4
Stirnräder	1	1.1	1.2	1.3	1.4
Kegelräder (Leitlinien)	2	2.1	2.2	2.3	2.4 Kreisbogen / Epizykloide; Evolvente

Bild 1.5. Einteilung der Zahnradpaarungen
Teilbild 4: Flankenverlauf entlang der Zahnbreite, bezogen auf eine zur Achse parallele Flankenlinie des geraden Bezugskörpers. Er beschränkt sich in der Regel bei
Stirnrädern   (Zeile 1) auf: gerade, schräge, keil- und bogenförmige Flanken, bei
Kegelrädern   (Zeile 2) auf: gerade, schräge, epizykloidische, kreisbogen- und evolventenförmige Flanken.

in Planetengetrieben, auch Pfeilverzahnung (Bild 1.5, Teilbild 4, Felder 1.1, 1.2, 1.3). Bogenverzahnungen sind sehr selten anzutreffen und müßten mit Schneidmessern, nicht mit Wälzfräsern hergestellt werden. Bei spanend hergestellten Kegelrädern empfiehlt sich gerade wegen der Fertigung mit Schneidmessern, aber auch aus Festigkeitsgründen, eine bogenförmige Flankenform. Man unterscheidet rechts- und linkssteigende Flankenrichtungen, je nachdem, ob bei Stirnrädern die Verzahnung einer Rechts- oder Linksschraube ähnelt bzw. ob bei Kegelrädern beim Blick von der Kegelspitze die Tangente an die Flankenlinie im betrachteten Bezugspunkt nach rechts oder links verläuft gegenüber einer Geraden zum Mittelpunkt.

1.5 Paarungsmöglichkeiten der wichtigsten Zahnkörperformen

In Bild 1.6 sind nun die wichtigsten fertigungstechnisch gut herstellbaren Formen, welche die Zahnradkörper an ihren durch die Zahnköpfe festgelegten Mantelflächen haben können, in der Kopfzeile dargestellt. Es handelt sich um zylindrische, kegelige, hyperboloidische und plane außen- oder innenverzahnte Räder. Die Kopfspalte enthält die drei unterschiedenen Achslagen: parallel, sich schneidend und sich kreuzend ohne Schnittpunkt. In den Kreuzungsfeldern der Kopfzeile und Kopfspalte sind die Zahnkörper, welche (als Evolventenverzahnung) korrekt miteinander gepaart werden können, dargestellt. Es können zwei Gruppen von Verzahnungen unterschieden werden, solche, deren Grundkörper bzw. Ersatzwälzkörper - der Zahnradkörper nicht immer - zylindrisch ist (Zeilen 1,2,3, Zeilen 4,5,6 links) und solche, deren Verzahnung kegelig ist (Zeilen 4,5,6 rechts). In der Kopfzeile haben die Spalten 1,2 links, 5 sowie 6 links, auch Spalte 4 zylindrische Verzahnungen (Grundkörper) und die Spalten 2 rechts, 6 rechts kegelige Verzahnungen. Es können jedoch nur zylindrische, nur kegelige oder nur hyperbolische Verzahnungen miteinander gepaart werden. (Schwach hyperbolische können im Achslot mit zylindrischen, außerhalb mit kegeligen Gegenrädern gepaart werden.) Innen- oder Hohlradverzahnungen können selbstverständlich nur mit Außenverzahnungen gepaart werden. Die mit schwarzen Ecken versehenen Felder zeigen Paarungen mit Linienberührung an, eine Eigenschaft, welche für die Übertragung von Kräften von großer Bedeutung ist.

Die Zusammenstellung in Bild 1.6 soll zeigen, daß mit konventionellen Zahnkörperformen und Verzahnungen auch unkonventionelle Paarungen möglich sind, so z.B. in Feld 5.6 links die Paarung eines gerad- oder schrägverzahnten Hohlrades mit einem konischen Außenrad. Paarungen mit großem Gleitanteil bei der Bewegungsübertragung entlang der Zahnflanken sind für die Leistungsübertragung nicht, jedoch als Erzeugungspaarungen für die Herstellung von Zahnrädern sehr gut geeignet. Paarungen mit kleinem Gleitanteil eignen sich zur Leistungsübertragung. So ist die Paarung in Feld 3.3 für das übliche Wälzfräsen und die Paarung in Feld 3.5 eventuell für das

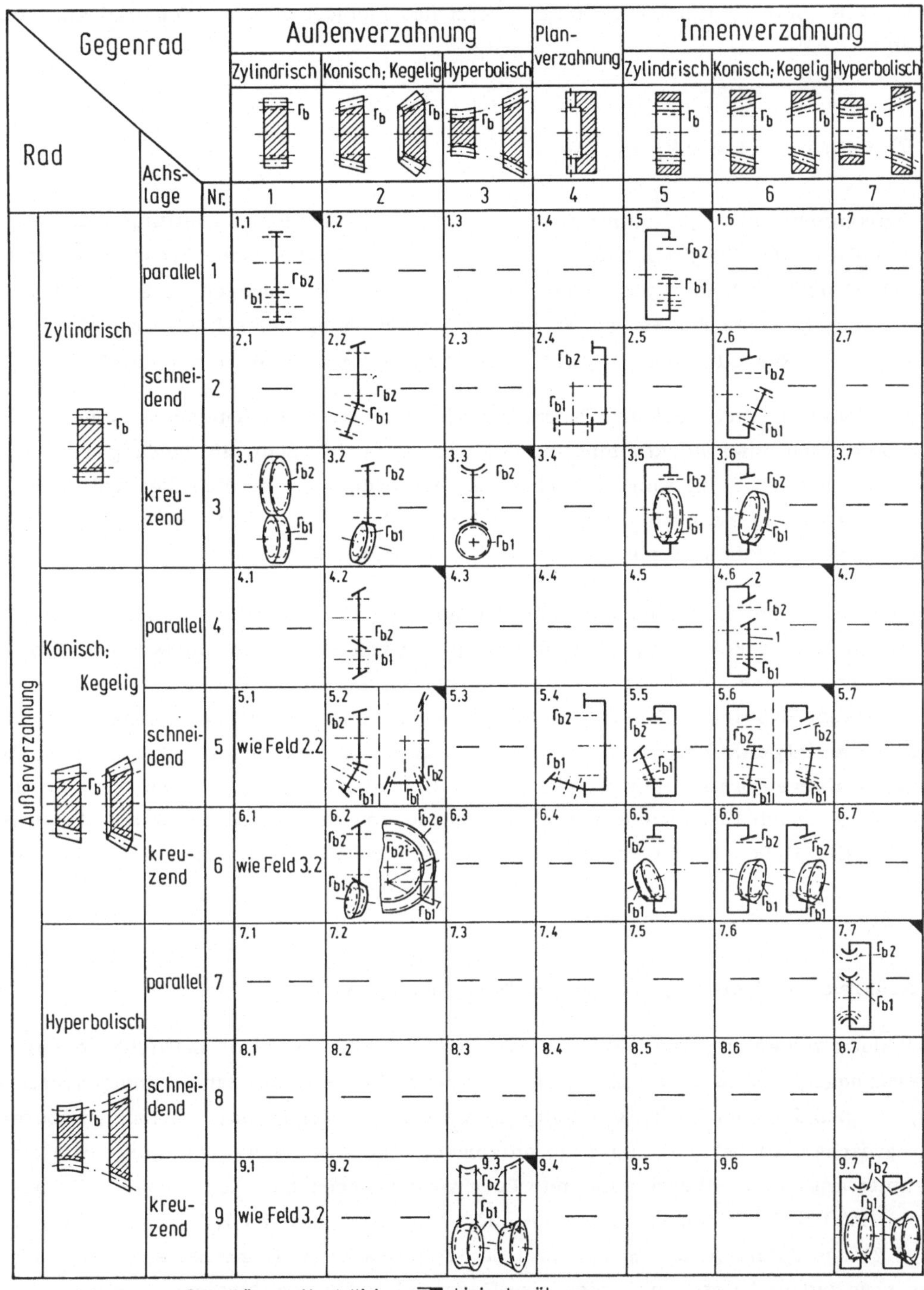

Bild 1.6. Paarungsmöglichkeiten der wichtigsten Zahnkörperformen mit Berücksichtigung der drei Achslagen: Parallel, schneidend, kreuzend und der Verzahnung im und außerhalb des Achslots. Zylindrische und konische Räder haben achsparallele, Kegelräder zur Achslage geneigte Grundkörper-Mantellinien.

Schälen z.B. von Hohlrädern geeignet, wenn das kleinere Rad als Schälrad ausgebildet wird.

1.6 Einteilung nach der Flankenform

Die Flankenform einer Verzahnung ist von ausschlaggebender Bedeutung für ihre Tragfähigkeit. Die Tragfähigkeit ist im Hinblick auf die Hertzsche Pressung am größten, wenn sich die beiden paarenden Flanken aneinanderschmiegen, z.B. eine konvexe in eine konkave Flanke, so wie das bei der Paarung eines innen- mit einem außenverzahnten Rad oder bei der Wildhaber-Novikov-Verzahnung [1/7] der Fall ist.

Dieser Forderung steht bei der Paarung zweier Evolventen-Außenverzahnungen die Forderung nach einer konstanten Übersetzung entgegen, denn die verlangt zwei konvexe Zahnflanken. Stellt man noch eine weitere Forderung, nämlich die, daß die Flanken der paarenden Zahnräder die gleiche Kurvenart haben sollen, dann bleiben nur noch Zykloiden übrig und als Sonderfall der Zykloiden die Evolventen.

Zykloiden als Zahnflanken wurden und werden noch in von Federn getriebenen mechanischen Laufwerken, hauptsächlich jedoch in Cyclo-Getrieben angewendet. Ihre Herstellung ist sehr schwierig, da zu ihrer Erzeugung ein Rollkreis auf bzw. in einem Wälzkreis ablaufen muß (siehe Bild 1.7, Feld 2.2) und nur der Punkt E die Zykloide erzeugt (punktförmige Werkzeuge). Die kleinsten Toleranzen ergeben schon abweichende Kurvenformen. Bei der ehemaligen Uhrenverzahnung half man sich so, daß die Zykloide durch Kreisbogen angenähert wurde und die innere Zahnkurve bei Ritzeln diejenige Hypozykloide war, welche zur Geraden entartete, was der Fall ist, wenn

$$\rho_h = \frac{r_w}{2} \, , \qquad\qquad\qquad (1.2)$$

der Rollkreis ρ_h halb so groß wie der Wälzkreis r_w wird.

Neben der Evolventen- und Zykloidenflankenform bleibt als leicht herstellbare Kurve die Kreisbogenform zu betrachten. Die momentane Übersetzung der Kreisbogenverzahnung ist grundsätzlich nicht konstant, da sie stets der eines entsprechenden Viergelenks zwischen Kurbel und Schwinge entspricht. Die Zykloidenverzahnung hat eine konstante momentane Übersetzung nur beim vorgesehenen Soll-Achsabstand. Voraussetzung ist bei Zykloidenverzahnungen außerdem noch, daß die Rollkreise (Bild 1.7, Feld 2.2) des Zahnkopfes vom Rad und des Zahnfußes vom Gegenrad sowie des Zahnfußes vom Rad und des Zahnkopfes vom Gegenrad wechselseitig gleich sind.

Diese Vielfalt der möglichen und notwendigen Rollkreise (z.B. bei der Hypozykloide muß der Rollkreis kleiner als der Wälzkreis sein, $\rho_h < r_w$), hat eine Vielzahl von Werkzeugen zur Folge und erschwert die Paarung beliebiger Zahnräder miteinander.

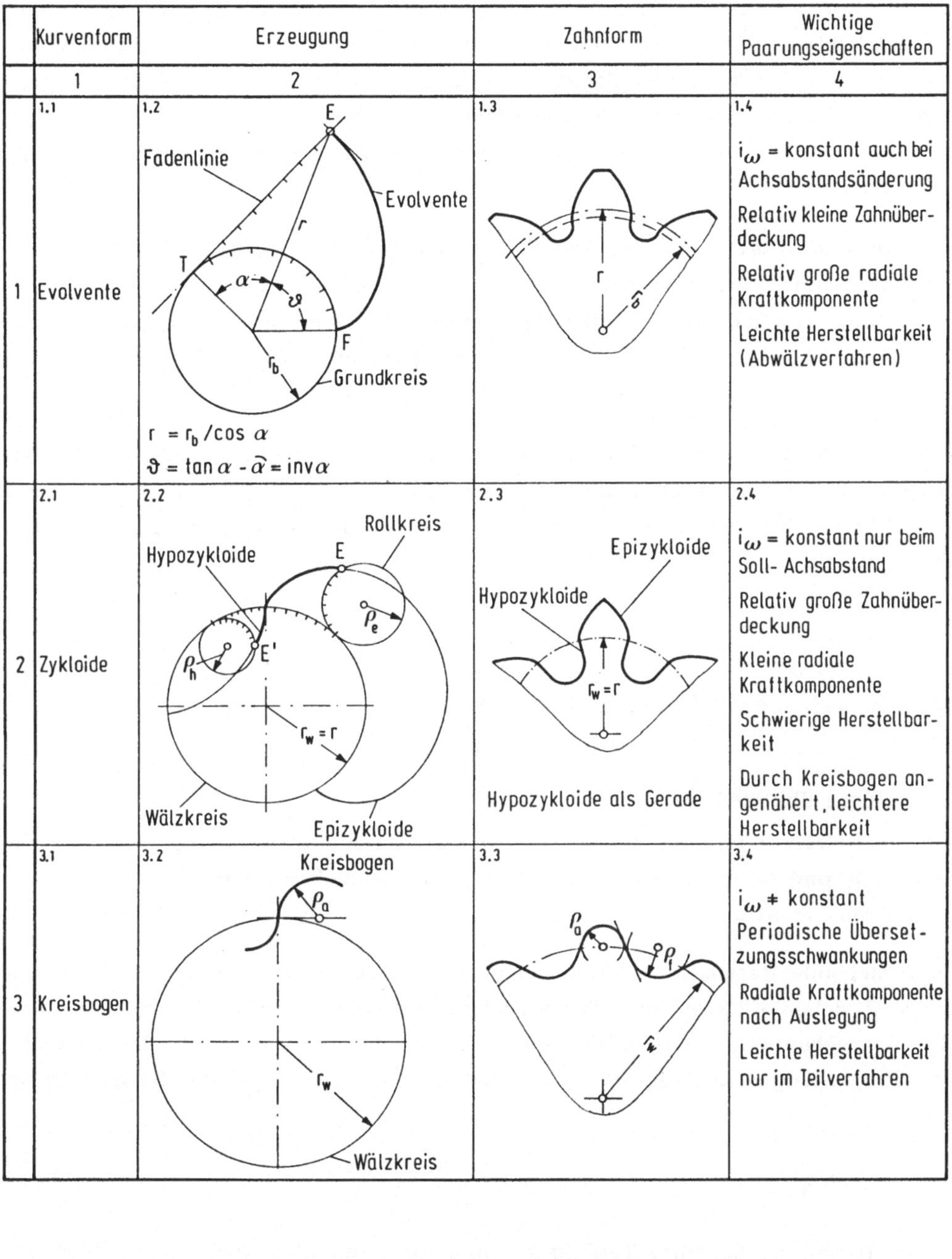

Kurvenform	Erzeugung	Zahnform	Wichtige Paarungseigenschaften
1	2	3	4
1 Evolvente 1.1	1.2 E, Fadenlinie, Evolvente, r, T, α, ϑ, F, r_b, Grundkreis $r = r_b / \cos \alpha$ $\vartheta = \tan \alpha - \widehat{\alpha} = \text{inv}\,\alpha$	1.3 r, ϑ	1.4 i_ω = konstant auch bei Achsabstandsänderung Relativ kleine Zahnüberdeckung Relativ große radiale Kraftkomponente Leichte Herstellbarkeit (Abwälzverfahren)
2 Zykloide 2.1	2.2 Rollkreis, Hypozykloide, E, ρ_e, ρ_h, E', $r_w = r$, Wälzkreis, Epizykloide	2.3 Epizykloide, Hypozykloide, $r_w = r$, Hypozykloide als Gerade	2.4 i_ω = konstant nur beim Soll-Achsabstand Relativ große Zahnüberdeckung Kleine radiale Kraftkomponente Schwierige Herstellbarkeit Durch Kreisbogen angenähert, leichtere Herstellbarkeit
3 Kreisbogen 3.1	3.2 Kreisbogen, ρ_a, r_w, Wälzkreis	3.3 ρ_a, ρ_f, r_w	3.4 $i_\omega \neq$ konstant Periodische Übersetzungsschwankungen Radiale Kraftkomponente nach Auslegung Leichte Herstellbarkeit nur im Teilverfahren

Bild 1.7. Evolvente, Zykloide, Kreisbogen, die gebräuchlichsten Flankenformen für Zahnräder und ihre Erzeugung.

Zeile 1: Evolventenerzeugung mit Punkt E durch Abwickeln eines Fadens vom Grundkreis (r_b).

Zeile 2: Zykloidenerzeugung mit den Punkten E und E' durch Abwälzen der Rollkreise ρ_e und ρ_h am Wälzkreis (r_w).

Zeile 3: Erzeugen von Kreisbogenverzahnung durch Zusammensetzen von Kreisbogen und Geraden.

Obwohl bei Zykloidenverzahnungen die Variabilität der Zahnformen sehr groß ist sowie die Möglichkeit gegeben ist, daß Hypo- und Epizykloide konvex und konkav sein können und sich Zahnkopf und Zahnfuß von Zahn und Gegenzahn gut anschmiegen, sowie die Möglichkeit, daß die Zahnnormalkräfte beinahe tangential zur Drehrichtung wirken, hat sie sich für übliche schnellaufende Getriebe des Maschinenbaus nicht durchgesetzt.

Die Gründe sind: Gefahr des periodischen Schwankens der Übersetzung bei kleinsten Achsabstands- und Verzahnungsabweichungen und die Schwierigkeiten ihrer Herstellung. Auch die Möglichkeit der Zykloidenverzahnung, mehr als 2 Zahnpaare ständig im Eingriff zu haben - als Voraussetzung eines geräuscharmen Laufes - hat die Tendenz nicht geändert.

Die Kreisbogenverzahnung ist für die zur Zeit übliche Technik, zumal nach der sinkenden Bedeutung der Uhrenverzahnung, fast ohne Interesse. In Bild 1.7 sind die drei angeführten Kurvenformen für Zahnflanken und ihre wichtigsten Eigenschaften zusammengestellt.

1.7 Die Übersetzung von Zahnradpaarungen

1.7.1 Das Verzahnungsgesetz

Mit Hilfe des "Verzahnungsgesetzes" kann die momentane Übersetzung i_ω zweier um die Punkte 0_1 und 0_2 drehbarer Lenker, die sich beispielsweise in Punkt Y (Bild 1.9) berühren, ermittelt werden.

Die entsprechende Beziehung ist sehr leicht abzuleiten, wenn man sich an die Zusammenhänge zwischen Winkel- und Tangentialgeschwindigkeit erinnert. Bild 1.8, Teilbild 1, veranschaulicht die Definition der Winkelgeschwindigkeit ω als das Verhältnis von Tangentialgeschwindigkeit v zum Radius r oder als $\pi/30$ der Drehzahl n pro Minute

$$\omega = \frac{v}{r} = \frac{\pi}{30} \cdot n. \qquad\qquad (1.3)$$

Auf einer drehenden Scheibe, Teilbild 2, kann die Tangentialgeschwindigkeit jedes Punktes P in einer beliebigen Richtung ermittelt werden, wenn man - genau wie in Teilbild 1 - den zur Richtung senkrechten Abstand r zum Drehpunkt feststellt. Da die Winkelgeschwindigkeit aller Punkte auf der Scheibe gleich ω ist, muß nur der zum Punkt P und zur gewählten Richtung von v senkrechte Abstand zum Drehpunkt ermittelt werden, also r_1 bzw. r_2. Danach ist die momentane Translationsgeschwindigkeit der Punkte P_1 und P_2 in den durch die Geschwindigkeitspfeile gegebenen

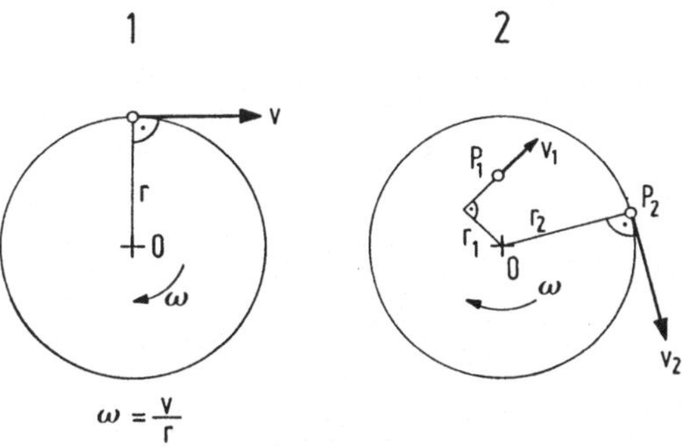

Bild 1.8. Translations- und Winkelgeschwindigkeit.

Teilbild 1: Definition der Winkelgeschwindigkeit ω.

Teilbild 2: Momentane Translationsgeschwindigkeit eines beliebigen Punktes P in beliebiger Richtung auf der mit der Winkelgeschwindigkeit ω rotierenden Scheibe.

Richtungen nach Gleichung (1.3)

$$v_1 = \omega r_1 \qquad\qquad (1.3\text{-}1)$$

$$v_2 = \omega r_2, \qquad\qquad (1.3\text{-}2)$$

immer das Produkt der Winkelgeschwindigkeit mit dem senkrecht zur Geschwindigkeit gemessenen Abstand zum Drehpunkt 0.

Damit die beiden Hebel in Bild 1.9, Teilbild 1, in Berührung bleiben, wie man es ja von zwei im Eingriff befindlichen Zähnen erwartet, muß ihre Normalgeschwindigkeit v_n gleich sein, also

$$v_{n1} = v_{n2}. \qquad\qquad (1.4)$$

Betrachtet man die Lenker 1 und 2 als rotierende Scheiben und den Berührungspunkt Y als einen Punkt, der gleichzeitig zu beiden Scheiben gehört, dessen Geschwindigkeit v_n in beiden Scheiben gleich ist und die Richtung der Berührungsnormalen $\overline{NN}$ hat, dann läßt sich die momentane Winkelgeschwindigkeit der drehbaren Lenker 1 und 2 nach Gl.(1.3) sofort angeben. Es ist nach Bild 1.9, Teilbild 2, wobei der Richtungssinn der Winkelgeschwindigkeiten zu berücksichtigen ist,

$$-\omega_a = \frac{v_{n1}}{T_1 0_1} \qquad\qquad (1.5\text{-}1)$$

$$\omega_b = \frac{v_{n2}}{T_2 0_2}, \qquad\qquad (1.5\text{-}2)$$

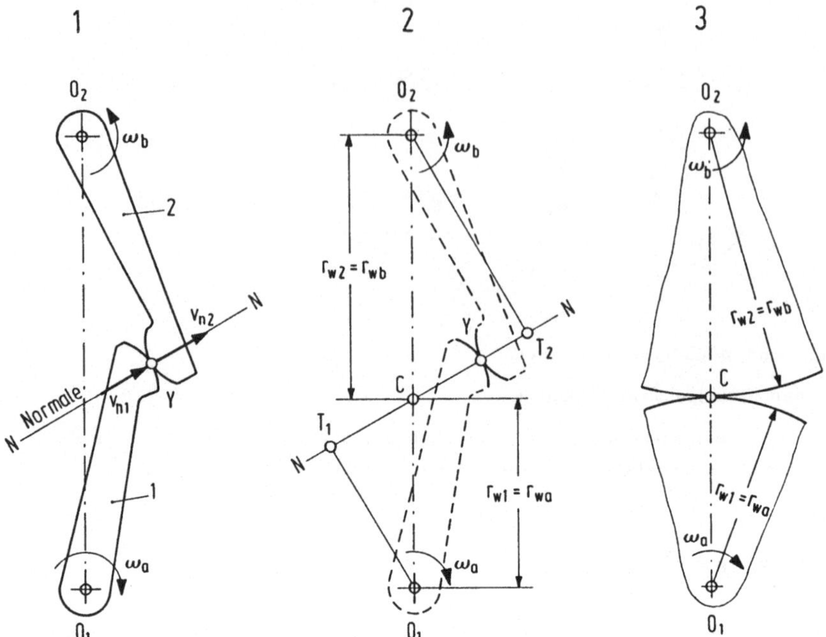

Bild 1.9. Übersetzung einer Kurvenpaarung mit Glied 1 und 2. Wälzpunkt C zwischen den Drehpunkten.

Teilbild 1: Gleiche Normalgeschwindigkeit $v_{n1} = v_{n2}$ am Punkt Y.

Teilbild 2: Ermittlung der Wälzkreisradien r_{w1} und r_{w2}.

Teilbild 3: Ersatzwälzgetriebe für Berührung von Lenker 1 und Lenker 2 in Punkt Y.

Es gehören Größen mit Index 1 zum kleineren, mit Index 2 zum größeren Rad; Größen mit Index a zum treibenden, mit Index b zum getriebenen Rad.

wobei ω_a die momentane Winkelgeschwindigkeit des treibenden und ω_b die momentane Winkelgeschwindigkeit des getriebenen Rades ist. Mit Gl.(1.4) erhält man als momentane Übersetzung

$$i_\omega = \frac{\omega_a}{\omega_b} = - \frac{\overline{T_2 0_2}}{\overline{T_1 0_1}} \ . \tag{1.6-1}$$

und mit Gleichung (1.6-1) die momentane Übersetzung (Verzahnungsgesetz)

$$i_\omega = \frac{\omega_a}{\omega_b} = - \frac{r_{wb}}{r_{wa}} \ . \tag{1.6-2}$$

Aufgrund der ähnlichen Dreiecke $0_1 T_1 C$ und $0_2 T_2 C$ in Bild 1.9, Teilbild 2, ist mit den momentanen Wälzkreisradien r_{wa} des treibenden und r_{wb} des getriebenen Rades

$$\frac{\overline{T_2 0_2}}{\overline{T_1 0_1}} = \frac{r_{wb}}{r_{wa}} \tag{1.7}$$

Für die gleichförmige Übersetzung während eines gesamten Zahn- oder Raddurchganges erhält man mit den gleichförmigen Winkelgeschwindigkeiten ω_{am} und ω_{bm} die Übersetzung (Verzahnungsgesetz)

$$i = \frac{\omega_{am}}{\omega_{bm}} = - \frac{r_{wb}}{r_{wa}} = - \frac{z_b}{z_a} \ . \qquad (1.8)$$

Eine Übersetzung ins Langsame liegt vor, wenn

$$|i| > 1 \qquad (1.9\text{-}1)$$

ist, eine Übersetzung ins Schnelle, wenn

$$|i| < 1 \qquad (1.9\text{-}2)$$

ist. Demgegenüber definiert man als Verhältnis der Zähnezahl z_2 des größeren Rades zu der Zähnezahl z_1 des kleineren Rades das Zähnezahlverhältnis mit

$$u = \frac{z_2}{z_1} \ , \qquad (1.10)$$

stets ist aber

$$|u| > 1 \ . \qquad (1.11)$$

Die Vorzeichen für die Winkelgeschwindigkeiten sind positiv im Gegenuhrzeigersinn und negativ im Uhrzeigersinn, für die Radien und Zähnezahlen positiv bei Außen- und negativ bei Innenverzahnungen.

Das Verhältnis der momentanen Winkelgeschwindigkeiten - also die momentane Übersetzung i_ω - ist umgekehrt proportional dem Verhältnis der durch Punkt C gegebenen Radien r_w, Bild 1.9, Teilbild 2. Diese Radien nennt man Wälzkreisradien, weil sie ein Wälzgetriebe festlegen, dessen Scheiben (Bild 1.9, Teilbild 3) die gleichen momentanen Winkelgeschwindigkeiten bei schlupflosem Wälzen aufweisen würden, wie die beiden drehbaren Lenker in den Teilbildern 1 und 2. Dementsprechend nennt man den Schnittpunkt C Wälzpunkt. Entscheidend ist bei dieser Konstruktion das Auffinden dieses Wälzpunktes C. Er wird konstruiert als Schnittpunkt der durch den Berührungspunkt Y gehenden Normalen $\overline{NN}$ und der die Drehpunkte (Radmitten) verbindenden Mittenlinie $\overline{0_1 0_2}$.

Der Wälzpunkt C wandert in der Regel bei beliebig gewählten Berührungskurven entlang der Mittenlinie und zeigt an, daß die momentane Übersetzung i_ω schwankt; auch ist der geometrische Ort der Berührungspunkte nur bei Evolventenverzahnungen eine Gerade, bei Zykloidenverzahnungen ein Kreisbogen, bei anderen Flankenformen eine davon abweichende Kurve.

1.7.2 Interpretation des Verzahnungsgesetzes

Das Verzahnungsgesetz nach den Gl.(1.6-2) und (1.8) besagt daher folgendes:

1. Die momentane Übersetzung zweier drehbarer, im Eingriff befindlicher Kurvenglieder (Zahnräder) ist gleich dem negativen umgekehrten Verhältnis der momentanen Wälzkreisradien, Gl.(1.6-2). Die Wälzkreisradien sind durch den Abstand des Wälzpunktes von den Drehpunkten der Kurvenglieder gegeben. Der Wälzpunkt ist der Schnittpunkt der Berührungs-Normalen mit der Mittenlinie.

2. Soll die momentane Übersetzung über den gesamten Eingriffsbereich konstant bleiben, Gl.(1.8), muß der Wälzpunkt den Drehpunkteabstand (Achsabstand) stets im gleichen Verhältnis unterteilen. Dies Verhältnis kann
   2.1 bei konstantem sowie
   2.2 in manchen Fällen auch bei variablem Achsabstand
   gleich bleiben.

In Bild 1.10, Teilbild 1, wird gezeigt, daß diese Gesetzmäßigkeiten auch dann gelten, wenn der Wälzpunkt C auf der Mittenlinie außerhalb der Strecke $\overline{0_1 0_2}$ liegt, wie das bei Zahnradpaarungen mit Innenverzahnung der Fall ist. Dabei müssen die Wälzkreisradien r_w immer vom Drehpunkt aus zum Wälzpunkt[1] gerechnet werden. Bild 1.10, Teilbild 2, zeigt das Ersatzwälzgetriebe für eine Paarung mit Innenverzahnung.

Das Verzahnungsgesetz wurde bewußt in zwei Aussagen unterteilt. Die Aussage 1 drückt nur die Gleichheit von momentanem Übersetzungs- und Wälzkreisradienverhältnis aus. Erst Aussage 2 besagt, wann die Übersetzung konstant ist. Häufig wird nur Aussage 1 formuliert und die Konstanz der Übersetzung schon aus dieser Aussage abgeleitet, da man nur an die Evolventenverzahnung denkt.

Die beiden Aussagen gestatten es, drei grundsätzlich verschiedene Verzahnungsarten bezüglich der momentanen Übersetzung zu unterscheiden.

---

[1] In der Getriebelehre [1/8] betrachtet man anhand des Viergelenks den allgemeinen Fall und nennt den Schnittpunkt C Drehpol. Sofern man in den Bildern 1.9, Teilbild 1, und 1.10, Teilbild 1, die Punkte 0_1, T_1, T_2, 0_2 und Bild 1.11, Teilbild 1, die Punkte 0_1, R_1, R_2, 0_2 als Drehpaare auffaßt und die verbindenden Linien als Glieder, kann die momentane Übersetzung i_ω der Zahnräder auf die eines entsprechenden Viergelenks zurückgeführt werden.

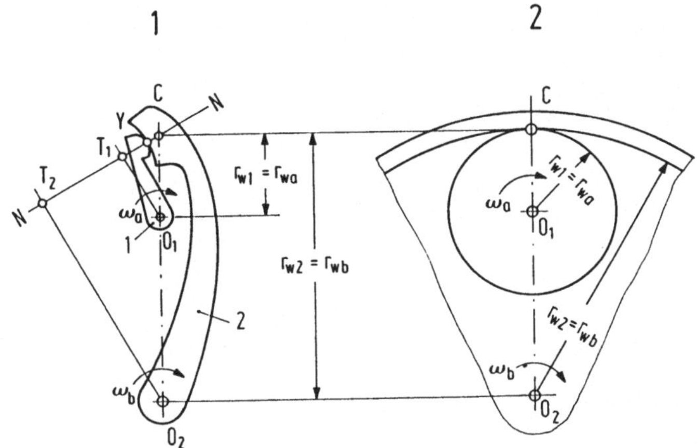

Bild 1.10. Übersetzung einer Kurvenpaarung mit Lenker 1 und 2. Wälzpunkt C außerhalb der Drehpunktverbindung.

Teilbild 1: Anordnung der Glieder, der Kurvenpaarung, Ermittlung der Wälzkreisradien.

Teilbild 2: Dazugehöriges Ersatzwälzgetriebe.

Indizes wie bei Bild 1.9.

1.8 Verzahnungseigenschaften bei verschiedenen Flankenformen

Verzahnungsart 1

Wird nur Aussage 1 erfüllt, nicht aber Aussage 2, dann gilt als typischer Vertreter
- bei gleicher Kurvenart von Flanke und Gegenflanke - die Kreisbogenverzahnung,
Bild 1.11, Teilbild 1. Die momentane Übersetzung ändert sich während eines Zahndurchganges laufend, da der Wälzpunkt ohne Sprünge von C" nach C' wandert. Der
geometrische Ort der Eingriffspunkte ist der Linienzug A,E auf der durch Punkt Y
erzeugten Koppelkurve.

Verzahnungsart 2

Werden Aussage 1 und 2.1 erfüllt, d.h. der Wälzpunkt C unterteilt nur bei einem
vorgegebenen Sollachsabstand den Drehpunktabstand für alle Eingriffspunkte im selben Verhältnis, gilt als typischer Vertreter - bei gleicher Kurvenart von Flanke und
Gegenflanke - die Zykloidenverzahnung, Bild 1.11, Teilbild 2. Der geometrische Ort
der Berührungspunkte liegt auf dem Umfang der entsprechenden Rollkreise.

Die Berührungspunkt-Normalen, z.B. Linien YC oder AC, liegen nicht tangential zu
diesen Kreisen, gehen aber alle durch den gleichen Wälzpunkt C. Bei Änderung des
Achsabstandes wandert der Wälzpunkt C, jedoch nicht im Verhältnis der Wälzkreisradien, so daß die momentane Übersetzung nicht mehr konstant bleibt [1/11].

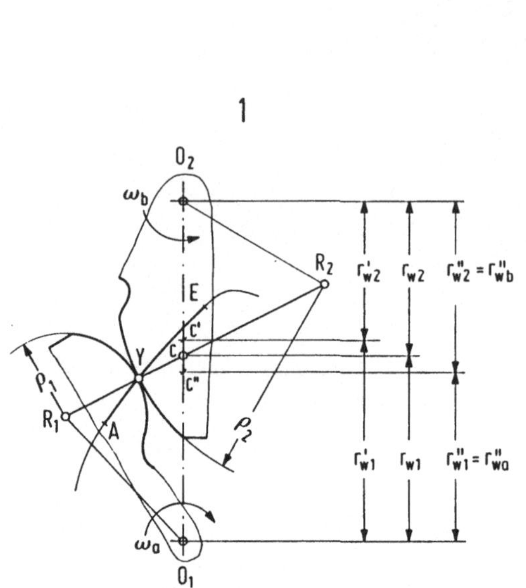

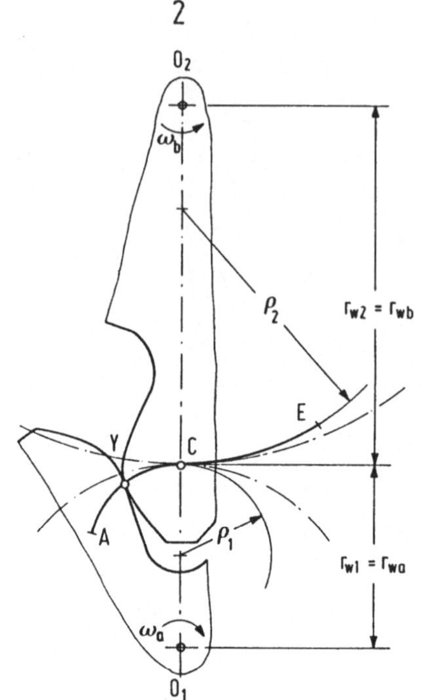

Bild 1.11. Momentane Übersetzung und Eingriffslinie bei Kreisbogen-, Zykloiden- und Evolventenverzahnungen. In den Teilbildern sind die kleineren Zahnräder stets auch die treibenden. Daher sind die Indizes 1 und a sowie 2 und b den gleichen Größen zugeordnet.

Teilbild 1: Kreisbogenverzahnung. Die Normalen in verschiedenen Berührungspunkten Y schneiden die Mittenlinie $\overline{0_1 0_2}$ in verschiedenen Wälzpunkten (z.B. bei C'', C, C' usw.), so daß sich die Übersetzung laufend ändert. Die Eingriffslinie AE entspricht der Bahn des Berührungspunktes Y, wenn man sich die Zahnradpaarung ersetzt denkt durch ein Viergelenk, dessen Drehgelenke durch die Punkte 0_1, R_1, R_2, 0_2 und dessen Glieder durch die Strecken $\overline{0_1 R_1}$, $\overline{R_1 R_2}$, $\overline{R_2 0_2}$ und $\overline{0_2 0_1}$ bestimmt sind.

Teilbild 2: Zykloidenverzahnung. Alle Normalen in den Berührpunkten Y schneiden beim Soll-Achsabstand $\overline{0_1 0_2}$ die Mittenlinie im gleichen Wälzpunkt C, der seine Lage nicht ändert. Die Übersetzung bleibt konstant. Die Berührpunkte A, Y, C und E (Eingriffslinie) liegen auf Kreissektoren der Rollkreise ρ.

Eine konstante Übersetzung und Gewähr für korrekten Eingriff erhält man, wenn jeweils der Zahnkopf der Flanke und der Zahnfuß der Gegenflanke mit dem gleichen Rollkreis erzeugt werden. So erzeugt in Bild 1.11, Teilbild 2, der Rollkreis ρ_1 die Fußflanke von Rad 1 und die Kopfflanke von Rad 2, je nachdem, ob er im Wälzkreis (r_{w1}) oder auf dem Wälzkreis (r_{w2}) abrollt, der Rollkreis ρ_2 die Fußflanke von Rad 2 und die Kopfflanke von Rad 1. Ist der Rollkreis halb so groß wie der Wälzkreis, dann ist die Hypozykloide eine auf den Mittelpunkt zeigende Gerade (Bild 1.7, Feld 2.3). ist er gleich dem Wälzkreis, dann ist sie ein Punkt, der durch Zapfenerweite-

rung zum Bolzen mit Kreisquerschnitt gemacht wird (siehe Cyclogetriebe [1/9,1/10]).
Ist der Rollkreis einer Epizykloide unendlich groß, entartet sie zur Evolvente.

Verzahnungsart 3
Werden die Aussagen 1, 2.1 und 2.2 erfüllt, dann bleibt das Wälzradienverhältnis bei
gleichem und veränderlichem Achsabstand konstant. Der typische Vertreter dieser Verzahnungsart - bei gleicher Kurvenart von Flanke und Gegenflanke - ist die Evolventenverzahnung mit parallelen Achsen, Bild 1.11, Teilbild 3. Der bei der Evolvente
zur Geraden entartete Rollkreis der Zykloide (Bild 1.11, Teilbild 3, Gerade durch
die Punkte T_1, T_2) ist gleichzeitig geometrischer Ort der Berührungspunkte, also
Eingriffsstrecke, als auch Berührungspunkt-Normale. Ihre Verlängerung ist die Tangente an die Grundkreise (r_{b1} und r_{b2}).

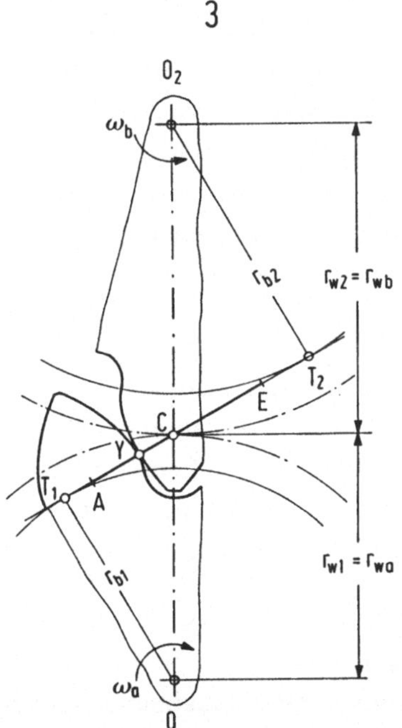

Bild 1.11. Eingriffslinie und momentane Übersetzung
Teilbild 3: Evolventenverzahnung. Auf der Normalen im Berührpunkt Y liegen auch alle anderen
Berührpunkte (Eingriffsstrecke $\overline{AE}$). Der Schnittpunkt C (Wälzpunkt) ändert seine Lage nicht. Die
Übersetzung bleibt konstant.

In Bild 1.12 ist die momentane Übersetzung verschiedener Verzahnungsarten in Abhängigkeit der Achsabstandsänderung zusammengestellt.

Neben den erwähnten Zahnradpaarungen mit gleicher Kurvenart für Flanke und Gegenflanke gibt es grundsätzlich solche mit verschiedener Kurvenart, die man als
"Mischverzahnungen" bezeichnen kann. Es gelingt z.B. durchaus, zu einer vorgege-

Achsabstandsänderung \ Verzahnungsart	1 Kreisbogenverzahnung	2 Zykloidenverzahnung	3 Evolventenverzahnung
$\Delta a = 0$	$i_\omega \neq$ konst.	$i_\omega =$ konst.	$i_\omega =$ konst.
$\Delta a \neq 0$	$i_\omega \neq$ konst.	$i_\omega \neq$ konst.	$i_\omega =$ konst.

Bild 1.12. Momentane Übersetzung i_ω bei drei Verzahnungsarten mit den am häufigsten vorkommenden, jedoch verschiedenen Flankenformen. Die Aussage gilt für ideale, toleranzfreie Zahnradpaarungen.

benen Flankenform, z.B. zu einem Parabelast, eine Form der Gegenflanke zu finden, die eine konstant bleibende momentane Übersetzung ermöglicht. Die Schwierigkeit besteht darin, die Gegenflanke, die eine beliebige Kurve sein kann, die sich mit Flankenradius und Zähnezahl ändert, zu erzeugen und den Eingriff trotz vorliegender Toleranzen über die ganze Teilung nur zwischen den vorgesehenen Flankenpunkten eines Zahndurchganges aufrecht zu erhalten. Außerdem geht die Eigenschaft der konstanten momentanen Übersetzung bei kleinsten Achsabstandsänderungen verloren (Verzahnungsart 2).

In Bild 1.13 ist die Konstruktion der Gegenflanke (Rad 2) und der Eingriffslinie bei gegebener Flanke (Rad 1) und vorgeschriebener gleichbleibender momentaner Übersetzung dargestellt. Sie beruht darauf, daß man jeden gegebenen Flankenpunkt um 0_1 soweit verdreht, bis seine Normale durch den Wälzpunkt C geht. Nun dreht man diesen Punkt - den gleichen Wälzweg zugrundelegend - um den Drehpunkt 0_2 zurück. Die Konstruktion in Bild 1.13 ist im einzelnen folgende [1/12]:

Von den Punkten 1.1 bis 5.1 der gegebenen Flanke ausgehend, wird - wie für Punkt 3.1 gezeigt - die Strecke l_3, welche durch den Schnittpunkt der Flankennormalen mit dem Wälzkreis (r_{w1}) gefunden wurde, ermittelt. Der Punkt 3.1 wird in die spätere Eingriffslage nach Position 3.3 versetzt durch Verdrehen von Rad 1, bis sich Punkt 3.2 mit Punkt C deckt. Punkt 3.3 ist gleichzeitig ein Punkt der Eingriffsstrecke. Nun wird Punkt 3.3 an Rad 2 aus der späteren Eingriffslage in die augenblickliche zurückversetzt, indem der punktierte Wälzbogen 3.2.C am Wälzkreis (r_{w2}) bis zu Punkt 3.4 abgetragen wird. Man erhält Punkt 3.4 und durch Abtragen der Strecke l_3 den Punkt 3.5, den gesuchten Gegenflankenpunkt zu Punkt 3.1.

In der Regel existiert nicht für jeden gewünschten Flankenabschnitt ein passender Gegenflankenabschnitt, wie das z.B. bei den Punkten 4.1 und 4.5 nachgeprüft werden kann. Daher ist zu beachten:

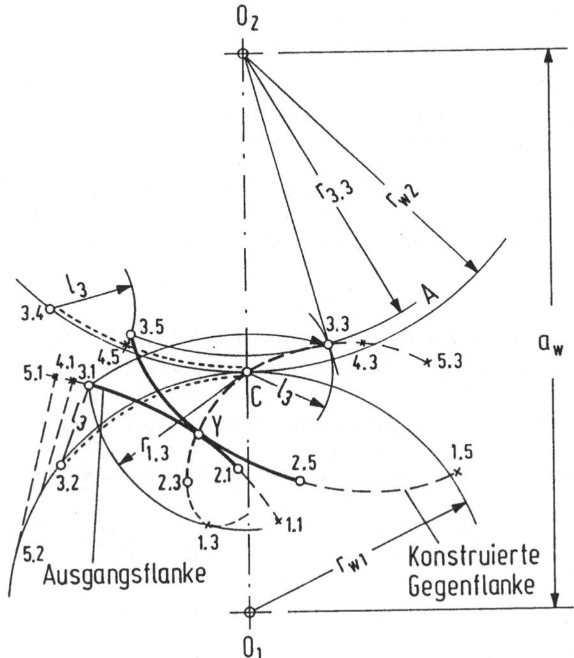

Bild 1.13. Konstruktion der Eingriffslinie und der Gegenflanke für konstant bleibende momentane Übersetzung bei einer vorgegebenen willkürlichen Flankenform von Rad 1.

Gegeben ist die Übersetzung, festgelegt durch die Drehpunkte O_1, O_2 und den Wälzpunkt C, sowie die Flanke des Rades 1, gekennzeichnet mit den Punkten 1.1 bis 5.1. Die Konstruktion des Gegenflankenpunktes zu 3.1 erfolgt mit Hilfe der Punkte 3.2, C, 3.3 und 3.4 sowie der Länge der Normalen l_3 (siehe Text). Die Punkte von 1.3 über Y,C bis 5.3 geben die Eingriffslinie an, deren Eingrenzung für korrekte Flanken durch die Berührungspunkte mit den Kreisen $r_{3.3}$ und $r_{1.3}$ ermittelt wird.

- Die Ausgangsflanke kann höchstens soweit genutzt werden, als ihre Normale den eigenen Wälzkreis schneidet oder berührt (siehe Punkte 5.1 und 5.2).

- Eingriffslinien dürfen keine Schlingen haben.

- Geometrisch sinnvolle und korrekt kämmende Gegenflanken erhält man nur bis zu d e m Punkt der Eingriffslinie, dessen Normale durch den Drehpunkt des treibenden Rades für Eingriffsbeginn, des getriebenen Rades für das Eingriffsende geht (Radius $r_{3.3}$).

- Die Eingriffsstrecke wird ferner begrenzt durch den Berührungspunkt eines von C aus geschlagenen einschreibenden Kreises (Radius $r_{1.3}$).

Die beiden letzten Bedingungen grenzen die Eingriffsstrecke in Bild 1.13 von den Punkten 1.3 bis 3.3, die Flanke von den Punkten 1.1 bis 3.1 und die Gegenflanke von den Punkten 1.5 bis 3.5 ein. Verwendet wurde nur der Bereich von den Punkten 2.1 bis 3.1 bzw. 2.5 bis 3.5.

1.9 Schrifttum zu Kapitel 1

Normen, Richtlinien

[1/1]   DIN 3960: Begriffe und Bestimmungsgrößen für Stirnräder (Zylinderräder) und Stirnradpaare (Zylinderradpaare) mit Evolventenverzahnungen. Berlin, Köln: Beuth-Vertrieb
         Juli 1980 (siehe auch [2/1]).

[1/2]   DIN 58405, Blatt 1: Stirnradgetriebe der Feinwerktechnik. Berlin, Köln: Beuth-Vertrieb
         Mai 1972.

[1/3]   DIN 3971: Begriffe und Bestimmungsgrößen für Kegelräder und Kegelradpaare. Berlin,
         Köln: Beuth-Vertrieb Juli 1980.

Bücher, Dissertationen

[1/4]   Roth, E.: Zahnradgedanken. Friedrichshafen: Zahnradfabrik Friedrichshafen 1954.

[1/5]   Roth, K.: Konstruieren mit Konstruktionskatalogen. Berlin, Heidelberg, New York:
         Springer 1982.

[1/6]   Krumme, W.: Klingelnberg Spiralkegelräder. Berlin, Heidelberg, New York: Springer
         1950.

[1/7]   Niemann, G., Winter, H.: Maschinenelemente Band II, 2. Auflage. Berlin, Heidelberg,
         New York, Tokyo: Springer 1983.

[1/8]   Dizioğlu, B.: Getriebelehre, Band I-III. Braunschweig: Friedrich Vieweg u. Sohn 1965

[1/9]   Lehmann, M.: Beschreibung der Zykloiden, ihrer Äquidistanten und Hüllkurven.
         Habilitationsschrift TU München 1981.

[1/10]   Heikrodt, K.: Ein Beitrag zur Theorie und Anwendung innenachsiger Rotationskolbenmaschinen. Dissertation TU Braunschweig 1985.

[1/11]   Roth, K.: Untersuchungen über die Eignung der Evolventenzahnform für eine allgemein
         verwendbare feinwerktechnische Normverzahnung. Dissertation TU München 1963.

[1/12]   Aßmus, F.: Technische Laufwerke einschließlich Uhren. Berlin, Göttingen, Heidelberg:
         Springer 1958.

Aufsätze, Firmenschriften, Patentschriften

[1/13]   Fa. F.F.A. Schulze: Firmenprospekt, Schwenkbarer Winkeltrieb, Hamburg 1976

[1/14]   Roth, K.: Evolventenverzahnung und Räderpaarung unter Verwendung einer solchen
         Verzahnung. Österreichische Patentanmeldung, Az. A8384/67, 38721/JR, 1967.

2 Geradverzahnte Stirnräder und Stirn-Radpaarungen mit genormten Evolventen-Verzahnungen

Die folgenden Betrachtungen beziehen sich nur auf Evolventen-Zahnräder. An der einfachsten Ausführung eines Evolventen-Zahnrades, dem geradverzahnten Stirnrad, werden die wichtigsten geometrischen Zusammenhänge für die Auslegung von Verzahnungen aufgezeigt.

2.1 Entstehung des geradverzahnten Stirnrades

Zur Ausbildung einer Verzahnung genügt es nicht, evolventische oder sonstige Kurven auszuwählen, denn sie bestimmen nur den Verlauf der für die Berührung mit dem Gegenzahn vorgesehenen Flanke, die bei nicht zurückgenommenen Zahnköpfen vom Kopfkreis (r_a), bei zurückgenommenem Zahnkopf vom Kopf-Formkreis bis höchstens zum Grundkreis reicht. In Bild 2.1 wird gezeigt, wie aus den gleichen Evolventenkurven Zähne verschiedener Zahnhöhe und Zahndicke zusammengestellt werden können, wobei für alle die gleiche Zahnfußausrundung angenommen wurde. Der Fuß-Formkreis (Bild 2.2) liegt nie innerhalb des Grundkreises (r_b), nur in Extremfällen auf ihm, in der Regel über ihm. Er wird durch den tiefsten Fußpunkt der vom Werkzeug erzeugten Evolventenflanke bestimmt [2/1]. Im wesentlichen unabhängig von diesem Teil der Zahnflanke ist die Ausbildung des Zahnkopfes (Zone 1 in Bild 2.2), dessen Form beispielsweise bestimmt wird durch den wählbaren Kopfkreisradius (r_a), durch die Zahnkopfdicke bzw. durch die Profilrücknahme am Zahnkopfeckpunkt, die den Kopf-Formkreis (r_{Fa}) festlegt. Auch die Ausbildung des unteren Zahnbereichs unterhalb der nutzbaren Zahnflanke (Zone 3) ist von der Flankenform in weiten Grenzen unabhängig. Der fußseitige Teil des Zahnes beginnt mit einer möglichst ohne Knick angrenzenden Fußrundung, anfangend am Fuß-Formkreis (r_{Ff}), deren unterster Punkt den Fußkreis (r_f) bestimmt. Die Zahnfußausrundung kann in den Fußkreis übergehen oder in die gegenüberliegende Fußrundung. Ihre Form ist nur durch kleinstzulässige bzw. größtmögliche Rundungsradien und durch das Kopfspiel eingegrenzt. Im einzelnen bestimmt die Kopfausbildung des Werkzeugprofils [2/8] im Zusammenhang mit dem Fertigungsverfahren den genauen Verlauf der Zahnform am Fußgrund. Die Ausbildung der Zahnlücke am Zahnfuß dient in erster Linie dem berührungslosen Eintauchen der Gegenzahnspitze unter Berücksichtigung von Schmier-

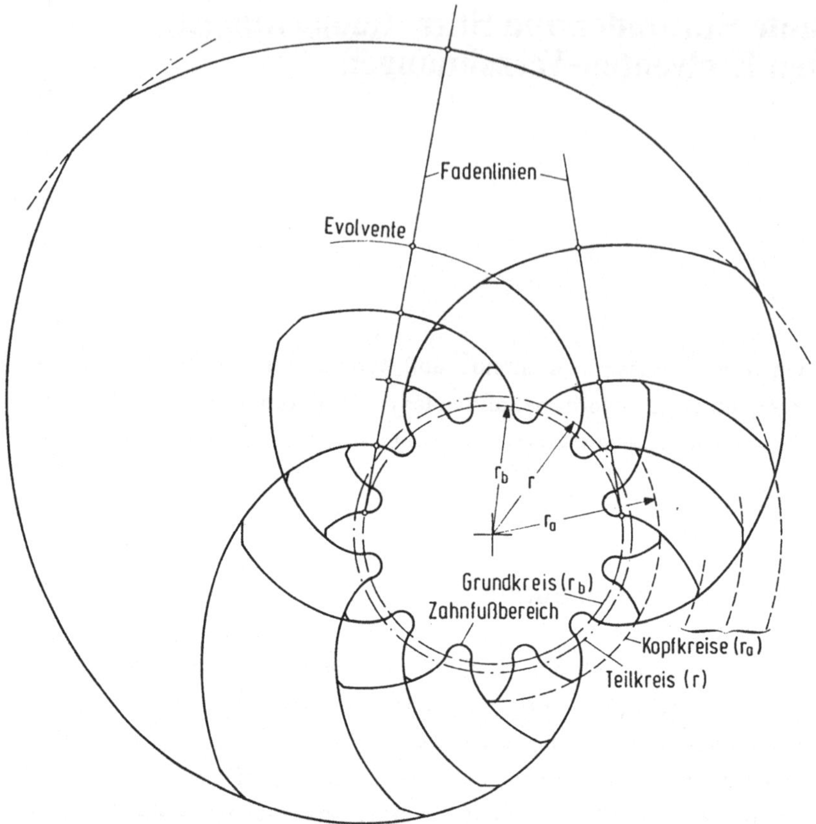

Bild 2.1. Erzeugen von Kreisevolventen durch Abwickeln der Fadenlinie am Grundkreis (r_b).
Erzeugen von verschieden großen Evolventenzähnen durch Zusammenfassen zweier Evolventen des
gleichen Grundkreises (r_b), die der vorgegebenen Zahndicke entsprechen sowie durch Festlegen
der oberen Begrenzung aufgrund des gewählten Kopfkreises (r_a) und der Ausbildung des Zahnfuß-
bereichs aufgrund der Werkzeugform. Der Teilkreis (r) ist ein bewährter Bezugskreis, der aber nur
dann von allen möglichen Bezugskreisen hervorgehoben ist, wenn der Profilwinkel α_p eines geradflankigen Bezugsprofils eine besondere Rolle spielt.

mittelrückständen und soll einen möglichst kerbwirkungsfreien Übergang der Zahnflanke zum Zahngrund gewährleisten, um die Zahnfußtragfähigkeit zu erhöhen.

Der unter dem nutzbaren Teil der Zahnflanke liegende Teil des Zahnfußes (Zone 3,
Bild 2.2) kann sowohl innerhalb als auch außerhalb des Grundkreises liegen, ohne
daß der korrekte Eingriff gestört wird. In Bild 2.2 ist zusätzlich noch der Zahn des
erzeugenden Werkzeugs eingezeichnet, dessen Kontur identisch mit der Lücke des Bezugsprofils des Rades ist. Die Werkzeugflanke erzeugt die nutzbare Zahnflanke und
der Werkzeugkopf die Zahnfußrundung. Das gerade Kopfende der erzeugenden Werkzeugflanke und das Fußende der nutzbaren Zahnflanke berühren sich am Beginn des
Erzeugungswälzvorganges. Die nutzbare Zahnflanke reicht vom Fuß-Formkreis (r_{Ff}),

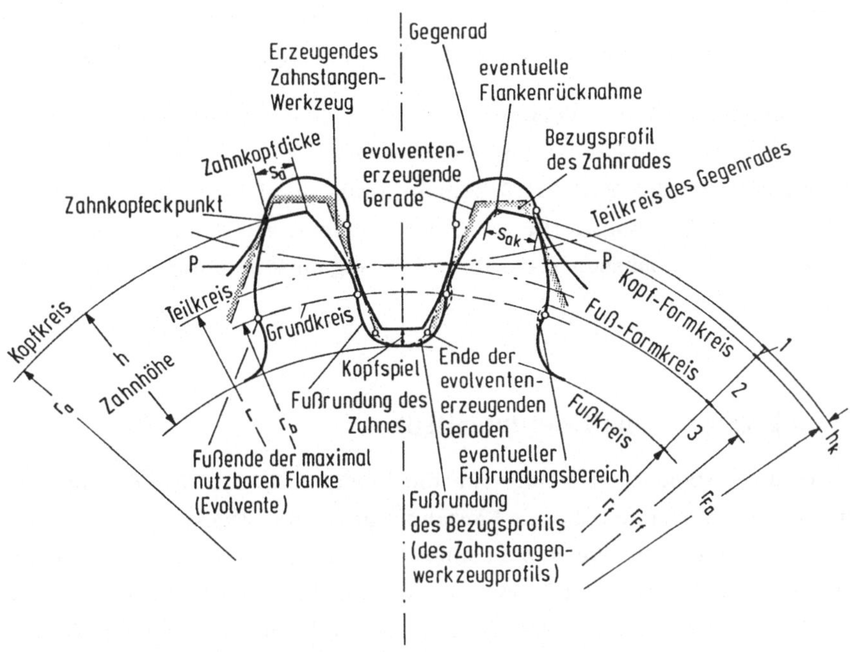

Bild 2.2. Ausbildung eines Evolventenzahnes [2/1] aus drei Zonen (Beispiel ohne Profilverschiebung)

Zone 1: Oberer Zahnkopfbereich (vom Kopfkreis (r_a) mit der Zahnkopfdicke s_a, dem Kopfeckpunkt, eventuell mit Flankenrücknahme bis zum Kopf-Formkreis (r_{Fa})).

Zone 2: Potentiell tragender und berührender Teil der Flanke, also nutzbarer Bereich (Evolvente vom Kopf-Formkreis (r_{Fa}) bis zum Fuß-Formkreis (r_{Ff})).

Zone 3: Unterer Zahnfußbereich (vom Fuß-Formkreis (r_{Ff}), d.h. dem Fußende der nutzbaren Flanke über die Fußrundung bis zum Fußkreis (r_f)).

Das erzeugende Zahnstangen-Werkzeug [2/7] hat in der dargestellten Ebene eine Kontur, die sich zum Bezugsprofil wie Patrize und Matrize verhält. Die nutzbare Evolventenflanke reicht vom Kopf-Formkreis (r_{Fa}) zum Fuß-Formkreis (r_{Ff}). Der Kopf-Formkreis kann im äußersten Falle bis zum Kopfkreis reichen, $r_{Fa} \leq r_a$, und der Fuß-Formkreis bei Außenverzahnungen im äußersten Falle bis zum Grundkreis, $r_{Ff} \geq r_b$.

der im Extremfall bis zum Grundkreis (r_b) verkleinert werden kann, bis zum Kopf-Formkreis (r_{Fa}), der im äußersten Fall bis zum Kopfkreis (r_a) vergrößert werden kann. Für Außenverzahnungen gilt

$$r_{Ff} \geq r_b \tag{2.1}$$

$$r_{Fa} \leq r_a. \tag{2.2}$$

Zähne verschiedener Dicke bildet man aus, indem bestimmte Abschnitte zweier entgegengesetzt abgewickelter Flankenkurven - hier Evolventen - zu einem Zahn zusammengefaßt werden. Dies geschieht z.B. im einfachsten Fall so, daß Zahndicke und

Zahnlücke am Teilkreis gleich groß sind (Bild 2.1, innerstes Zahnrad) und daß immer eine ganze Anzahl von voll ausgebildeten Zähnen und Zahnlücken entsteht.

In Bild 2.1 sind als Beispiele für die Verwendung von Evolventen des gleichen Grundkreises folgende Zahnräder dargestellt: Ein Rad mit 12 kleinen Zähnen, mit den gleichen Evolventen ein mittelgroßes Rad mit 6 Zähnen sowie jeweils ein Zahnrad mit 4, 3, 2 Zähnen und einem großen Zahn. Die Zahnräder können mit Rädern der gleichen Teilung korrekt kämmen, nur müssen die Zähne der Gegenräder entsprechend komplementär ausgelegt werden.

2.2 Gleichung und Erzeugung der Evolventenflanke

Ausgangskurve für die nutzbare, d.h. die für die Berührung zur Verfügung stehende Flanke eines Zahnes, ist bei dieser Verzahnungsart die Kreisevolvente. Es hat etwa 100 Jahre gedauert, bis die von Leonhard Euler [2/11] 1762 vorgeschlagene Kreisevolvente als günstigste Zahnflanke und die durch sie entstehenden Vorteile bei ihrem technischen Einsatz zur Verdrängung der Zykloidenverzahnung führte.

2.2.1 Die Kreisevolvente

Die zweckmäßigste Schreibweise für die Kreisevolventengleichung erhält man bei ihrer Darstellung in Polarkoordinaten mit dem in der Verzahnung immer wieder auftretenden Profilwinkel α_y als Parameter. Mit Bild 2.3, in dem r_y ein beliebiger Radius,

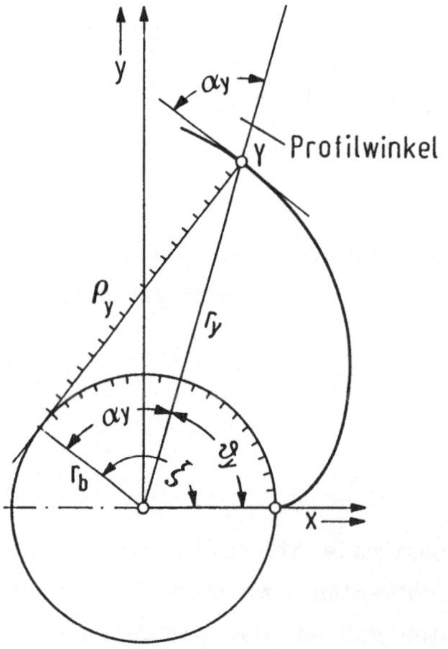

Bild 2.3. Größen zur Darstellung der Kreisevolvente in Polarkoordinaten. Es bedeutet

ϑ_y Polarwinkel, $\xi_y = \alpha_y + \vartheta_y$ Wälzwinkel

r_b Grundkreisradius, r_y Radius zum Punkt Y

ρ_y Krümmungsradius

r_b der Grundkreisradius und α_y der Profilwinkel ist, ergibt sich

$$r_y = \frac{r_b}{\cos \alpha_y} \quad . \tag{2.3}$$

Mit dem Polarwinkel ϑ_y sowie dem Krümmungsradius ρ_y, welcher bei der Evolvente gleichzeitig der über die Winkel $\alpha_y + \vartheta_y$ abgewickelte Bogen ist, erhält man

$$\rho_y = r_b \cdot \mathrm{arc}(\alpha_y + \vartheta_y) \tag{2.4}$$

sowie

$$\rho_y = r_b \cdot \tan \alpha_y. \tag{2.5}$$

Aus Gl.(2.4) und (2.5) ist der Polarwinkel ϑ_y als Bogen direkt zu entnehmen und beträgt

$$\mathrm{arc}\,\vartheta_y = \tan \alpha_y - \mathrm{arc}\,\alpha_y. \tag{2.6}$$

Die trigonometrische Beziehung der rechten Seite wird - wie die Kreisfunktionen $\sin \alpha$, $\cos \alpha$ usw. - direkt tabelliert und als neue Funktion behandelt und mit $\mathrm{inv}\,\alpha$ bezeichnet (sprich: involut). Es ist

$$\mathrm{inv}\,\alpha = \tan \alpha - \mathrm{arc}\,\alpha \tag{2.7}$$

und für den Polarwinkel ϑ_y gilt

$$\mathrm{arc}\,\vartheta_y = \mathrm{inv}\,\alpha_y. \tag{2.8}$$

Die Kreisevolvente, in kartesischen Koordinaten mit dem Wälzwinkel ξ_y

$$\xi_y = \alpha_y + \vartheta_y \tag{2.9}$$

als Parameter ergibt sich aus

$$x_y = r_b \cdot (\cos \xi_y + \mathrm{arc}\,\xi_y \cdot \sin \xi_y) \tag{2.10}$$

$$y_y = r_b \cdot (\sin \xi_y - \mathrm{arc}\,\xi_y \cdot \cos \xi_y). \tag{2.11}$$

Ihre Bogenlänge ist

$$s_y = \frac{1}{2}\, r_b \cdot (\mathrm{arc}\,\xi_y)^2 \quad . \tag{2.12}$$

2.2.2 Erzeugung der Kreisevolvente

So einfach und schön es ist, die Kreisevolvente durch Abwicklung eines Fadens zeichnerisch zu erzeugen (Bild 2.1) und aus einer entsprechenden Skizze (Bild 2.3) die mathematischen Zusammenhänge zu entnehmen, so ungeeignet ist dies Verfahren zur technischen Erzeugung evolventischer Zähne. Das geht schon daraus hervor, daß

Gliederungsteil				Hauptteil	
Abwälzen auf	Erzeugen	Abwälzende Kurve	Schneid-Kurve		Beispiel
1	2	3	4	Nr.	
Grundkreis	Punktweise	Gerade	Punkt, (Spitzstichel)	1	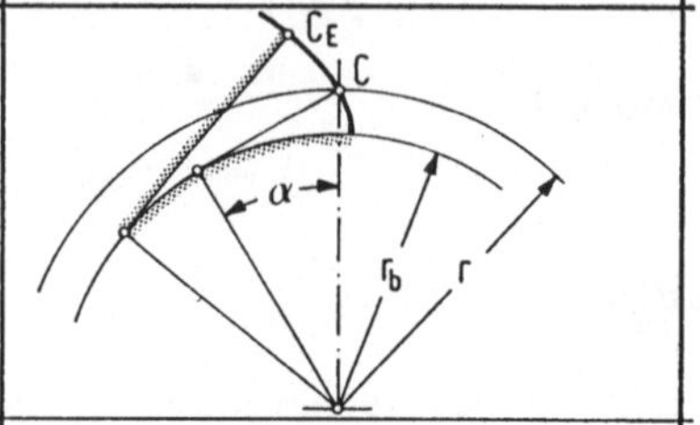
	Durch Hüllschnitte		Gerade, (Schneide senkrecht zum Lineal)	2	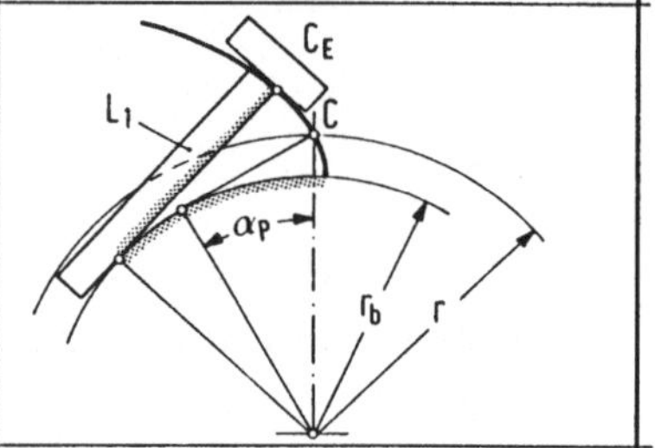
zum Grundkreis äquidistanten Kreis	Punktweise	Logarithmische Spirale	Punkt, (Spitzstichel)	3	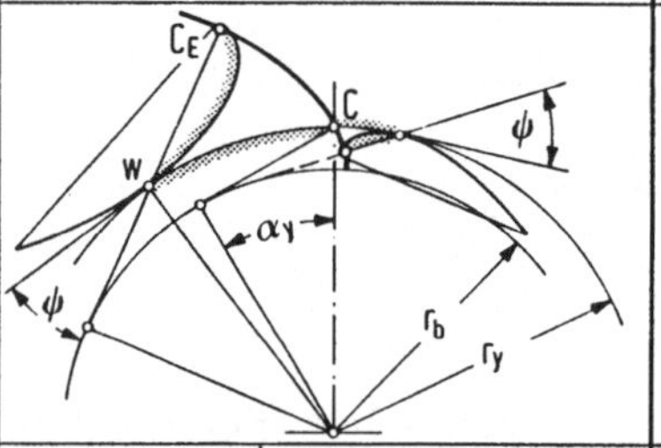
	Durch Hüllschnitte	Gerade	Gerade, (Schneide schräg zum Lineal)	4	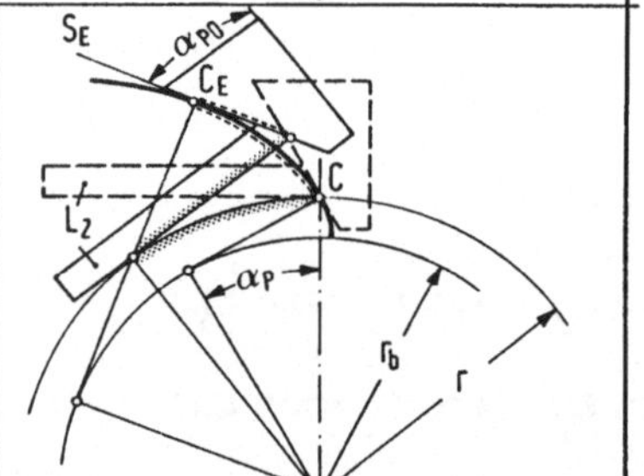
		Kreisbogen	Gegenevolvente	5	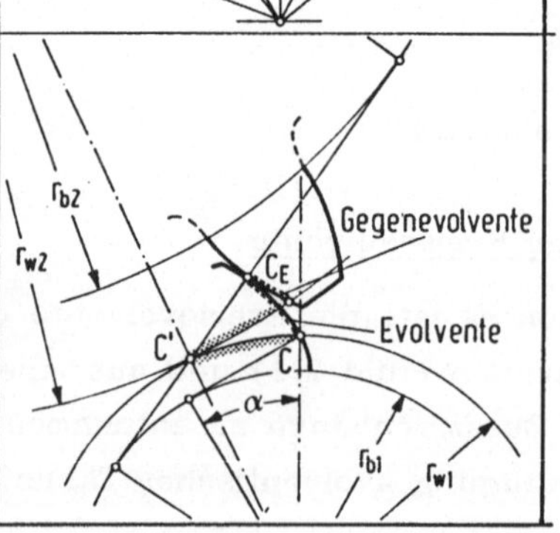

	Zugriffsteil			Anhang
	Wälzkreis	Erzeugung: Endliche Hüllschnittzahl	Gleichung	Geeignet für
Nr.	1	2	3	1
1	Grundkreis r_b	nein		Zeichnerische Darstellung mit Fadenlinie. Der Grundkreis r_b ist Erzeugungswälzkreis
2		ja		Abwälzbewegung mit Lineal, mit Band, z.B. MAAG Schleifverfahren
3	Durch Kreuzungswinkel ψ bestimmter Wälzkreis	nein	$r_y = \dfrac{r_b}{\cos \alpha_y}$ $\psi = \alpha$	Zur Zeit noch keine Anwendung. Winkelbeziehung $\psi = \alpha_w$
4	Teilkreis r	ja	$r = \dfrac{r_b}{\cos \alpha_p}$	Werkzeug bildet eine Zahnstange nach. Sehr häufige Anwendung z.B. beim Hobeln, Wälzfräsen, Teilwälzfräsen, Wälzschleifen usw.
5	Durch „Achsabstand" bei Erzeugung entstehender Betriebswälzkreis r_w, auch r			Werkzeug ist Zahnradförmig, Anwendung z.B. beim Wälzstoßen, Wälzschälen, Schaben, Honen, Kaltwalzen usw.

Bild 2.4. Konstruktions-Katalog für Verfahren zur Erzeugung einer Evolventen-Zahnflanke und dazugehörende Fertigungsverfahren nach Niemann [2/12]. Es bedeutet r_b Grundkreisradius, r Teilkreisradius, r_w Wälzkreisradius.

beim Zeichenverfahren nach Bild 2.1 bzw. Bild 2.4 stets der Grundkreis (r_b) als Ausgang gilt, bei den technischen Erzeugungsverfahren in der Regel ein Erzeugungswälzkreis, der für die zahnstangenförmigen Werkzeuge ein besonders ausgezeichneter ist, nämlich der Teilkreis (r). Der Erzeugungswälzkreis (r_{w0}) kann aufgrund der erzeugten Flankenform, sofern der Profilwinkel αp bekannt ist, bestimmt werden. Er ist wie alle erzeugten Größen toleranzbehaftet. Da im folgenden von theoretisch exakten Größen ausgegangen wird, ist der Erzeugungswälzkreis gleichgroß dem Teilkreis, Gl.(2.3-1).

In Bild 2.4 sind nun alle bekannten Abwälzverfahren [2/12] in Form eines Konstruktions-Katalogs [1/5] systematisch zusammengefaßt sowie die Erzeugung der Evolventen im Hauptteil dargestellt. Spalte 1 des Gliederungsteils unterscheidet den Ausgangspunkt des Verfahrens nach Grund- oder äquidistantem Kreis als Erzeugungswälzkreis, Spalte 2 nach punktweiser oder hüllschnittartiger Erzeugung, Spalte 3 nach der abwälzenden Kurve und Spalte 4 nach der Form der Schneide. Im rechten Teil des Katalogs erscheinen einige Zugriffsmerkmale und im Anhang zusätzliche Hinweise. Man kann danach die Evolvente nicht allein vom Grundkreis in üblicher Weise als Fadenlinie abwickeln, sondern auch von einem äquidistanten Kreis her erzeugen, z.B. vom Teilkreis (r) (Zeile 4) oder von einem anderen Kreis (Zeile 5) und sogar mit Hilfe einer logarithmischen Spirale (Zeile 3).

Den Verfahren Nr. 1, 2 und 3 haftet der Nachteil an, daß immer die gleiche Spitze C_E eines Stichels oder der gleiche Punkt einer Schneide C_E die Evolvente erzeugt. Bei den Verfahren Nr. 4 und 5 wandert der erzeugende Punkt C_E entlang der Schneide, so daß sie nicht so schnell abgenutzt wird. Bei der Zahnradherstellung muß diese Schneide neben der Wälzbewegung in der Zeichenebene noch eine Schneidbewegung senkrecht zu dieser Ebene machen. Ein weiterer Unterschied für die Herstellung ist der, daß die Hüllschnittverfahren digitalisiert werden können (nicht müssen) d.h. durch einzelne Schneidzähne oder Schneidhübe die Evolvente in Polygonen annähern können, während die "Punktverfahren" kontinuierlich ausgeführt werden müssen.

Bekannt und häufig eingesetzt sind die technischen Erzeugungsverfahren nach Nr. 4, 5 und 2, bekannt und nicht eingesetzt Verfahren Nr. 3. Verfahren Nr. 4 ahmt die Erzeugung eines Evolventenzahnrades mit einem Zahnstangenwerkzeug nach. Der Erzeugungswälzkreis (r_{w0}) ist gleich dem Teilkreis (r), der wiederum aus dem Grundkreis nach Gl.(2.3) ermittelt wird mit

$$r_{w0} = r = \frac{r_b}{\cos\alpha_p} \ . \tag{2.3-1}$$

Der Profilwinkel αp des Stirnrad-Bezugsprofils ist nicht nur gleich dem Eingriffswinkel α bei Nullverzahnungen (siehe Bild 2.26), sondern auch dem Profilwinkel α

des Zahnes am Teilkreis (r) sowie dem Winkel α_{P0} für die Schrägstellung der Schneide S_E zum abwälzenden Lineal (Bild 2.4, Nr. 4), also dem Profilwinkel α_{P0} des erzeugenden Zahnstangen-Bezugsprofils (Bild 2.5).

Es läßt sich rechnerisch nachweisen, daß das Abwälzen eines Lineals mit der um α_{P0} schräggestellten Schneide S_E auf einem um den Faktor $1/\cos\alpha_{P0}$ veränderten Wälzkreis (Verfahren Nr. 4 in Bild 2.4) durch Hüllschnitte die gleiche Evolvente erzeugt wie das Abwälzen eines Lineals mit senkrechter Schneide oder eines Fadens (Verfahren Nr. 2 und 1) auf dem Grundkreis. Durch Schrägstellung der Schneide kann man daher den ursprünglichen Wälzkreis vergrößern und alle Schneidenpunkte für die Zerspanung heranziehen.

Bei Verwendung einer logarithmischen Spirale als Abwälzlineal, deren Verbindungsgerade vom asymptotischen Punkt C_E zum Wälzpunkt W mit der Kurventangente stets den Schnittwinkel α bildet, kann der Wälzkreis gegenüber dem Grundkreisradius auch um den Faktor $1/\cos\alpha$ vergrößert werden, mit dem Unterschied gegenüber Verfahren Nr. 4, daß die Evolvente dann durch einen Punkt und nicht über Hüllschnitte erzeugt wird. Verfahren Nr. 3 wird zur Zeit technisch nicht eingesetzt.

2.2.3 Das Zahnstangenwerkzeug

Es genügt nach den Darlegungen in Bild 2.1 nicht, nur　e i n e　Zahnflanke zu erzeugen, sondern es müssen, möglichst beim gleichen Abwälzvorgang,　b e i d e　Flanken ausgebildet werden. Die Schneidkante S_E des Lineals L_2 aus Bild 2.4, Nr.4, wird daher beidseitig symmetrisch zur Mittellinie mit gleichen Winkeln α_{P0} ausgebildet. Mehrere Schneidkanten ergeben dann eine Werkzeug-Zahnstange (Bild 2.5), die zur Ausbildung eines Kopfspiels mit dem späteren Gegenzahn und der erforderlichen Fußausrundung der Zahnlücke noch einen abgerundeten Zahnkopf hat. Dieser Zahnkopf muß gegenüber der verlängerten Schneidkante S_E zurückgenommen sein, damit beim Austauchen des Werkzeugs nicht schon erzeugte Zahnflankenteile weggeschnitten werden (siehe Kapitel 5). Erzeugungsprofile mit trapezförmigen Schneidzähnen wie in Bild 2.5 sind die am häufigsten vorkommenden und werden bei allen zum Abwälzen bestimmten Werkzeugen mit Zahnstangenform verwendet.

In gleicher Weise läßt sich auch Lineal L_1 aus Bild 2.4, Nr. 2, zu einer Zahnstange ausbilden, wie das in Bild 2.6 dargestellt ist. Man kann deutlich erkennen, daß die Fräserzähne nur mit den Schneidpunkten S_E die Zahnflanken berühren und aus dem vollen Material herausarbeiten, daß ferner hier die "Schneidkante" nicht über den Schneidpunkt S_E hinaus verlängert werden darf, da sie sonst beim Austauchen den größten Teil des Zahnes wieder wegschneiden würde. Auch in diesem Fall muß der Zahnkopf des Zahnwerkzeugs hinter den Schneidpunkt S_E zurückgenommen werden. Da der Profilwinkel $\alpha_{P0} = 0°$ ist (ebenso der Erzeugungs-Eingriffswinkel α_0), ist der Grundkreisradius r_b nach Gl.(2.3-1) gleich dem Teilkreisradius r und dieser

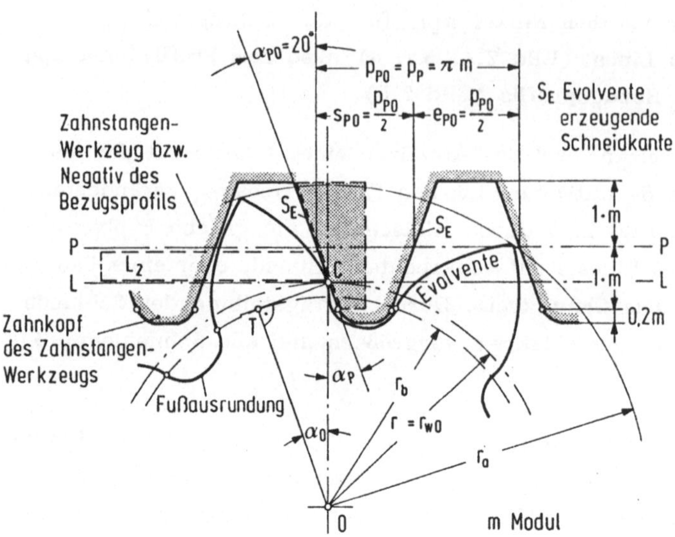

Bild 2.5. Durch Verdoppelung der Schneidkanten des Lineals L_2 aus Bild 2.4, Nr. 4, erhält man die Evolventen schneidenden Flanken der erzeugenden Zahnstange mit den Schneidkanten S_E. Die Zahnstange wälzt mit der Geraden LL auf dem Erzeugungswälzkreis (r_{wO}) und nicht auf dem Grundkreis (r_b) ab. Der Erzeugungswälzkreis (r_{wO}) ist bei Zahnstangenwerkzeugen gleich dem Teilkreis (r) des Rades. Der Profilwinkel α_{PO} des Werkzeug-Bezugsprofils ist gleich dem Profilwinkel des Bezugsprofils α_P, dieser ist gleich dem Profilwinkel α_w des Zahnes am Erzeugungswälzkreis (r_{wO}) (bzw. Teilkreis (r) des Rades) und gleich dem Eingriffswinkel α_0 am Erzeugungsgetriebe und dem Eingriffswinkel α beim Kämmen des Zahnrades mit einer Zahnstange. Der Zahn ist am Evolventenfußpunkt nicht schädlich unterschnitten, der Zahnkopf jedoch ist spitz. Auf der Profilbezugslinie PP ist Zahndicke s und Lückenweite e gleich groß. Es bedeutet p (Teilkreis-)Teilung, m Modul, Indizes P, PO bezogen auf Bezugs- bzw. Werkzeug-Bezugsprofil.

gleich dem Erzeugungswälzkreis (r_{wO}). Auch hier ist wieder deutlich erkennbar, daß der Teilkreis (r), auf den häufig die ganze Zahnradgeometrie aufgebaut wird, nur durch den Profilwinkel α_P eines geradflankigen Bezugs- oder Werkzeugprofils definiert ist und dadurch allein seine Bedeutung hat.

Wenn wie in Bild 2.5 auch in Bild 2.6 die Zahndicke der Zahnstange s_{PO} gleich der Lückenweite e_{PO} sein müßte, erhielte man viel zu dünne und zu kurze Radzähne. Das kann man leicht durch Verringerung der Zahndicke am Zahnstangenprofil ändern. Man muß dann nur in Kauf nehmen, daß auch die Zähne eines späteren Gegenprofils dünner werden.

Werkzeuge dieser Profilform sind z.B. bestimmte Schleifscheiben beim MAAG-Verfahren (0°-Schleifmethode). Allerdings wird wegen der veränderlichen Schleifscheibendicke beim Abrichten nur   e i n e   Seite zur Evolventenerzeugung eingesetzt.

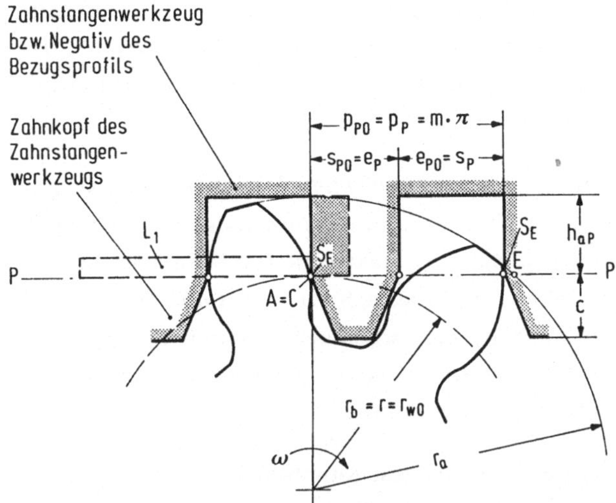

Bild 2.6. Durch Verdoppelung der Schneidkanten des Lineals L_1 aus Bild 2.4, Nr. 2, erhält man
die erzeugende Zahnstange mit den schneidenden Punkten S_E und als ihre "Negativform" das Zahn-
stangen-Bezugsprofil. Die Zahnstange wälzt auf der Geraden PP am Grundkreis (r_b) ab, der gleichzeitig Teilkreis (r) und Erzeugungswälzkreis (r_{w0}) ist. Da der Profilwinkel α_{P0} der Schneidkante des
Zahnstangen-Werkzeugs null ist, ebenso der Profilwinkel α der Evolvente im Schnittpunkt mit dem
Erzeugungswälzkreis (r_{w0}) (Teilkreis), wirkt die Kraft im Berührungspunkt der Flanken stets senkrecht zur Mittenlinie, aber es ist auch immer nur Punkt S_E der Zahnstange im Eingriff. Die senkrechte "Schneidkante" muß unterhalb des Punktes S_E zurückgenommen werden, da sonst die erzeugte Evolventenflanke unterschnitten würde. Zahndicke s und Lückenweite e sind bei diesem Sonder-
bezugsprofil nicht gleich groß, um einigermaßen brauchbare Zahnformen zu erhalten. Rad und linke
"Flanke" des Zahnstangenzahns berühren sich bei Rechtsdrehung nur von Punkt C, der auch gleichzeitig der Punkt A des Eingriffsbeginns ist, bis Punkt E. Es bedeutet: p Teilung, h_{aP} Zahnkopfhöhe des Bezugsprofils, r_a Kopfkreisradius, c Kopfspiel.

Bei trapezförmigen Zahnstangen sind die Zahndickenverhältnisse viel günstiger, wie
der Vergleich mit Bild 2.5 zeigt, in welchem alle Verzahnungswerte bis auf den Profilwinkel α_P gleich sind. Die verkürzte Zahnhöhe in Bild 2.6 ist eine Folge der nicht
beliebig vergrößerbaren Lückenweite e_{P0} des Zahnstangenwerkzeugs.

2.2.4 Schablonen zur zeichnerischen Ermittlung von Evolventenzahnformen

Bei der Erzeugung eines Zahnrades, z.B. nach dem Verfahren Nr. 4 aus Bild 2.4,
interessiert häufig mehr noch als der Evolventenverlauf die Größe und der Verlauf
der Fußrundung, ihr Übergang zur Evolventenflanke und zum Fußkreis (Bild 2.2),
wenn z.B. die Form der Schnittkanten des erzeugenden Werkzeugs vorgegeben ist.
Kennt man den Profilverlauf unterhalb des Fußendes der nutzbaren Evolventenflanke, kann man daraus eine Reihe von Schlüssen ziehen, z.B. über das korrekte oder
nicht korrekte Kämmen von Zahn und Gegenzahn, über den Freiraum für das Auf-

sitzen und Nichtaufsitzen des Zahnkopfes vom Gegenrad (Kopfspiel), über unerlaubtes Wegschneiden der Evolventenflanke (Unterschnitt), über die Kerbwirkung am Übergang vom Zahn zum Zahnkörper und über d i e Zahndicke, welche später zur Berechnung der Fußtragfähigkeit maßgebend ist.

Viel einfacher und didaktisch wirksamer als mit rechnerischen Verfahren ist es, die tatsächlich entstehende Zahnform einschließlich des Zahnlückengrundes als Ergebnis des Hüllschnittverfahrens und der Form des Schneidwerkzeugs mit Hilfe von entsprechenden Schablonen selbst Schritt für Schritt zeichnerisch zu ermitteln. Müssen solche Zahnkonturen sehr häufig ermittelt werden, ist es selbstverständlich möglich, sie mit Hilfe eines entsprechenden Programms am Bildschirm zu generieren. Für Einzelfälle ist jedoch die "Schablonenmethode" am effektivsten.

Bild 2.7 zeigt eine Schablone [2/18] aus durchsichtigem Kunststoff, in der - z.B. selbstangefertigt - oben die am Kopf stehende Lücke des Werkzeug-Bezugsprofils ausgeschnitten wurde. Dort, wo die Zahnlücke des Zahnstangen-Werkzeugprofils

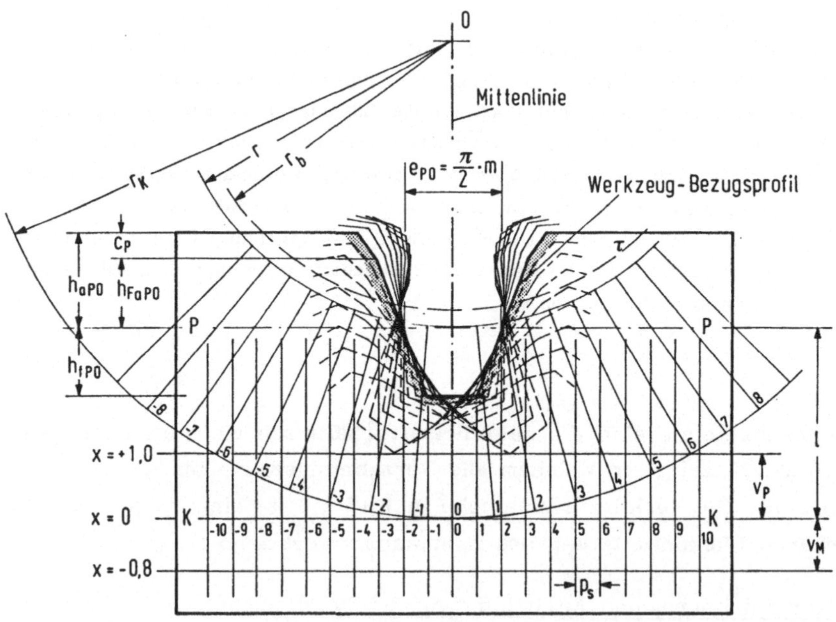

Bild 2.7. Schablone aus durchsichtigem Kunststoff zum Zeichnen von Evolventenzähnen aufgrund eines vorgegebenen Werkzeug-Bezugsprofils (Negativ des Bezugsprofils) und einer vorgegebenen Anzahl von Hüllschnitten.

Beispiel: Größen am Werkzeug-Bezugsprofil (Index P0), Zahnkopfhöhe $h_{aP0} = 1{,}5 \cdot m$, Zahnfußhöhe $h_{fP0} = 1{,}1 \cdot m$, Lückenweite an der Profilbezugslinie PP $e_{P0} = (\pi/2) \cdot m$, Zähnezahl z = 9, Profilverschiebungsfaktor x = 0, Hüllschnittzahl $n_s = 8$, Hüllschnitteilung $p_s = \pi \cdot m/n_s$ am Erzeugungswälzkreis. Für die Schablone mit Modul m = 20 mm, $n_s = 8$ ist $p_s = 7{,}85$ mm.

$e_{P0} = \pi \cdot m/2$ ist, liegt die Profilbezugslinie PP und in einem Abstand, der mindestens $2,5 \cdot m$ (in Bild 2.7 sind es $3 \cdot m$) davon entfernt ist, die Konstruktionslinie KK. Diese wird von der Mittellinie beidseitig durch parallele Linien so oft unterteilt, als man Hüllschnitte haben möchte. Alle Linien auf der Schablone werden zweckmäßigerweise mit einer spitzen Nadel auf der Rückseite angebracht (Parallaxfehler). Der Abstand der Unterteilung p_S errechnet sich aus der Teilung am Teilkreis

$$p = \pi \cdot m \qquad\qquad\qquad (2.13)$$

und der gewünschten Hüllschnittzahl n_S mit

$$p_S = \frac{p}{n_S} \, . \qquad\qquad\qquad (2.14)$$

Diese Teilung, welche wegen der ausgeschnittenen Lücke nicht an der Profilbezugslinie PP angebracht werden kann, wird numeriert. Anschließend zeichnet man den Konstruktionskreis (r_K), der um den Abstand zwischen Profilbezugslinie PP und Konstruktionslinie KK größer als der Teilkreis ist (z.B. $r_K = r+3 \cdot m$). Die Teilung p_S wird am Teilkreis (r) aufgetragen, auf den Konstruktionskreis (r_K) durch Mittelpunktstrahlen übertragen und numeriert. Durch Anlegen der Punkte auf der Konstruktionslinie KK an die Punkte am Konstruktionskreis mit gleicher Nummer. wobei die Rasterlinie des angelegten Schablonenpunkts genau auf dem entsprechenden Mittelpunktstrahl liegen muß, hat die Schablone die richtige Lage, so daß die nachgefahrene Ausschnittskontur genau einen Hüllschnitt ergibt.

Durch Anlegen einer zur Konstruktionslinie KK parallelen Linie, z.B. der Linie $x = +1,0$ oder $x = -0,8$, also durch Verschieben des Schablonenprofils, erhält man andere Zahnausbildungen, die der später noch zu behandelnden "Profilverschiebung" (Abschnitt 2.5) entsprechen. Es läßt sich auf diese Weise jede mögliche abwälzbare Verzahnung bei entsprechender Vergrößerung (Modul $m = 20$ bis 30 mm) einschließlich der Zahnfußausbildung zeichnerisch entwickeln.

Die Umkehrung des Verfahrens ermöglicht es nach Bild 2.8, für ein gewünschtes Zahnprofil Z die nötige Werkzeugprofilform zu ermitteln. Die Schablone hat zu diesem Zweck einen Durchbruch, der von unten mit Transparentpapier überklebt wird und nach Durchzeichnen des Zahnprofils Z in den verschiedenen Schablonenlagen als Umriß der Hüllschnitte das notwendige Werkzeugprofil ergibt [2/18].

Für Stichproben und beschränkte Anwendungshäufigkeit kann die Schablone nach Bild 2.9 aus Karton ausgeschnitten und das Fenster von unten mit Transparent beklebt werden. Ungenauigkeiten entstehen durch das Aufrauhen des Schablonenausschnitts und durch die Kürze der Rasterlinien (siehe auch Aufgabenstellung 2-1).

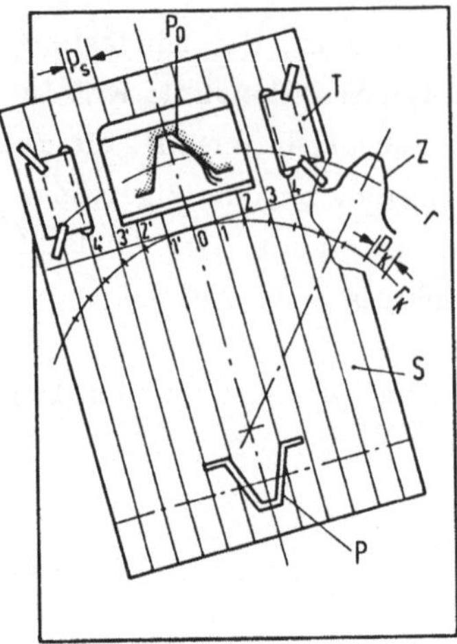

Bild 2.8. Schablone S aus durchsichtigem Kunststoff zum Zeichnen von Evolventenzähnen aufgrund eines vorgegebenen Bezugsprofils P oder zur Ermittlung des Werkzeugprofils P_0 aufgrund der Hüll-kurven des vorgegebenen Zahnprofils Z.

Es bedeutet: T Transparent-Papierstreifen, r Teilkreisradius, r_k Konstruktionskreisradius, p_s Spannutenteilung am Teilkreis, p_k Spannutenteilung am Konstruktionskreis. Die Anzahl der Hüll-schnitte entspricht der Anzahl der Spannuten.

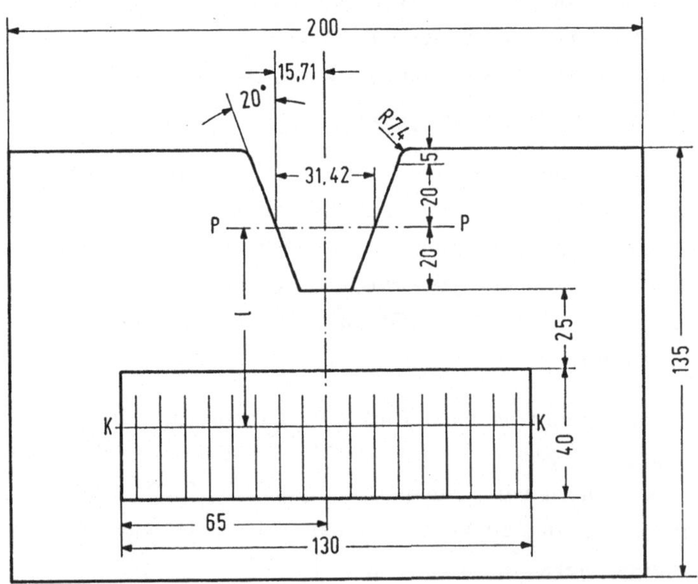

Bezugsprofil DIN 867
$\quad\quad$ m = 20 mm
$\quad\quad$ c = 0,25·m

Bild 2.9. Skizze zur Anfertigung einer Schablone aus Karton für die Zeichnung eines Zahnprofils mit Hüllschnitten des verwendeten Fräserprofils. Fenster mit Transparentpapier bedecken und die Spannutenteilung p_s entsprechend Bild 2.7 einzeichnen. Abstand l aus Konstruktionskreis (r_k), Teilkreis (r) und Profilverschiebung berechnen. Es ist $l = r_k - r + xm$ und $r_k - r \approx 65$ mm gewählt. Es ist KK die Konstruktionslinie.

<u>2.2.5 Aufgabenstellung 2-1 (Zahnkopf- und Zahnfußdicke an einem gezeichneten</u>
<u>   Zahnprofil)</u>

Es soll mit Hilfe der Schablone in Bild 2.9 die Zahnform eines Zahnes mit 14, mit 7, mit 5 und mit 3 Zähnen ermittelt werden. Die Hüllschnittzahl betrage $n_S = 8$.

1. Von welcher Zähnezahl an wird die erzeugte Evolventenflanke durch das austauchende Werkzeugprofil merklich zerstört, wenn an der Konstruktionslinie angelegt wird?

2. Wie groß sind die minimalen Zahndicken im Fußbereich?

3. Um welchen Faktor werden die Zahnkopfdicken s_a kleiner gegenüber den Zahnkopfdicken $s_{aP} = m \cdot (\pi/2 - 2 \cdot \tan 20°)$ am erzeugenden Bezugsprofil?

2.3 Genormte Zahnstangen-Bezugsprofile

<u>2.3.1 Bezugsprofil und "Zahnradfamilie"</u>

Um zwei Zahnräder miteinander paaren zu können, müssen ihre Bestimmungsgrößen aufeinander abgestimmt sein. Man kann dabei zwei Wege verfolgen: Entweder werden die entsprechenden Größen wie z.B. Kurvenform der Zahn- und Gegenzahnflanke gleich oder nicht gleich gewählt. Ebenso können die Zahnkopf- und Zahnfußhöhe oder Zahndicke und Lückenweite am selben Rad gleichgroß sein, aber immer so, daß diese Größen wechselseitig an Rad und Gegenrad passen. Schon Bild 1.11, Teilbild 2 und 3 zeigt, daß Rad und Gegenrad beide Zykloiden bzw. Evolventenflanken hatten, in Bild 1.13 jedoch, daß die Flankenkurven verschieden waren und zu einer vorgegebenen Flankenform von Rad 1 eine passende für das Gegenrad konstruiert wurde. In beiden Fällen konnte der Effekt einer konstanten momentanen Übersetzung erzielt werden.

Auch die Abstimmung von Zahnkopfhöhe des Rades und Zahnfußhöhe des Gegenrades (Bild 2.2) und umgekehrt kann so sein, daß sie nur wechselseitig gleich sind, aber am selben Rad ungleich (komplementär) oder wechselseitig u n d am selben Rad gleich (symmetrisch) sind.

Schließlich muß die Teilung von der linken zur linken, von der rechten zur rechten Zahnflanke an Rad und Gegenrad stets gleich sein. Für die Größe der Lückenweite des Rades und der Zahndicke des Gegenrades und umgekehrt gilt, genau wie bei den Zahnhöhen, entweder die komplementäre oder die symmetrische Abstimmung. Es kann danach entweder Lückenweite und Zanndicke des gleichen Rades verschieden sein, aber für Rad und Gegenrad wechselseitig passend oder sie können am selben Rad u n d wechselseitig gleich sein.

Verzahnung		Innenverzahnt		
Zähnezahl		$z_1 = -\infty$	$z_1 = -20$	$z_1 = -1$
	Nr.	1	2	3
Beispiel	1	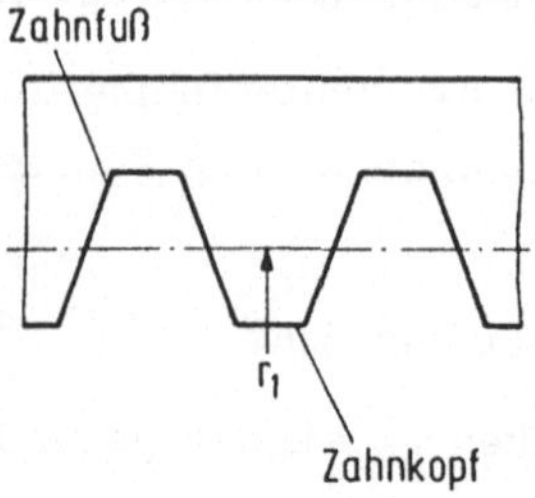	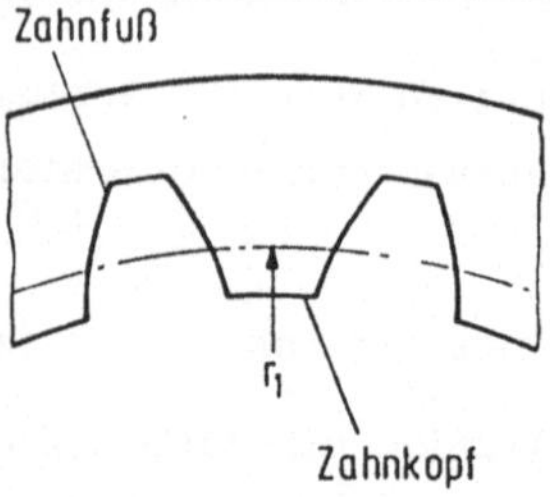	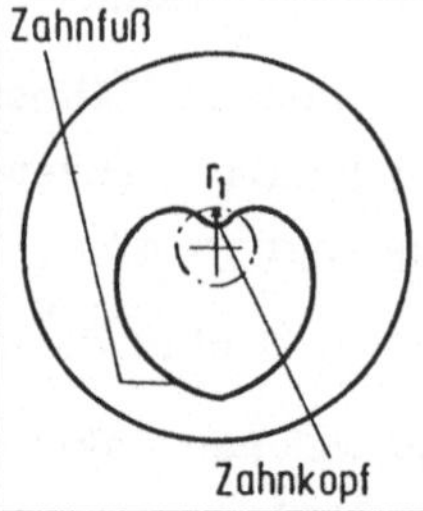
Paarungsmöglichkeit	gerad 2	$+3 \leq z_2 < +\infty$	$+3 \leq z_2 < +14$	
	schräg 3	$+1 \leq z_2 < +\infty$	$+1 \leq z_2 < +14$	

Wenn man weiterhin noch berücksichtigt, daß auch bezüglich der Fußrundung, des Fußendes der nutzbaren Flanke (Bild 2.2) einer eventuellen Rücknahme der Flanke am Zahnkopfende Abstimmungen nötig sind, mutet die für den Gebrauch in der Praxis gefundene Lösung genial und einfach an. Aber sie verführt auch zur Annahme, daß diese spezielle Möglichkeit für die Auslegung von Verzahnungen die alleinige sei und verhindert daher häufig den Weg zu anderen Lösungen.

In Bild 2.4, Nr. 4, und in Bild 2.5 wurde gezeigt, daß die Evolvente durch Abwälzen eines Lineals am Erzeugungswälzkreis mit schräggestellter Schneide S_E im Hüllschnittverfahren erzeugt werden kann, und zwar jede Kreisevolvente. Ändert man nach Gl.(2.3-1) den als Wälzkreis wirkenden Teilkreis mit Radius r, ändert sich auch der Grundkreisradius r_b, und der "abzuwickelnde" Faden beschreibt eine ähnliche, aber andere Kreisevolvente. Will man nun nach diesem Verfahren ein Zahnrad mit kleiner Zähnezahl entwickeln, wird der Wälzkreis- bzw. Teilkreisradius r kleiner gewählt, und es entstehen stärker gekrümmte Evolventen, aber immer solche, die für die Zähnezahl und die gewählte Teilung passend sind. Da immer die gleiche Schneide mit derselben Neigung α_{P0} und den gleichen Zahn- und Fußhöhen verwendet wurde (Bild 2.5), liegt es nahe anzunehmen, daß das "Zahnrad", welches bei unendlich großem Wälzradius r_{w0} entstehen würde. ein Zahnstangenprofil hat mit allen wesentlichen Eigenschaften aller anderen mit dem gleichen Werkzeug erzeugten Verzahnungen. Dieses Zahnstangenprofil ist einfach die negative bzw. die komplementäre Kontur des erzeugenden Zahnstangen-Schneidprofils, ein typischer und leicht darzustellender Vertreter einer ganzen "Zahnradfamilie".

Bild 2.10 zeigt eine solche Zahnradfamilie, und zwar im gesamten möglichen Bereich mit Zähnezahlen von $z = -\infty$ bis $z = +\infty$. Man kann aus dieser Zusammenstellung folgende Schlußfolgerungen ziehen:

Außenverzahnt				Zähnezahl	
$z_1 = +1$	$z_1 = +20$	$z_1 = +\infty$			
4	5	6	Nr.		
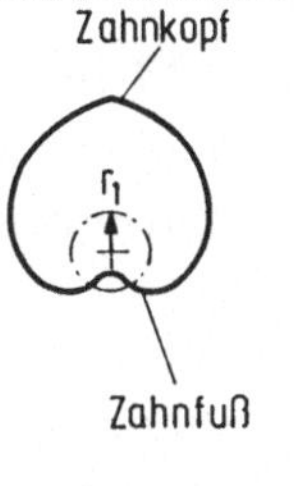 Zahnkopf / Zahnfuß	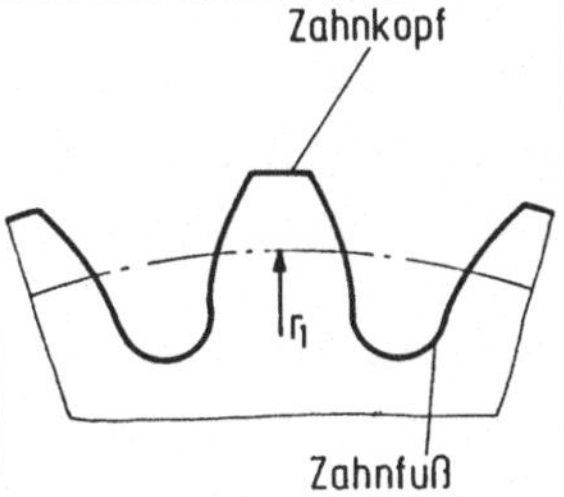 Zahnkopf / Zahnfuß	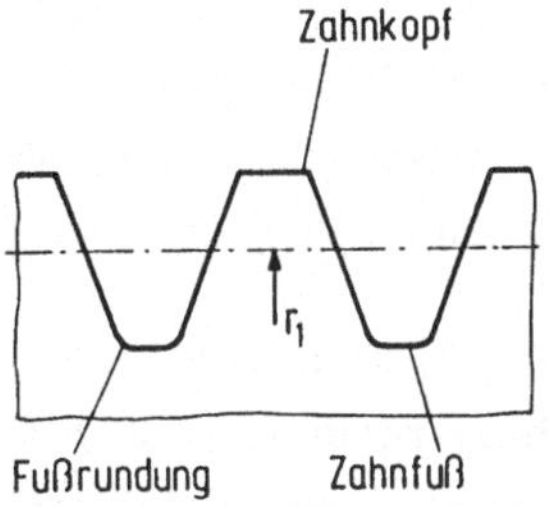 Zahnkopf / Fußrundung / Zahnfuß	1	Beispiel	
—	$+3 \leq z_2 \leq +\infty$	$+3 \leq z_2 \leq +\infty$	2	gerad	Paarungsmöglichkeit
$+1 \leq z_2 \leq +\infty$	$+1 \leq z_2 \leq +\infty$	$+1 \leq z_2 \leq +\infty$	3	schräg	

Bild 2.10. Evolventenzahnräder einer "Familie", die sich - mit Ausnahme des Bereichs $-6 \leq z_1 \leq +6$ - in ihrem Bestimmungsgrößen nur durch die Zähnezahl und die beim Abwälzen entstehende Fußrundung unterscheiden. Im eingegrenzten Bereich sind für die dargestellten Beispiele gegenüber den anderen Bereichen zusätzlich die Zahnkopf- bzw. die Zahnfußhöhen etwas gekürzt, alle anderen Größen aber gleich. In Zeile 2 sind die Zähnezahlen der korrekt paarenden Gegenräder angegeben bei Berücksichtigung der gekürzten Zahnhöhen. Die Profilformen in den Spalten 1 bis 6 sind bis auf die Fußrundungen gleich. Die Radien, welche von den Drehpunkten ausgehen, haben bei Außen- und Innenverzahnung verschiedene Vorzeichen. Die positiven Radien, z.B. auch die Teilkreisradien r_1, zeigen immer auf den Zahnkopf und wechseln daher gegenüber dem Mittelpunkt bei Außen- und Innenverzahnung ihr Vorzeichen. Die Indizes 1 und 2 gelten hier ausnahmsweise nicht für die Bezeichnung des kleineren und größeren Rades, sondern nur zur Unterscheidung von Rad und Gegenrad.

1. Die innenverzahnten Räder erhalten negative Zähnezahlen sowie negative Kopf-, Teil-, Fußkreisradien usw., da die Krümmung der verschiedenen Kreise gegenüber den außenverzahnten Rädern das Vorzeichen gewechselt hat (außenverzahnt: konvex; innenverzahnt: konkav). Die außenverzahnten Räder können alle miteinander gepaart werden, die innenverzahnten nur mit solchen außenverzahnten, deren Zähnezahl kleiner ist.

2. Das Zahnstangenprofil in Spalte 6 hat mit allen Außenverzahnungen von $z = +7$ bis $z = +\infty$ viele gemeinsame Größen. Für die Zähnezahlen $z_1 = +1$ bis $+6$ gelten in den Zahnhöhen etwas abgewandelte Werte. Es hat gerade Flanken, ist bezüglich der Flankenneigung durch e i n e Größenangabe und bezüglich der Zahnhöhen, der Zahndicke und der Lückenweite jeweils durch z w e i Größenangaben eindeutig darstellbar. Es kann mit jedem außenverzahnten Gegenrad gepaart werden, sofern dieses durch ein Zahnstangen-Werkzeugprofil erzeugt wurde, das seine komplementäre Form hat.

3. Das Zahnstangenprofil in Spalte Nr. 6 kann daher alle außenverzahnten Zahnprofile der Spalten 5 bis 6 vertreten, also für Verzahnungen der Zähnezahl
   $z = +7$ bis $+ \infty$ als "Bezugsprofil" dienen, im Bereich $z = +1$ bis $+6$ mit veränderten Zahnhöhen.

4. Das Profil in Spalte Nr. 1 gleicht bis auf die Fußrundung dem Profil in Spalte
   Nr. 6 und kann daher alle Innenverzahnungen der Zähnezahlen $z_1 \leq -20$ vertreten. Für die Zähnezahlen $z = -1$ bis -19 liegen noch keine Erfahrungen vor.

5. Eine Paarung mit einem innenverzahnten Profil und damit auch seine durch Abwälzen ausgeführte Erzeugung muß mit einem außenverzahnten Zahnprofil, dessen Zähnezahl um eine von Fall zu Fall verschiedene Anzahl von Zähnen kleiner
   ist, erfolgen (siehe Kapitel 4). Das Zahnstangenprofil in Spalte 1 kann für Innenverzahnungen wohl "Bezugsprofil" sein, aber seine komplementäre Form kann
   nicht wie bei Außenverzahnungen zur Zahnraderzeugung verwendet werden. Das
   hat für die Erzeugung und Paarung von Innenverzahnungen weitreichende Folgen.

6. Auch für Außenverzahnungen kann man von Zahnstangen abweichende Bezugs-
   bzw. Erzeugungsprofile verwenden (z.B. beim Stoßen). Die korrekte Paarungs-
   möglichkeit solcher Verzahnungen mit anderen ist dann im Einzelfall stets zu
   prüfen.

Nach Bild 2.10 kann die Zähnezahl eines "Zahnrades" oder Zahnsegments jede reelle
Zahl annehmen. Soll jedoch das Zahnrad geschlossen sein und jeder Zahn am Umfang
voll ausgebildet werden, muß die Zähnezahl ganzzahlig sein. Wird die Geschlossenheits-
bedingung nicht gestellt, so kann es durchaus reelle Zähnezahlen von $z = 20{,}37$ oder
von $z = 7{,}5$ usw. geben, die für eine Teilumdrehung korrekt mit anderen Rädern paaren.

2.3.2 Ausführung genormter Bezugsprofile

Nach den Erkenntnissen, welche in den Punkten 2 und 3 des vorigen Abschnitts ge-
wonnen wurden, ist es nicht verwunderlich, daß zur Normung eines Bezugsprofils
für Außenverzahnungen stets das entsprechende Zahnstangenprofil zugrunde gelegt
wird. Diese Wahl wird nicht zuletzt auch deshalb getroffen, weil das Zahnstangenprofil z.B. im Fußteil der Gegenlücke den größten Freiraum benötigt und man gewiß
ist, daß alle Zahnräder mit kleineren Zähnezahlen korrekt kämmen können, wenn ein
Zahnstangenprofil als Gegenprofil korrekt kämmt. Kennt man die Auswirkungen der
einzelnen Bestimmungsgrößen dieses Bezugsprofils auf die Ausformung der damit ab-
gewälzten Verzahnungen endlicher Zähnezahl, dann ist es leicht, die notwendigen Zahlenwerte richtig auszuwählen und festzulegen.

2.3.2.1 Bezugsprofil für den Maschinenbau, Teilung, Modul (Bereich m = 1 bis 70 mm)

In Bild 2.11 ist das genormte Bezugsprofil nach DIN 867 [2/3] mit Evolventenverzahnungen für den allgemeinen Maschinen- und Schwermaschinenbau dargestellt. Das B e z u g s p r o f i l eines Stirnrades (Zylinderrades) ist danach der Normalschnitt durch die Verzahnung eines Rades mit unendlich großem Durchmesser (Bezugszahnstange).

Das Gegenprofil ist die zur Profilbezugslinie spiegelbildlich symmetrische um eine halbe Teilung verschobene Ergänzung des Bezugsprofils.

Zur maßlichen Bestimmung des Bezugsprofils muß die Festlegung seines Profilwinkels α_p, seiner Teilung p und der Zahn-, Zahnkopf-, Zahnfußhöhen und des Kopfspiels c_p erfolgen. Da die Bezugsprofile verschieden großer Zähne zwar verschieden, aber ähnlich sind, legt man alle Größen in Vielfachen einer "Längenbezugsgröße" des sogenannten Moduls m fest. Er hat die Einheit einer Länge und wird in Millimetern angegeben. Man kann dann mit einem einzigen Bezugsprofil für alle Zahngrößen auskommen.

Von entscheidender Bedeutung für die Eigenschaften einer "Zahnradfamilie" ist die Wahl des Profilwinkels α_p am Bezugsprofil. Aus Gl.(2.3-1) und aus Bild 2.5 kann man entnehmen, daß bei konstantem Teilkreisradius r der Grundkreisradius r_b verschieden groß wird, wenn sich die Neigung der Schneide S_E und damit der Profilwinkel des Bezugsprofils α_p und als Folge auch der Eingriffswinkel α ändert. Bei verändertem Profilwinkel α_p aber entstehen unter sonst gleichen Bedingungen andere Evolventen, z.B. bei größerem α_p solche von kleineren Grundkreisen.

Die nächste Festlegung gilt der Teilung, insbesondere der Teilkreisteilung p. Sie ist das π-fache des vorhin als "Längenbezugsgröße" bezeichneten Moduls m und wird auf dem Teilkreisbogen von Links- zu Links- bzw. von Rechts- zu Rechtsflanke gemessen. Die Wahl des Faktors π, der die Teilung zu einer irrationalen Zahl macht (da der Modul eine rationale Zahl ist), ist nicht zwingend, aber zweckmäßig[1]. Es wird dann nämlich der Teilkreisradius r eine rationale Zahl und mit Gl.(2.15) auch der Modul. Der Teilkreisumfang als π-Vielfaches des Durchmessers ist gleich dem z-Vielfachen der Teilung

$$2r \cdot \pi = \pi m \cdot z$$

$$r = \frac{z}{2} \cdot m \, . \hspace{8cm} (2.15)$$

---

[1] Es gab z.B. feinwerktechnische Verzahnungen, bei denen die Teilung eine rationale und der Teilkreisdurchmesser eine irrationale Zahl war.

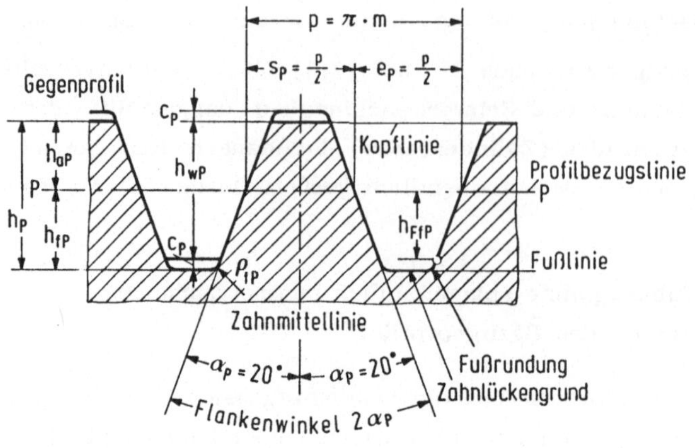
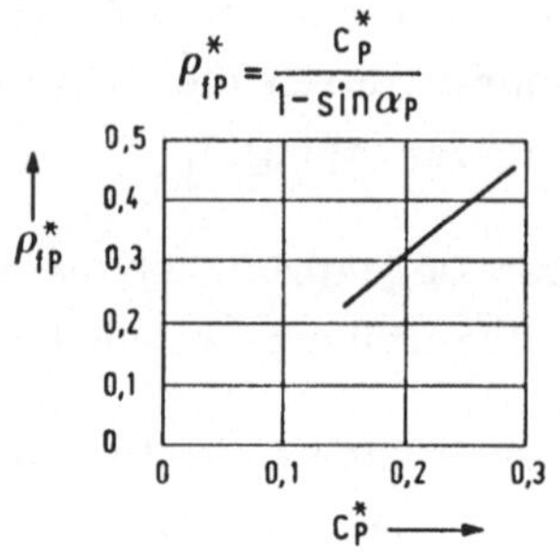

$$h_{aP} = 1 \cdot m \qquad c_P = 0{,}17 \cdot m \; ; \; 0{,}25 \cdot m \, ; \, 0{,}3 \cdot m$$

$$h_{fP} = 1 \cdot m + c_P \qquad \rho_{fP} = 0{,}25 \cdot m; \; 0{,}38 \cdot m; \; 0{,}45 \cdot m; 0{,}39 \cdot m$$

$$h_{wP} = 2 \cdot m$$

$$\rho_{fP} = \rho_{fP}^* \cdot m$$

$$h_P = 2 \cdot m + c_P$$

$$h_{FfP} = h_{fP} - \rho_{fP}\,(1 - \sin\alpha_P)$$

Bild 2.11. Bezugsprofil mit Gegenprofil für Stirnräder mit Evolventenverzahnung [2/3] für den allgemeinen Maschinenbau und Schwermaschinenbau nach DIN 867 für Modulgrößen m = 1 bis 70 mm [2/2]. Es bedeutet, bezogen auf das Stirnrad-Bezugsprofil (Index P): h_{aP} Kopfhöhe, h_{fP} Fußhöhe, h_{wP} gemeinsame Zahnhöhe von Bezugsprofil und Gegenprofil, h_P Zahnhöhe, α_P Profilwinkel, p Teilung, s_P Zahndicke, e_P Lückenweite, c_P Kopfspiel zwischen Bezugsprofil und Gegenprofil, ρ_{fP} Fußrundungsradius, m Modul. Die gemeinsame Zahnhöhe von Bezugsprofil und Gegenprofil, gleichzeitig nutzbare Flanke, ist $h_{wP} = 2 \cdot m$, die Zahnkopfhöhe h_{aP}, gleichzeitig Kopf-Formhöhe, ist $h_{aP} = 1 \cdot m$ und damit die Fuß-Formhöhe (von der Linie PP zum Fußende der geraden Flanke) $h_{FfP} = 1 \cdot m$.

Der Teilkreisradius r aber ist für die Evolventengeometrie, welche sich aus dem Erzeugungsverfahren nach Bild 2.4, Nr. 4, ableitet, von Bedeutung und wird als Bezugsradius für die Maschineneinstellung, für die Festlegung des Achsabstandes usw. verwendet. Er ist gleich dem Erzeugungswälzkreisradius bei zahnstangenartigen Werkzeugen und sollte daher Zahlenwerte mit wenigen Kommastellen haben. Die Größe der Teilung, Gl.(2.13), entsteht durch die Wahl des Moduls. Der Modul m ist im Normblatt DIN 780 [2/2] nach aufgerundeten geometrischen Reihen mit zweckmäßigen Stufensprüngen festgelegt und überstreicht die Werte von $m = 0,05$ mm bis $m = 70$ mm. Da die gesamte Zahnhöhe eines Rades in den meisten Fällen $2,25 \cdot m$ ist, kann man aus ihr durch eine einfache Messung am vorhandenen Zahnrad unmittelbar den Modul abschätzen. International sind empfohlene Modul- und Diametral Pitch-Werte für Stirnräder in [2/6] angegeben. Die genormten Modulwerte nach DIN 780 [2/2] sind in Bild 8.1 (Band II) aufgeführt.

Die Bemaßung von Zahnkopfhöhe h_{aP} und Zahnfußhöhe h_{fP} am Bezugsprofil erfolgt von der Profilbezugslinie PP aus. Diese schneidet das Bezugsprofil dort, wo Zahndicke s_P und Lückenweite e_P gleich groß sind. In der letzten Ausgabe des Normblatts DIN 867 [2/3] wird neuerdings auch die Fuß-Formhöhe h_{FfP} des Bezugsprofils angegeben, die maßgebend für den dem Grundkreis am nächsten liegenden Punkt der nutzbaren Evolventenflanke ist.

Eine letzte Festlegung gilt dem Kopfspiel c_P, das ein Aufsitzen des Zahnkopfes am Fußgrund von Zahn und Gegenzahn verhindert und Platz für das Herausdrücken des Schmiermittels bzw. von Verschmutzungsrückständen aus dem Spalt zwischen den Zähnen schafft.

Beim Bezugsprofil nach DIN 867, Bild 2.11, sind als wichtigste Maße festgelegt: Profilwinkel α_P; Zahnkopfhöhe h_{aP}; gemeinsame Zahnhöhe h_{wP} und Zahnhöhe h_P. Das Kopfspiel c_P wird je nach Bedarf zwischen $c_P = 0,1 \cdot m \ldots 0,4 \cdot m$ gewählt. Es begrenzt den Rundungsradius ρ_{fP} des Stirnrad-Bezugsprofils und damit den Kopfkantenrundungsradius ρ_{aP0} des Werkzeugbezugsprofils. Die Fußrundung muß an oder unterhalb der gemeinsamen Zahnhöhe h_{wP} ansetzen. Alle Maße sind Nennmaße. Bis auf darstellerische Kleinigkeiten und solche Kopfspielwerte, die verschieden vom Maß $c_P = 0,25 \cdot m$ sind, entspricht das Bezugsprofil nach DIN 867 dem international genormten Bezugsprofil nach ISO 53-1974. Ein weitgehend ähnliches Bezugsprofil ist in den USA durch eine AGMA-Norm festgelegt [2/9].

2.3.2.2 Bezugsprofil für die Feinwerktechnik (Bereich $m = 0,1$ bis 1 mm)

Das Bezugsprofil für den Maschinenbau nach DIN 867 gilt für Modulgrößen von $m \geq 1$ mm, das der Feinwerktechnik nach DIN 58400 für Modulgrößen mit $m \leq 1$ mm [2/5]. Das Bezugsprofil der Feinwerktechnik nach DIN 58400 ist in Bild 2.12 dargestellt. Es unterscheidet sich gegenüber dem Maschinenbauprofil in folgenden Punkten:

- Der Gültigkeitsbereich für die Moduln ist $m = 0,1$ bis $1,0$ mm

- Die gemeinsame Zahnhöhe von Bezugsprofil und Gegenprofil, gleichzeitig
  nutzbare Flanke, ist $h_{wP} = 2,2 \cdot m$, die Zahnkopfhöhe $h_{aP} = 1,1 \cdot m$.
  Gleichzeitig ist die Fuß-Formhöhe $h_{FfP} = 1,1 \cdot m$ und damit die Kopfhöhe
  auch $h_{aP} = 1,1 \cdot m$.

- Das Kopfspiel ist für die größeren Modulwerte $m \geq 0,6$ bis $1,0$ mm mit
  $c_P = 0,25 \cdot m$ relativ kleiner und für die kleineren Modulwerte, $m = 0,1$
  bis $0,6$ mm mit $c_P = 0,4 \cdot m$ relativ größer ausgelegt.

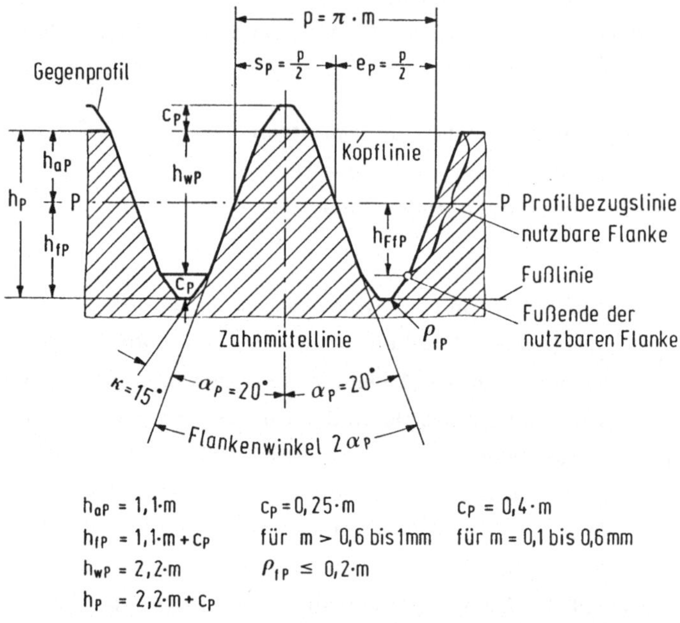

Bild 2.12. Bezugsprofil für Stirnräder mit Evolventenverzahnung für die Feinwerktechnik nach DIN
58400 [2/5] für Modulgrößen von 0,1 bis 1 mm. κ Kopfrücknahmewinkel. Sonstige Bezeichnungen wie in
Bild 2.11. (In Anlehnung an die neueste Ausgabe von DIN 867 [2/3] wurde vom Autor auch für
DIN 58400 [2/5] die Fuß-Formhöhe eingetragen, welche $h_{FfP} = 1,1 \cdot m$ ist.)

Der Grund für die größeren Zahnhöhen ist der, daß die Maßtoleranzen z.B. des Achsabstandes nicht proportional, sondern nur mit der dritten Wurzel des Nennmaßes kleiner werden und daher bei den kleinen Zähnen eine größere gemeinsame Zahnhöhe von
Profil und Gegenprofil nötig ist. um sie aufzufangen. Das relativ große Kopfspiel bei
kleinen Moduln berücksichtigt die Forderung, daß ein Herausdrücken von Schmieröl
und von Verschmutzungsresten auch bei sehr kleinen Zahnabmessungen noch möglich
sein soll.

2.4 Bestimmungsgrößen am Zahnrad

2.4.1 Allgemeine Gesichtspunkte

Die Bestimmungsgrößen des Bezugsprofils müssen ergänzt und in Beziehung zu den Bestimmungsgrößen des Zahnrades gebracht werden. Der Unterschied zwischen der Zahnform am Bezugsprofil und der an einem üblichen Zahnrad ergibt sich aus der unendlichen Größe des Grundkreises (r_b) bzw. der von ihm abhängenden Größe des Erzeugungswälzkreises ($r_{w0} = r$) bei der Zahnstange und den endlichen Größen beim Rad. Während mit Gl.(2.13) der Modul definiert wurde, zeigt Gl.(2.15) den einfachen aber grundlegenden Zusammenhang zwischen der Zähnezahl und dem Teilkreisradius r. Dieser bestimmt zusammen mit Profilwinkel α_p den Grundkreis (r_b) nach Gl.(2.3-1) und die Krümmung der Evolventen. Auch für die zweite Zahnflanke verwendet man in der Regel die gleichen spiegelbildlich verlaufenden Evolventen und kann je nach der gewählten Zahndicke mehr oder weniger Zähne am Grundkreis und damit am Teilkreis anbringen. In Bild 2.13 ist aus Evolventen, die zum selben Grundkreis (r_b) gehören, ein 27-, 9-, 3- und 1-zähniges Zahnrad erzeugt worden. Da das hier nicht dargestellte Bezugsprofil für alle Zahnräder den gleichen Profilwinkel α_p hat, sind nach Gl.(2.3-1) auch ihre Teilkreise (r) alle gleichgroß. Es ist deutlich zu erkennen, daß bei gleichem Grundkreis die Zahnräder mit der großen Zähnezahl allein aus dem stärker gekrümmten Bereich der Evolvente zusammengesetzt sind und die mit der kleinen Zähnezahl sich auch über den weniger gekrümmten Bereich der Evolvente erstrecken. Eine ähnliche Aussage macht auch Bild 2.1. Der Unterschied zu Bild 2.13 ist der, daß die Fußausrundungen und Zahnlücken der größeren Zahndicke entsprechend auch größer gewählt wurden.

In der Regel wird zum Ausgangspunkt der Verzahnungsgeometrie der Teilkreis (r) gemacht, der durch die einfache Gl.(2.15) mit Modul und Zähnezahl verknüpft wurde. Der Teilkreis ist aber allein durch den Profilwinkel α_p des Zahnstangenbezugsprofils definiert (siehe Bild 2.4, Nr. 4, 2.5, 2.11) und seine Verknüpfung mit dem Grundkreis erfolgt über Gl.(2.3-1). Bezieht man daher eine Verzahnung nicht auf ein Zahnstangenbezugsprofil, verliert der Teilkreis seine bevorzugte Bedeutung, da der Flankenwinkel am Zahnstangenprofil α_p gegenüber den anderen Flankenwinkeln am Radprofil durch nichts hervorgehoben wird. Wichtig sind dann die jeweiligen Betriebswälzkreise (r_w) (siehe Abschnitt 2.6), von denen man sowohl bei der Erzeugung als auch beim Paaren von Zahnrädern ausgehen muß.

Ist jedoch der Teilkreis (r) bzw. der entsprechende zylindrische oder kegelige Körper Ausgangspunkt, so stellt man ihn sich als einen idealisierten gedachten Kreis oder Körper vor, der am Rad keine reale Entsprechung hat und daher nicht gemessen, aber auch nicht toleriert werden kann. Nach Gl.(2.15) muß das aber auch für den Modul m gelten, da die Zähnezahl z eine digitale Größe, also nicht toleranzbehaftet ist. Nach Gl.(2.13) ist danach auch die Teilkreisteilung p ein idealisierter nicht schwankender Wert. Da die ausgeführte Teilkreisteilung eines Zahnrades sehr wohl gemessen werden kann und oft erhebliche Abweichungen aufweist, kann man sich die theoretische Teilkreisteilung p als den z-ten Teil des Teilkreisumfangs vorstellen, der als theoretischer Vergleichswert, also als Nennmaß für die Messung gilt.

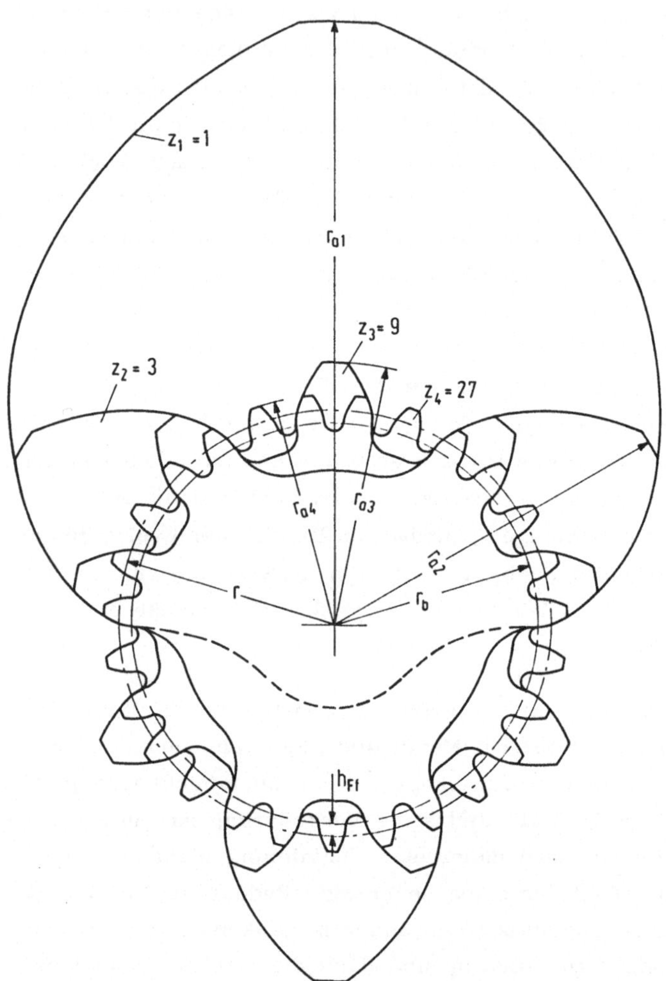

Bild 2.13. Zahnräder verschiedener Zähnezahlen, erzeugt aus den Evolventen des gleichen Grundkreises (r_b). Da der Profilwinkel des zugrunde liegenden Bezugsprofils $\alpha_P = 20°$ für alle Zahnräder gleich groß ist, haben sie alle auch denselben Teilkreisradius r, jedoch verschieden große Kopfkreisradien r_a. Die Moduln verhalten sich dann umgekehrt proportional zu den Zähnezahlen. Es ist im vorliegenden Fall $m_1 : m_2 : m_3 : m_4 = 1/z_1 : 1/z_2 : 1/z_3 : 1/z_4$; $h_{aP}^* = 1$, $x = 0$, $c_P^* = 0,25$.

Die aufgrund der Zahnform nutzbare Fußhöhe, auch Fuß-Formhöhe h_{Ff} genannt, ist als Absolutgröße für alle Zähnezahlen gleich, und zwar $h_{Ff} = 1 \cdot m_4$, der Fußhöhenfaktor dagegen nicht, denn es ist hier $h_{Ff1}^* = z_1/z_4$, $h_{Ff2}^* = z_2/z_4$, $h_{Ff3}^* = z_3/z_4$, $h_{Ff4}^* = z_4/z_4$.

In Bild 2.14 ist ein ausgeführtes Zahnrad mit dem Bezugsprofil nach DIN 867 (siehe auch Bild 2.11) dargestellt, in dem die wichtigsten Bestimmungsgrößen eingezeichnet sind. Es handelt sich im einzelnen um die Halbmesser am Zahnrad, die Zahndicken und Zahnhöhen. Die Zahnhöhen am Rad werden nach DIN 3960 [2/1] nicht vom Verschiebungskreis (r_v) aus gerechnet, was ihren Bezug zu den Zahnhöhen am Bezugsprofil sehr erleichtern würde, sondern vom Teilkreis (r), siehe Bild 2.15. Zu beachten ist die starke Verkürzung der Zahnfuß-Formhöhe h_{Ff} am Rad bei kleinen Zähnezahlen infolge der Wälzgeometrie.

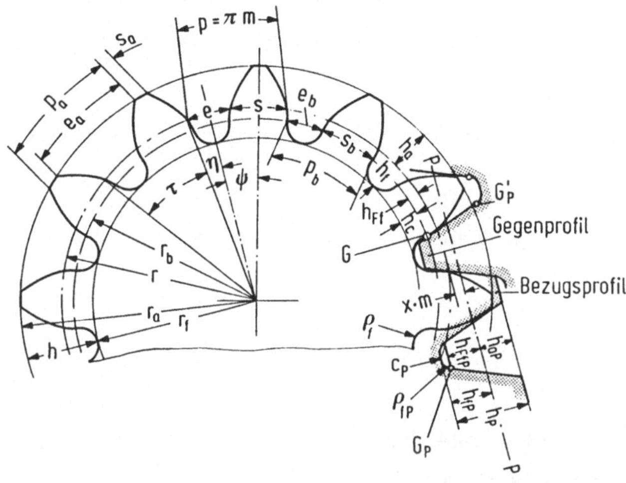

Bild 2.14. Bestimmungsgrößen am geradverzahnten Stirnrad; Darstellung der Größen am Rad- und am Bezugsprofil. Verschiedene Lagen des Fußendes der maximal nutzbaren Flanke am Zahn (Punkte G) und am Bezugsprofil (Punkt G_P) sowie am Gegenprofil (Punkt G'_P), verschiedene Größen der Fußrundung ρ_f, ρ_{fP} und der an der Übertragung nicht beteiligten Zahnhöhe des Fußgrundes h_c (nicht genormt) sowie des Kopfspiels c_P am Bezugsprofil. Es bedeutet:

p_a, p, p_b	Teilung am Kopf-, Teil-, Grundkreiszylinder
τ, ψ, η	Teilungswinkel (für alle Kreise gleich groß), Zahndicken-, Zahnlückenhalbwinkel
r_a, r, r_b, r_f	Kopf-, Teil-, Grund- und Fußkreishalbmesser
s_a, s, s_b	Zahndicke auf dem Kopf-, Teil- und Grundkreiszylinder
e_a, e, e_b	Lückenweite am Kopf-, Teil- und Grundkreiszylinder
h_a, h_{Nf}, h_{Ff}, h_c	Zahnkopfhöhe, Zahnfuß-Nutzhöhe, Zahnfuß-Formhöhe, Zahnhöhe des Fußgrundes
z, m, x	Zähnezahl, Modul, Profilverschiebungsfaktor

Beim Erzeugungsgetriebe mit Zahnstangenwerkzeug ist die Zahnfuß-Nutzhöhe des Rades h_{Nf0} gleich der maximal nutzbaren Zahnfußhöhe und gleich der Zahnfuß-Formhöhe h_{Ff0}.

2.4.2 Radien wichtiger Zahnradgrößen

Nach den Festlegungen des Normblatts DIN 3960 [2/1] ist der Mantel des Teilzylinders die Bezugsfläche für die Radverzahnung. Seine Achse fällt mit der Führungsachse des Rades (Radachse) zusammen. Der Teilkreis mit dem Radius r ist der Schnitt des Teilzylinders mit einer Stirnschnittebene.

Der Grundzylinder ist derjenige zum Teilzylinder koaxiale Zylinder, der für die Erzeugung der Evolventenflächen (Evolventen-Schraubenflächen) bestimmend ist. Sein
Schnitt mit der Stirnebene ergibt den Grundkreis (r_b). Der Stirnebenenschnitt eines
die Zahnköpfe umhüllenden koaxialen und eines den Grund der Zahnlücken berühren-
den Zylinders schließlich definiert den Kopf- und den Fußkreis mit den Radien r_a
und r_f (siehe auch Bilder 2.14; 2.15 und 2.31).

2.4.3 Teilungen, Zahndicken und Lückenweiten bei Geradverzahnungen

Die Teilkreisteilung p (Bild 2.14) ist d i e Bogenlänge des Teilkreises, welche bei
Teilung des ganzen Umfangs durch die Zähnezahl z entsteht. Sie ist genau so groß
wie die Teilung p des Bezugsprofils,

$$p = \frac{2\pi r}{z} \;.\tag{2.16}$$

Der Teilungswinkel τ ist der in einem Stirnschnitt liegende Winkel, der aus der Teilung eines vollen Kreisumfanges in z gleiche Teile hervorgeht (Bild 2.14).

$$\tau = \frac{2\pi}{z} \quad \text{in Radiant,}\tag{2.17}$$

$$\tau = \frac{360°}{z} \text{ in Grad.}\tag{2.17-1}$$

Die Grundkreisteilung p_b ist d i e Bogenlänge des Grundkreises, welche bei Teilung seines ganzen Umfangs durch die Zähnezahl entsteht.

Mit Gl.(2.3-1) erhält man

$$p_b = \frac{2\pi r \cdot \cos\alpha}{z}\tag{2.18}$$

und mit Gl.(2.16)

$$p_b = p \cdot \cos\alpha \;.\tag{2.18-1}$$

Man kann diese Teilungen auch als Bogenlängen der entsprechenden Kreise zwischen
den Rechts- oder Linksflanken benachbarter Zähne definieren [2/1], muß dann aber
bei der zahlenmäßigen Festlegung des Nennmaßes hinzufügen, daß es sich um theoretische fehlerfreie Verzahnungen handelt. Das gilt auch für die Definition der folgenden Größen.

Die Zahndicke s ist die Länge des Teilkreisbogens zwischen den beiden Flanken eines Zahnes (Bild 2.14), die Lückenweite e ist die Länge des Teilkreisbogens zwischen den eine Zahnlücke einschließenden Zahnflanken. Zahndicke und Lückenweite
am Teilkreis ergeben die Teilkreisteilung,

$$p = s + e \;.\tag{2.19}$$

Die gleichen Festlegungen für den Grund- und Kopfkreisbogen ergeben die Zahndicke s_b und die Lückenweite e_b am Grundkreis und die Zahndicke s_a und die Lückenweite e_a am Kopfkreis. Man erhält entsprechend Gl.(2.19)

$$p_b = s_b + e_b \qquad\qquad (2.19\text{-}1)$$

$$p_a = s_a + e_a \qquad\qquad (2.19\text{-}2)$$

2.4.4 Zahnhöhen

Die Zahnhöhe h einer Stirnradverzahnung erhält man aus der Zahnhöhe hp des Bezugsprofils und der Kopfhöhenänderung k. Es ist

$$h = h_P + k = (h_P^* + k^*) \cdot m \qquad\qquad (2.20)$$

Die Zahnkopfhöhe h_a und die Zahnfußhöhe h_f eines Stirnrades (Bilder 2.14; 2.15) werden vom Teilkreis (r) aus angegeben [2/1]. Die so definierten Zahn- und Fußhöhen des Rades und des Bezugsprofils sind voneinander abhängig, stimmen aber im Zahlenwert meistens nicht überein (Bild 2.15), die Zahnhöhe differiert z.B. auch wegen der häufig angewendeten Kopfhöhenänderung k, Zahn- und Fußhöhe aber auch wegen der noch zu erörternden Profilverschiebung $x \cdot m$ (siehe Abschnitt 2.5). Dabei wird das Bezugsprofil vom Teilkreis abgerückt, so daß es mit seiner Profilbezugslinie PP nicht mehr den Teilkreis, sondern den Verschiebungskreis (r_v) berührt, die Zahnhöhen aber nach wie vor vom Teilkreis gerechnet werden.

Betrachtet man in den Bildern 2.14 und 2.15 die Zahnfuß-Formhöhe des Bezugsprofils h_{FfP} und die maximal nutzbare Zahnfußhöhe am Radzahn, also die Zahnfuß-Formhöhe h_{Ff} sowie den durch die Fußrundungen ρ_f entstehenden, für die Übertragung nicht nutzbaren Teil der Fußhöhen c_P und h_c, dann fallen die verschiedenen Höhen besonders auf. Neben der Profilverschiebung ist ein weiterer Grund die Geometrie des Abwälzvorganges (Bild 2.4, Zeile 4), der den Zahnkopf des Gegenrades mit seinen nutzbaren Zahnkopfflanken wohl tief - oft bis unterhalb des Grundkreises (r_b) - in den Zahnlückengrund eintauchen läßt, aber innerhalb des Grundkreises nie eine Berührung mit der Gegenflanke ermöglicht. Die untersten Fußpunkte G und G_P der maximal nutzbaren Flanken am Rad und am Bezugsprofil, also der Zahnfuß-Formhöhen (Bild 2.15) liegen auch verschieden hoch, berühren sich nur am Eingriffsbeginn des Erzeugungsvorgangs mit dem Werkzeug-Bezugsprofil W. Die relativ große Höhe des Lückengrundes h_c am Rad wird mit dem Betrag $h_c - c_P$ für das Eintauchen des Gegenradkopfes und mit dem Betrag c_P für das Kopfspiel benötigt. Je kleiner die Zähnezahl z ist, um so kleiner ist die Zahnfuß-Formhöhe h_{Ff} gegenüber der Zahnfußhöhe h_f.

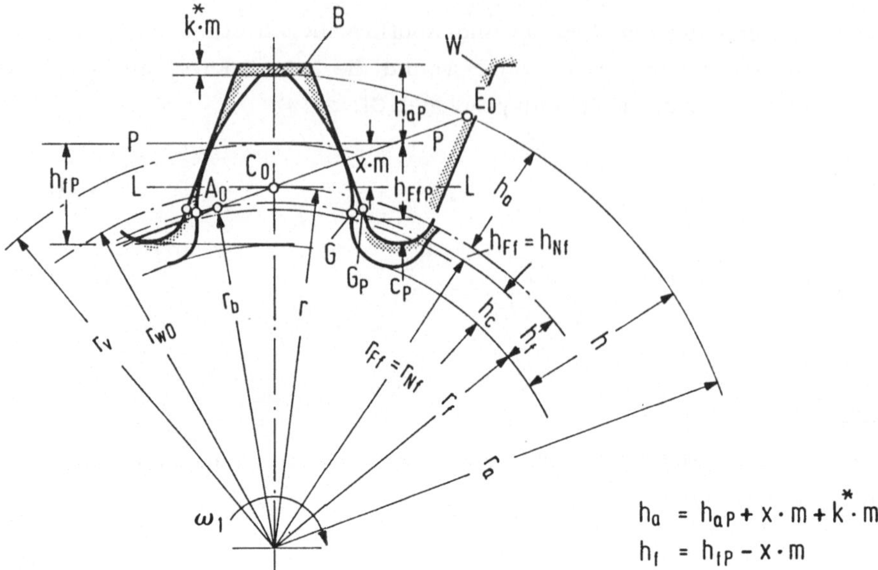

$$h_a = h_{aP} + x \cdot m + k^* \cdot m$$
$$h_f = h_{fP} - x \cdot m$$

Bild 2.15. Zahnkopfhöhen am Bezugsprofil und am Rad sind nicht gleich groß, wenn entweder eine Profilverschiebung $(x \cdot m \neq 0)$ oder eine Kopfhöhenänderung $(k \neq 0)$ vorliegt. Grundsätzlich wird die Zahnfuß-Formhöhe h_{Ff} insbesondere bei kleinen Zähnezahlen zugunsten der Zahnhöhe des Fußgrundes h_c stark verkleinert. Die Zahnhöhe des Fußgrundes h_c ist größer als das vorgegebene Kopfspiel c_P, da ein Teil des Zahnkopfes des Gegenprofils in ihr Platz finden muß. Die Verkürzung der Zahnfuß-Formhöhe h_{Ff} gegenüber der Zahnfuß-Formhöhe des Bezugsprofils h_{FfP} ist eine Folge der Wälzgeometrie, da sich die Fußpunkte G und G_P (rechts der Mittenlinie) der nutzbaren Flanken des Zahnprofils und des Bezugsprofils B nur am Eingriffsbeginn in Punkt A_0 berühren. Der Fuß-Nutzkreisradius darf nicht kleiner als der Grundkreisradius sein, $r_{Nf} > r_b$. Hierbei entspricht das erzeugende Werkzeug-Bezugsprofil W der komplementären Form des Bezugsprofils B. Der Erzeugungswälzkreis r_{w0} für Zahnstangenwerkzeuge ist toleranzbehaftet und hat das gleiche Nennmaß wie der Teilkreis. Bei Profilverschiebung $x \cdot m = 0$ fällt der Verschiebungskreis (r_v) mit dem Teilkreis (r) zusammen, $r_v = r$.

Bezeichnungen wie in Bild 2.14.

Es bedeutet B Bezugsprofil, W Werkzeug-Bezugsprofil, A_0 Eingriffsbeginn, C_0 Wälzpunkt, E_0 Eingriffsende am Erzeugungs-Wälzgetriebe. Die Zahnfuß-Nutzhöhe h_{Nf}, d.h. die bei der Paarung durch den Kopfkreis des Gegenrades genutzte Zahnfußhöhe ist beim Erzeugungsgetriebe genau so groß wie die Zahnfuß-Formhöhe h_{Ff}, das ist die durch die Zahnform gegebene größte nutzbare Zahnhöhe.

Zahnkopf- und Zahnfußhöhe erhält man mit

$$h_a = h_{aP} + x \cdot m + k \qquad\qquad\qquad\qquad (2.20\text{-}1)$$

$$h_f = h_{fP} - x \cdot m \qquad\qquad\qquad\qquad\qquad (2.20\text{-}2)$$

2.4.5 Diametral Pitch

Im englischsprachigen Schrifttum wird in der Regel statt des Moduls m die Größe P (Diametral Pitch) verwendet. Die Zähnezahl z, geteilt durch P, ergibt den Teilkreisdurchmesser in Zoll. Am besten ersetzt man in solchen Gleichungen P durch den Modul,

$$P = \frac{w}{m} \quad 1/\text{Zoll}, \tag{2.21}$$

mit w als Umrechnungsgröße, z.B.

$$w = 25,4 \text{ mm/Zoll}. \tag{2.21-1}$$

Mit dem Modul m in mm ist

$$P = \frac{25,4}{m} \quad \text{in } 1/\text{Zoll}. \tag{2.21-2}$$

Weiterhin ersetzt man alle Längen durch die Zahlenwerte in Millimetern und erhält dann die wohlvertrauten Gleichungen im metrischen System. Desgleichen gilt auch

$$m = \frac{25,4}{P} \quad \text{in mm}. \tag{2.21-3}$$

Als Merkformel gelte:

$$P \cdot m = 25,4 \text{ in mm/Zoll} \tag{2.21-4}$$

Dabei ist zu beachten, daß ein großer Wert für P kleine Zähne, ein kleiner Wert dagegen große Zähne kennzeichnet.

2.4.6 Aufgabenstellung 2-2 (Zahnhöhen und Zahnfußradius an einem gezeichneten Zahnprofil)

Mit Hilfe der Zeichenschablone in Bild 2.9 sollen zwei Zähne eines Zahnrades mit Zähnezahl z = 6 durch Abwälzen am Teilkreis (r) erzeugt werden. Der Modul, durch die Schablonengröße gegeben, ist m = 20 mm. Es ist festzustellen, alles in Vielfachen des Moduls:

1. Wie groß ist die verbleibende, durch den Eingriff mit dem Erzeugungsprofil entstehende Zahnfuß-Formhöhe h_{Ff} bis zum untersten Punkt der nutzbaren Zahnfußflanke G? Wievielmal kleiner ist sie als die Zahnfuß-Formhöhe h_{Ffp} des Bezugsprofils (Bild 2.15)?

2. Wird von einer möglichen nutzbaren Zahnfußflanke, die höchstens bis zum Grundkreis (r_b) reichen kann, etwas weggeschnitten oder nicht?

3. Wie groß ist der Betrag h_c-cp für die Eintauchmöglichkeit des Gegenzahnes?

4. Wie groß ist der kleinste Fußrundungsradius ρ_f?

5. Wie groß ist die kleinste Zahndicke am Zahnfuß?

2.5 Grenzen der korrekten Verzahnung

Bei der Erzeugung von Zähnen und Zahnlücken mit Hilfe des Hüllschnittverfahrens, wie es z.B. in den Bildern 2.5 bis 2.7 und 2.45 dargestellt ist, treten gewisse Veränderungen der Zahnkopfdicke und der Zahnfußausrundung auf, welche bisher nicht beachtet worden sind, für eine tragfähige Verzahnung jedoch von großer Bedeutung sind. In Bild 2.5 beispielsweise sind die Zähne relativ spitz, weil die Zähnezahl klein ist ($z = 7$), in Bild 2.6 besteht die große Gefahr, daß der austauchende Fräser am Fuß eine erzeugte Flanke wegschneidet, weil der Profilwinkel des Bezugsprofils sehr klein ist ($\alpha_P = 0^\circ$), in Bild 2.7 schwächt der Fräserkopf den Zahnfuß übermäßig stark und beschädigt auch die Evolventenflanke, weil die Fuß-Formhöhe des Bezugsprofils ($h_{FfP} = 1,1 \cdot m$) groß ist.

Auch bei Verwendung des Bezugsprofils nach DIN 867, bei dem α_P nicht so extrem klein ist, bei dem $h_{aP} = h_{FfP} = 1,0 \cdot m$ ist, treten für kleine Zähnezahlen, grundsätzlich ab $z = 17$, ähnliche Erscheinungen auf, die im einzelnen von der Lage der Profilbezugslinie PP des erzeugenden Zahnstangenwerkzeugs in Bezug zum Teilkreis abhängen (siehe Bild 2.45 für $z \leq 7$).

In Bild 2.16 ist die Entfernung der Profilbezugslinie PP vom Teilkreis (r), die sogenannte Profilverschiebung $x \cdot m$, einmal kleiner, einmal Null und einmal größer als Null. Im ersten Fall wird die Evolventenflanke unterschnitten, im zweiten bleibt sie gerade noch unverletzt, und im dritten Fall wird der Zahn spitz. Durch die Verschiebung des Bezugsprofils läßt sich danach sowohl ein anderer Teil der Evolvente als tragende Flanke auswählen, was wegen der verschieden großen Krümmung für die noch zu betrachtende Hertzsche Pressung bedeutungsvoll ist, als auch ein zu starkes Anschneiden des Fußgrundes bzw. gar Unterschneiden der fertigen Evolventenflanke oder ein Spitzwerden des Zahnes vermeiden. Der im Hinblick auf eine korrekte Zahnform zulässige Verschiebungsbereich ist begrenzt, z.B. im Falle von $z = 17$ Zähnen (Bild 2.16) für das Bezugsprofil nach DIN 867 zwischen $x = 0$ bis $x \leq +1,1$, im Falle von kleineren Zähnezahlen, z.B. von $z = 9$ (Bild 2.17) sogar in den Grenzen $x \geq +0,45$ bis $x \leq +0,65$ (siehe Bilder 2.19; 4.9 und 8.2 bis 8.5). Die untere Grenze zeigt den Beginn des Unterschneidens schon gefertigter Evolventenflanken am Fußende an, die obere Grenze das Spitzwerden des Zahnes.

2.5.1 Festlegungen

Die Profilverschiebung einer Evolventenverzahnung [2/1] ist der Abstand der Profilbezugslinie PP des erzeugenden (zahnstangenförmigen) Bezugsprofils vom Teilzylinder bzw. Teilkreis (r). Die Größe der Profilverschiebung wird als Produkt des Profilverschiebungsfaktors x und des Normalmoduls ausgedrückt ($x \cdot m_n$), bei Geradstirnrädern des Moduls ($x \cdot m$).

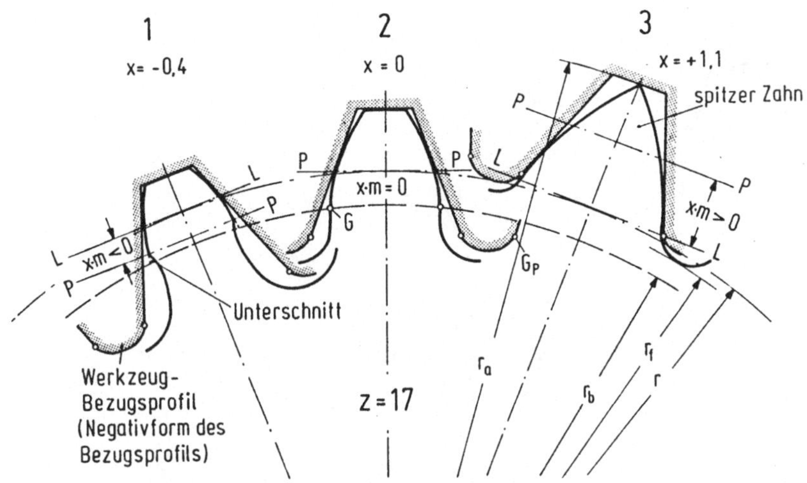

Bild 2.16. Grenzen der Verschiebung des Bezugsprofils bei einem Zahnrad mit z = 17.
Teilbild 1: Entstehen von Unterschnitt am Zahn durch Verschieben des Bezugsprofils und damit
der Profilbezugslinie PP vom Teilkreis (r) in Richtung zum Fußkreis (r_f).
Teilbild 2: Normaler, nicht profilverschobener Zahn. Die Profilbezugslinie PP berührt den Teilkreis (r).
Teilbild 3.: Ausbildung eines spitzen Zahnkopfes durch Verschieben des Bezugsprofils vom Teilkreis (r) in Richtung zum Kopfkreis (r_a). Die Entfernung zwischen der Wälzlinie LL, als Tangente
zum Teilkreis und der Profilbezugslinie PP, wird Profilverschiebung x·m genannt. Sie ist positiv,
wenn die Profilbezugslinie PP vom Teilkreis zum Kopfkreis und negativ, wenn sie vom Teilkreis zum
Fußkreis verschoben wird (gilt auch bei Innenverzahnungen).

Bei Zähnezahlen z ≥ 17 entsteht mit einem Zahnstangenwerkzeug, dessen Bezugsprofil DIN 867 [2/3]
entspricht, für Profilverschiebung x·m = 0 gerade noch kein Unterschnitt.

Das Vorzeichen der Profilverschiebung ist positiv, wenn die Profilbezugslinie PP vom
Teilkreis in Richtung zum Kopfkreis verschoben wird; dabei ist die Zahndicke am
Teilkreis größer als bei der Profilverschiebung Null (Bild 2.16). Sie ist negativ, wenn
die Profilbezugslinie vom Teilkreis in Richtung zum Fußkreis verschoben wird; dabei
ist die Zahndicke am Teilkreis kleiner als bei der Profilverschiebung Null (Bild 2.16).
Die Definition gilt auch für Innenverzahnungen (Bild 4.8).

Schädlicher Unterschnitt

liegt vor, wenn z.B. durch den Kopf des austauchenden Werkzeugs ein Teil der Evolventenflanke weggeschnitten wird, der im Eingriff mit einem Gegenrad zum Tragen
kommen sollte, also innerhalb der Eingriffsstrecke liegt.

Die Spitzengrenze

ist erreicht, wenn die Zahnkopfhöhe gerade noch erhalten bleibt, die Zahndicke am
Zahnkopf jedoch den Wert Null annimmt,

$$s_{an} = 0 \, . \tag{2.22-1}$$

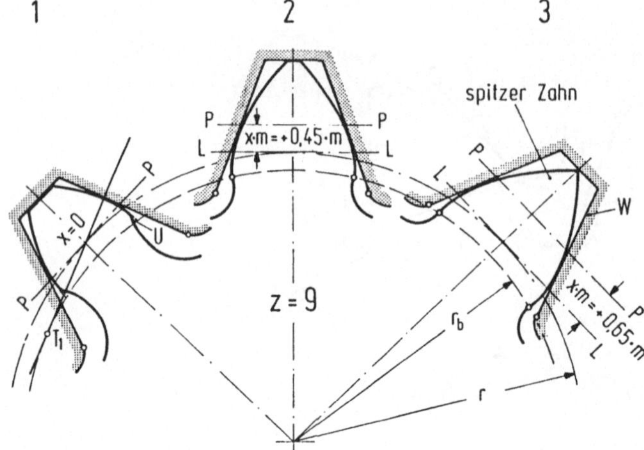

Bild 2.17. Die Grenzen der Profilverschiebung sind bei kleinen Zähnezahlen, z.B. bei z = 9, viel enger als bei größeren.

Teilbild 1: Am Zahn entsteht schon bei Profilverschiebung $\acute{x}$ = 0 Unterschnitt.

Teilbild 2: Der Zahn ist bei x = +0,45 gerade noch nicht unterschnitten, und der Zahnkopf hat die zulässige Dicke von s_a = 0,2·m.

Teilbild 3: Der Zahn wird schon bei x = +0,65 spitz. Zulässig ist die Profilverschiebung daher bei dieser Zähnezahl und dem verwendeten Bezugsprofil nach DIN 867 nur in den Grenzen +0,45 ≦ x ≦ +0,65, wenn der Zahn nicht spitz werden darf, sogar nur bei x = +0,45 (siehe auch Diagramme in den Bildern 2.19;4.9;8.2 bis 8.5).

Es bedeutet W Werkzeugbezugsprofil, U Unterschnitt, T_1 Berührungspunkt von Eingriffslinie und Grundkreis.

Der Zahn wird spitz (Bilder 2.16; 2.17, Teilbild 3). Praktisch sollte die Normalzahndicke s_{an} am Kopfzylinder den Wert

$$s_{an} = 0,2·m \qquad\qquad (2.22-2)$$

nicht unterschreiten, bei Geradstirnrädern die Zahndicke s_a am Kopfzylinder. Gründe für eine Mindestzahnkopfdicke sind: Gefahr der Beschädigung, Gefahr der Durchhärtung, notwendige Tragfähigkeit, Tolerierungsmöglichkeit.

Geometrische Grenzen

Schädlicher Unterschnitt und Spitzwerden der Zähne begrenzen die für ein Außenrad ausführbare Zähnezahl nach unten, sie begrenzen bei kleinen Zähnezahlen mehr, bei großen weniger auch die mögliche Profilverschiebung in positiver und negativer Richtung.

Profilverschiebung und Zähnezahl

Obwohl durch positive Profilverschiebung der Kopfkreisdurchmesser d_a größer und durch negative kleiner wird (Bilder 2.16; 2.17), ändert sich dadurch die Zähnezahl z (und die Teilkreisteilung p) bei gleichem Modul m nicht. Das hat folgenden Grund:

Beim Verschieben des Werkzeugprofils, z.B. in radialer Richtung, wie in Bild 2.18, bleibt seine Wälzgeschwindigkeit v_0 erhalten und ist gleich der Tangentialgeschwindigkeit v_t am Erzeugungswälzkreis, der beim Zahnstangen-Werkzeug die Größe des Teilkreises hat ($r_{w0} = r$). Da aber auch in abgerückter Lage gleichviele Schneidzähne am Rad vorbeistreichen, ändert sich auch die erzeugte Zähnezahl nicht, sondern die Zähne werden dicker oder dünner. Es ist

$$v_0 = v_t \; , \tag{2.23-1}$$

$$v_t = r \cdot \omega \tag{2.23-2}$$

mit Gl.(2.15)

$$v_t = \frac{z}{2} \cdot m \cdot \omega \quad , \tag{2.23-3}$$

nach z entwickelt

$$z = \frac{2v_0}{m \cdot \omega} \tag{2.24}$$

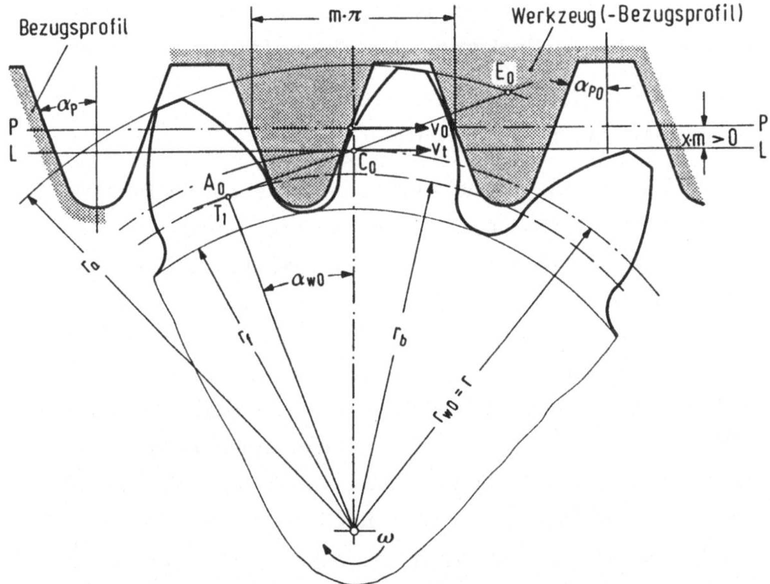

Bild 2.18. Erzeugungs-Wälzgetriebe für ein Gerad-Stirnrad mit Profilverschiebung.

Durch Profilverschiebung x·m wird trotz Veränderung des Kopf- und Fußkreisradius r_a, r_f die Zähnezahl nicht verändert. Die Vorschubgeschwindigkeit v_0 der Werkzeug-Zahnstange, die gleich der Tangentialgeschwindigkeit v_t am Erzeugungswälzkreis (r_{w0}) ist, und der Modul m des Zahnstangenprofils sowie die Winkelgeschwindigkeit ω des Werkstücks bestimmen die Zähnezahl. Die Geschwindigkeiten werden beim Erzeugungsvorgang durch die Einstellung der Maschine erzwungen, der Modul wird vom Werkzeugprofil bestimmt.

Da es sich um ein Rad mit kleiner Zähnezahl handelt (z = 12), wurde der Erzeugungs-Eingriffsbeginn A_0 an den äußersten Punkt, den Tangentenberührungspunkt T_1 am Grundkreis (r_b) gelegt. In der Regel rückt man von diesem Punkt ab.

Bis auf den Modul bestimmen die durch den Getriebezug in der Verzahnmaschine eingestellten Geschwindigkeitsverhältnisse von Werkzeug und Werkstück allein die Zähnezahl.

2.5.2 Durch Profilverschiebung erzielbare Effekte

Das Mittel der Profilverschiebung, welches in seiner Bedeutung erst von Fölmer (etwa 1920) erkannt und vorgeschlagen wurde, ist realisierbar durch entsprechende Maschineneinstellungen bei der Zustellung des Werkzeugs und kann für folgende Zwecke eingesetzt werden:

1. Achsabstandsänderung in der Größenordnung von $\Delta a \approx 1 \cdot m$, ohne Änderung der Zähnezahl bzw. der Übersetzung.

2. Vermeiden von Unterschnitt und spitzen Zähnen, insbesondere bei kleinen Zähnezahlen (z.B. für $z \leq 17$ beim Bezugsprofil nach DIN 867).

3. Verbessern der Tragfähigkeit der Zähne durch Vergrößern der Zahndicke und des Flankenkrümmungsradius, z.B. bei V-Plus-Verzahnungen.

4. Verbessern des Übersetzungswirkungsgrades durch Erzeugen günstigerer Gleitverhältnisse durch entsprechende Verlegung der Eingriffsstrecke mittels Profilverschiebung.

2.5.3 Diagramm für Unterschnitt- und Spitzengrenze

Aus den Bildern 2.16 und 2.17 kann man entnehmen, daß der absolute Wert für die zulässige Profilverschiebung unter anderem sehr stark von der Zähnezahl z abhängt. Er hängt weiter wesentlich von der Größe des Profilwinkels α_P und den Zahnhöhen am Bezugsprofil h_{aP} sowie h_{FfP} ab. Für Unterschnitt- und Spitzengrenze sind die Zahn-Formhöhen h_{FaP} und h_{FfP} maßgebend, d.h. die Zahnhöhen, welche durch die Erzeugende des Bezugs- bzw. Werkzeug-Bezugsprofils sich ergeben. Es sind beim geradflankigen Profil die durch die äußersten Punkte auf der geraden Flanke sich ergebenden Zahnhöhen. Während die Zahnfuß-Formhöhe aufgrund der verschiedenen Übergänge von der Evolventenflanke zur Fußausrundung von Fall zu Fall wechseln kann, entspricht die Zahnkopf-Formhöhe h_{FaP} in der Regel der Zahnkopfhöhe h_{aP}, daher wird bis auf die erwähnten Ausnahmen immer die Zahnkopfhöhe in den Gleichungen eingesetzt. Um für alle Möglichkeiten der Änderung von Zähnezahl und Zahnhöhen bei 20°-Bezugsprofilen die zulässige Profilverschiebung schnell ermitteln zu können, ist in Bild 2.19 ein Diagramm für die Unterschnitt- und Spitzengrenze wiedergegeben mit den Parameterwerten für Zahnkopfhöhe h_{aP} und Zahnfuß-Formhöhe h_{FfP} des Bezugsprofils mit $h_{aP} = 0 \ldots 1,7 \cdot m$ und $h_{FfP} = 0 \ldots 1,7 \cdot m$. Da spitze Zähne jedoch nicht zulässig sind, wird im gleichen Diagramm für einen Zahnkopfhöhen-Faktor ($h_{aP}^* = 1,0$) durch eine gepunktete Linie der Profilverschiebungsfaktor angegeben, welcher noch eine Zahndicke am Kopfzylinder von $s_a = 0,2 \cdot m$ garantiert. Im einzelnen können diese geometrischen Grenzen der Profilverschiebung wie folgt ermittelt werden:

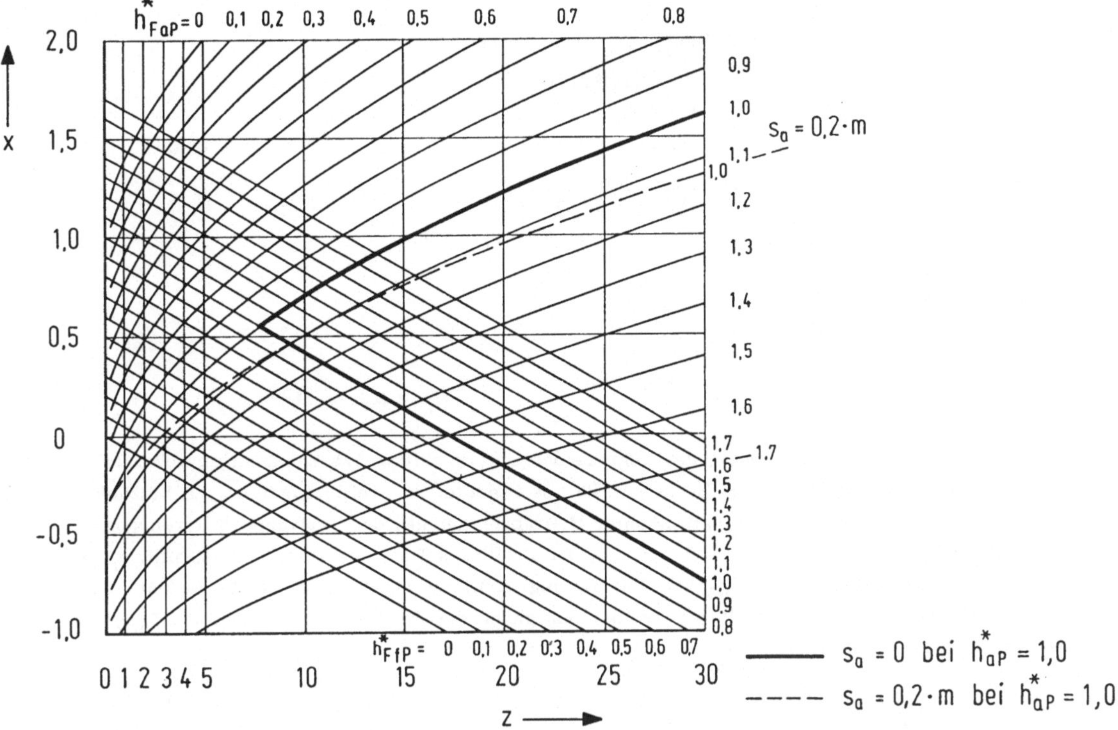

Bild 2.19. Diagramm für Unterschnitt- und Spitzengrenze. Aufgetragen ist der Profilverschiebungs-faktor x in Abhängigkeit der Zähnezahl z für Zähne, welche mit Zahnstangen-Bezugsprofilen (Profilwinkel $\alpha_p = 20°$) erzeugt wurden. Kopf-Formhöhen-Faktor h^*_{FaP} und Zahnfuß-Formhöhen-Faktor h^*_{FfP} des Bezugsprofils sind als Parameter aufgetragen.

Zulässiger Bereich: Unterhalb der Spitzengrenze und oberhalb der Unterschnittgrenze. Dick umrahmt: Theoretisch möglicher Bereich für Bezugsprofil nach DIN 867 bzw. ISO 53-1974 [2/3;2/9]. Die Zahndicke am Kopfzylinder soll stets $s_a \geq 0,2 \cdot m$ gewählt werden, um spitze Zähne zu vermeiden. Siehe auch Bilder 8.2 bis 8.5 und 4.9.

2.5.3.1 Unterschnittgrenze

Es darf bei der Erzeugung der Zahnflanke, Bild 2.20. der Endpunkt der geraden Flanke des Werkzeugs G_p nicht tiefer eintauchen, als es dem Ursprungspunkt U der Evolvente entspricht, der sich in dieser Lage mit Punkt T deckt. Im äußersten Fall darf der Punkt G_p den Punkt T (hier Evolventen-Ausgangspunkt U am Grundkreis) erzeugen. Wenn der darüber hinausgehende Zahnkopf des Werkzeugs entsprechend zurückgenommen ist, dann wird die erzeugte Evolventenflanke im Verlauf der weiteren Abwälzbewegung nicht zerstört.

Aus dieser untersten Zahnstangen-Profillage erhält man folgende Beziehungen:

$$r + x \cdot m - h^*_{FfP} \cdot m \geq r_b \cdot \cos \alpha_{w0} \tag{2.25}$$

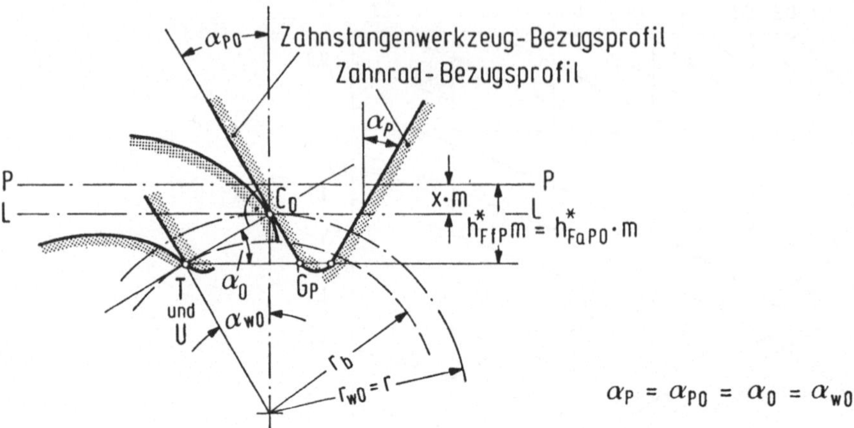

Bild 2.20. Größen zur Bestimmung des Beginns des Unterschnitts. Das Zahnstangenwerkzeug ist
das geometrische Komplement des Bezugsprofils. Es bedeutet PP Profilbezugslinie, LL Wälzlinie,
G_P Endpunkt der geraden Bezugsprofilkante, U Ursprungspunkt der Evolvente, T Berührpunkt
der Eingriffslinie am Grundkreis. Es ist $α_{P0}$ der Profilwinkel am Werkzeug-Bezugsprofil, $α_P$ der
Profilwinkel am Bezugsprofil, $α_{w0}$ der Betriebseingriffswinkel am Erzeugungsgetriebe und h^{*}_{FfP}
der Fuß-Formhöhen-Faktor des Bezugsprofils, der gleich dem Kopf-Formhöhen-Faktor h^{*}_{FaP0} des
Werkzeug-Bezugsprofils ist.

mit Gl.(2.3) und Gl.(2.15)

$$\frac{z}{2}·m + x·m - h^{*}_{FfP}·m \geqq \frac{z}{2}·m·\cos^2 α_{w0} \tag{2.26}$$

Da beim Kämmen mit Zahnstangen die Eingriffswinkel $α$ gleich den Profilwinkeln $α_P$
der Bezugsprofile sind und diese gleich den Betriebseingriffswinkeln, gilt (auch für
das Zahnstangen-Erzeugungsgetriebe)

$$α = α_0 = α_{w0} = α_P = α_{P0}. \tag{2.27}$$

Man erhält nach entsprechender Umformung von Gl.(2.26) für die Erzeugung mit
Zahnstangenwerkzeugen als Zähnezahl

$$z \geqq \frac{2(h^{*}_{FfP} - x)}{\sin^2 α_P} = z_u, \tag{2.28}$$

die kleinste unterschnittfreie Zähnezahl z_u. Um Zahnräder mit möglichst kleiner un-
terschnittfreier Zähnezahl zu erhalten. muß daher die Fuß-Formhöhe des Bezugsprofils h_{FfP} möglichst klein, der Profilwinkel $α_P$ und der Profilverschiebungsfaktor x
möglichst groß sein. Wenn die beiden ersten Größen durch Vorgabe des Bezugsprofils (siehe Bild 2.11) festgelegt sind, kann man die kleinste unterschnittfreie Zähnezahl z_u nur durch Wahl einer großen positiven Profilverschiebung verkleinern. Gerade diese Maßnahme aber führt bei kleinen Zähnezahlen leicht zu spitzen Zähnen.

So zeigt Bild 2.21, daß bei Profilverschiebungen, welche größer sind als die für die Spitzengrenze, z.B. x = +0,8 für Zähnezahlen z < 12, nicht nur spitze Zähne erzeugt werden, sondern auch ein Teil des erforderlichen Zahnkopfes weggeschnitten wird. Der vorgesehene Kopfkreisradius r_a kann nicht erreicht werden. Die größtmögliche positive Profilverschiebung bis zum Erreichen eines spitzen, aber nicht verkürzten Zahnes kann aus der folgenden Ableitung bestimmt werden.

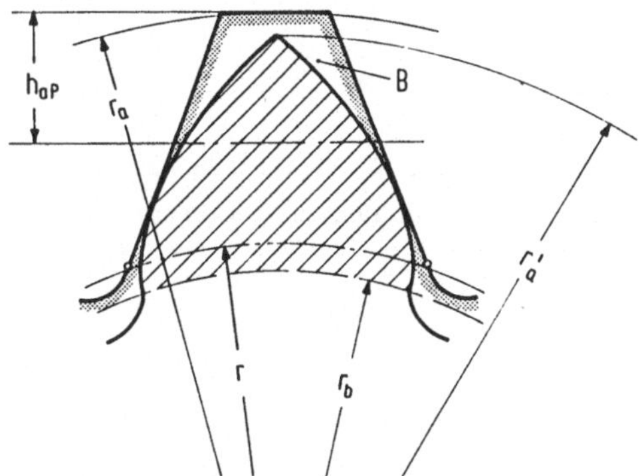

Bild 2.21. Wegschneiden des Zahnkopfes bei zu großer positiver Profilverschiebung. Es bedeutet: B Bezugsprofil, r_a der Bezugsprofillage entsprechender Kopfkreisradius, r_a' durch Unterschreiten der Spitzengrenze verkürzter Kopfkreisradius.

2.5.3.2 Spitzengrenze

Es wird die Zahndicke s_a am Kopfkreisradius r_a in Abhängigkeit der Zähnezahl z, der Profilverschiebung x, des Profilwinkels α_P und der Zahnkopfhöhe h_{aP} am Bezugsprofil berechnet und dafür gesorgt, daß sie größer gleich null ist.

Aus Bild 2.22, in welchem der Polarwinkel ϑ_y (siehe Bild 2.3) mit dem Zahndickenhalbwinkel ψ_y und der Evolventenfunktion inv α_y des Profilwinkels am Teilkreis im Punkt Y berechnet wird, erhält man

$$\psi_y + \text{inv}\,\alpha_y = \psi + \text{inv}\,\alpha. \tag{2.29}$$

Nach Ersatz der Zahndicken-Halbwinkel ψ durch die entsprechenden Bogen und Radien

$$\psi = \frac{s/2}{r} \tag{2.30}$$

$$\psi_y = \frac{s_y/2}{r_y} \tag{2.30-1}$$

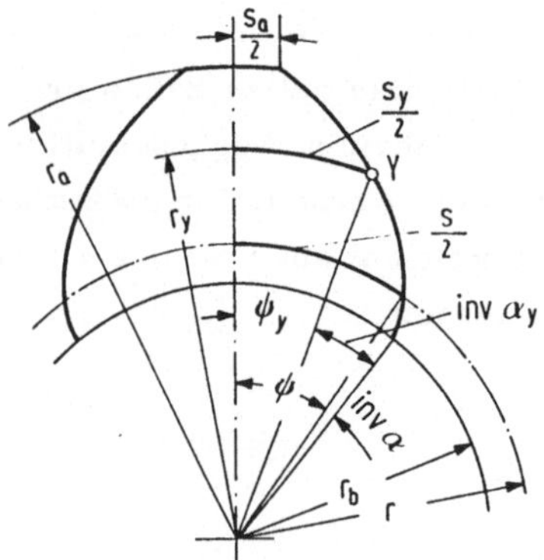

Bild 2.22. Bestimmung der einzelnen Zahndicken. Es bedeutet: ψ und ψ_y Zahndicken-Halbwinkel am Teilkreis (r) und am beliebigen Kreis (r_y); s, s_y, s_a Zahndicken an den entsprechenden Kreisen.

ergibt sich

$$\frac{s_y/2}{r_y} + \text{inv}\,\alpha_y \;=\; \frac{s/2}{r} + \text{inv}\,\alpha \tag{2.31}$$

und nach s_y entwickelt, die Zahndicke am Radius r_y

$$s_y \;=\; 2\,r_y\left(\frac{s}{2r} + \text{inv}\,\alpha - \text{inv}\,\alpha_y\right). \tag{2.31-1}$$

Nach Gl.(2.27) kann man statt des Eingriffswinkels α den Profilwinkel des Bezugsprofils α_P in Gl.(2.31-1) einsetzen.

Die Zahndicke s am Teilkreis (r), der gleichzeitig Wälzkreis r_{w0} zwischen dem Rad und der Zahnstange ist, ist in Gl.(2.31-1) noch unbekannt. Mit Bild 2.23 läßt sie sich aus der Wälzbedingung leicht ermitteln, da der Bogen für die Zahndicke am Wälzkreis s_{w0} = s gleich der Lückenweite e_{wP0} des Zahnstangenprofils an der Wälzlinie LL ist. Mit der Profilverschiebung des Rades x·m (am Bezugsprofil gibt es keine Profilverschiebung) und dem Winkel α_{P0} = α_P wird

$$e_{wP0} \;=\; \left(\frac{\pi}{2} + 2x\,\tan\alpha_P\right)\!\cdot m \ . \tag{2.32}$$

Die Zahndicke s (als Bogen) ist

$$s \;=\; CD' \;=\; \overline{CD} \;=\; e_{wP0} \ . \tag{2.33}$$

Die Lückenweite e_{wP0} des Zahnstangenprofils auf der Wälzlinie LL ist nach Gl.(2.33) gleich der Zahndicke s des Rades und daher ist

$$s \;=\; \left(\frac{\pi}{2} + 2x\,\tan\alpha_P\right)\!\cdot m \ . \tag{2.33-1}$$

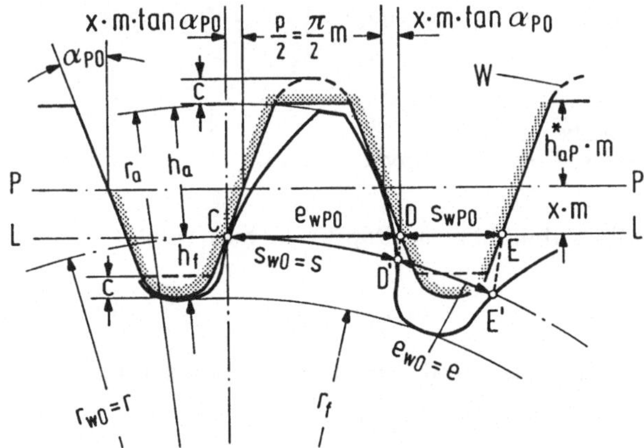

Bild 2.23. Am Wälzkreisradius r_{w0}, der bei einer Zahnstangen-Paarung immer gleich dem Teilkreisradius r des Rades ist, ist die Teilung für Rad und Gegenrad bzw. für Rad und Zahnstange gleich. Danach läßt sich die Zahndicke s und Lückenweite e des Rades am Teilkreis (r) aus Lückenweite e_{wP0} und Zahndicke s_{wP0} der erzeugenden Zahnstange berechnen. Es bedeutet: PP Profilbezugslinie, LL Wälzgerade, W Werkzeug-Bezugsprofil.

Durch Einsetzen von Gl.(2.33-1) in Gl.(2.31-1) erhält man

$$s_y = 2\,r_y \left[\frac{m}{2r} \left(\frac{\pi}{2} + 2x \tan\alpha_P \right) + \mathrm{inv}\,\alpha_P - \mathrm{inv}\,\alpha_y \right]. \qquad (2.34)$$

Die noch unbekannten Radien lassen sich mit Hilfe von Gl.(2.15)

$$2r = z \cdot m \qquad (2.15)$$

und von Gl.(2.35) für den Kopfkreisradius r_a durch bekannte Größen ersetzen. Dabei wird in Gl.(2.34) der Radius r_y am Punkt Y durch den Kopfkreisradius r_a ersetzt. Dieser ist nach Bild 2.23

$$r_a = r + x \cdot m + h^*_{aP} \cdot m + k^* \cdot m \qquad (2.35)$$

und mit Gl.(2.15)

$$r_a = \left(\frac{z}{2} + x + h^*_{aP} + k^* \right) \cdot m \ . \qquad (2.35\text{-}1)$$

Entsprechend gilt für den Fußkreisradius

$$r_f = r + x \cdot m - h^*_{FfP} \cdot m - c^*_P \cdot m \qquad (2.36)$$

mit Gl.(2.15)

$$r_f = \left(\frac{z}{2} + x - h^*_{FfP} - c^*_P \right) \cdot m \ . \qquad (2.36\text{-}1)$$

Für die Zahndicke s_a am Kopfzylinder (Kopfkreisradius r_a) wird

$$s_y = s_a \ , \qquad (2.37)$$

und man erhält mit den Gl.(2.34;2.36;2.37) bei der Erzeugung mit Zahnstangenwerkzeugen den Ausdruck

$$\frac{s_a}{m} = \left(z + 2x + 2h_{aP}^* + 2k^* \right) \left[\frac{\frac{\pi}{2} + 2x \tan \alpha_P}{z} + \text{inv}\, \alpha_P - \text{inv}\, \alpha_a \right] . \qquad (2.38)$$

Die Spitzengrenze ist erreicht, wenn die Zahndicke am Kopfkreis null wird,

$$s_a = 0. \qquad (2.39)$$

Die Zahndicke am Kopfzylinder wird in Gl.(2.38) null, wenn e i n Faktor null wird, also wenn z.B.

$$\frac{1}{z} \left(\frac{\pi}{2} + 2x \tan \alpha_P \right) + \text{inv}\, \alpha_P - \text{inv}\, \alpha_a = 0. \qquad (2.40\text{-}1)$$

Die dazugehörende Zähnezahl z_s für die Spitzengrenze ist

$$z_s = \frac{\frac{\pi}{2} + 2x \tan \alpha_P}{\text{inv}\, \alpha_a - \text{inv}\, \alpha_P} . \qquad (2.40)$$

Unbekannt ist in Gl.(2.40) nur noch der Profilwinkel α_a am Kopfzylinder. Setzt man in Bild 2.3 für $r_y = r_a$ und für $\alpha_y = \alpha_a$, ist er aufgrund des Kopfkreisradius r_a unter Hinzunahme der Gl.(2.3;2.15;2.36) wie folgt zu ermitteln:

Es ist

$$\cos \alpha_a = \frac{r_b}{r_a} = \frac{m \cdot \frac{z}{2} \cos \alpha_P}{m \cdot \left(\frac{z}{2} + x + h_{aP}^* + k^* \right)}$$

und nach Kürzung

$$\cos \alpha_a = \frac{z \cdot \cos \alpha_P}{z + 2x + 2h_{aP}^* + 2k^*} . \qquad (2.41)$$

Mit Hilfe der Gl.(2.28;2.40;2.41) wurde das Diagramm für 20°-Verzahnungen in Bild 2.19 berechnet sowie die Diagramme in den Bildern 4.9 und 8.2 bis 8.5, die für die meisten Fälle genügen. Wünscht man andere Zahnkopfdicken oder Profilwinkel als die dort eingetragenen, so können diese mit geringem Rechenaufwand mit obigen Gleichungen ermittelt werden, wobei Gl.(2.40) und (2.41) nicht explizit darstellbar sind und durch Iteration gelöst werden müssen (siehe auch Kapitel 8).

Verwendet man statt der Zahnstangen-Werkzeugprofile Schneidprofile mit endlicher Zähnezahl, z.B. Schneidräder bei Stoßmaschinen, dann ergeben sich günstigere Werte für die Spitzen- und Unterschnittgrenzen, als nach obiger Berechnung und Bild 2.19. Um mit Sicherheit unkorrekten Eingriff zu vermeiden, sollte die Gegenradzähnezahl nie größer sein als die Zähnezahl des Erzeugungsprofils.

Die Auswirkung der Profilverschiebung auf die Zahnform ist in Bild 2.24 sehr gut zu erkennen. Der linke Teil des Bildes zeigt, daß es immer die gleichen Evolventen sind, welche die Flanken von Zahnrädern mit gleichem Grundkreis bilden, daß aber, je nach Zahnhöhe und Profilverschiebung, immer andere Evolventenabschnitte zur Zahnbildung herangezogen werden. Dem rechten Teil des Bildes kann man entnehmen, daß nicht profilverschobene Räder Nullräder, profilverschobene Räder V-Plus- und negativ verschobene V-Minus-Räder genannt werden. Die Zähne von V-Plus-Rädern neigen zu spitzen Zahnköpfen und dicken Zahnfüßen, die von V-Minus-Rädern dagegen zu dickeren Zahnköpfen und dünneren Zahnfüßen.

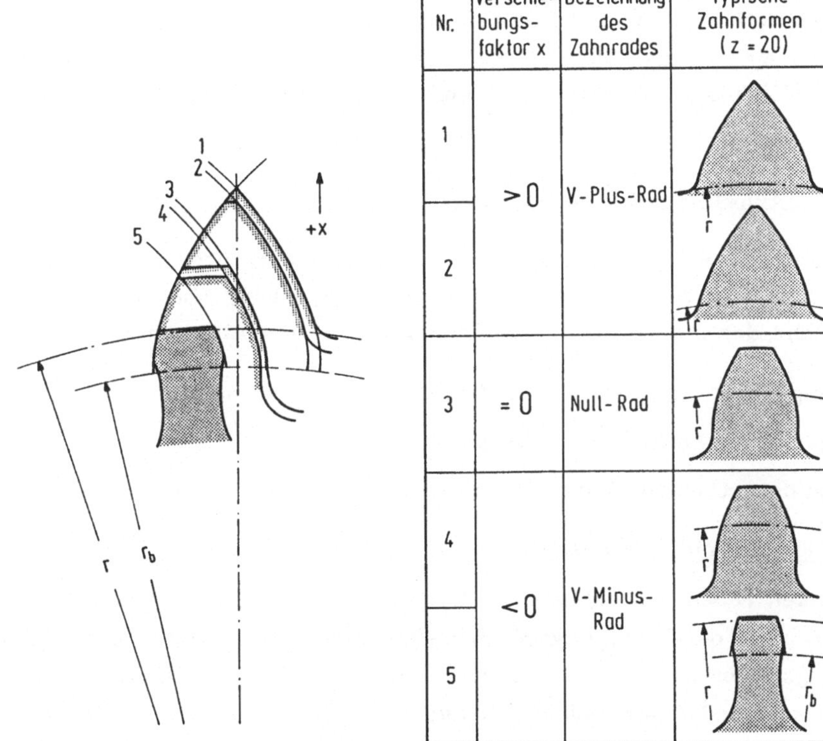

Nr.	Verschiebungsfaktor x	Bezeichnung des Zahnrades	Typische Zahnformen (z = 20)	Zahnkopf, Zahnfuß
1	>0	V-Plus-Rad		spitzer Zahnkopf, dicker Zahnfuß
2				dünner Zahnkopf, dicker Zahnfuß
3	= 0	Null-Rad		normale Zahnkopf- und Zahnfußdicke
4	<0	V-Minus-Rad		normaler Zahnkopf, dünnerer Zahnfuß
5				Zahnfuß sehr dünn, stark unterschnitten

Bild 2.24. Entwickeln aller Zahnformen aus den gleichen Evolventen. Charakteristische Form der Zähne bei verschiedenen Profilverschiebungsfaktoren x, gezeigt am Zahn eines Zahnrades mit z = 20 Zähnen als Null-, V-Plus- und V-Minus-Räder. Der Unterschied der Zahnformen wird bei größeren Zähnezahlen immer geringer und der mögliche Profilverschiebungsbereich immer größer. Zahnformen der Zeilen 1 und 5 sollten nicht eingesetzt werden.

2.5.4. Aufgabenstellung 2-3 (Verschiedene Bezugsprofile und Profilverschiebungen)

1. Ein Zahnrad mit z = 22 Zähnen, einer Diametral-Pitch-Größe von

$$P = 40 \ \frac{1}{\text{Zoll}}$$

und Profilverschiebung von $x/P = 0,0125$ Zoll nach dem Bezugsprofil ISO 53-1974 ist durch ein möglichst ähnliches Zahnrad mit gleicher Zähnezahl zu ersetzen. Es soll das Normprofil DIN 867 verwendet werden, wobei mit einem genormten Modul auch eine möglichst gleiche Teilung erzielt werden soll. Genormte Modulgrößen, siehe Bild 8.1, Band II (für ISO 53-1974 ist $\alpha_p = 20°$, und die Zahnhöhen sind gleich denen des Bezugsprofils nach DIN 867).

2. Es sollen zwei Zahnräder verglichen werden mit der Zähnezahl z = 25. Eines nach Bezugsprofil DIN 867 und eines nach DIN 58400. Wie groß ist bei beiden der kleinste und der größte zulässige Profilverschiebungsfaktor x für $s_a = 0$ (Iteration mit Gl.(2.40;2.41))?

3. Dem zweiten Zahnrad möge ein 15°-Bezugsprofil zugrunde liegen. Ansonsten gelten bis auf die Fußrundungsradien alle Maße des Bezugsprofils nach DIN 867. Wie groß ist nun der kleinste und größte zulässige Profilverschiebungsfaktor x für $s_a = 0$?

2.6 Räderpaarung, Achsabstand, Überdeckung

Korrekt ausgeführte Zahnräder sind zwar eine notwendige, aber noch keine hinreichende Voraussetzung zum korrekten Kämmen einer Räderpaarung. Zu diesem Zweck müssen drei Bereiche der paarenden Verzahnungen aufeinander abgestimmt sein:

1. Die Bewegung übertragenden Zahnflanken und der Achsabstand.

2. Die Teilungen einschließlich der Zahnspiele.

3. Die Bestimmungsgrößen für Eingriffsstrecke und Profilüberdeckung.

2.6.1 Profilverschiebung und Achsabstand

Die Evolventenflanken haben im Vergleich mit Zykloidenflanken eine Reihe angenehmer Eigenschaften, z.B. die Erzeugungsmöglichkeit durch geradflankige Werkzeuge, die Berührung längs einer Geraden (Bild 2.25, Teilbild 1), die gemeinsame Tangente an die Grundkreise ist und Eingriffslinie genannt wird. Die weitaus wichtigste der "angenehmen" Eigenschaften aber ist - wie schon in Abschnitt 1 erwähnt - daß bei Evolventenverzahnungen selbst eine nachträgliche Achsabstandsänderung z.B. aufgrund von Gehäusetoleranzen oder Lagerspielen keine Änderung der gleichförmigen Übersetzung nach sich zieht (wie bei Zykloidenflanken [2/15]). Die Übersetzung ist bei theoretisch idealen Zahnflanken nach Bild 2.25, Teilbild 2, das Verhältnis der Teilkreisradien r_2/r_1 oder auch das Verhältnis der momentanen Wälzkreisradien r_{w2}/r_{w1}

$$i_\omega = -\frac{r_2}{r_1} = -\frac{r_{w2}}{r_{w1}} = -\frac{r_{b2}}{r_{b1}} = \frac{\omega_1}{\omega_2} \; . \qquad (2.42)$$

Da die Grundkreise bei theoretisch idealen Flanken stets gleich bleiben, ändert sich auch die momentane Übersetzung i_ω und daher auch die Übersetzung i nicht.

Der Achsabstand einer theoretisch spielfreien Zahnradpaarung mit Rädern, die keine Profilverschiebung haben (Null-Radpaarung), ist die Summe der beiden Teilkreisradien mit der Bezeichnung Nullachsabstand a_d

$$a_d = r_1 + r_2 = \frac{z_1 + z_2}{2} \cdot m . \qquad (2.43)$$

Für Paarungen mit profilverschobenen Zahnrädern, bei denen die Summe der Profilverschiebungsfaktoren null ist (V-Null-Radpaarung)

$$x_1 + x_2 = 0 \qquad (2.44-1)$$

gilt Gl.(2.43) auch.

Ist ein Rad oder sind beide Zahnräder einer Paarung profilverschoben (V-Radpaarungen), so daß die Summe

$$x_1 + x_2 \neq 0 \qquad (2.44-2)$$

ist, dann ändert sich der Achsabstand gegenüber dem in Gl.(2.43) ermittelten um einen Wert, der aus der Summe der Profilverschiebung, der Summe die Zähnezahlen und dem Profilwinkel errechnet werden kann. Leider entspricht dieser zusätzliche Wert nicht einfach der zusätzlichen Vergrößerung der Kopfkreisradien durch die Profilverschiebungen an den einzelnen Zahnrädern, sondern ist dem Betrag nach etwas kleiner. Würde man den Achsabstand a_v (den Verschiebungs-Achsabstand) aus den Teilkreisradien und der Summe der Profilverschiebungen bzw. aus den V-Kreis-Radien r_{v1} und r_{v2} berechnen,

$$a_v = r_{v1} + r_{v2} = r_1 + r_2 + (x_1 + x_2) \cdot m = \left(\frac{z_1 + z_2}{2} + x_1 + x_2 \right) \cdot m , \qquad (2.45)$$

mit

$$r_{v1} = r_1 + x_1 \cdot m , \qquad (2.45-1)$$

$$r_{v2} = r_2 + x_2 \cdot m , \qquad (2.45-2)$$

dann würde zwischen den Zahnflanken von Außenverzahnungen ein zusätzliches sogenanntes Flankenspiel entstehen, welches bei Umkehr des Moments zu Stößen, zu kleinen Relativdrehungen zwischen An- und Abtrieb, d.h. zu einer häufig sehr unangenehmen Lose führte. Bei Innen-Radpaaren würde die Gefahr der Durchdringung bestehen (siehe Bild 5.6). Man korrigiert daher den Achsabstand so, daß auch bei Profilverschiebung für Zahndicken mit Nennmaß kein Spiel entsteht.

2.6.2 Spielfreier Achsabstand a bei Profilverschiebung

Zu seiner Berechnung dienen zwei Gleichungen. Die erste Gl.(2.48) gibt das Verhältnis zwischen zwei Achsabständen und den zu ihnen gehörenden Eingriffswinkeln an und die zweite (die Korhammersche Beziehung, Gl.(2.49)) gibt den Betriebseingriffswinkel α_w an, welcher bei Profilverschiebung und spielfreiem Achsabstand entsteht.

Aus Bild 2.25, Teilbild 2, entnimmt man, daß

$$(r_1 + r_2) \cdot \cos\alpha = (r_{w1} + r_{w2}) \cdot \cos\alpha_w = r_{b1} + r_{b2} \qquad (2.46)$$

ist. Mit Gl.(2.43) und (2.45) sowie (2.47)

$$a = r_{w1} + r_{w2} \qquad (2.47)$$

erhält man

$$a_d \cdot \cos\alpha = a \cdot \cos\alpha_w = a_v \cdot \cos\alpha_v \qquad (2.48)$$

und daraus

$$a = a_d \frac{\cos\alpha}{\cos\alpha_w} \qquad (2.48\text{-}1)$$

$$a = a_v \frac{\cos\alpha_v}{\cos\alpha_w} \qquad (2.48\text{-}2)$$

Allgemein: Das Verhältnis der Achsabstände ist umgekehrt proportional zum Verhältnis der Kosinuswerte ihrer Eingriffswinkel. Daß der zu a_d gehörende Eingriffswinkel α und der zu α_w gehörende Achsabstand a nicht den gleichen Index haben, ist eine der Ungereimtheiten des zur Zeit gültigen Normenwerkes [1/1,2/1].

Der Betriebseingriffswinkel α_w für flankenspielfreie Paarung ist aus der folgenden Gleichung (der Korhammerschen Beziehung) zu berechnen, die in Abschnitt 2.12.2 abgeleitet ist. Danach ist

$$\operatorname{inv}\alpha_w = \frac{x_1 + x_2}{z_1 + z_2} \cdot 2 \cdot \tan\alpha + \operatorname{inv}\alpha \qquad (2.49)$$

wobei der Eingriffswinkel α für die Paarung mit Zahnstangen oder für die Paarung mit $\Sigma x = 0$ gilt und daher gleich dem Profilwinkel α_p des Bezugsprofils ist, Gl.(2.27).

Aus Gl.(2.49) läßt sich ablesen, daß der Betriebseingriffswinkel α_w und damit der Achsabstand durch die Profilverschiebung n i c h t verändert wird,

$$a = a_w = a_d \qquad (2.47\text{-}1)$$

wenn ihre Summe null ist,

$$x_1 + x_2 = 0, \qquad (2.44\text{-}1)$$

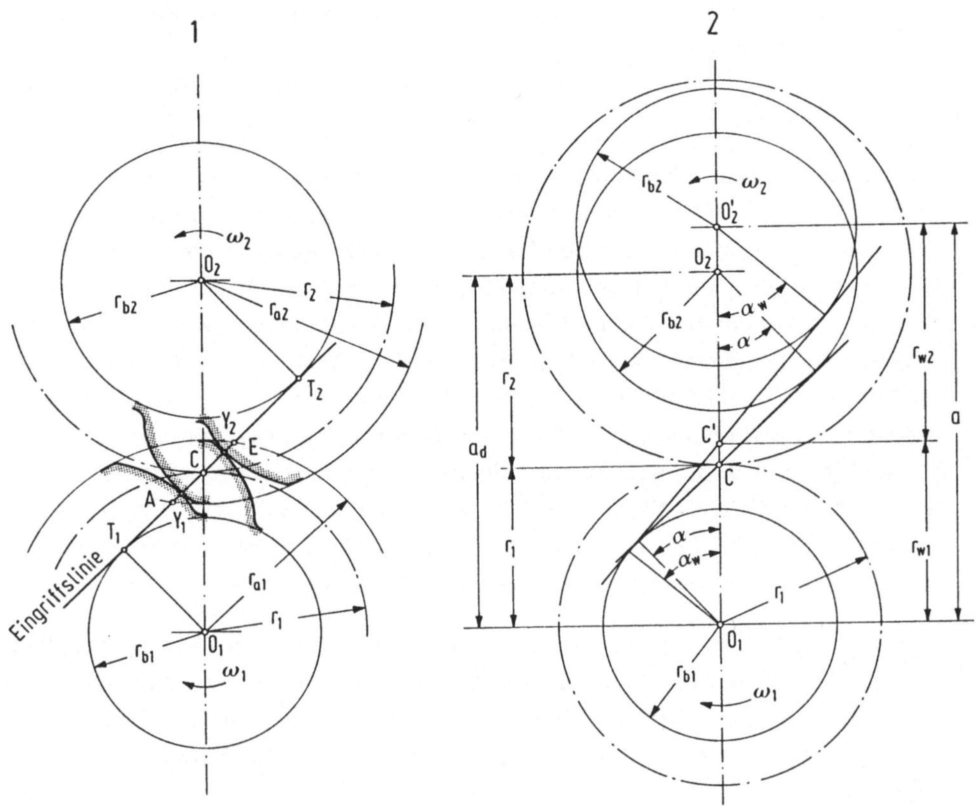

Bild 2.25. Übersetzung bei Achsabstandsänderung

Teilbild 1: Die Normale durch den Berührpunkt (z.B. Y_1 oder Y_2) der Zahnflanken ist bei Evolventenverzahnung gleichzeitig Tangente an den Grundkreisen (r_{b1}, r_{b2}) und geometrischer Ort der Berührpunkte. Sie ist die Eingriffslinie und in den durch die Kopfkreise gegebenen Grenzen auch Eingriffsstrecke.

Teilbild 2: Die Änderung des Achsabstands a ändert bei Evolventenverzahnungen die Übersetzung nicht, weil das Verhältnis der Wälzkreisradien r_{w2}/r_{w1} wegen des konstanten Verhältnisses der Grundkreisradien r_{b2}/r_{b1} gleich bleibt, wobei die "neuen" Wälzkreise (r_{w1}, r_{w2}) von den "alten" Wälzkreisen, den Teilkreisen (r_1, r_2) verschieden sind.

und/oder wenn die Zähnezahlsumme unendlich ist,

$$z_1 + z_2 \rightarrow \infty \tag{2.50}$$

d.h. wenigstens ein "Rad" eine Zahnstange ist. Bei sehr großen Zähnezahlen sind die durch Gl.(2.50) sich ergebenden Winkeländerungen $\alpha_w - \alpha$ vernachlässigbar klein. Die Verteilung der Profilverschiebung auf die beiden Räder spielt für den Achsabstand keine Rolle und richtet sich nach zulässigen Beanspruchungen der Zähne oder nach vorgeschriebenen anderen Abmessungen.

Der Grund, weswegen bei V-Verzahnungen und bei Verzahnungen mit einem von null verschiedenen Teilkreisabstand [1] $y \cdot m$

$$a - a_d = y \cdot m \neq 0 \tag{2.51}$$

ohne Achsabstandskorrektur Flankenspiel entsteht, ist beim Vergleich der Bilder 2.26 und 2.27 zu erkennen. In Bild 2.26 sind zwei Nullräder gepaart (Nullverzahnung), ihre Teilkreise berühren sich, der Eingriffspunkt Y ist sowohl für die Berührung mit dem Bezugsprofil als auch mit dem Gegenprofil der gleiche. Daher ist auch die Normale in Punkt Y sowohl für die Erzeugung durch das Zahnstangenprofil als auch für das Gegenprofil die gleiche; sie ist gemeinsame Eingriffslinie. Auch wenn man die Profilbezugslinie PP verschiebt, den Achsabstand beläßt, d.h. $x_1 = -x_2$ verschieden von null macht (V-Nullverzahnung) bleibt die gemeinsame Eingriffslinie erhalten, der Teilkreisabstand $y \cdot m = 0$. Es werden nur die Zähne bei negativer Profilverschiebung dünner, bei positiver dicker, die Summe der Zahndicken am Teilkreis aber bleiben gleich. Die Eingriffswinkel für die Zahnradpaarung α, für das Erzeugungsgetriebe α_0 und der Flankenwinkel der Bezugsprofile α_P sind gleich, Gl.(2.27).

Man kann in Bild 2.26 drei Zahnrad-Paarungen unterscheiden: Die Paarung von Rad und Gegenrad, die Erzeugungs-Paarung von Rad und Zahnstangen-Werkzeug, die Erzeugungs-Paarung von Gegenrad und Zahnstangen-Werkzeug (gestrichelt). Die Eingriffslinie, die Eingriffswinkel und die jeweiligen Wälz- und Teilkreisradien sind für alle drei Paarungen gleich.

Betrachtet man Zahnräder mit Profilverschiebungen, die einen Abstand der Teilkreise bewirken und daher den Achsabstand gegenüber dem Null-Achsabstand verändern, dann stimmen die Richtungen der Erzeugungs- und der sich ergebenden neuen Verschiebungseingriffslinie nicht mehr überein (Bild 2.27). Die Verschiebungseingriffslinie $T_1 T_2$ hat einen anderen Betriebseingriffswinkel $\alpha_{w(v)}$ (in Bild 2.27 einen größeren) als die Zahnstangen-Erzeugungseingriffslinien $T_{01} Y_1$ bzw. $T_{02} Y_2$, deren Eingriffswinkel α_{w0} gleich dem Profilwinkel α_P des Bezugsprofils sind, Gl.(2.27). Da die Zähne aber dicker sind als bisher, können ihre Berührungspunkte nicht an derselben Stelle (Y_1 und Y_2) der Bezugsprofilflanke liegen wie vorher, sondern auf der Eingriffslinie $T_1 T_2$. Es entsteht das Normalflankenspiel j_n beim zugrunde gelegten Achsabstand a_v, der sich aus dem Nullachsabstand a_d und der Summe der Profilverschiebungen ergibt, Gl.(2.45).

---

[1] Da $a = a_d + y \cdot m$ ist, kann der spielfreie Achsabstand a auch mit Hilfe des Teilkreisabstands $y \cdot m$ berechnet werden. Es ist für Geradverzahnungen

$$Y = \frac{z_1 + z_2}{2} \left(\frac{\cos \alpha_P}{\cos \alpha_w} - 1 \right) \tag{2.52}$$

und der spielfreie Betriebseingriffswinkel α_w aus Gl.(2.50) zu berechnen.

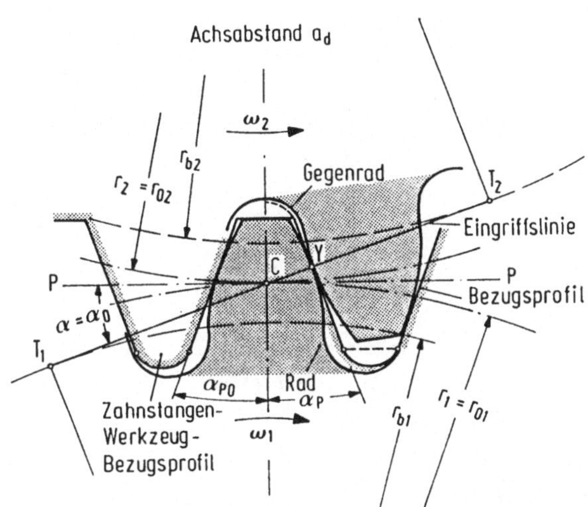

Bild 2.26. Eingriff bei Null-Radpaarungen, bei Zahnstangen- und bei Zahnstangen-Erzeugungs-Getrieben. Gleiche Eingriffslinie für das Zahnstangen-Erzeugungs-Getriebe (Index 0), das Zahnstangen-Getriebe und für den Eingriff zweier Zahnräder im Betrieb, wenn die Summe ihrer Profilverschiebungsfaktoren $x_1 + x_2 = 0$ ist (Null- bzw. V-Null-Radpaarungen) und der Nullachsabstand a_d zugrunde gelegt wird. Bei Null-Getrieben und Getrieben mit einer Zahnstange sind die Eingriffswinkel α gleich dem Betriebseingriffswinkel α_w, gleich dem Profilwinkel α_P.

Eine Besonderheit, die bei genauer Betrachtung des Bildes 2.27 auffällt, ist, daß sowohl die Profilbezugslinie PP, von der aus die Profilverschiebungen gerechnet werden, nicht durch den Wälzpunkt C geht, als auch die V-Kreis-Radien r_{v1} und r_{v2}, während die Wälzkreisradien $r_{w(v)1}$, $r_{w(v)2}$ stets durch diesen Punkt gehen. Das hat folgenden Grund:

Nach Gl.(2.45) geht nur die Summe der Profilverschiebungen in den Achsabstand a_v ein, nicht ihre Aufteilung auf die einzelnen Räder. Für jeden Achsabstand wird daher mit Hilfe der Grundkreise eindeutig der Wälzpunkt C bestimmt und mit ihm die dazugehörenden Wälzkreisradien $r_{w(v)1}$ und $r_{w(v)2}$. Die V-Kreis-Radien können demgegenüber, je nach Aufteilung der gesamten Profilverschiebung auf die beiden Räder, in gewissen Grenzen alle möglichen Werte annehmen. Nur in einem einzigen Fall sind diese Werte gleich denen der Wälzkreisradien, nämlich wenn

$$\frac{x_2}{x_1} = \frac{z_2}{z_1} \qquad (2.53)$$

ist.

Den Abstand des Wälzpunktes C von den Teilkreisen, also $x_1' \cdot m$ und $x_2' \cdot m$ kann man berechnen mit den Gl.(2.15) und (2.3-2)

$$r_w = \frac{r_b}{\cos\alpha_w} \qquad (2.3-2)$$

und den folgenden Ansätzen

$$r_{w(v)1} = r_1 + x_1' \cdot m \qquad\qquad (2.54\text{-}1)$$

$$r_{w(v)2} = r_2 + x_2' \cdot m \; . \qquad\qquad (2.54\text{-}2)$$

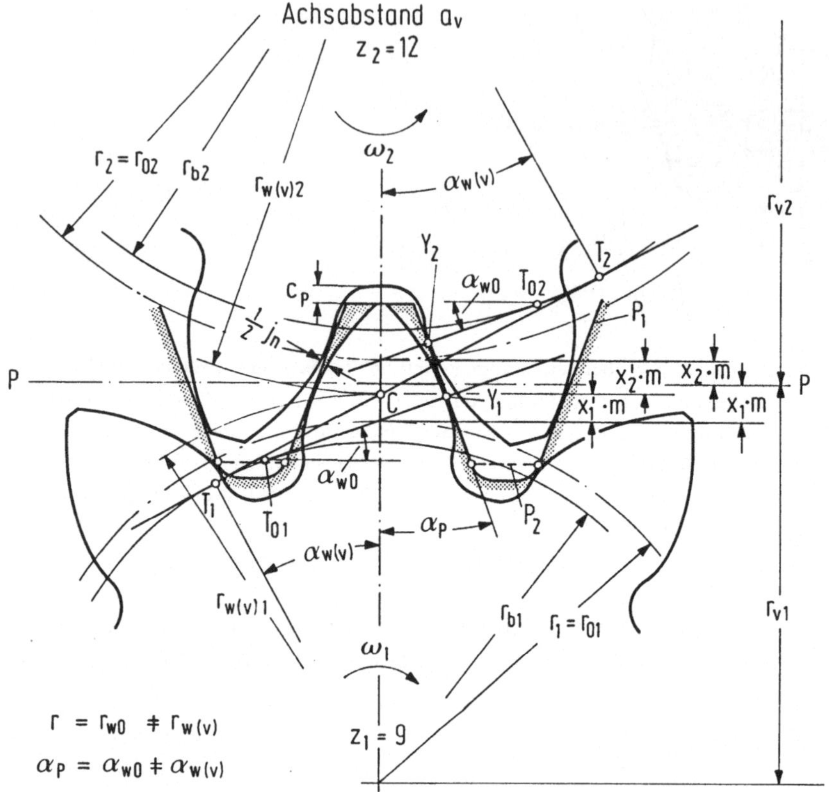

Bild 2.27. Eingriff mit Flankenspiel bei V-Plus- oder V-Minus-Paarungen mit Achsabstand a_v. Es gelten verschiedene Eingriffslinien für die Erzeugung der Zahnräder mit einem Zahnstangenprofil und für den Eingriff zweier Zahnräder im Betrieb, wenn die Summe der Profilverschiebungsfaktoren $x_1 + x_2 \neq 0$ ist, wobei der Achsabstand a_v gegenüber a_d um den Betrag der Profilverschiebungen vergrößert wird. Es tritt bei Außenverzahnungen ein nicht vorgesehenes Normalflankenspiel j_n auf, weil die Betriebseingriffslinien für das Kämmen mit der Zahnstange und für das Kämmen mit einem Gegenrad verschieden sind, also sich nicht decken wie in Bild 2.26. Die beim Verschiebungs-Achsabstand a_v sich ergebende Eingriffslinie ist $T_1 T_2$, der Eingriffswinkel ist $\alpha_{w(v)}$. Die bei der Erzeugung entstehenden Eingriffslinien sind für Rad 1 Linie $T_1 Y_1$ und für Rad 2 $T_2 Y_2$ die Erzeugungs-Eingriffswinkel α_{w0}. Besonders zu beachten ist, daß die V-Kreis-Radien r_{v1} und r_{v2} verschieden von den dazugehörenden Wälzradien $r_{w(v)1}$ und $r_{w(v)2}$ sind. Der sich einstellende Betriebseingriffswinkel $\alpha_{w(v)}$ für den Verschiebungsachsabstand a_v hängt nicht von den einzelnen V-Kreis-Radien, sondern von ihrer Summe bzw. der Summe der Profilverschiebungen ab. Jeder Profilverschiebungssumme ist eindeutig jeweils nur ein Wälzkreisradius $r_{w(v)1}$ und $r_{w(v)2}$ zugeordnet, der den Wälzpunkt C bestimmt, aber es sind, abhängig von der Aufteilung der Profilverschiebungen, beliebig viele V-Kreis-Radien denkbar. Daher geht - bis auf den Ausnahmefall, daß $x_2/x_1 = z_2/z_1$ ist - die Profilbezugslinie PP nicht durch den Wälzpunkt C. Der Abstand des Wälzpunktes C von den Teilkreisen ist durch die Verschiebungen $x_1' \cdot m$ und $x_2' \cdot m$ gegeben, deren Verhältnis $x_2' \cdot m / x_1' \cdot m = z_2/z_1$ ist, während ihre Summe gleich der Summe der Profilverschiebungen ist.

Man erhält dann

$$\frac{x_2'}{x_1'} = \frac{z_2}{z_1} \quad . \tag{2.55}$$

Aus Gl.(2.55) und dem Ansatz

$$x_1' + x_2' = x_1 + x_2 \tag{2.56}$$

folgt

$$x_1' = \frac{z_1}{z_1 + z_2} \cdot (x_1 + x_2) \tag{2.57-1}$$

$$x_2' = \frac{z_2}{z_1 + z_2} \cdot (x_1 + x_2) \tag{2.57-2}$$

und daraus mit den Gl.(2.54-1) und (2.54-2) die Gleichungen für die Wälzkreisradien

$$r_{w(v)1} = r_1 + \frac{z_1}{z_1 + z_2} \cdot (x_1 + x_2) \cdot m \tag{2.58-1}$$

$$r_{w(v)2} = r_2 + \frac{z_2}{z_1 + z_2} \cdot (x_1 + x_2) \cdot m \quad . \tag{2.58-2}$$

Trifft Gl.(2.53) zu, dann ist $x_1' = x_1$ und $x_2' = x_2$ und die Gl.(2.54-1) und die Gl. (2.54-2) gehen in die Gl.(2.45-1) und Gl.(2.45-2) über, d.h. die V-Kreis- und die Wälzkreisradien werden gleich groß. Setzt man in den Gl.(2.58) statt der Profilverschiebung $(x_1 + x_2) \cdot m$ die Achsabstandsvergrößerung $a - a_d$ eines beliebigen Achsabstands ein, erhält man auch die entsprechenden Wälzkreisradien.

In Bild 2.28 wurde der Achsabstand soweit verringert, daß Flankenberührung stattfindet. Trotzdem decken sich die Erzeugungseingriffslinien $T_{01}Y_1$ bzw. $T_{02}Y_2$ untereinander nicht und auch nicht mit der Betriebseingriffslinie T_1T_2. Der neue Betriebseingriffswinkel α_w ist für positive Profilverschiebungssummen größer, für negative kleiner als der Eingriffswinkel α bei Nullverzahnung bzw. der Betriebseingriffswinkel α_{w0} bei der Erzeugung. Auch die Wälzradien bei dem Erzeugungsgetriebe r_{w0} stimmen nicht mehr mit den Wälzradien r_w der Paarung überein (siehe auch Bild 5.5).

Da die Zahnköpfe der Räder infolge der Achsabstandsänderung am Zahngrund aufsitzen können, müssen die Zahnkopfhöhen um den Betrag dieser Achsabstandsänderung verändert werden. Es wird daher eine Kopfhöhenänderung k definiert, die der Differenz des Betriebs- und des Verschiebungsachsabstands entspricht

$$k = k^* \cdot m = a - a_v = (y - \Sigma x) \cdot m \tag{2.59}$$

$$k^* = y - \Sigma x \quad . \tag{2.59-1}$$

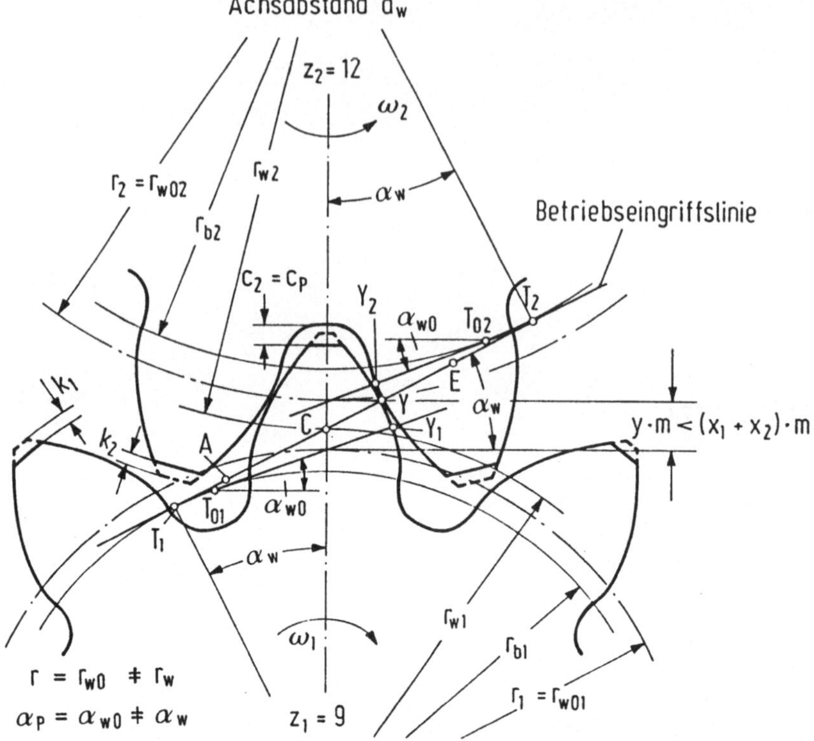

Bild 2.28. Flankenspielfreier Eingriff bei V-Plus- oder V-Minus-Paarungen mit Achsabstand a.
Durch Verkleinern des Achsabstandes a_v bei profilverschobenen Verzahnungen nach Bild 2.27 bis
zum Normalflankenspiel $j_n = 0$. Der neue Achsabstand a ist nicht um den vollen Betrag der Profilverschiebungen größer als der Achsabstand a_d bei V-Null-Radpaarungen.

Die entstandene Gefahr des Aufsitzens des Zahnkopfes im Zahngrund wird durch eine Kopfhöhenänderung $k_1 = k_2$ beseitigt, die gleich der Differenz $a - a_v$ ist und das ursprüngliche Kopfspiel z.B.
c_p wieder herstellt.

Die Kopfhöhenänderung k bzw. der Kopfhöhenänderungsfaktor k^* sind negativ, wenn
der Achsabstand verkürzt und positiv, wenn er vergrößert werden muß (siehe Kapitel 5) und sorgen dafür, daß trotz der Achsabstandsänderungen stets das Kopfspiel
$c = c_p$ erhalten bleibt. Danach muß man immer, wenn die Summe der Profilverschiebungsfaktoren verschieden von null ist

$$x_1 + x_2 \neq 0 \,, \qquad\qquad (2.44\text{-}2)$$

den Betriebseingriffswinkel α_w mit Gl.(2.49) und den Achsabstand mit Gl.(2.48) kor-
rigieren, soll zusätzliches Flankenspiel oder Durchdringung vermieden werden. Für
Achsabstände und Eingriffswinkel gilt mit Gl.(2.48) bei Außenverzahnungen (wenn man
die Zahlenwerte absolut nimmt. auch bei Innenverzahnungen, auch Bild 5.6, Band II),
wenn

$$x_1 + x_2 > 0 \,, \qquad\qquad (2.44\text{-}3)$$

dann ist

$$a_v > a > a_d \qquad\qquad (2.60\text{-}1)$$

und

$$\alpha_v > \alpha_w > \alpha \,. \qquad\qquad (2.60\text{-}2)$$

Wenn
$$x_1 + x_2 < 0 , \qquad (2.44-4)$$
dann ist
$$a_d > a_v > a \qquad (2.61-1)$$
und
$$\alpha > \alpha_v > \alpha_w . \qquad (2.61-2)$$

Schiebt man die Zahnräder auf den Achsabstand $a < a_v$ zusammen, dann können die Zahnköpfe eines Rades bei Außenverzahnungen im Zahngrund des Gegenrades aufsitzen. Die Zahnkopfhöhen beider Zahnräder müssen daher um den Betrag des Zusammenrückens der Achsmitten nach Gl.(2.54) verkleinert werden, so daß das im Bezugsprofil (Bilder 2.11;2.12) vorgegebene Kopfspiel c_p erhalten bleibt.

Regel: Ist die Summe der Profilverschiebungen verschieden von null, dann ist der spielfreie Betriebsachsabstand a immer kleiner als der durch Summieren der Teilkreisradien und Profilverschiebungen erhaltene Achsabstand a_v. (Vergleicht man nur die Zahlenbeträge, gilt das auch für Paarungen mit Innenverzahnungen.)

2.6.3 Teilungen

Die Gleichheit der Teilungen von Rad und Gegenrad ist für Zahnradpaarungen eine unabdingbare Voraussetzung. Sollen die einzelnen Räder umlauffähig sein, muß die Anzahl der Teilungen am Umfang ganzzahlig gewählt werden. Nach Gl.(2.13) wird die Teilung p am Teilkreis in Vielfachen der Zahl π gewählt. Legt man für Rad und Gegenrad den gleichen Modul m zugrunde, ist diese Forderung erfüllt.

Die Teilung am Teilkreisbogen wird in die Zahndicke s und Lückenweite e unterteilt. Das erfolgt bei der Erzeugung automatisch und so, daß beide Räder bezüglich der Zahndicke korrekt kämmen, wenn ihnen das gleiche Bezugsprofil[1] zugrunde gelegt

---

[1] Paart man Zahnräder gleichen Moduls sowie passender Zahnhöhen des Bezugsprofils, aber verschiedener Profilwinkel α_p miteinander, dann kämmen sie nicht korrekt, und die momentane Übersetzung i_ω (siehe Bild 1.1) stimmt mit der mittleren Übersetzung $i_{\omega m}$ nicht überein. Gründe: 1. Die Zähne des Rades passen nicht zu den Zähnen des Gegenrades, ähnlich wie ein Keil und eine keilige Nut, deren Neigungen verschieden sind. 2. Das Zähnezahlverhältnis, welches dem Teilkreisverhältnis entspricht, ist wegen der verschiedenen Eingriffswinkel verschieden vom Grundkreisradienverhältnis $r_2/r_1 \neq r_{b2}/r_{b1}$. Der Unterschied von i_ω und $i_{\omega m}$ wird durch entsprechende Flankenspiele gegebenenfalls ausgeglichen (ungleichförmiger Lauf, Klappern).

wird, und der Achsabstand ohne zusätzliches Spiel ausgelegt wird. An den Wälzkreisen (r_{w1}, r_{w2}), aber auch nur dort, sind wechselweise die Zahndicken s_{w1} des Rades bei Spielfreiheit gleich den Lückenweiten e_{w2} des Gegenrades und umgekehrt (Bild 2.30). Es ist

$$s_{w1} = e_{w2} \tag{2.62}$$

$$s_{w2} = e_{w1} \tag{2.63}$$

$$s_{w1} + e_{w1} = s_{w2} + e_{w2} = p_w \ . \tag{2.64}$$

Das gilt auch für Paarungen mit einer Zahnstange (siehe Bild 2.23), an der die Größen leicht bestimmt werden können.

2.6.4 Aufgabenstellung 2-4 (Achsabstand und Profilverschiebung)

1. Eine Verzahnung habe folgende Daten:

   $z_1 = 18$, $z_2 = 55$, $x_1 = 0$, $x_2 = 0$, $\alpha_P = 20°$, $m = 1,25$ mm.

   Zu bestimmen ist der Null-Achsabstand a_d, der Betriebseingriffswinkel α_w, der Betriebsachsabstand a, die erforderliche Kopfhöhenänderung k.

2. An derselben Verzahnung soll aus Festigkeitsgründen am Ritzel eine Profilverschiebung $x_1 = +0,5$ durchgeführt werden. Welcher Profilverschiebungsfaktor ist für das Rad zu wählen, wenn der Achsabstand beibehalten werden soll?

3. Die Verzahnung soll in ein Getriebegehäuse mit dem Achsabstand a = 46 mm eingebaut werden. Wie groß muß für $x_1 = +0,5$ der Profilverschiebungsfaktor des Gegenrades sein, und welche Kopfhöhenänderung k ist erforderlich?

2.7 Zahnspiele

Zwischen den miteinander kämmenden Verzahnungen sind bestimmte Spiele notwendig, damit eine ungestörte Relativbewegung der Flanken möglich wird. Man unterscheidet zwei Arten von Zahnspielen, das Kopfspiel c und das Flankenspiel j. Das Kopfspiel soll unter anderem verhindern, daß sich die nicht zur Bewegungsübertragung vorgesehenen Zahnbereiche wie der Kopf und die Zone am Fußkreis auch tatsächlich nicht berühren, und daß insbesondere bei kleinen Moduln Schmierreste und Verunreinigungen aus der Zahnlücke herausgedrückt werden können. Daher wurde der Wert für c_P beim Bezugsprofil nach DIN 58400 (Bild 2.12) für kleine Werte mehr als modulproportional vergrößert. Das Flankenspiel, ein Spiel zwischen den Evolventenflanken, gleicht Abweichungen der Zahndicken, des Achsabstandes, der Zahnform, der Teilung usw. aus und ermöglicht die Ausbildung eines Schmierfilms. Die im folgenden angegebenen Gleichungen beziehen sich auf abweichungsfreie Stirnräder.

2.7.1 Das Kopfspiel c

ist der Abstand des Kopfkreises eines Rades vom Fußkreis seines Gegenrades [2/1],
siehe Bilder 2.28 und 2.29. Ebenso ist es aber auch der Abstand der Kopflinie bzw.
der Fußlinie einer Zahnstange zum Fußkreis bzw. Kopfkreis des Gegenrades (Bild 2.23)
oder der Abstand zwischen Fuß- und Kopflinie von zwei Zahnstangen oder Bezugspro-
filen wie in den Bildern 2.11 und 2.12. Das Kopfspiel läßt sich danach aus der Differenz der Zahnhöhe h und der gemeinsamen Zahnhöhe h_w ermitteln. Das Nenn-Kopfspiel kann aus den Nennwerten für h und h_w ermittelt werden und ist mit Kopfspielfaktor c^*

$$c = c^* \cdot m = h - h_w \; . \tag{2.65}$$

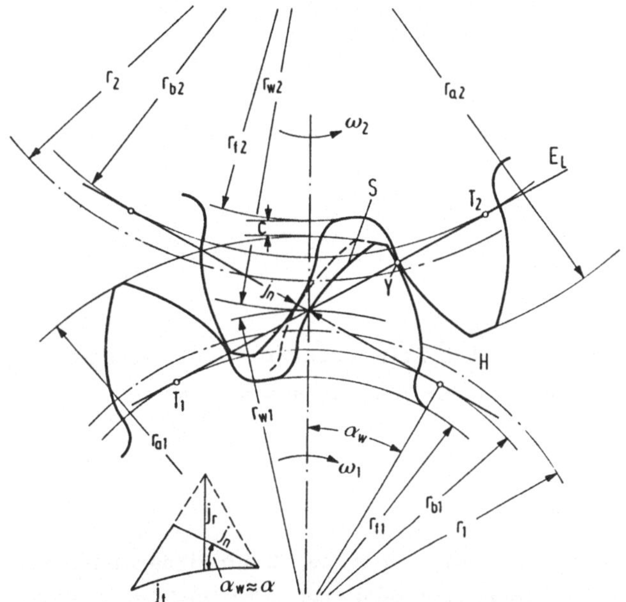

Bild 2.29. Zahnspiele: Nenn-Kopfspiel c als Abstand des Kopf- und Fußkreises von Rad und Gegenrad bei Zugrundelegung von Nennmaßen, Drehflankenspiel j_t als Länge des Wälzkreisbogens beim
Drehen vom Berührpunkt der Arbeitsflanke H zum Berührpunkt der Rückflanke S und feststehendem Gegenrad, Normalflankenspiel j_n als kürzester Abstand der Rückflankenfläche von der Gegen-
flankenfläche bei Berührung der Arbeitsflanke, Radialspiel j_r als Differenz der Achsabstände bei
Betriebszustand und demjenigen bei flankenspielfreiem Eingriff. Es bedeutet hier: H Arbeitsflanke,
S Rückflanke, E_L Eingriffslinie.

Das Ist-Kopfspiel kann aufgrund von ausgeführten Kopfkreisen (r_a) - Kopfhöhenänderung - und tatsächlich erzeugten Fußkreisen (r_{fE}) für beide Räder verschieden
sein und ist für Rad 1

$$c_1 = a - (r_{a1} + r_{fE2}) = c_1^* \cdot m, \tag{2.66}$$

und für Rad 2

$$c_2 = a - (r_{a2} + r_{fE1}) = c_2^* \cdot m \; .$$ (2.67)

2.7.2 Das Flankenspiel j

Das Flankenspiel j kann durch eine der drei folgenden Komponenten j_t, j_n, j_r [2/1], die ineinander überführbar sind, ausgedrückt werden (Bild 2.29). Es gelten folgende Definitionen:

2.7.2.1 Das Drehflankenspiel j_t

ist die Länge des Wälzkreisbogens, um den sich jedes der beiden Zahnräder bei festgehaltenem Gegenrad z.B. von der Anlage der Rechtsflanken bis zur Anlage der Linksflanken drehen läßt. Seine Größe stellt sich im Stirnschnitt dar [2/1].

2.7.2.2 Das Normalflankenspiel j_n

ist der kürzeste Abstand zwischen den Rückflanken der Zähne eines Zahnradpaares, wenn ihre Arbeitsflanken sich berühren. Bei Vernachlässigung des Bogens, für den j_t definiert ist (Bild 2.29), ist

$$j_n = j_t \cdot \cos \alpha \; .$$ (2.68)

2.7.2.3 Das Radialspiel j_r

ist die Differenz des Achsabstandes zwischen dem Betriebszustand und demjenigen des spielfreien Eingriffs. Bei Vernachlässigung der Bogenform von j_t ist

$$j_r = \frac{j_t}{2 \tan \alpha_w} \; .$$ (2.69)

Das Radialspiel j_r ist von großer Bedeutung, wenn man bei Zahnradpaarungen mit exzentrisch laufenden Verzahnungen rechnen muß oder bei sehr kleinen Moduln (m < 0,6 mm) oder wenn die Abweichungen des Achsabstandes in der Größenordnung der Zahnhöhen liegen.

2.8 Die Eingriffsteilung

Da die Eingriffsteilung p_e gleich der Grundkreisteilung p_b ist,

$$p_e = p_b \; ,$$ (2.70)

und weil die Eingriffslinie auch als ein vom Grundkreis abgewickelter Faden betrachtet werden kann, erhält man mit den Gl.(2.13;2.18-1;2.79) die Beziehung

$$p_e = \pi \cdot m \cdot \cos \alpha \; .$$ (2.71)

2.9 Die Eingriffsstrecke

2.9.1 Die Eingriffslinie

Bisher wurde allein der zur Achse senkrechte Schnitt, der Stirnschnitt, betrachtet und daher nur von Eingriffslinie und Eingriffsstrecke gesprochen. Bezieht man die Breite des Zahnrades mit in die Betrachtung ein, dann wird die Eingriffslinie zur Eingriffsebene und die Eingriffsstrecke zum Eingriffsfeld. Im Hinblick auf den Eingriff ändert sich bei Geradverzahnungen nichts, da in jeder Stirnschnittebene zur gleichen Zeit der gleiche Punkt auf der Eingriffsstrecke im Eingriff ist.

Jede Zahnradpaarung hat zwei mögliche Eingriffslinien bzw. Eingriffsstrecken, die jeweils wirksam werden, wenn der Drehsinn des treibenden oder getriebenen Rades geändert wird. Sie kreuzen sich im Wälzpunkt C und sind, sofern die Zahnflanken der einzelnen Zähne symmetrisch sind, auch symmetrisch (Bild 2.30).

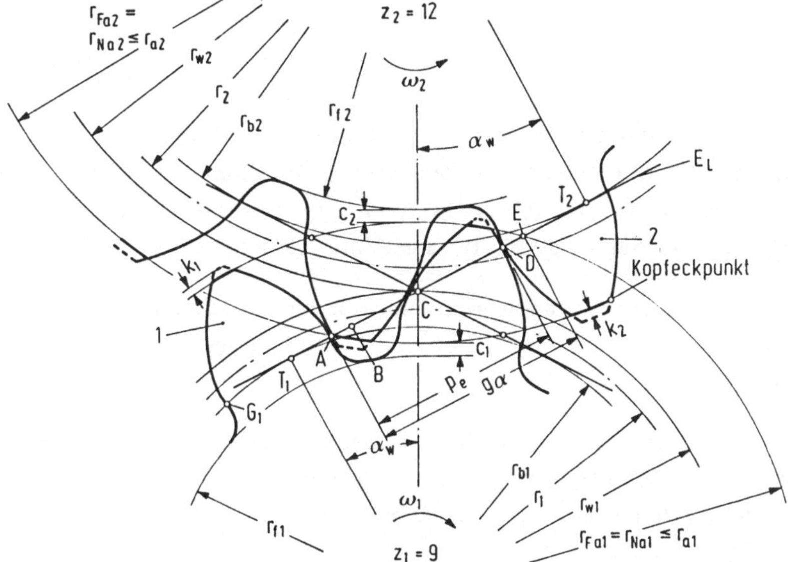

Bild 2.30. Die Eingriffsstrecke g_α (Strecke $\overline{AE}$) ist der geometrische Ort aller Berührungspunkte von Flanke und Gegenflanke. Sie ist ein Teil der Eingriffslinie, die gleichzeitig gemeinsame Tangente an den Grundkreisen ist. Die Eingriffslinie ist auch Normale zu den Berührungstangenten der Flanken. Die Eingriffsstrecke muß größer sein als die Eingriffsteilung p_e (Strecke $\overline{AD}$) und kann höchstens von Tangentenberührpunkt T_1 bis T_2 reichen. Sie wird begrenzt von den Form-Kopfkreisradien r_{Fa}, die im dargestellten Fall den Kopfkreisradien r_a entsprechen. Die Kopf-Nutzkreisradien r_{Na} sind hier gleich den Kopf-Formkreisradien r_{Fa}, da wegen der korrekt ausgebildeten Evolvente am jeweiligen Gegenrad durch sie die Eingriffsgrenzen bestimmt werden. Verschieden sind sie, wenn am Gegenrad ein schädlicher Unterschnitt oder Freischnitt vorliegt [2/1]. Bei Drehrichtung im eingezeichneten Sinn gilt die nach rechts steigende Eingriffslinie bei Drehrichtung in umgekehrtem Sinn die nach links steigende Eingriffslinie. Es bedeutet A Anfangspunkt, E Endpunkt der Eingriffsstrecke, B innerer, D äußerer Einzeleingriffspunkt, Strecke $\overline{AC}$ Eintritt-Eingriffs-Strecke, $\overline{CE}$ Austritt-Eingriffsstrecke, c_1, c_2 Ist-Kopfspiele an Rad und Gegenrad, E_L Eingriffslinie.

Je steiler die Eingriffslinie, d.h. je größer der Betriebseingriffswinkel α_w ist, um so kleiner wird bei gleichen Zahnnormalkräften das übertragbare Drehmoment und um so größer werden die von den Radlagern aufzunehmenden Radialkräfte. Man sollte diesen Einfluß bei kleinen Winkeländerungen allerdings nicht überschätzen, bei großen nicht unterschätzen. Als Anhaltspunkt möge gelten, daß auch bei extremen Winkeländerungen in der Regel $\alpha_w = 30°$ nicht überschritten wird und im Vergleich zum Ausgangswinkel von $\alpha_w = 20°$ die Achsbelastungen um die Hälfte steigen, genau im Verhältnis

$$\frac{\sin\alpha_{w2}}{\sin\alpha_{w1}} = \frac{\sin 30°}{\sin 20°} \approx 1,5 \ .$$

Zusätzlich steigt aber auch die Gleitgeschwindigkeit zwischen den Zahnflanken (siehe Abschnitt 2.10). Sie niedrig zu halten, insbesondere bei der Gefahr des Reibverschleißes oder des Fressens [1/7], ist ein wichtiger Punkt für die Auslegung von Zahnradpaarungen.

2.9.2 Die Länge der Eingriffsstrecke

Die dritte geometrische Voraussetzung für korrekte Paarung zweier Zahnräder betrifft die Länge und die Lage der Berührstrecke der kämmenden Zahnflanken, die bei Evolventenverzahnungen eine Gerade ist und Eingriffsstrecke g_α genannt wird. Im einzelnen kommt es darauf an, daß die Eingriffsstrecke (Bild 2.30)

- relativ lang ist (bei Geradverzahnungen möglichst länger als 1,2 bis 1,4 Eingriffsteilungen p_e, siehe Gl.(2.71)), aber nie über die Berührpunkte T_1 und T_2 hinausgeht,

- ihr Anfangspunkt A und Endpunkt E in einem zulässigen Bereich liegen (z.B. stets innerhalb der Schnittpunkte der n u t z b a r e n , also der korrekten Evolventenflanke mit der Eingriffslinie)[1],

- die Punkte A (Eingriffsbeginn) und E (Eingriffsende) eine bestimmte Relativlage zu Punkt C haben (z.B. meistens gleichweit von C entfernt, häufig auch A näher an C als C an E).

Die Eingriffsstrecke kann man in den Abschnitt vor und den Abschnitt nach dem Wälzpunkt C unterteilen. Die Abschnitte werden Eintritt-Eingriffsstrecke g_f und Austritt-Eingriffsstrecke g_a genannt. Die Länge und Lage der beiden Eingriffsstrek-

---

[1] Eine zusätzliche Einschränkung der üblichen maximal nutzbaren Evolventenflanke vom Kopfkreis bis zum Fußpunkt kann erfolgen durch Kopfrücknahme am kopfseitigen Ende oder durch die spezielle Lage der Fußausrundung bzw. durch schädlichen Unterschnitt am fußseitigen Flankenende (Bild 2.31).

ken-Abschnitte werden einzeln berechnet, aber auch im Hinblick auf ihre Länge und die völlig unterschiedlichen Reibungsverhältnisse einzeln betrachtet (siehe Abschnitt 2.11). Wichtig ist noch der Punkt B auf der Eingriffsstrecke (Bild 2.30), der den Beginn des Einzeleingriffs, und der Punkt D, der das Ende des Einzeleingriffs anzeigt, d.h. von A bis B und von D bis E sind in der Regel zwei Zahnpaare im Eingriff, von B bis D aber nur eines.

Eine nicht überschreitbare Grenze für die Vergrößerung der Eingriffsstrecke und damit auch der Profilüberdeckung ε_α ist durch die Tangentenberührpunkte T_1 und T_2 gegeben. Sie fallen beim Eingriff mit dem tiefstmöglichen Evolventenpunkt, ihrem Fußpunkt, zusammen, von dem an die Fußausrundung beginnen muß. In der Regel nutzt man die Evolvente wegen ungünstiger Gleitverhältnisse nicht bis zu diesem Punkt aus, wie in Bild 2.31, Teilbild 2, an der Flanke von Rad 2 gezeigt wird. In Grenzfällen kann der unterste Evolventenpunkt G bis zum Fußpunkt U der Evolvente, der auf dem Grundkreis liegt, verschoben werden.

Außerhalb der Berührpunkte T_1 und T_2 der Eingriffslinie mit den Grundkreisen darf die Eingriffsstrecke nie liegen, weil dann die Evolventenflanke bzw. der Kopfeckpunkt des Gegenzahnes mit d e n Bereichen der Zahnfußrundung in Berührung käme, die nicht zur Bewegungsübertragung vorgesehen, zum Tragen ungeeignet sind.

Um korrektes Kämmen über den ganzen Bereich der Eingriffsstrecke zu gewährleisten, ist es zweckmäßig, zwischen der durch die Form des Zahnprofils entstehenden Begrenzung der Evolventenflanke (Bild 2.31, Teilbild 1) und den dadurch definierten Form-Kopfkreisradien r_{Fa} und Form-Fußkreisradien r_{Ff} zu unterscheiden und der aufgrund des Eingriffs tatsächlich genutzten oder aktiven Evolventenflanke mit den Nutz-Kopfkreisradien r_{Na} und Nutz-Fußkreisradien r_{Nf} (Bild 2.31, Teilbild 2).

Es gilt daher für Außenverzahnungen

$$r_a \gtrsim r_{Fa} \gtrsim r_{Na}\,, \tag{2.72}$$

$$r_f < r_{Ff} \lesssim r_{Nf}. \tag{2.73}$$

Die Länge der Eingriffsstrecke wird, wie in Bild 2.30 dargestellt, in der Regel durch die Kopf-Nutzkreise (r_{Na}) von Rad und Gegenrad auf der Eingriffslinie abgegrenzt. Es können aber auch Fälle auftreten, wie in Bild 2.31, Teilbild 2, bei denen die Zahnköpfe und Zahnfüße nicht bis zum Ende nutzbare Evolventenflanken aufweisen, so daß sich die Eingriffsstrecke entsprechend verkürzt. In diesem Bild ist z.B. die Form des Zahnfußes des Rades 1 durch Unterschnitt verkürzt und am Zahn des Rades 2 die Form des Kopfes durch Kopfrücknahme schon bei der Herstellung verändert. Daher kann hier der Eingriff erst an Punkt A und nicht an Punkt F_1 beginnen, der Unterschnitt wirkt sich daher nicht schädlich aus. Läge keine Kopfrücknahme an

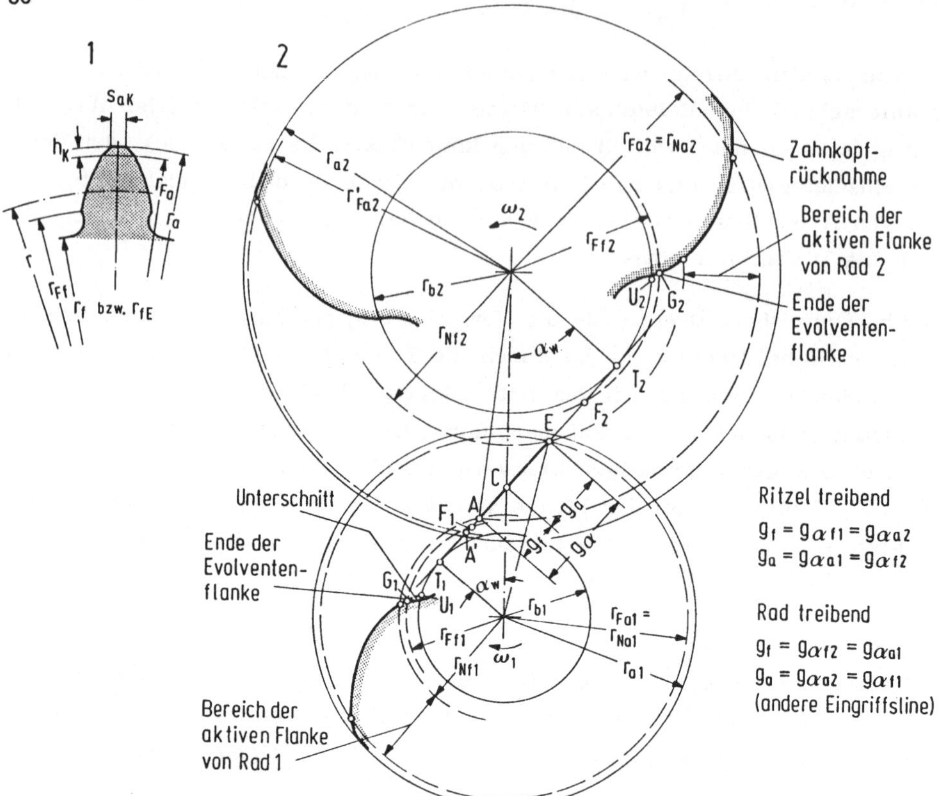

Bild 2.31. Kreise, welche die Eingriffsstrecke begrenzen.

Teilbild 1: Kopf-Formkreisradius r_{Fa} und Fuß-Formkreisradius r_{Ff} eines Zahnprofils. Sie sind allein durch die Profilform gegeben und unabhängig vom möglichen Paarungseingriff. Es ist: s_{aK} Restzahnkopfdicke bei Kopfkantenrücknahme, h_K Radialbetrag bei Kopfkantenrücknahme, r_{fE} erzeugter Fußkreisradius.

Teilbild 2: Begrenzung der Eingriffsstrecke durch die Kopf-Nutzkreisradien r_{Na} (meistens ist $r_{Na} \approx r_a$). Die Fuß-Nutzkreisradien r_{Nf} stellen sich ein. Die Länge der Nutzkreisradien bestimmt Länge und Lage der Eingriffsstrecke. Für korrektes Paaren müssen allerdings die Schnittpunkte A und E der Kopf-Nutzkreisradien r_{Na} mit der Eingriffslinie innerhalb der Schnittpunkte F_1 und F_2 der Form-Fußkreisradien r_{Ff} mit der Eingriffslinie liegen. Die Nutzkreisradien bestimmen die tatsächlich genutzten, die aktiven Teile der Zahnflanken, die Formkreisradien dagegen die maximal nutzbaren Teile der Zahnflanken. Während beispielsweise der Kopf-Formkreisradius r_{Fa2} (rechts oben) ein Flankenteil begrenzt, das auch vollkommen genutzt wird und somit $r_{Na2} = r_{Fa2}$ ist, begrenzt der Kopf-Formkreisradius r'_{Fa2} (links oben) ein Flankenteil, das wegen des Fuß-Formkreisradius r_{Ff1} nicht vollkommen genutzt werden kann, daher ist $r_{Na2} < r'_{Fa2}$. Der entsprechende Eingriffsbeginn A' läge außerhalb des Punktes F_1, was einen unkorrekten Eingriff zur Folge hätte.

Die Kopf-Nutzkreise dürfen die Eingriffslinie nie außerhalb der Tangentenberührungspunkte T schneiden.

Gleichgültig, in welchem Sinne sich die Räder drehen, gilt, daß die Eintritt-Eingriffsstrecke vom Schnittpunkt des Kopf-Nutzkreises des getriebenen Rades mit der Eingriffslinie bis zum Wälzpunkt geht, die Austritt-Eingriffsstrecke vom Wälzpunkt bis zum Schnittpunkt des Kopf-Nutzkreises vom treibenden Rad mit der Eingriffslinie. Eingriffsbeginn A und Eingriffsende E gelten bei treibendem Ritzel und eingezeichneter Drehrichtung. Es ist g_α Länge der gesamten Eingriffsstrecke, g_f Länge der Eintritt-Eingriffsstrecke, g_a Länge der Austritt-Eingriffsstrecke, $g_{\alpha f}$ Länge der Fußeingriffsstrecke, $g_{\alpha a}$ Länge der Kopfeingriffsstrecke.

Rad 2 vor, würde der Eingriff wegen des nun schädlich wirkenden Unterschnitts an Rad 1 auch erst beim Punkt F_1 beginnen, aber es würde vor Punkt F_1 der scharfkantige Punkt G_1 von Rad 1 mit der Gegenrad-Evolvente unkorrekt kämmen. Das Eingriffsende wird in Punkt E wie üblich durch den Kopf-Nutzkreisradius r_{Na1} des Rades 1 bestimmt. Hier liegt günstigerweise das Ende der nutzbaren Fußflanke von Rad 2 außerhalb der Eingriffsstrecke und wirkt sich erst ab Punkt F_2 aus. Bis dorthin könnte man Punkt E z.B. durch Vergrößern des Kopf-Nutzkreisradius r_{Na1} verschieben, aber nicht weiter.

Die Eingriffsstrecke ergibt sich aus beiden Abschnitten zu

$$\overline{AE} = \overline{AC} + \overline{CE} \ . \tag{2.74}$$

Es ist nach Bild 2.31, Teilbild 2, (mit Berücksichtigung der Zahnkopfrücknahme an Rad 2)

$$g_f = \overline{AC} = \overline{AT_2} - \overline{CT_2} = \sqrt{r_{Na2}^2 - r_{b2}^2} - r_{b2} \cdot \tan \alpha_w \tag{2.75}$$

$$g_a = \overline{CE} = \overline{T_1 E} - \overline{T_1 C} = \sqrt{r_{Na1}^2 - r_{b1}^2} - r_{b1} \cdot \tan \alpha_w \ . \tag{2.76}$$

Für die Eingriffsstrecke $\overline{AE}$ ergibt sich nach Bild 2.30 aus Gl.(2.74;2.75;2.76)

$$\overline{AE} = \sqrt{r_{Na1}^2 - r_{b1}^2} + \frac{z_2}{|z_2|} \cdot \sqrt{r_{Na2}^2 - r_{b2}^2} - (r_{b1} + r_{b2}) \cdot \tan \alpha_w \ . \tag{2.77}$$

Damit nie eine Berührung korrekter Zahnflankenabschnitte mit unkorrekten, z.B. unterschnittenen oder nicht evolventischen Flankenteilen stattfinden kann, müssen die Schnittpunkte der Kopf-Nutzkreise stets innerhalb der Schnittpunkte der nutzbaren Zahnflanken, also der Kopf-Formkreise (r_{Fa}) und der Fuß-Formkreise (r_{Ff}) mit der Eingriffslinie liegen. Diese und die durch die Tangentenberührungspunkte T gegebene Begrenzung läßt sich für die Länge jedes Abschnitts der Eingriffsstrecke in den folgenden Ungleichungen mit den Bezeichnungen aus Bild 2.31, Teilbild 2, festlegen:

Eingriffsabschnitt vor dem Wälzpunkt C

$$\overline{T_1 C} \geq \overline{F_1 C} \geq \overline{AC} = g_f \ , \tag{2.78}$$

Eingriffsabschnitt nach dem Wälzpunkt C

$$\overline{T_2 C} \geq \overline{F_2 C} \geq \overline{EC} = g_a \ . \tag{2.79}$$

2.9.3 Aufgabenstellung 2-5 (Eingriffsstrecke, Eingriffswinkel zeichnerisch ermitteln)

Gegeben ist eine Zahnradpaarung mit $z_1 = z_a = 20$, $x_1 = +0,2$, $z_2 = z_b = 90$, $x_2 = -0,2$, $m = 0,8$ mm, $a = 44$ mm, Bezugsprofil nach DIN 58 400 (Bild 2.12). Zeichnerisch (zweckmäßig im Maßstab M = 5:1 bis 10:1) ist zu ermitteln: Der Betriebseingriffswinkel α_w, die Eintritt-Eingriffsstrecke g_f, die Austritt-Eingriffsstrecke g_a und die Profilüberdeckung ε_α (siehe Abschnitt 2.9.6). Der Index a gibt an, daß das kleinere Rad, also Rad 1, das treibende Rad ist.

2.9.4 Lage von Eingriffsbeginn und Eingriffsende

Die Lage der Eingriffsstrecke sowohl hinsichtlich ihres Eingriffswinkels α_w als auch hinsichtlich ihres Beginns und Endes ist von ausschlaggebender Bedeutung für die Übertragungseigenschaften einer Zahnradpaarung. Je näher der Eingriff an die Berührpunkte der Tangente am Grundkreis T_1, T_2 (Bild 2.31, Teilbild 2) rückt, um so näher ist die Berührungsstelle am Fußpunkt der Evolvente des einen Zahnes (meist des Zahnes am kleineren Zahnrad). Am Fußpunkt der Evolvente, d.h. am Grundkreis, ist die Flanke aber stark gekrümmt, und es besteht die Gefahr großer Hertzscher Pressung (siehe Kapitel 7). Ist das kleinere Rad - wie in den meisten Fällen - Antriebsrad, dann kann ein weit vom Wälzpunkt gelegener Eingriffsbeginn auch zum Verklemmen der Zahnräder führen, sofern die resultierende Kraft aus Normal- und Reibkraft F_{res} nicht mehr unterhalb des Drehpunktes des Gegenrades zeigt. In Punkt A (Bild 2.32) wirkt die Kraft F_{res} mit Hebelarm l und erzeugt das notwendige Drehmoment. Verschiebt man den Eingriffsbeginn in Punkt T_1, wirkt die Kraft F'_{res} auf oder oberhalb des Drehpunktes 0_2, der Hebelarm l ist $l \leqq 0$, das Getriebe klemmt. Der gleiche Effekt kann durch große Reibungswinkel ρ und große Betriebseingriffswinkel α_w ausgelöst werden [2/15].

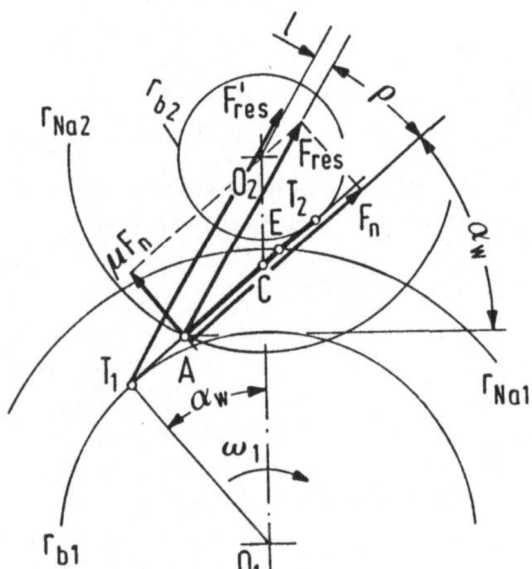

Bild 2.32. Klemmgefahr bei ungünstiger Lage der Eingriffsstrecke
Der Eingriffsbeginn, Punkt A, ist vom Tangentenberührpunkt T_1 weit entfernt. Es besteht im dargestellten Fall noch keine Klemmgefahr. Gefahr des Klemmens, wenn der Reibungswinkel ρ und der Betriebseingriffswinkel α_w so groß sind, daß der Hebelarm $l \rightarrow 0$ geht, z.B. bei Eingriffsbeginn in T_1. Es bedeutet: F_n Zahnnormalkraft, F_{res}, F'_{res} resultierende Kraft aus Zahnnormal- und Reibkraft bei Eingriffsbeginn in Punkt A bzw. in Punkt T_1.

Auch die Gleitverhältnisse sind im Bereich der Tangentenberührungspunkte T_1, T_2 sehr schlecht, denn ein großer Abschnitt der Gegenzahn-Kopfflanke gleitet an einem kleinen Abschnitt der Zahnfußflanke vorbei, und daher unterliegt der Fußpunkt einem starken Verschleiß. Es gilt deshalb die Regel, daß die Tangentenberührungspunkte T der Eingriffslinie möglichst weit außerhalb der Eingriffsstrecke liegen sollen, insbesondere am Eingriffsbeginn. Am Eingriffsbeginn sind die Reibungsverhältnisse, im besonderen bei Übersetzungen ins Schnelle, viel schlechter als am Eingriffsende, weil bis zum Wälzpunkt C ein bezüglich des Reibeinflusses progressives Reibsystem [2/19; 2/16] wirksam ist ("stoßende Reibung"), welches die Tendenz hat, bei Trockenlauf die Flanken aufzurauhen. Am Eingriffsende wirkt ein degressives Reibsystem, das bei Trockenlauf zur Flankenglättung beiträgt ("ziehende Reibung"), siehe auch Abschnitt 2.11.

Für Übersetzungen ins Schnelle gelten die gleichen Überlegungen, nur trifft dort das ungünstigere progressive Reibsystem am Eingriffsbeginn nicht mit den stärker gekrümmten Fußflanken des kleineren, sondern des größeren Rades zusammen, z.B. bei Drehrichtungsumkehr und Antrieb von Rad 2 in Bild 2.31. Wählt man jedoch für diese Übersetzungsart sehr kleine Ritzelzähnezahlen mit positiver Profilverschiebung, dann wird die Fußeingriffsstrecke $g_{\alpha f2}$ groß und die Kopfeingriffsstrecke $g_{\alpha a2}$ kurz. Ziel jeder Auslegung ist es jedoch, die Eingriffsstrecke möglichst symmetrisch zum Wälzpunkt zu legen. Wenn schon eine Unsymmetrie unvermeidlich ist, dann sollte grundsätzlich bei Außen-Radpaarungen die Eintritt-Eingriffsstrecke g_f kürzer und die Austritt-Eingriffsstrecke g_a länger sein, so wie in den Bildern 2.31 und 2.33 für Übersetzung ins Langsame. Bei der Paarung in Bild 2.32 ist das nicht realisiert worden, weil das größere Rad treibt.

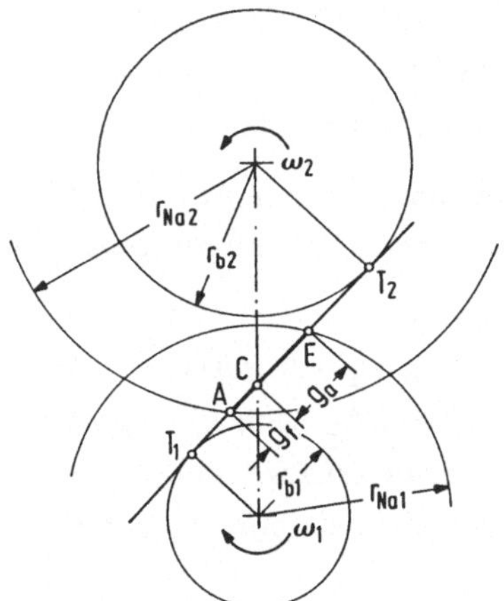

Bild 2.33. Lage der Eingriffsstrecke $\overline{AE}$. Bei "ausgewogenen" Verzahnungen liegt die Eingriffsstrecke symmetrisch, d.h. die Eintritt-Eingriffsstrecke g_f (Strecke $\overline{AC}$) ist gleich der Austritt-Eingriffsstrecke g_a (Strecke $\overline{CE}$). Bei nicht symmetrischer Lage wie im Bild sollte man eine längere Austritt-Eingriffsstrecke g_a bevorzugen, $g_a > g_f$.

Festigkeitsnachrechnungen zeigen häufig, daß an dem inneren Einzeleingriffspunkt B, manchmal auch an dem äußeren Einzeleingriffspunkt D die kritischen Belastungen auf-

treten. Oft stört auch die hohe Gleitgeschwindigkeit in den äußeren Punkten A und
E, welche zu einem ungünstigen Wirkungsgrad oder gar zum Fressen [1/7;2/12]
führt. Die Verschiebung vom Eingriffsbeginn und/oder vom Eingriffsende zum Wälzpunkt C kann entscheidende Verbesserungen bringen, sofern die notwendige Überdeckung nicht unterschritten wird. Mit welchen verzahnungsgeometrischen Maßnahmen diese entscheidenden Verbesserungen zu erzielen sind, soll im folgenden gezeigt
werden [2/15].

2.9.5 Verschieben des Eingriffsbeginns zum Wälzpunkt und Verkürzen der Eintritt-Eingriffsstrecke

Es bestehen folgende Möglichkeiten:

1. Den Kopf-Formkreisradius r_{Fa2} des Gegenrades verkleinern auf $r'_{Fa2} = r'_{Na2}$ (siehe Bild 2.34, Teilbild 1). Er schneidet dann die Eingriffslinie an einem Punkt A',
   der näher am Wälzpunkt C liegt als beim größeren Kopf-Formkreis. Es muß mit einer kleineren Profilüberdeckung gerechnet werden.

2. Am treibenden Rad $z_a = z_1$ die Zähnezahl verkleinern und positive Profilverschiebung, $x_1 > 0$, vorsehen (Bild 2.34, Teilbild 2). Der Betriebseingriffswinkel α_w
   wird größer (α'_w) und der Schnittpunkt des Kopf-Nutzkreises (r_{Na2}) des Gegenrades mit der Eingriffslinie A' rückt näher an den neuen Wälzpunkt C'. Der Achsabstand wird in der Regel kleiner.

3. Den Profilwinkel α_P der verwendeten Bezugsprofile vergrößern (Bild 2.34, Teilbild 3). Aufgrund des nun größeren Betriebseingriffswinkels α'_w tritt ein ähnli-
   cher Effekt ein wie bei Maßnahme 2. Der Eingriffsbeginn bei A' liegt näher am
   Wälzpunkt C als der Eingriffsbeginn bei A. Der Effekt ist sehr gering.

4. Hier werden zwei Maßnahmen getroffen, wobei jede einzelne schon etwas bringt,
   jedoch aufgrund beider Maßnahmen im Sonderfall sogar der Achsabstand gleich
   bleiben kann.

   4.1 Am treibenden Rad $z_a = z_1$ positive Profilverschiebung $x_1 > 0$ vorsehen. Die
       dadurch notwendige Verschiebung des Drehpunktes von 0_1 nach $0'_1$ ergibt ei-
       ne Achsabstandsvergrößerung, die auch den Betriebseingriffswinkel und da-
       mit die Neigung der Eingriffslinie vergrößert. Diese Verschiebung rückt den
       Schnittpunkt mit dem Kopfkreis (r_{Na2}) des Gegenrades von Punkt A zu Punkt
       A', also näher zum Wälzpunkt C', Bild 2.34, Teilbild 4.1. Es gilt nun der
       Achsabstand a_2, der größer als a_1 ist.

   4.2 Negative Profilverschiebung $x_2 < 0$, am Gegenrad vorsehen, wodurch der
       Achsabstand und auch der Betriebseingriffswinkel verkleinert werden. Gleich-
       zeitig wird auch der Kopfkreis (r'_{Na2}) kleiner, dessen Schnittpunkt mit der

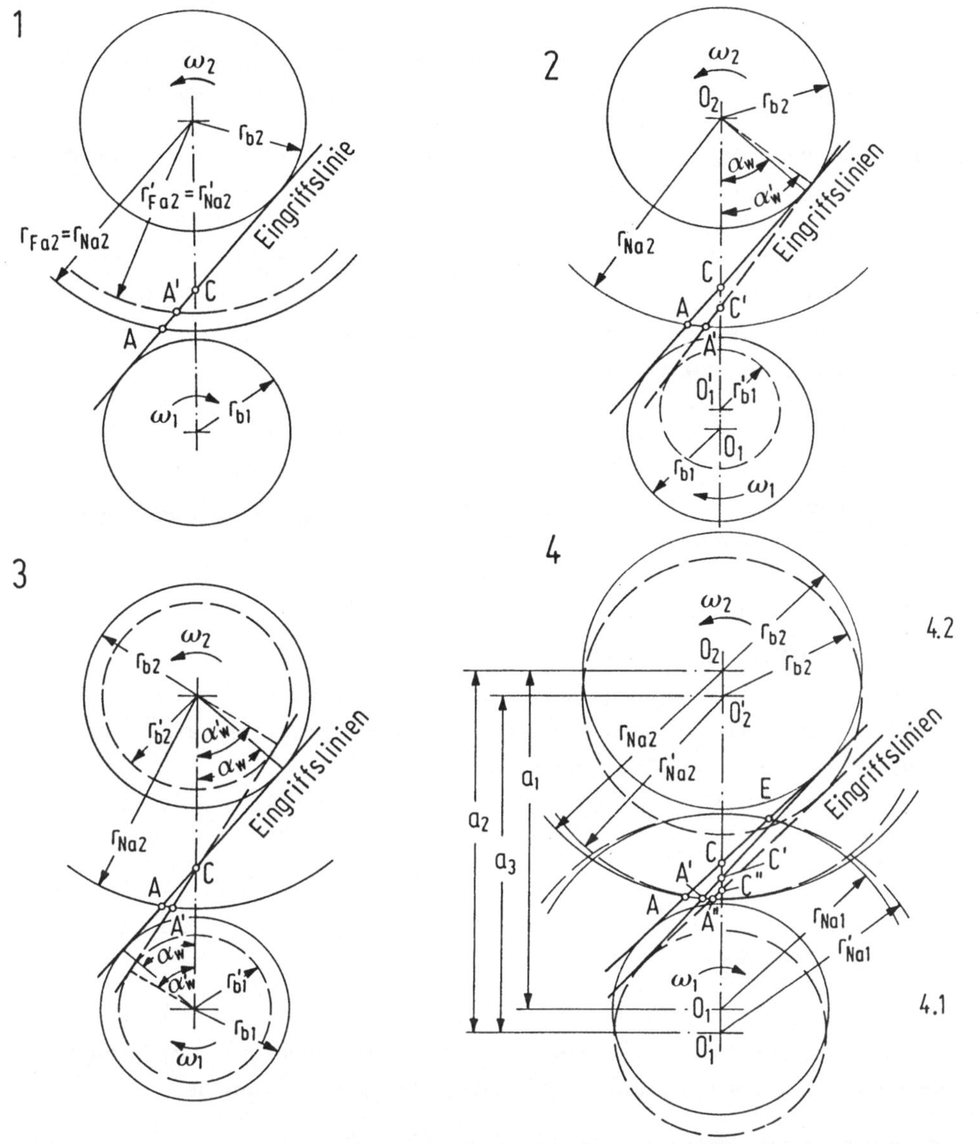

Bild 2.34. Möglichkeiten zur Annäherung des Eingriffs-Anfangspunktes A an den Wälzpunkt C.
Teilbild 1: Durch Verkleinern des Kopf-Formkreisradius r_{Fa2} des Gegenrades. Punkt A' rückt gegenüber Punkt A näher an Punkt C.
Teilbild 2: Durch Verkleinern der Zähnezahl des Rades 1 und dadurch erzielter Verkleinerung des Grundkreises r'_{b1}. Positive Profilverschiebung x_1, um den Achsabstand möglichst groß zu halten und O'_1 nicht zu weit von O_1 wegzurücken. Punkt A' rückt näher an Punkt C', Abstand $\overline{A'C'} < \overline{AC}$.
Teilbild 3: Durch Vergrößerung des Profilwinkels α_P des erzeugenden Bezugsprofils, wodurch die Grundkreise (r_b) kleiner und die Betriebseingriffswinkel α_w größer werden. Punkt A' rückt näher an Punkt C.
Teilbild 4: Durch positive Profilverschiebung am treibenden, d.h. hier am Rad 1, $x_1 > 0$ (Teilbild 4.1), wobei durch Achsabstandsvergrößerung und gleichbleibendem Kopf-Nutzkreis r'_{Na2} Punkt A' näher an Punkt C' rückt. Durch negative Profilverschiebung am getriebenen, d.h. hier am Rad 2, $x_2 < 0$ (Teilbild 4.2), wobei der Mittelpunkt O'_2 näher zu O'_1 rückt, der Kopf-Nutzkreisradius r'_{Na2} kleiner als r_{Na2} wird und Punkt A'' noch näher an Punkt C'' rückt.

Eingriffslinie A" noch näher an den Wälzpunkt C" rückt als bei den vorigen Maßnahmen (Bild 2.34, Teilbild 4.2). Nun gilt der Achsabstand a_3.

Im Sonderfall, wenn $x_2 = -x_1$ ist (V-Null-Radpaarung), bleibt der alte Achsabstand erhalten, da der neue Achsabstand a_3 dann gleich a_1 ist.

Die gleichen Maßnahmen, die für Rad 1 getroffen wurden, welches hier immer als treibend angenommen wurde, auf Rad 2 übertragen, bewirken, daß auch das Eingriffsende E näher an den Wälzpunkt C rückt, was gegebenenfalls zur Verringerung der Gleitgeschwindigkeit erwünscht ist.

Hat man es mit Übersetzungen ins Schnelle zu tun, gelten die gleichen Maßnahmen. Da Punkt A in der Regel dann näher an Punkt T liegt, müßte man, um Klemmneigung zu vermeiden, z.B. in Fall 4, das kleine Rad (Rad z_b) nach minus und das große (dann Rad z_a) nach plus profilverschieben.

2.9.6 Die Profilüberdeckung ε_α

Um durch Angabe einer dimensionslosen Zahl gleich prüfen zu können, ob genügend Zahnpaare und wieviele gleichzeitig im Eingriff sind, definiert man die Profilüberdeckung ε_α. Sie gibt das Verhältnis der Länge der Eingriffsstrecke $\overline{AE}$ (im Stirnschnitt) zur Länge der Eingriffsteilung p_e an. Es ist

$$\varepsilon_\alpha = \frac{\overline{AE}}{p_e} \tag{2.80}$$

und mit den Gl.(2.74) bis (2.76)

$$\varepsilon_\alpha = \frac{g_\alpha}{p_e} = \frac{g_f + g_a}{p_e} \tag{2.81}$$

Die Größe heißt Profilüberdeckung, weil sie der von der Profilform, im besonderen der gemeinsamen Zahnhöhe h_w abhängige Betrag der Überdeckung ist.

Mit Gl.(2.80;2.77;2.70) ergibt sich die Profilüberdeckung

$$\varepsilon_\alpha = \frac{1}{\pi \cdot m \cdot \cos\alpha_p} \left[\sqrt{r_{Na1}^2 - r_{b1}^2} + \frac{z_2}{|z_2|} \cdot \sqrt{r_{Na2}^2 - r_{b2}^2} - (r_{b1} + r_{b2}) \cdot \tan\alpha_w \right] \tag{2.82}$$

Im allgemeinen, wenn keine Zahnkopfrücknahme vorgesehen ist, kann man $r_{Na} \approx r_a$ setzen und in Gl.(2.82) damit rechnen. Der das Vorzeichen bestimmende Faktor

$$\frac{z_2}{|z_2|}$$

erzeugt das negative Vorzeichen, das bei Hohlradpaarungen erforderlich ist. Bei Außenverzahnungen bleibt er ohne Wirkung (siehe Kapitel 4).

Eine große Profilüberdeckung bewirkt, daß möglichst viele Zahnpaare gleichzeitig im Eingriff sind, daher die Tragfähigkeit steigt und die Neigung zu sprunghaften Eingriffsstörungen und Geräuscherzeugung sinkt.

Ist die Eingriffsstrecke kürzer als die Eingriffsteilung p_e, dann endet die Flankenberührung des auslaufenden Zahns, bevor die des einlaufenden beginnt, und es entsteht eine entsprechend große Lose zwischen den beiden Zahnrädern. Ganz außer Eingriff kommen die Zahnräder bei kleinen Unterschreitungen noch lange nicht, es berühren sich aber in der Übergangsphase nicht Flanke mit Flanke, sondern Kopfeckpunkt mit Flanke.

Bei Schrägverzahnungen (siehe Kapitel 3) gibt es noch die sogenannte Sprungüberdeckung, die von anderen Größen, z.B. der Zahnbreite, abhängt.

2.10 Gleiten der Zahnflanke

Obwohl man die Zahnradpaarungen in die Gruppe der Wälzgetriebe einordnet, ist der Gleitanteil neben dem Wälzanteil an den Berührungslinien zum Teil sehr groß und steigt mit der Entfernung des Berührpunktes Y vom Wälzpunkt C linear an. Im Wälzpunkt ist der Gleitanteil Null. Der Richtungssinn des Gleitens kehrt sich im Wälzpunkt um, ähnlich als würde man mit einem Schlitten einmal stoßend vorwärts- und einmal ziehend zurückgehen. Dieser Vergleich hat insofern eine tiefere Bedeutung, als ähnlich wie beim Schlitten zwei verschiedene Reibsysteme [2/19;2/16] wirksam sind, bei Außen-Radpaarungen vor dem Wälzpunkt C ein progressives, bei dem die Reibwertänderung eine progressive Reibkraftänderung, nach dem Wälzpunkt ein degressives, bei dem die Reibwertänderung eine degressive Reibkraftänderung zur Folge hat. Darauf wird im folgenden noch näher eingegangen.

Die größten Gleitanteile treten immer an den vom Wälzpunkt entferntesten Punkten auf, d.h. am Berührungspunkt von Zahnkopf und Zahnfuß. Eine kleine Strecke des Zahnfußes eines Rades gleitet stets entlang einer großen Strecke des Zahnkopfes des anderen Rades (Bild 2.35). Bezieht man auch den Fußpunkt der Evolventenflanke am Grundkreis (z.B. Punkt $U_1 = T_1$ oder $U_2 = T_2$ in Bild 2.35) in den Eingriff mit ein, dann gleitet tatsächlich dieser Fußpunkt entlang einer relativ langen Strecke am Kopf des Gegenrades und der umgebende Bereich des Fußpunktes unterliegt einem entsprechend großen Verschleiß. Das ist mit ein Grund, weswegen man die Eingriffsstrecke nicht bis zu den Tangentenpunkten T_1 und T_2 auslegt, die im Eingriff mit den Evolventenfußpunkten, also den Flankenbereichen mit der Nummer 1, zusammenfallen.

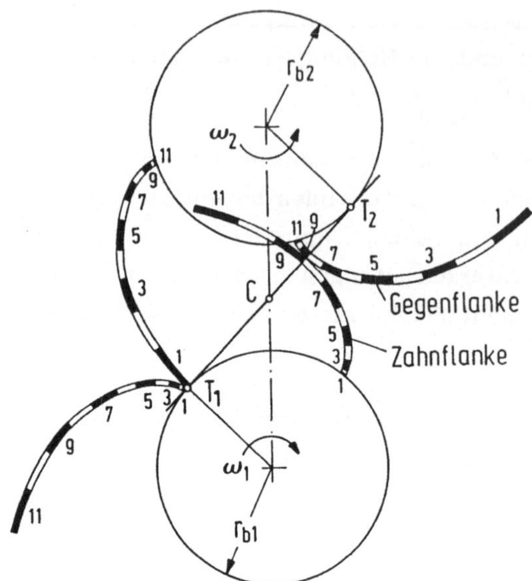

Bild 2.35. Flankenabschnitte 1 bis 11, die bei Rad- und Gegenradzahn miteinander im Eingriff sind. Es wälzen immer die Abschnitte mit gleicher Nummer aufeinander ab. Die Längendifferenz der Abschnitte gleicher Nummer bei Rad und Gegenrad ist ein Maß für die Gleitgeschwindigkeit v_g.

2.10.1 Die Gleitgeschwindigkeit

Die Gleitgeschwindigkeit v_g [2/13;2/12;2/15;2/16;2/1] der Flanken im Berührungspunkt wird aus der Differenz der jeweiligen Radialgeschwindigkeiten v_{r1} und v_{r2} berechnet (Bild 2.36). Bezogen auf die Flanke des Rades 1 ist sie

$$v_{g1} = v_{r1} - v_{r2} \; . \tag{2.83}$$

In diesem Bild ist die Umfangsgeschwindigkeit von Rad v_{t1} und Gegenrad v_{t2} zerlegt in die gemeinsame Normalgeschwindigkeit v_n und die jeweilige Radialgeschwindigkeit v_{r1} und v_{r2}.

Die Radialgeschwindigkeiten v_r erhält man als Produkt der jeweiligen Winkelgeschwindigkeit ω und dem zur Radialgeschwindigkeit senkrechten Abstand ρ_y bis zum jeweiligen Drehpunkt des Rades (siehe Bild 1.8). Danach ist nach Bild 2.36, Teilbild 2

$$v_{r1} = \rho_{y1} \cdot \omega_1 = (\overline{T_1C} + g_{\alpha y}) \cdot \omega_1 \tag{2.84}$$

$$v_{r2} = \rho_{y2} \cdot \omega_2 = (\overline{T_2C} - g_{\alpha y}) \cdot \omega_2 \; . \tag{2.85}$$

Bei Berücksichtigung der Beziehung

$$\omega_1 \cdot \overline{T_1C} = \omega_2 \cdot \overline{T_2C} \; , \tag{2.86}$$

die sich ergibt, da das Streckenverhältnis $\overline{T_1C} : \overline{T_2C}$ den Winkelgeschwindigkeiten umgekehrt proportional sind (siehe Verzahnungsgesetz), erhält man mit den Gl.(2.83;

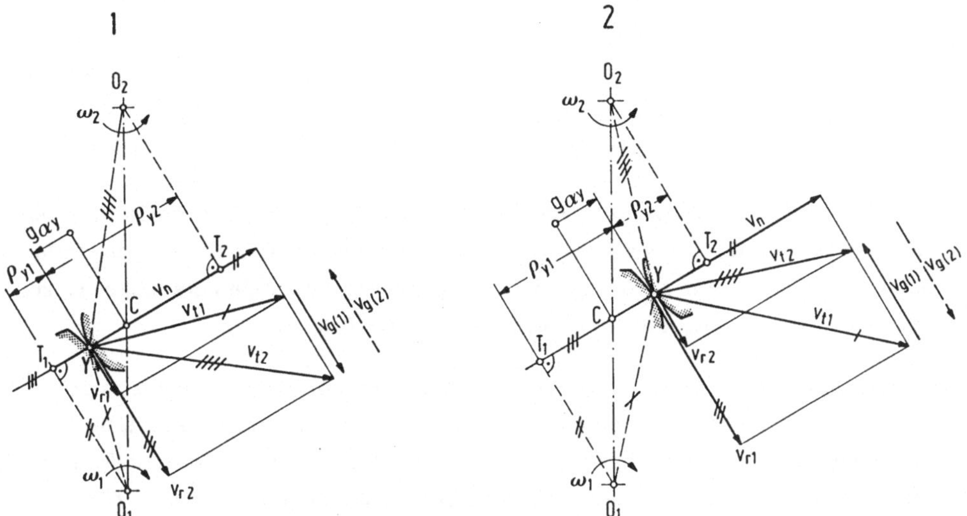

Bild 2.36. Größe und Richtung der Gleitgeschwindigkeit v_g, bezogen auf die Flanke des getriebenen Rades (v_{g2}) und auf die Flanke des treibenden Rades (v_{g1}) für den Eingriff vor dem Wälzpunkt C (Teilbild 1) und nach dem Wälzpunkt (Teilbild 2).

Es bedeutet: ρ_y Krümmungshalbmesser der Evolvente im Punkt Y, $g_{\alpha y}$ Abstand der Punkte Y und
C. Die mit gleicher Anzahl von Querstrichen versehenen Linien stehen senkrecht aufeinander.

2.84;2.85;1.10) die Gleitgeschwindigkeit

$$v_{g1} = \omega_1 \cdot g_{\alpha y} \cdot \left(1 + \frac{1}{u}\right) . \qquad (2.87)$$

Die Gl.(2.87) ist auf die Flanke des Rades 1 bezogen (v_{g1}) und kann durch Vorzei-
chenumkehr entsprechend dem Ansatz

$$v_{g2} = v_{r2} - v_{r1} = -v_{g1} \qquad (2.88)$$

auf die Flanke des Rades 2 bezogen werden, Gl.(2.88), in Bild 2.36 durch gestrichelte Pfeile angedeutet. Die Gleitgeschwindigkeit ist proportional zum Abstand $g_{\alpha y}$
und im Wälzpunkt gleich Null. Ihre Maximalwerte erreicht sie am Beginn der Eintritt-
Eingriffsstrecke g_f (Fußeingriffspunkt) und am Ende der Austritt-Eingriffsstrecke g_a
(Kopfeingriffspunkt). Sie hat an diesen Punkten die Werte

$$v_{gf} = \omega \cdot g_f \cdot \left(1 + \frac{1}{u}\right) , \qquad (2.89)$$

$$v_{ga} = \omega \cdot g_a \cdot \left(1 + \frac{1}{u}\right) . \qquad (2.90)$$

Bei der Paarung mit der Zahnstange kann man das Zähnezahlverhältnis $u \to \infty$ setzen
und erhält für die Gleitgeschwindigkeit, bezogen auf das Rad

$$v_g = \omega_1 \cdot g_{\alpha y} \qquad (2.87\text{-}1)$$

und entsprechend

$$v_{gf} = \omega_1 \cdot g_f \tag{2.87-2}$$

$$v_{ga} = \omega_1 \cdot g_a \; . \tag{2.87-3}$$

Wenn g_f oder g_{ay} vor dem Wälzpunkt negativ, g_a oder g_{ay} nach dem Wälzpunkt positiv eingesetzt werden, dann erhält man auch das Vorzeichen der Gleitgeschwindigkeit v_g. Bei Innen-Radpaaren wird v_{r2} nicht so groß wie bei Außen-Radpaaren, so daß sich kleinere Gleitgeschwindigkeiten ergeben (siehe Bild 5.15).

Die Gleitgeschwindigkeit bestimmt zusammen mit der Normalkraft die Verlustleistung durch Reibung. Die mittlere Gleitgeschwindigkeit ist daher ein reziprokes Maß für den Wirkungsgrad der Leistungsübertragung von einem Zahnrad auf das andere. Vor dem Wälzpunkt ist die Gleitgeschwindigkeit für das treibende Rad negativ, für das getriebene Rad positiv, nach dem Wälzpunkt kehren sich ihre Vorzeichen um[1].

Bei Zahnradpaarungen mit großem Reibwert (z.B. infolge von mangelhafter Schmierung oder infolge von ungünstigen Werkstoffpaarungen) sollte zur Vermeidung progressiver Reibverhältnisse der Eingriffsbeginn möglichst nahe an den Wälzpunkt gelegt werden.

2.10.2 Spezifisches Gleiten

Zur Beurteilung des anteiligen Betrages der Reibung an den beiden Flanken einer Paarung wird das spezifische Gleiten ζ [2/19;2/1] definiert. Spezifisches Gleiten ist das Verhältnis der Gleitgeschwindigkeit zur Radialgeschwindigkeit. Man erhält es für Rad 1 und Rad 2 aus Gl.(2.83;2.88) zu

$$\zeta_1 = \frac{v_{g1}}{v_{r1}} = \frac{v_{r1} - v_{r2}}{v_{r1}} = 1 - \frac{v_{r2}}{v_{r1}} \; , \tag{2.91}$$

$$\zeta_2 = \frac{v_{g2}}{v_{r2}} = \frac{v_{r2} - v_{r1}}{v_{r2}} = 1 - \frac{v_{r1}}{v_{r2}} \; . \tag{2.92}$$

Beim Einsetzen der Gl.(2.84;2.85;1.10) erhält man

$$\zeta_1 = 1 - \frac{\rho_{y2}}{u \cdot \rho_{y1}} \; , \tag{2.93}$$

$$\zeta_2 = 1 - \frac{u \cdot \rho_{y1}}{\rho_{y2}} \; . \tag{2.94}$$

---

[1] In DIN 3960 [2/1] werden beide Vorzeichen angegeben und $g_{\alpha y}$ stets positiv angenommen. Durch obige Vorzeichenregelung kann man das richtige Vorzeichen stets zwangsläufig erhalten.

Die Maximalwerte für ζ werden in den Endpunkten A und E der Eingriffsstrecke erreicht

in A: $\quad \zeta_{f1} = 1 - \dfrac{\rho_{A2}}{u \cdot \rho_{A1}}$, $\qquad\qquad\qquad\qquad\qquad$ (2.95)

in E: $\quad \zeta_{f2} = 1 - \dfrac{u \cdot \rho_{E1}}{\rho_{E2}}$. $\qquad\qquad\qquad\qquad\qquad$ (2.96)

Das spezifische Gleiten zeigt, welches der beiden Zahnräder durch Reibverschleiß besonders gefährdet erscheint.

In Bild 2.37, Teilbild 1, ist eine Zahnradpaarung mit $z_1 = 9$ und $z_2 = 14$ Zähnen dargestellt. Auf der Eingriffslinie ist zwischen den Punkten A und E die Eingriffsstrecke für die Paarung mit dem 14-zähnigen Gegenrad, zwischen den Punkten T_1 und E', die Eingriffsstrecke für die Paarung mit einer Zahnstange, $z_2' = \infty$, eingezeichnet. In Teilbild 2 ist über der waagerecht dargestellten Eingriffslinie die auf Winkelgeschwindigkeit und Modul bezogene Gleitgeschwindigkeit $v_{g1}/(\omega_1 \cdot m)$ von Rad 1 aufgetragen sowie das spezifische Gleiten ζ_1 des Rades 2 auf Rad 1. Strichpunktiert sind diese Werte auch für die Paarung des Ritzels mit der Zahnstange angedeutet.

Man kann daraus entnehmen, daß es bezüglich des Einflusses der Gleitgeschwindigkeit v_g auf den Übertragungswirkungsgrad um so günstiger ist, je näher Eingriffsbeginn und Eingriffsende am Wälzpunkt C liegen und bezüglich des spezifischen Gleitens ζ, je mehr sich das Zähnezahlverhältnis dem Wert $u = 1$ nähert und je weniger der Krümmungsradius ρ der miteinander kämmenden Flanken unterschiedlich groß ist, siehe Gl.(2.93). Bei Innenrad-Paarungen gleicher Übersetzung, wobei u negativ ist, sind die Werte für v_g und ζ wesentlich kleiner, Bild 5.15, [2/1].

Ein weiterer Umstand, der bei Zahnradpaarungen viel zu wenig beachtet wird, ist die Tatsache, daß bei der Berührung der Zahnflanken vor und nach dem Wälzpunkt C zwei verschiedenartige, nichtlineare Reibsysteme wirksam sind (siehe Abschnitt 2.11). Sie können eine zusätzliche Ursache für die Anregung von Schwingungen im Bereich der Zahneingriffsfrequenz sein.

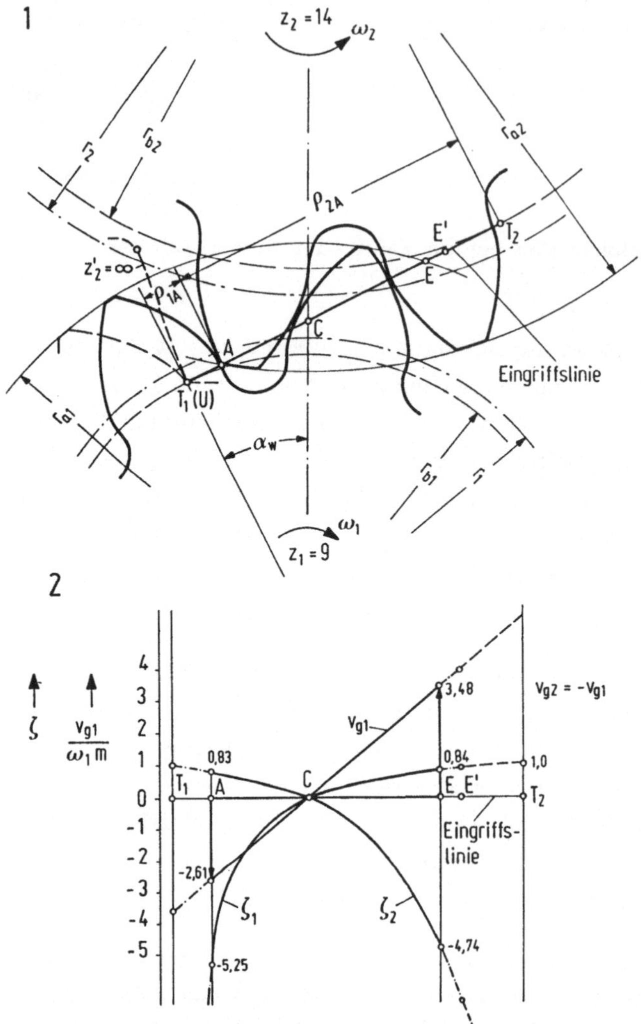

Bild 2.37. Gleitgeschwindigkeit v_g und spezifisches Gleiten ζ.
Teilbild 1: Beispiel für eine Zahnradpaarung von 9 und 14 Zähnen. Wird der Eingriffsbeginn z.B.
durch die Zahnstange z_2' in den Punkt T_1 verlegt, vergrößern sich die Werte für v_g und ζ sehr
stark, es wird sogar $\zeta_1 = -\infty$, d.h. das Gegenrad gleitet auf einem Punkt, dem Evolventenur-
sprungspunkt U des Rades.
Teilbild 2: Die Gleitgeschwindigkeit v_g und das spezifische Gleiten ζ, über der Eingriffslinie T_1T_2
aufgetragen, ändern im Wälzpunkt C ihren Richtungssinn. Vor dem Wälzpunkt herrscht sogenannte
"stoßende", nach dem Wälzpunkt "ziehende" Reibung.

Verzahnungsgrößen: Bezugsprofil DIN 867; $z_1 = 9$; $z_2 = 14$, $x_1 = +0{,}474$; $x_2 = +0{,}181$; $s_{a\,min} = 0{,}2 \cdot m$.

In DIN 3960 [2/1] wird noch der sogenannte Gleitfaktor K_g angeführt, der dimen-
sionslos ist und im Prinzip dasselbe aussagt wie die Gleitgeschwindigkeit. Der Gleitfaktor K_g ist das Verhältnis der Gleitgeschwindigkeit v_g zur Umfangsgeschwindigkeit v_t der Wälzkreise. $K_g = v_g/v_t = (g_{ay}/r_{w1}) \cdot (1+1/u)$. Die Höchstwerte werden
in den Endpunkten der Eingriffsstrecke A und E erreicht. Es ist in A:
$K_{gf} = g_f/r_{w1}(1+1/u)$ und in E: $K_{ga} = g_a/r_{w1}(1+1/u)$. (Siehe auch Abschnitt 8.4.)

2.10.3 Aufgabenstellung 2-6 (Berechnung der wichtigen Verzahnungs- und Paarungs- größen)

Zur Festigung des bisher behandelten Stoffes werden die folgenden beiden Aufgaben- stellungen für eine möglichst vollständige Berechnung der geometrischen Größen von zwei geradverzahnten Radpaarungen herangezogen. Die tabellarische Ergebnistafel in Abschnitt 2.12.6 kann auch als Muster für weitere Zahnradberechnungen dienen.

1. Es ist eine V-Null-Radpaarung mit den Zähnezahlen $z_1 = z_a = 24$ und $z_2 = z_b = 54$, dem Modul $m = 1$ mm und einem Bezugsprofil nach DIN 867 für folgende drei Fälle von Profilverschiebungen des Ritzels zu berechnen: I. $x_1 = x_u$ (Unterschnitt-Gren- ze); II. $x_1 = 0$ (Null-Verzahnung); III. $x_1 = x_{sa}$ (Profilverschiebung bei vorgege- bener Zahndicke $s_a = 0,2 \cdot m$ am Kopfzylinder).

2. Es ist eine V-Radpaarung mit den Zähnezahlen $z_1 = z_a = 24$ und $z_2 = z_b = 54$, dem Modul $m = 1$ mm und einem Bezugsprofil nach DIN 867 für einen Achsabstand $a = 40$ mm und eine Profilverschiebung des Ritzels $x_1 = +0,6$ auszulegen.

2.11 Die Reibsysteme einer Verzahnung

Die aufeinander gleitenden Flanken einer Zahnradpaarung wirken bezüglich des Ein- flusses von Reibwert μ und des für den Eingriffspunkt gültigen Profilwinkels α_y bzw. seines Ergänzungswinkels, des sogenannten Auslenkwinkels κ,

$$\kappa = 90° - \alpha_y, \qquad\qquad (2.97)$$

wie nichtlineare Reibsysteme. Die Eigenschaft dieser Reibsysteme ist dergestalt, daß bei den progressiven die Reibkraft F_R und die Normalkraft F_N in Abhängigkeit vom Reibwert μ und vom Winkel κ mehr, bei den degressiven weniger als linear wächst. Selbst bei konstantem Reibwert μ und konstantem Antriebsmoment M ändern sich Reib- und Normalkraft ständig, wobei die Reibkraft wegen des Richtungswechsels der Gleit- geschwindigkeit nicht nur ihre Richtung wechselt, sondern auch bei Eingriff vor dem Wälzpunkt C für Außenverzahnungen ein progressives und für Eingriff nach dem Wälz- punkt ein degressives Reibsystem erzeugt mit jeweils sehr verschiedenen Eigenschaf- ten. Vollends unangenehm wirkt sich der Sprung der Kräfteverhältnisse am Eingriffs- ende (degressives Reibsystem) zu den Kräfteverhältnissen am Eingriffsanfang (pro- gressives Reibsystem) aus, da Reib- und Normalkräfte bei sonst konstanten Bedin- gungen verschieden sind. Dieser Kraftwechsel kann unabhängig von geometrischen Abweichungen reibungsbedingte zahnfrequenzabhängige Schwingungen anregen. Es sollen daher die Eigenschaften der Reibsysteme, welche auch bei Kupplungen und Bremsen sowie ähnlichen Mechanismen immer wieder auftreten, näher betrachtet wer- den.

2.11.1 Lineare und nichtlineare Reibsysteme

Erzeugt man die Reibkraft F_R durch eine Lenkeranordnung, ähnlich wie sie in Bild 2.38, Teilbilder 1 bis 3, dargestellt ist, dann ist ein linearer Zusammenhang zwischen Reibwert μ, Reibkraft F_R und der die Reibung verursachenden äußeren Kraft F nur beim Reibsystem in Teilbild 1, dem linearen System, gegeben [1/5;2/16;2/19]. Dort gilt

$$F_R = \frac{v_g}{|v_g|} \cdot \mu \cdot F \; , \qquad\qquad (2.98)$$

wobei aus dem Richtungssinn der Gleitgeschwindigkeit v_g das Vorzeichen für den Richtungssinn der Reibkraft F_R hervorgeht. Der Reibwert μ - eine technologische Größe ohne Vorzeichen - soll definiert sein als das Verhältnis der Reibkraft $|F_R|$ und der Normalkraft $|F_N|$, wobei F_N immer zur Gegenlage gerichtet sein muß, normal zur Tangierungsebene im Berührungspunkt steht und F_R parallel zur Tangierungsebene. Der Reibwert μ ist dann

$$\mu = \frac{|F_R|}{|F_N|} \; . \qquad\qquad (2.99)$$

Für die Anordnung mit Lenkerhebeln kann eine Beziehung angegeben werden, mit welcher die reibungsauslösende Kraft F berechnet wird, zurückgeführt auf das Moment M, das am Reibung erzeugenden Hebel anliegt

$$F \approx \frac{M_{abtr}}{r_b} \; , \qquad\qquad (2.100)$$

bei Zahnradpaarungen am Abtriebsrad (Vernachlässigen der Reibkräfte).

Mit den aus dem Kräftegleichgewicht sich ergebenden Vektorpolygonen läßt sich das Verhältnis der Reibkraft F_R und der Normalkraft F_N zur Kraft F, die hier durch das Moment entsteht, leicht ableiten. Die dimensionslosen Größen, welche das Verhältnis der Reibkraft F_R sowie der Normalkraft F_N zur Reibung einleitenden Kraft F bei Reibsystemen angeben, sollen Übertragungsfaktoren λ genannt werden, mit dem Index R für den Reibkraft- und dem Index N für den Normalkraft-Übertragungsfaktor. Es wird definiert

$$\lambda_R = \frac{|F_R|}{F} {}^{1)} \qquad\qquad (2.101)$$

$$\lambda_N = \frac{|F_N|}{F} \; . \qquad\qquad (2.102)$$

[1)] Da der Vorzeichenwechsel des Übertragungsfaktors λ_R und der Reibkraft F_R sowie der von λ_N und F_N keinen ursächlichen Zusammenhang haben, muß von den Beträgen für F_R und F_N ausgegangen werden.

Nach der Definition in Gl.(2.101;2.102) haben die Übertragungsfaktoren λ und die
die Reibung einleitende Kraft F das gleiche Vorzeichen. Es ist dabei angenommen, daß
die Kraft F von der Lenkerseite her zum Berührungspunkt zeigt. In bestimmten Fällen (bei Klemmsystemen) kann F aufgrund von λ_R auch das Vorzeichen wechseln und
vom Berührpunkt wegzeigen. F ist dann die notwendige Kraft zum Lösen des Reibsystems. Das Vorzeichen der Reibkraft F_R wird durch den Richtungssinn der Gleitgeschwindigkeit v_g bestimmt. Berücksichtigt man diese, kann das Absolutzeichen
in Gl.(2.101) wegfallen, und man erhält die für alle Reibsysteme gültige Beziehung

$$F_R = \frac{v_g}{|v_g|} \cdot \lambda_R \cdot F \; . \qquad (2.103)$$

Mit den Gl.(2.99;2.101;2.102) kann man die Beziehung der Übertragungsfaktoren für
Reib- und Normalkraft erhalten. Sie ist

$$\lambda_N = \frac{\lambda_R}{\mu} \; . \qquad (2.104)$$

Allein durch den Übertragungsfaktor λ_R unterscheidet sich Gl.(2.98) von Gl.(2.103).
Benutzt man immer Gl.(2.103), dann ist sowohl der Einfluß des Reibwertes μ als auch
der von konstruktiven Größen (z.B. des Lenkerwinkels κ und seines Vorzeichens),
welche eine Nichtlinearität des Reibsystems verursachen, berücksichtigt. Der Übertragungsfaktor λ wird für jedes prinzipiell anders aufgebaute Reibsystem berechnet,
indem man aufgrund der Gleichgewichtsbedingungen nach Gl.(2.101) die Reibkraft F_R
und die die Reibung einleitende Kraft F in Beziehung setzt. Für die Reibsysteme in
Bild 2.38, Teilbilder 2 und 3, erhält man mit Hilfe der Vektorpolygone den Übertragungsfaktor für die Reibkraft zu

$$\lambda_R = \frac{\mu}{1 + \dfrac{v_g}{|v_g|} \cdot \mu \cdot \cot \kappa} \; . \qquad (2.105)$$

Mit Gl.(2.104) wird der Übertragungsfaktor λ_N für die Normalkraft

$$\lambda_N = \frac{1}{1 + \dfrac{v_g}{|v_g|} \cdot \mu \cdot \cot \kappa} \; . \qquad (2.106)$$

Der Übertragungsfaktor λ_R, der bei konstanter Kraft F proportional der Reibkraft F_R
ist, ist nach Gl.(2.105) von drei Faktoren abhängig: Dem Reibwert μ (der immer positiv bleibt), dem Lenkerwinkel κ und dem Richtungssinn der Gleitgeschwindigkeit v_g.
Wenn sich das Vorzeichen von v_g oder das von κ ändert, geht e i n nichtlineares
Reibsystem in das a n d e r e , gleich aufgebaute. nichtlineare Reibsystem über
(vergleiche Bild 2.38, Teilbilder 2 und3). Nimmt der Lenkerwinkel κ die Werte $\kappa = \pm 90°$
oder $\pm 270°$ an, wird der Nenner in den Gl.(2.105) bzw. (2.106) eins und damit

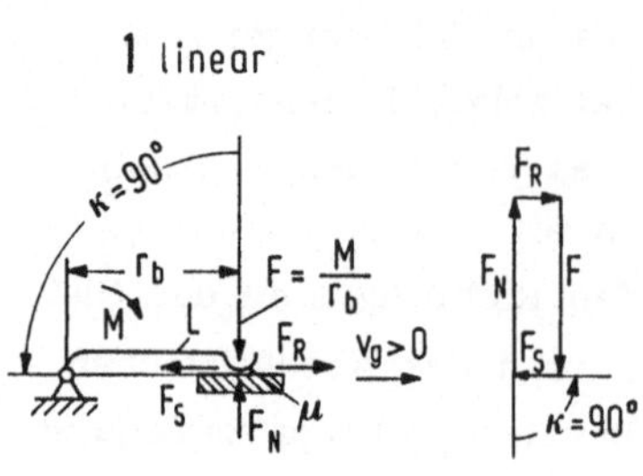

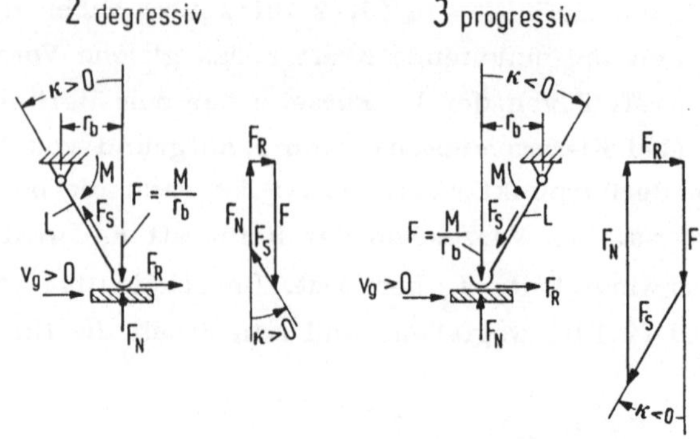

$$\mu = \frac{|F_R|}{|F_N|}$$

$$\lambda_N = \frac{|F_N|}{F} \; ; \; \lambda_R = \frac{|F_R|}{F}$$

$$\lambda_N = \frac{1}{1 + \frac{v_g}{|v_g|} \cdot \mu \cdot \cot\kappa}$$

$$\lambda_R = \frac{\mu}{1 + \frac{v_g}{|v_g|} \cdot \mu \cdot \cot\kappa}$$

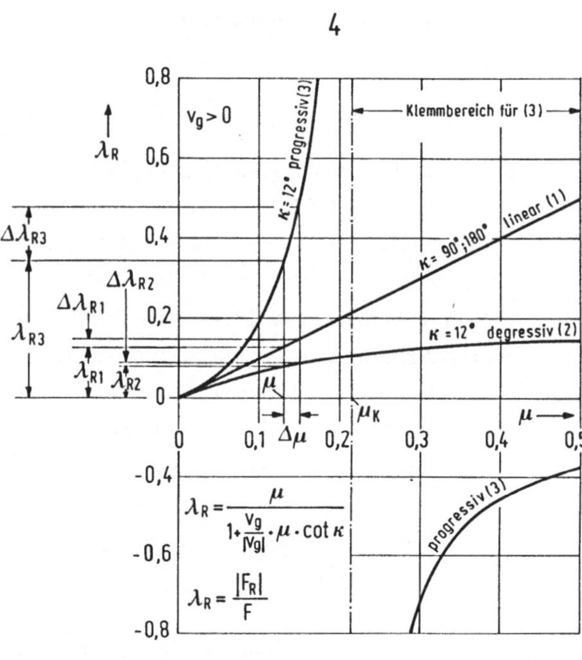

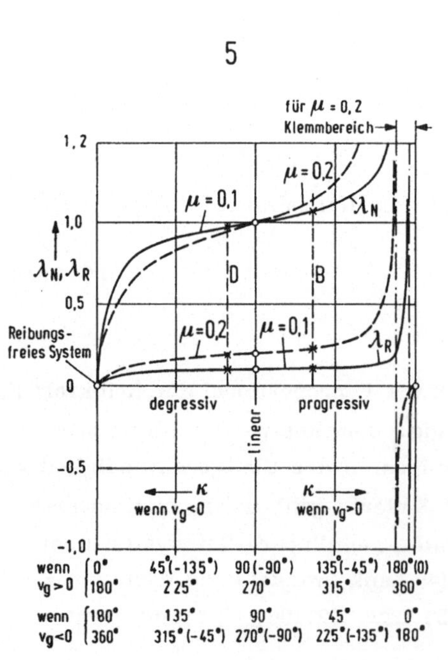

Bild 2.38. Aufbau und Funktionsweise der drei typischen Reibsysteme.

Teilbild 1: Übliches, lineares Reibsystem mit Auslenkwinkel $\kappa = 90°$. Die Reibkraft

$$F_R = \frac{v_g}{|v_g|} \cdot \mu \cdot F$$

ändert sich linear mit dem Reibwert μ.

Teilbild 2: Degressives (nicht lineares) Reibsystem. Die Reibkraft

$$F_R = \frac{v_g}{|v_g|} \cdot \lambda_R \cdot F$$

ändert sich bei Auslenkwinkeln $0° < \kappa < 90°$ weniger als proportional mit dem Reibwert μ, sofern die Gleitgeschwindigkeit v_g im eingezeichneten Sinn wirkt.

Teilbild 3: Progressives (nicht lineares) Reibsystem. Die Reibkraft

$$F_R = \frac{v_g}{|v_g|} \cdot \lambda_R \cdot F$$

ändert sich bei Auslenkwinkeln $0° > \kappa > -90°$ mehr als proportional als der Reibwert μ, sofern die Gleitgeschwindigkeit v_g im eingezeichneten Sinne positiv ist. Ändert v_g seinen Bewegungssinn, vertauschen die Reibsysteme 2 und 3 ihre Eigenschaften.

Teilbild 4: Kennlinien der Reibsysteme bezüglich des Reibwerts μ.

Übertragungsfaktor λ_R (der bei F = konst. proportional zur Reibkraft F_R ist) aufgetragen über dem Reibwert μ. Der Funktionsverlauf zeigt bei System (1) einen linearen, bei System (2) einen degressiven und bei System (3) einen progressiven Verlauf. Die Übertragungsfaktoren λ_R und bei konstantem F damit die Reibkräfte F_R sind beim progressiven System größer, beim degressiven kleiner als beim linearen, $\lambda_3 > \lambda_1 > \lambda_2$, die Übertragungsfaktor-Änderung $\Delta\lambda_R$ (und damit die Reibkraftänderung) ist beim progressiven System mehr, beim degressiven weniger als proportional, beim linearen gleich der Reibwertänderung $\Delta\mu$, daher ist $\Delta\lambda_3 > \Delta\lambda_1 > \Delta\lambda_2$ bzw.

$$\frac{d^2\lambda_3}{d\mu^2} > 0 \; ; \; \frac{d^2\lambda_2}{d\mu^2} < 0 \; ; \; \frac{d^2\lambda_1}{d\mu^2} = 0.$$

Das progressive Reibsystem (3) kann klemmfähig sein, d.h. beim Reibwert μ_k wird der Übertragungsfaktor und die übertragbare Reibkraft F_R beliebig groß, $\lambda_3 \to \infty$. Bei größeren Reibwerten wird λ_R negativ. $\lambda_R < 0$ bedeutet, daß "die Reibung erzeugende" Kraft F negativ werden kann, um so größer wird, je kleiner $|\lambda_R|$ wird und beim Wert μ_k gerade das Reibsystem noch nicht löst.

Teilbild 5: Kennlinien der Reibsysteme bezüglich des Lenkerwinkels κ.

Übertragungsfaktoren bezüglich der Reibkraft λ_R und bezüglich der Normalkraft λ_N über dem Lenkerwinkel κ aufgetragen. Es ist $|F_R| = \lambda_R \cdot F$, $|F_N| = \lambda_N \cdot F$. Der Reibwert wird definiert als Verhältnis

$$\mu = \frac{|F_R|}{|F_N|} \quad .$$

Das dargestellte progressive Reibsystem ist klemmfähig. In der Lage $\kappa = 0°$ geht das Reibsystem in ein Wälzsystem über. (Progressive Reibsysteme sind nicht klemmfähig, z.B. auch das Schlingfedersystem, wenn bei ihnen gilt $0 < \lambda_R < + \infty$.)

Vorzeichenregelung: Der Winkel κ ist positiv, wenn er von der Normalen auf die Berührebene (Berührtangente) zur Verbindungsgeraden von Dreh- und Berührpunkt im Gegenuhrzeigersinn und negativ, wenn er im Uhrzeigersinn verläuft (siehe Teilbilder 2 und 3).

Der Richtungssinn der Geschwindigkeit v_g ist positiv, wenn er bei oben liegendem Lenkerberührungspunkt von links nach rechts und negativ, wenn er von rechts nach links verläuft.

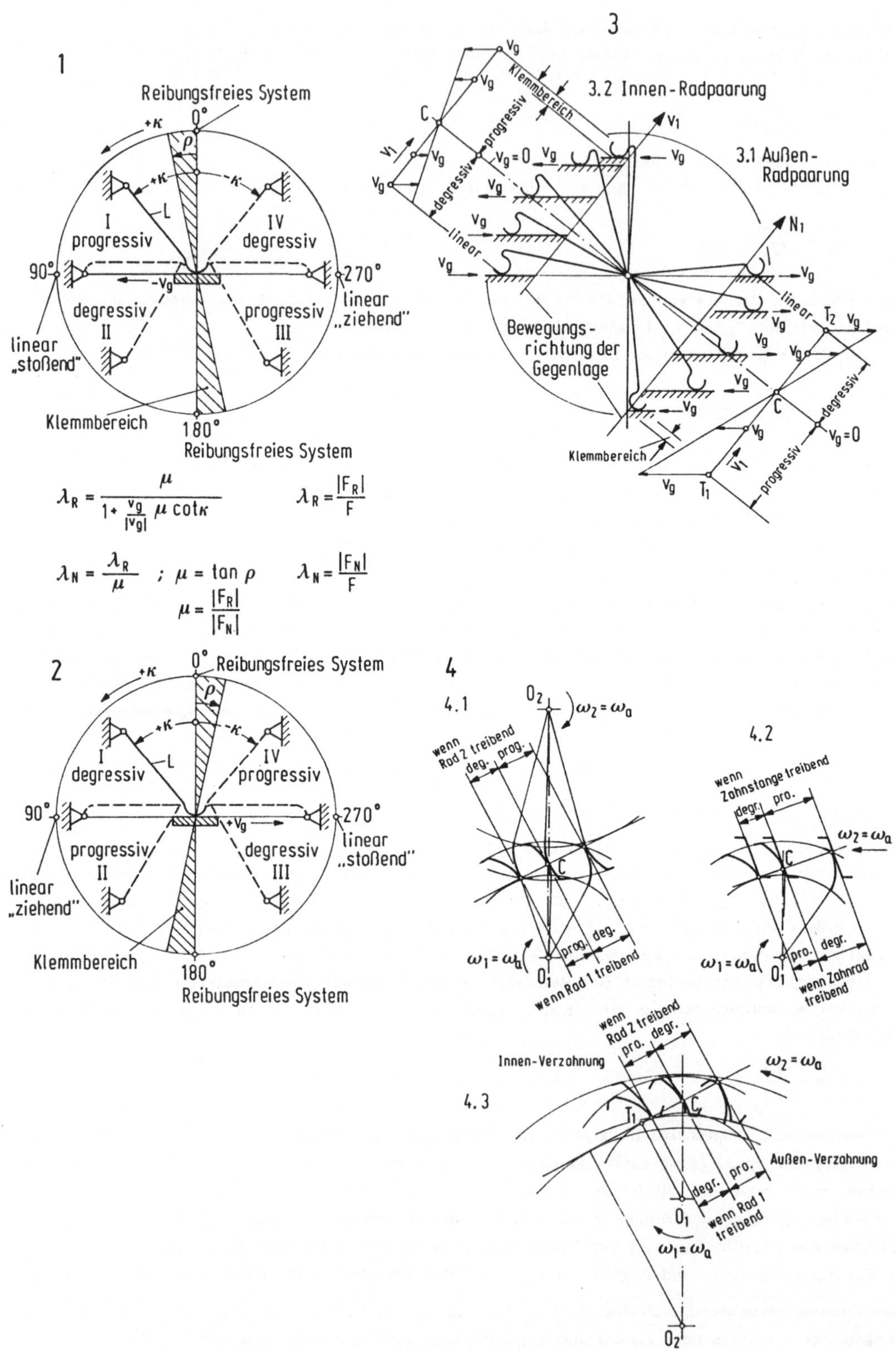
1
Reibungsfreies System
0°
+κ
ρ
+κ
κ
I
progressiv
L
IV
degressiv
90°
270°
-Vg
linear „ziehend"
degressiv
II
progressiv
III
linear „stoßend"
Klemmbereich
180°
Reibungsfreies System
$$\lambda_R = \frac{\mu}{1 + \frac{v_g}{|v_g|}\,\mu\,\cot\kappa}$$
$$\lambda_R = \frac{|F_R|}{F}$$
$$\lambda_N = \frac{\lambda_R}{\mu} \;;\; \mu = \tan\rho$$
$$\lambda_N = \frac{|F_N|}{F}$$
$$\mu = \frac{|F_R|}{|F_N|}$$
2
+κ
0° Reibungsfreies System
ρ
+κ
κ
I
degressiv
L
IV
progressiv
90°
270°
+Vg
linear „stoßend"
progressiv
II
degressiv
III
linear „ziehend"
Klemmbereich
180°
Reibungsfreies System
3
Vg
Vg
Klemmbereich
3.2 Innen-Radpaarung
C
V₁
v₁
Vg
progressiv
Vg = 0
Vg
V₁
3.1 Außen-Radpaarung
degressiv
Vg
Vg
N₁
linear
Vg
Vg
linear
Vg
T₂ Vg
Bewegungs-richtung der Gegenlage
Vg
Vg
Vg
degressiv
C
Klemmbereich
Vg
Vg
Vg = 0
V₁
progressiv
Vg T₁
4
4.1
O₂
ω₂ = ωₐ
wenn Rad 2 treibend
deg. prog.
C
4.2
wenn Zahnstange treibend
degr. pro.
C
ω₂ = ωₐ
ω₁ = ωₐ
O₁
prog. deg.
wenn Rad 1 treibend
ω₁ = ωₐ
O₁
pro. degr.
wenn Zahnrad treibend
Innen-Verzahnung
wenn Rad 2 treibend
pro. degr.
ω₂ = ωₐ
4.3
T₁
C
Außen-Verzahnung
O₁
degr. pro.
wenn Rad 1 treibend
ω₁ = ωₐ
O₂

$$\lambda_R = \mu \qquad\qquad\qquad (2.105-1)$$

sowie

$$\lambda_N = 1 \; . \qquad\qquad\qquad (2.106-1)$$

Gl.(2.103) geht dann in Gl.(2.98) über, also in ein lineares Reibsystem, mit Gl. (2.102) wird

$$|F_N| = F \; , \qquad\qquad\qquad (2.107)$$

eine für lineare Reibsysteme typische Eigenschaft, daß nämlich die die Reibung erzeugende Kraft F und die Normalkraft F_N bis auf ihr Vorzeichen gleich groß sind.

Bild 2.38, Teilbild 4, zeigt den Verlauf der Kennlinien der drei Reibsysteme, wobei der Übertragungsfaktor λ_R über dem Reibwert aufgetragen wird, Teilbild 5 ihren Verlauf in Abhängigkeit des Lenkerwinkels κ, wobei die Übertragungsfaktoren λ_R und λ_N aufgetragen sind. Für die Sonderfälle, daß der Lenkerwinkel $\kappa = 0^\circ$ oder $\pm 180^\circ$ ist (Gl.2.114), wird

$$\lambda_R = 0 \qquad\qquad\qquad (2.115)$$

und

$$\lambda_N = 0 \; . \qquad\qquad\qquad (2.116)$$

Bild 2.39. Kontinuierlicher Übergang zwischen den drei Reibsystemen und der kombinierten Gleit-Wälzbewegung durch Verändern des Auslenkwinkels κ, dargestellt am "Reibkreis".

Teilbild 1: "Reibkreis" bei negativer Gleitgeschwindigkeit am Lenker L ($v_g < 0$). Zu beachten ist, daß bei Winkeländerung von κ um 180° stets die gleichen Arten von Reibsystemen entstehen. Die Lage von $\kappa = 0^\circ$ bzw. 180° stellt ein reibungsfreies System dar. Verändert sich der Lenkerwinkel κ des Reibsystems während des Betriebs, dann tritt neben dem Gleiten gleichzeitig auch Wälzen auf (wie bei Zahnradpaarungen), bleibt er konstant, erfolgt reines Gleiten. Somit erfaßt der Reibkreis alle Zustände von Wälzen, Gleiten und deren Kombinationen.

Teilbild 2: "Reibkreis" bei positiver Gleitgeschwindigkeit am Lenker L ($v_g > 0$). Zu beachten ist, daß die gleichen Reibsysteme in den um die senkrechte Achse gespiegelten Positionen bzw. Quadranten (gegenüber Teilbild 1) auftauchen. Ein Wechsel des Bewegungssinnes von v_g läßt danach bei sonst gleicher Anordnung die nichtlinearen Reibsysteme wechseln.

Teilbild 3: Reibsysteme bei diagonaler Bewegung der Gegenlage durch den Reibkreis. Wechsel der Reibsysteme bei gleichem Lenker (Zahnradzahn für Außen-Radpaarung) vom progressiven Bereich (einschließlich Klemmbereich), zum degressiven und linearen Bereich in Teilbild 3.1 und für Innen-Radpaare vom degressiven zum progressiven Bereich in Teilbild 3.2.

Teilbild 4: Aufteilung der progressiven und degressiven Reibsystem-Bereiche bei Außen-Radpaarungen (4.1), Paarungen mit Zahnstange (4.2) und bei Innen-Radpaarungen (4.3). Im Gegensatz zu Außen-Radpaarungen, bei denen der vor dem Wälzpunkt C liegende Teil der Eingriffsstrecke stets progressive Reibsysteme aufweist, ist bei Innen-Radpaarungen der Eingriffsbeginn bis zum Wälzpunkt stets degressiv, das Eingriffsende stets progressiv. Die Drehrichtungssinne sind aus der Lage der Eingriffslinie zu entnehmen.

Es kann nach Gl.(2.101) bei beliebig großem F bei starren Lenkern tangential und normal keine Kraft übertragen werden. Bei elastischen Werkstoffen wirkt das System im engen Bereich von $\kappa = 0°$ wie ein reines Wälzsystem (Bild 2.39).

Betrachtet man bei Reibpaarungen immer auch die Übertragungsfaktoren und das zu ihnen gehörende Reibsystem, werden entscheidende Eigenschaften erkannt, die für die Aufrechterhaltung einer notwendigen Reibkraft über längere Zeit, über ihre annähernde Konstanthaltung bei veränderlichem Reibwert oder über ihre Klemmfähigkeit wichtige Aufschlüsse geben. Man erfaßt die Eigenschaften von Reibpaarungen nicht nur für einen bestimmten Eingangswert, sondern wie eine Funktion über einen ganzen Bereich.

Die besonderen Eigenschaften der einzelnen Reibsysteme werden in den folgenden Abschnitten beschrieben.

2.11.2 Die Eigenschaften der drei Reibsysteme

Wie aus Bild 2.38, Teilbild 4, zu erkennen ist, unterscheiden sich die drei Reibsysteme der Teilbilder 1 bis 3 in der Abhängigkeit des Übertragungsfaktors λ_R von dem Reibwert μ grundsätzlich voneinander. Während bei Reibsystem (1), bei dem der Lenkerwinkel $\kappa = 90°$ bzw. 270° ist - es entspricht auch der üblichen Reibpaarung von zwei aufeinander gleitenden Scheiben - der Übertragungsfaktor λ_R und damit die Reibkraft linear mit dem Reibwert μ steigt, erfolgt diese Steigung bei Reibsystem (2) nur degressiv, bei Reibsystem (3) jedoch progressiv. Diese Eigenschaft gibt ihnen auch den Namen.

1. Lineares Reibsystem

   Die Anordnung ist in Bild 2.38, Teilbild 1, dargestellt. Die Reibkraft F_R wächst bei konstantem Reibwert μ proportional mit der die Reibung verursachenden Kraft F und bei konstantem F proportional mit dem Reibwert. Reibwertänderungen $\Delta\mu$ wirken sich proportional in Reibkraftänderungen ΔF_R aus, Gl.(2.98). Angewendet wird dies Reibsystem bei Scheibenbremsen und Scheibenkupplungen. Wenn man von Reibpaarungen spricht, denkt man üblicherweise an ein lineares Reibsystem.

2. Degressives Reibsystem

   Die Anordnung ist in Bild 2.38, Teilbild 2, dargestellt. Die Reibkraft F_R wächst bei konstantem Reibwert μ und konstantem κ auch proportional mit der die Reibung verursachenden Kraft F, aber bei konstanter Kraft F weniger als proportional mit dem Reibwert μ (Teilbild 4), ebenso weniger als proportional mit dem Auslenkwinkel κ (Teilbild 5). Reibwertänderungen $\Delta\mu$ und Winkeländerungen $\Delta\kappa$ wirken sich weniger als proportional auf Reibkraftänderungen ΔF_R aus. Bei degressiven Systemen ergibt sich in Gl.(2.105;2.106) ein positives Vorzeichen am zweiten Term des Nenners. Angewendet wird das Reibsystem bei Bremsen und

Kupplungen mit möglichst wenig von Reibwertänderungen $\Delta\mu$ abhängigen Reibkraftänderungen ΔF_R, z.B. bei Meßprüfständen mit möglichst konstantem Reibmoment.

3. Progressives Reibsystem

Die Anordnung ist in Bild 2.38, Teilbild 3, dargestellt. Die Reibkraft F_R wächst bei konstantem Reibwert μ auch proportional mit der die Reibung verursachenden Kraft F, aber bei konstanter äußerer Kraft F mehr, manchmal sehr viel mehr als proportional mit dem Reibwert μ und mit dem Auslenkwinkel κ. Reibwertänderungen $\Delta\mu$ gehen mehr als proportional in Reibkraftänderungen ΔF_R ein (siehe Teilbild 4). Bei progressiven Systemen ergibt sich in Gl.(2.105;2.106) ein negatives Vorzeichen am zweiten Term des Nenners. Wenn das Produkt des zweiten Terms im Nenner der Gl.(2.105;2.106) minus eins oder kleiner minus eins ist,

$$\frac{v_g}{|v_g|}\cdot\mu\cdot\cot\kappa \leq -1, \qquad\qquad (2.113)$$

wird der Nenner null oder negativ, die Kennlinie hat einen Pol, der den Beginn des Klemmens eines Systems anzeigt. Die Klemmwirkung erstreckt sich über den gesamten Bereich der negativen Kennlinie. Die Kennlinie ist so lange negativ, wie der Wert im Nenner negativ ist. So lange bleibt der Klemmzustand des Reibsystems erhalten (siehe Bild 2.38, Teilbild 4). Aus dem Verlauf der Kennlinie (3) ist zu entnehmen, daß geringe Reibwertänderungen $\Delta\mu$, große Änderungen des Übertragungsfaktors λ_R und damit der Reibkraft F_R zur Folge haben. Das kann sich bei Klemmsystemen sehr unangenehm auswirken, wenn der Betriebsreibwert μ_W nur wenig größer als der Klemmreibwert μ_k ist. Geringfügiges Verkleinern von μ_W unter den Wert von μ_k läßt den Übertragungsfaktor λ_R bzw. die Reibkraft schlagartig vom Wert $\lambda_R \rightarrow \infty$ auf einen relativ kleinen Wert fallen. Eine ehemals klemmende Reibpaarung wird dann durchrutschen.

Die Anwendung dieses Reibsystems erfolgt bei Backenbremsen und -kupplungen, Trommelbremsen und -kupplungen. In diesen Fällen wird der Betriebsreibwert μ_W so gewählt, daß kein Klemmen eintritt. Bei Klemmgesperren, Klemmbremsen und -kupplungen jedoch soll das Reibsystem bei den auftretenden Reibwerten im Klemmbereich arbeiten [2/22].

Um auch den Einfluß eines veränderlichen Lenkerwinkels κ, wie er bei Zahnradpaarungen auftritt, deutlich zu machen, wird in Bild 2.38, Teilbild 5, ein Diagramm gezeigt, das den Verlauf der Übertragungsfaktoren λ_R und λ_N bei konstantem Reibwert μ, konstanter Kraft F (bzw. konstantem Abtriebsmoment M_{abtr}) bei positiver und negativer Gleitgeschwindigkeit v_g, jedoch veränderlichem Auslenkwinkel κ darstellt. Wenn die die Reibung einleitende Kraft F konstant bleibt, ist nach Gl.(2.101; 2.102) λ_R und λ_N proportional der Reibkraft F_R und der Normalkraft F_N. Für $v_g > 0$ und

$$0° < \kappa < 90° \qquad\qquad (2.108)$$

bleibt der Nenner in Gl.(2.105) positiv, wird immer kleiner, und es steigt λ_R immer weniger, je größer κ wird (degressives Reibsystem).

Bei

$$\kappa = 90° \qquad\qquad (2.109)$$

ist

$$\lambda_R = \mu \quad , \qquad\qquad (2.105\text{-}1)$$

$$\lambda_N = 1 \qquad\qquad (2.106\text{-}1)$$

und somit liegt ein lineares Reibsystem vor. Die Steigungen sind aus den Differentialquotienten der Gl.(2.105;2.106) zu berechnen und betragen bei $\kappa = 90°$

$$\frac{d\lambda_R}{d\kappa} = \mu^2 \qquad\qquad (2.105\text{-}2)$$

bzw.

$$\frac{d\lambda_N}{d\kappa} = \mu \quad . \qquad\qquad (2.106\text{-}2)$$

Mit steigendem κ werden dann die Übertragungsfaktoren λ stetig größer (progressives Reibsystem) und können, da $\cot\kappa < 0$ wird und der Nenner in Gl.(2.105;2.106) gegen Null geht, beliebig groß oder negativ[1] werden, z.B. für den Winkelbereich

$$90° < \kappa < 180° \quad . \qquad\qquad (2.110)$$

Ein negativer Wert für den zweiten Term im Nenner der Gl.(2.105;2.106) und damit gegebenenfalls ein beliebig kleiner oder negativer Wert des Nenners kann auch entstehen, wenn bei einem degressiven System, z.B. Bild 2.38, Teilbild 2, die Bewegungsrichtung der Gleitgeschwindigkeit v_g am Hebel sich umkehrt, also negativ wird,

$$v_g < 0 \quad , \qquad\qquad (2.111)$$

$$\frac{v_g}{|v_g|} = -1 \qquad\qquad (2.112)$$

und das degressive zu einem progressiven Reibsystem wird.

Ein negativer Wert des zweiten Terms im Nenner von Gl.(2.105;2.106) kann nicht nur durch Vergrößerung von κ über 90°, sondern durch ein negatives κ entstehen,

---

[1] Die Deutung für ein negatives λ und entsprechende Reibkräfte siehe in [2/19;1/5].

wie in Bild 2.38, Teilbild 3, zu sehen ist. Klemmen entsteht immer dann, wenn gilt:

$$\frac{v_g}{|v_g|}\cdot\mu\cdot\cot\kappa \leq -1 \; . \tag{2.113}$$

Einen Sonderfall stellen im Diagramm (Teilbild 5) - wie schon erwähnt - die Punkte für

$$\kappa = 0° \; \text{bzw.} \; \kappa = 180° \tag{2.114}$$

dar. Sie definieren mit

$$\lambda_R = 0 \tag{2.115}$$

ein Reibsystem ohne Reibkraft, obwohl der Reibwert in Gl.(2.105) größer als null ist. Gleichzeitig wird auch mit Gl.(2.106) der Übertragungsfaktor für die Normalkraft

$$\lambda_N = 0 \; . \tag{2.116}$$

2.11.3 Übertragung auf die Verhältnisse an Zahnradpaarungen

Das Auftreten von verschiedenen Reibsystemen für verschiedene Winkellagen κ des Lenkers ist in Bild 2.39, Teilbilder 1 bis 3, dargestellt. In Teilbild 1 bewegt sich die Gegenlage so, daß die Gleitgeschwindigkeit v_g negativ ist, in Teilbild 2 so, daß v_g positiv ist. Die Änderung des Richtungssinnes von v_g bewirkt, daß die Reibsysteme spiegelbildlich (um die senkrechte Mittellinie) gewechselt werden, also in den Quadranten I und IV und in den Quadranten II und III sowie auf der waagerechten Linie zwischen linear "ziehend" und linear "stoßend". Die periodische Folge in Abhängigkeit von κ bleibt erhalten. Der schraffierte Sektor gilt für den Bereich, in dem κ kleiner oder gleich dem Reibungswinkel ρ ist,

$$\kappa \leq \rho \tag{2.117}$$

wobei

$$\rho = \arctan\mu \tag{2.117-1}$$

ist. Dieser Sektor zeigt die Bereiche an, in denen das progressive Reibsystem klemmt (Selbsthemmung hat). Die Lagen für $\kappa = 0°$ bzw. 180° stellen, wie schon in Bild 2.38, Teilbild 5, erwähnt, Sonderfälle, nämlich reibungsfreie "quasi Wälzlagerungen" dar.

Es wechseln kombinierte Zustände von Gleiten und Wälzen, wie sie z.B. bei Zahnradpaarungen entstehen, wenn während des Gleitens eine Veränderung des Lenkerwinkels κ erfolgt, mit reinen Gleitzuständen, wenn der Lenkerwinkel κ konstant bleibt. Wechselt der Richtungssinn des Gleitens (z.B. im Wälzpunkt C), dann sinkt für diesen Augenblick die Gleitgeschwindigkeit auf null herab, $v_g = 0$. Wechselt der Richtungssinn der Lenkerwinkeländerung, dann hört für diesen Augenblick das Wälzen auf. Das tritt bei Zahnradpaarungen nur im Augenblick der Drehsinnänderung auf.

Bild 2.39, Teilbild 3, stellt eine Lenkeranordnung dar, die den Vergleich mit Verzahnungen erleichtert. In Teilbild 3.1 ist ein Lenker angegeben, der eine gerade

Gegenfläche berührt, etwa wie eine Außenzahnflanke eine Zahnstangenflanke berührt, Teilbild 3.2 zeigt einen Lenker, dessen Ende eher der Anordnung einer Innenzahnflanke gleicht. Die Gleitgeschwindigkeit v_g ist hier so gerichtet, daß die Reibkraft F_R zunächst den Lenker von der Gleitfläche wegdrehen, dann aber auf sie zudrehen möchte wie Flanke und Gegenflanke einer Innen-Radpaarung. Aus der Richtung der Gleitgeschwindigkeit v_g am Lenker und der Lenkerstellung zwischen Drehpunkt und Gegenlage läßt sich mit Hilfe der Teilbilder 1 und 2 sofort das Reibsystem ermitteln. Es können, wie man erkennen kann, jeweils alle Bereiche der Reibsysteme durchlaufen werden, vom Klemmbereich durch den progressiven Bereich zum Wälzpunkt, durch den degressiven zum linearen Bereich. Bemerkenswert ist, daß im Wälzpunkt C die nichtlinearen Reibsysteme wechseln und erst am Tangentenpunkt T des getriebenen Rades ein lineares Reibsystem entsteht. Weiter ist von Interesse, daß bei Außen-Radpaarungen der Eingriffsbereich vor dem Wälzpunkt C (Mittenlinie) stets ein progressives, nach dem Wälzpunkt ein degressives Reibsystem darstellt. Bei Innen-Radpaarungen ist im Gegensatz dazu der Eingriff bis zum Wälzpunkt C (Mittenlinie) stets degressiv und nach dem Wälzpunkt progressiv.

In Bild 2.39, Teilbild 3, sind die Reibsysteme so eingezeichnet, als würde die als Gerade gekennzeichnete Ebene das Profil treiben. Treibt dagegen der Lenker, kehrt sich die Gleitgeschwindigkeit v_g um, und aus den degressiven werden progressive, aus den progressiven werden degressive Reibsysteme.

In Teilbild 4 sind die Reibsysteme noch einmal für Außen-Radpaarungen (4.1), Paarungen mit Zahnstange (4.2) und Innen-Radpaarungen (4.3) dargestellt.

Aus der Betrachtung der Reibsysteme kann man folgende Erkenntnisse ziehen: Soll die aufrauhende Wirkung z.B. durch den Eingriff vor dem Wälzpunkt [2/15;2/20; 2/21] im Bereich von progressiven Reibsystemen, insbesondere bei hohen Reibwerten μ und Coulombscher Reibung (Mangelschmierung) vermieden werden, dann sollte man den Eingriffsbeginn bei Außen-Radpaarungen (auch bei Übersetzungen ins Schnelle) möglichst nahe an den Wälzpunkt C legen und das Eingriffsende so nahe an den "Tangentenpunkt" T des getriebenen Rades schieben, als es von der Überdeckung her notwendig ist. Bei Innen-Radpaarungen sollte der Eingriffsbeginn dagegen gegebenenfalls weiter vor dem Wälzpunkt C liegen, das Eingriffsende möglichst nahe dahinter. Hier kann die Regel nicht so eindeutig empfohlen werden, da die wirksame Hebellänge am Abtriebsrad die Vorteile eventuell wieder zunichte macht, wie in Kapitel 5 noch gezeigt wird. Beidemal erhält man Verzahnungen, bei denen die Reibung eher zum Glätten als zum Aufrauhen der Zahnflanken beiträgt. Es wird dadurch der Klemmneigung (insbesondere bei Übersetzung ins Schnelle) entgegengewirkt und der Zahnverschleiß möglichst niedrig gehalten. Im Hinblick auf die Grübchenbildung ist charakteristisch, daß die Schäden beinahe ausschließlich im Bereich des progressiven Reibsystems auftreten.

2.11.4 Reibungsverhältnisse an konkreten Verzahnungen

In Bild 2.40 sind die Lenkerwinkel κ für die wichtigen Eingriffspunkte von T_1 bis T_2 für die Verhältnisse an der konkreten Verzahnung aus Bild 2.37 eingezeichnet. Es fällt dann leichter, die Analogie zu den Lenkern der Bilder 2.38 und 2.39 zu erkennen. Die Eingriffsverhältnisse der gewählten Radpaarung sind bis zu den Tangentenberührpunkten extrapoliert. Als maßgebende Auslenkwinkel bei Antrieb durch Rad 1 (Übersetzung ins Langsame) gelten die Auslenkwinkel κ_2 des Rades 2 (siehe auch Bild 2.41), für den Antrieb durch Rad 2 die Auslenkwinkel κ_1 des Rades 1 (siehe auch Bild 2.42). Sie gelten so wie eingezeichnet als positiv und sind mit Gl. (2.97) aus den Eingriffswinkeln α_y für den jeweiligen Berührungspunkt zu berechnen.

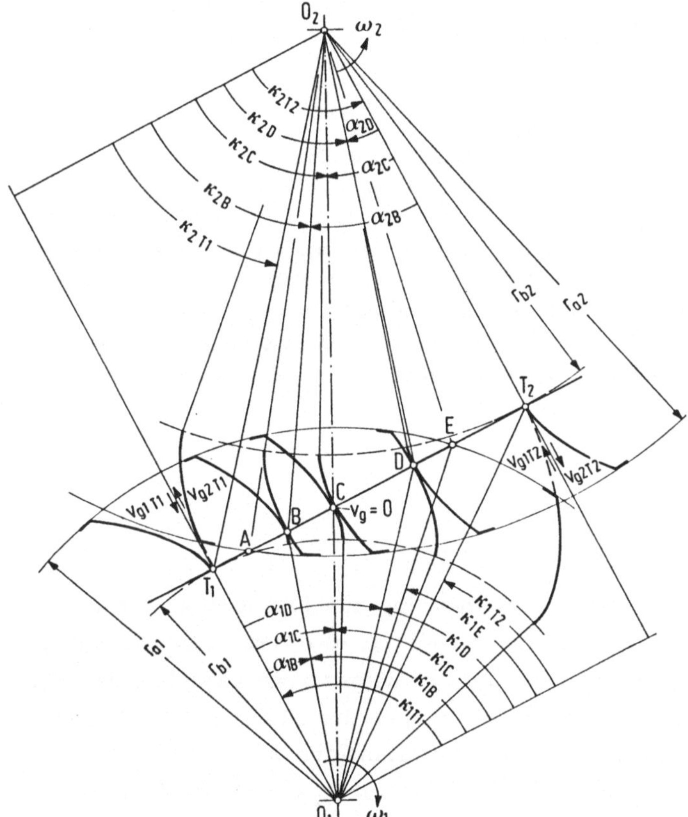

Bild 2.40. Reibsysteme an einer Außen-Radpaarung.
Sowohl bei Übersetzungen ins Langsame als auch ins Schnelle wirken Rad und Gegenrad in der Eintritt-Eingriffsstrecke als progressive, in der Austritt-Eingriffsstrecke als degressive Reibsysteme. In Punkt T_2 wirkt die Paarung bei treibendem Rad 1, in T_1 bei treibendem Rad 2 als lineares Reibsystem, in Punkt C sind es Wälzsysteme. Bei treibendem Rad 1 kann in der Nähe des Punktes T_1 durch das Gegenrad ein Klemmsystem (Selbsthemmung) entstehen, in der Nähe von Punkt T_2 bei treibendem Rad 2. Eingetragen ist die Größe der Eingriffswinkel α_y für die Eingriffspunkte B, C, D und die Größe der Lenkerwinkel κ_y für die Punkte T_1, B, C, D, E, T_2.

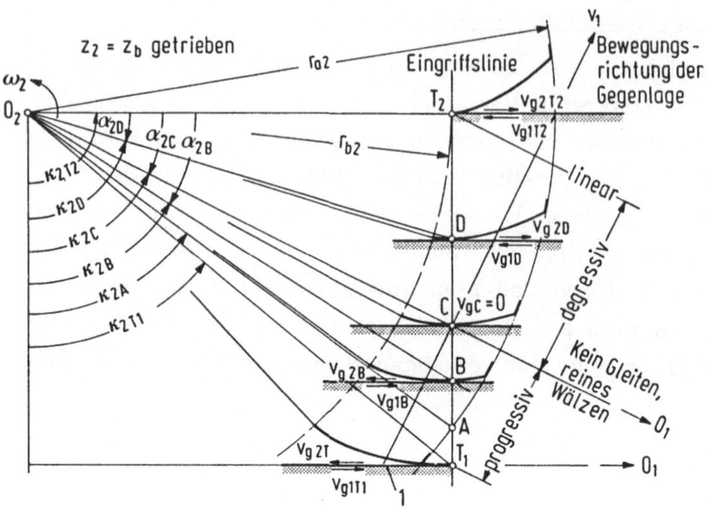

Bild 2.41. Reibsystem für getriebenes größeres Rad.
Erkennen der verschiedenen Reibsysteme von Rad 2 beim Durchlauf einer geraden Gegenflanke
(Zahnstange) im gesamten möglichen Eingriffsbereich zwischen den Tangentenberührungspunkten
an den Grundkreisen T_1 bis T_2. Im Vergleich mit Bild 2.39, Teilbild 1, Quadrant I, erkennt man,
daß im Bereich T_1 bis C ein progressives Reibsystem wirkt, im Vergleich mit Teilbild 2, Quadrant I,
daß im Bereich C bis T_2 ein degressives und im Punkt T_2 ein lineares Reibsystem wirkt. Bestimmte
progressive Reibsysteme wie die beschriebenen können klemmen und erzeugen Reibkräfte, die mehr
als μ-mal größer als die Normalkräfte sind sowie mit wachsendem μ mehr als proportional wachsen.
Im Bereich von T_1 ist der Auslenkwinkel κ am kleinsten und die "stoßende" Reibkraft F_R am größten.

In Bild 2.42 sind die Reibsysteme der Zahnradpaarung aus Bild 2.40 eingetragen,
wenn der Antrieb nicht von Rad 1, sondern von Rad 2, also dem größeren Rad, erfolgt. Es ändert sich nichts an der Reihenfolge der Reibsysteme bezüglich der Ein-
tritt- und Austritt-Eingriffsstrecke, nur ist die Gefahr des Klemmens bei Eingriffsbeginn viel größer, da der Auslenkwinkel bei Eingriffsbeginn z.B. $\kappa_{1A} = 44°$ aus
Bild 2.42 bedeutend kleiner ist als der aus Bild 2.41 mit $\kappa_{2A} = 53,5°$. In Bild 2.38,
Teilbild 5, kann man erkennen, daß die λ-Werte größer werden, je kleiner der Winkel ist, weil sie wegen der negativen Gleitgeschwindigkeit v_g von rechts gezählt werden (unterste Skala).

Den entsprechenden Wert der Übertragungsfaktoren für die Zahnradpaarungen in
Bild 2.37 kann man für die Eingriffspunkte T_1, A, B, C, D, E, T_2 direkt im Diagramm des Bildes 2.38, Teilbild 5 ablesen. Es gilt, daß die aus F_N und F_R resultierende Kraft mit dem für sie wirksamen Radius das Abtriebsmoment ergibt.

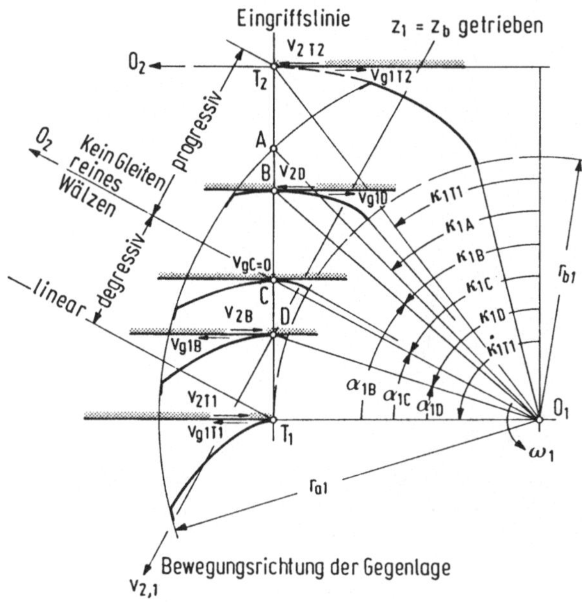

Bild 2.42. Reibsystem für getriebenes kleineres Rad.

Wird das kleinere Rad z_1 getrieben, dann entsprechen auch die Reibsysteme am Rad 1 denen von
Rad 2, nun jedoch mit Punkt T_2 beginnend. Sie folgen den Systemen von Bild 2.39, Teilbild 1, im
Quadrant I mit einem progressiven Reibsystem beginnend und wie in Teilbild 2 mit einem degressiven
fortsetzend. Für $\kappa = 40°$ (Punkt T_1) ergibt sich ein lineares System. Nicht nur die Reibkraft F_R
kann sich durch den Systemwechsel deutlich ändern, sondern vielmehr auch die Normalkraft F_N.
Das kann relativ große Schwankungen der wirksamen Antriebskräfte verursachen. Es bedeutet,
daß auch fehlerfreie Zahnradpaarungen allein durch den plötzlichen Wechsel der Reibsysteme, zumal, wenn sie trocken laufen, eine zahnfrequenzabhängige Schwankung der Normal- und Reibkraft
aufweisen.

In den Bildern 2.40 bis 2.42 ist der Vergleich der Lenkerstellung für die verschiedenen Eingriffspunkte mit den Systemen aus Bild 2.38 nicht so einfach möglich, weil
die Lenker alle in einem Drehpunkt vereinigt sind. Das Bild 2.43 läßt das jeweilige
Reibsystem für wichtige Eingriffspunkte in Einzeldarstellungen deutlich erkennen,
ebenso die Absolut- und die Relativbewegung der Gegenlage (Zahnstangenflanke,
Tangente auf Zahnradflanke) und das Verhältnis der verschiedenen Winkel. Gleit-
und Wälzbewegungen sowie ihr Übergang in den einzelnen Phasen sind gut zu unterscheiden. Das Bild gilt für Außen-Radpaare. Stellt man es jedoch auf den Kopf und
stellt sich vor, die Gegenlage 1 würde von einem Drehpunkt aus geführt, der auf der
gleichen Seite wie der Drehpunkt des Lenkers liegt, dann gilt die Darstellung auch
für Innen-Radpaare und antreibendes Ritzel. Treibt jedoch das Hohlrad an, dann bedeutet das eine kinematische Umkehr, bei der die nichtlinearen Reibsysteme wechseln
[1/5], und es hat bei Innen-Radpaaren die Eintritt-Eingriffsstrecke stets ein degressives und die Austritt-Eingriffsstrecke immer ein progressives Reibsystem.

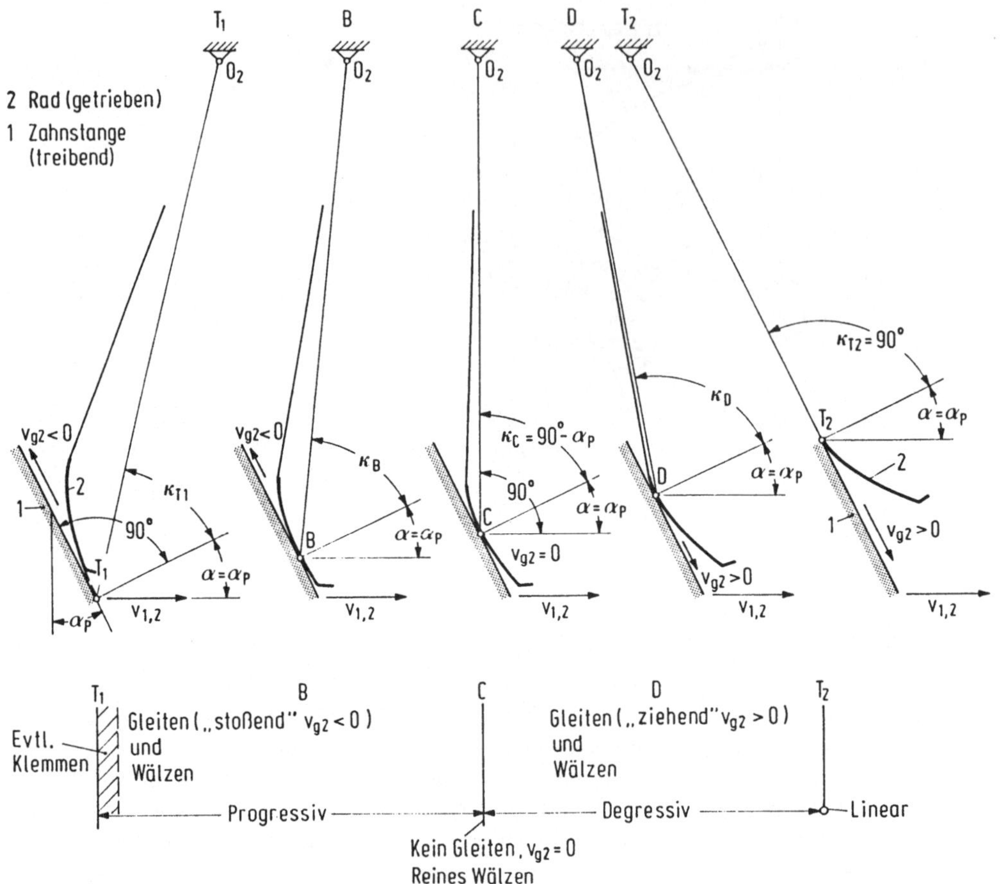

2.11.5 Übertragungsfaktoren, Normal- und Reibkraft entlang der Eingriffsstrecke

Um noch deutlicher zu erkennen, an welchen Stellen des Eingriffs sich die Reibung zwischen den Flanken in welcher Weise auf die Zahnkräfte auswirkt, werden in Bild 2.44 die Werte für die Normalkraft F_N, die Reibkraft F_R und die Übertragungsfaktoren λ_R, λ_N für Sonder- und Normalverzahnungen berechnet sowie gemessen und in Diagrammen über der Eingriffsstrecke aufgetragen. In Teilbild 1 sind die entsprechenden Werte der Verzahnung aus Bild 2.40 so aufgetragen, als wäre nur ein Zahnradpaar ($\varepsilon_\alpha = 1$) und das vom Punkt T_1 bis T_2 im Eingriff. Dies und das Umkehren des Ordinatenrichtungssinnes in Teilbild 1.2 dient dem besseren Vergleich mit den Meßschrieben des Teilbildes 2.

Das Diagramm in Teilbild 1.1 zeigt deutlich den Sprung der Normalkraft F_N beim Übergang vom progressiven zum degressiven Reibsystem im Wälzpunkt C und beim Übergang vom degressiven zum progressiven Reibsystem am Eingriffsende E, das mit dem Eingriffsanfang A hier zusammenfällt. In Teilbild 1.2 ist der entsprechende Verlauf

Bild 2.43. Gleitverhältnisse an Außen-Radpaaren, dargestellt an einem Lenkermodell, das einer Zahnradpaarung mit treibender Zahnstange entspricht. Das Modell ermöglicht eine unmittelbare Übertragung der Gesetzmäßigkeiten von Reibsystemen auf Außen-Radpaare. $v_{1,2}$ ist die Geschwindigkeit von Gegenlage 1 gegenüber dem Gestell 0_2. Rad 2 wird getrieben. An den einzelnen Eingriffspunkten wirken folgende Reibsysteme:

T_1: Die Gleitgeschwindigkeit ist $v_{g2} < 0$ und der Lenkerwinkel $\kappa > 0$. Es entsteht nach Gl. (2.105) ein progressives Reibsystem. Klemmen (Selbsthemmung) der Verzahnung ist in ungünstigen Fällen möglich. Im Eingriffsbereich zwischen T_1 und C findet Gleiten und Wälzen statt.

B: Wie im Eingriffspunkt T_1, jedoch mit größerem Lenkerwinkel κ und kleinerem Betrag für v_{g2}.

C: Im Wälzpunkt C findet kein Gleiten statt, jedoch Wälzen. Die Gleitgeschwindigkeit kehrt ihren Richtungssinn um und daher wechselt hier das progressive in ein degressives Reibsystem. Die Reibkraft F_R und die Normalkraft F_N haben einen Sprung (siehe Bild 2.44).

D: Die Gleitgeschwindigkeit v_{g2} und der Lenkerwinkel sind vom Eingriffspunkt C an positiv. Nach Gl.(2.105) liegt ein degressives Reibsystem vor. Die Reibkraft wird kleiner als bei einem linearen System. Es findet gleichzeitig Wälzen statt.

T_2: Die Gleitgeschwindigkeit v_g und der Lenkerwinkel κ haben den größten positiven Wert. Da $\kappa_{T2} = 90°$ ist, wirkt nach Gl.(2.105) ein lineares Reibsystem mit $\lambda = \mu$ und $F_N = \mu F$. Dieser Eingriffspunkt am Ende der degressiven Phase ist der einzige mit einem linearen Reibsystem. Er wird bei Radpaarungen beinahe nie für die Überdeckung ausgenutzt, da er am Grundkreis des Rades 2 liegt und sehr große Gleitgeschwindigkeiten aufweist.

---

der Reibkraft F_R gezeigt, der den größeren Sprung am Eingriffsanfang A bzw. Eingriffsende E zeigt, da sich aufgrund der wechselnden Gleitgeschwindigkeit eine Richtungssinn-Umkehr ergibt.

In den Teilbildern 1.1 und 1.2 sind als Ordinaten immer die Vielfachen der Kraft F, d.h. die Übertragungsfaktoren angegeben. Teilbild 1.3 zeigt das Diagramm für den Übertragungsfaktor λ_R und Teilbild 1.4 für den Richtungssinn der Gleitgeschwindigkeit. Aus den Teilbildern 1.3 und 1.4 entsteht aufgrund der Gl.(2.103) das Teilbild 1.2. Teilbild 1.3 gestattet aber andererseits auch den Vergleich mit dem Übertragungsfaktor λ_R einer üblichen Außen-Radpaarung.

Teilbild 2 des Bildes 2.44 zeigt Meßschriebe über die Normal- und Reibkräfte einer Evolventen-Radpaarung zwischen den Berührpunkten T_1 und T_2 der Tangente an die Grundkreise. Um den Eingriffsbereich bis zu diesen Punkten ausdehnen zu können, wurden Sonderverzahnungen angefertigt mit jeweils zwei Zähnen. Bei der Paarung war jeweils nur ein Zahnpaar im Eingriff. Die Versuchsergebnisse von Mette [2/16] erfaßten die Zahnnormalkraft F_N und die Reibkraft F_R in Abhängigkeit der maximalen Gleitgeschwindigkeit v_{gmax}, der Werkstoffpaarungen Messing/Kunststoff, Messing/Messing und der Schmierverhältnisse. Das Verhältnis der Trägheitsmomente

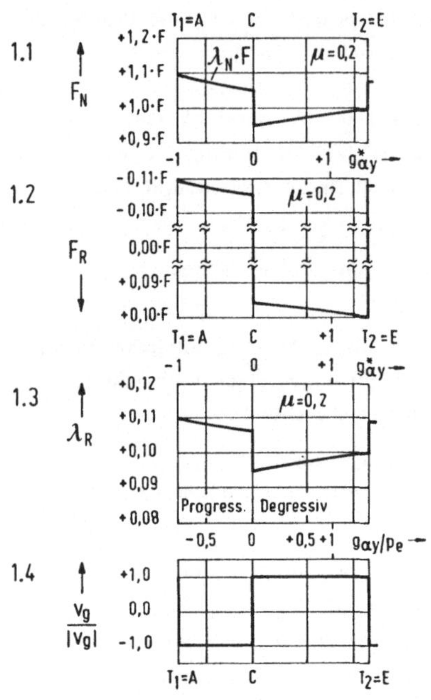

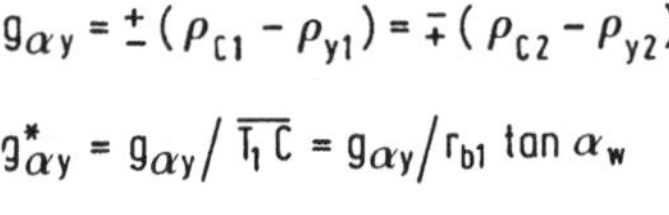

$$F_N = \lambda_N \cdot F$$

$$F_R = \frac{V_g}{|V_g|} \cdot (\lambda_R \cdot F)$$

$$F = M_{Abtr.} / r_{b\,Abtr.}$$

$$g_{\alpha y} = \pm(\rho_{C1} - \rho_{y1}) = \mp(\rho_{C2} - \rho_{y2})$$

$$g^*_{\alpha y} = g_{\alpha y} / \overline{T_1 C} = g_{\alpha y} / r_{b1} \tan \alpha_w$$

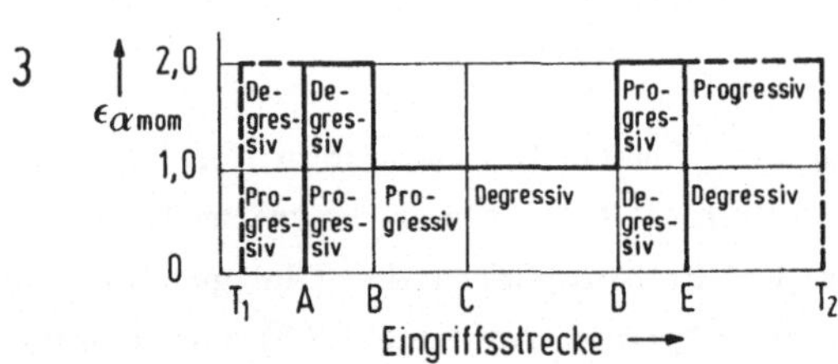

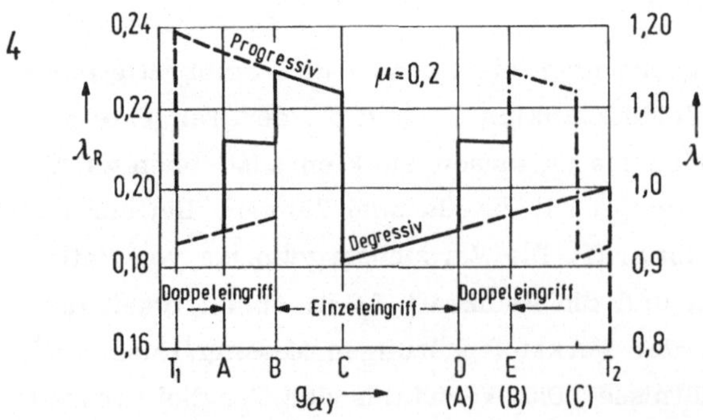

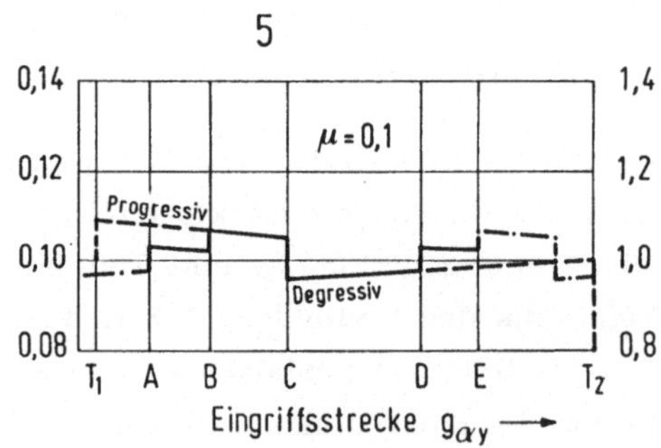

Bild 2.44. Wechsel der Reibsysteme im Eingriffsverlauf bei Außen-Radpaaren, Verlauf der Kraftübertragung bei wirksamen Größen des Reibwertes.

Teilbild 1: Übertragungsfaktoren und Kräfte für Einzeleingriff. Für eine Außen-Radpaarung (Bedingungen wie in Teilbild 2), wird in Diagramm 1.1 die Normalkraft F_N nach Gl.(2.102) sowie der dazugehörende Übertragungsfaktor λ_N, und in Diagramm 1.2 die Reibkraft F_R, Gl.(2.103), über der bezogenen theoretisch möglichen Eingriffsstrecke $g^*_{\alpha y}$ aufgetragen. Zwischen Tangentenberührungspunkt T_1 und Wälzpunkt C wirkt bei Antrieb von Rad 1 ein progressives, zwischen Wälzpunkt C
und Tangentenberührungspunkt T_2 ein degressives Reibsystem. Sowohl am Wälzpunkt C als auch am
Übergang von Eingriffsende zu Eingriffsbeginn (hier bei Überdeckung $\varepsilon = 1$) erfolgt ein Sprung der
Normal- und Reibkraft. Für eine konstante Abtriebskraft F (bzw. Abtriebsmoment M_{abtr}) muß die
Antriebskraft F_N (Antriebsmoment M_{antr}) am Eingriffsbeginn größer sein, am Wälzpunkt kleiner werden, um am Eingriffsende gleich der Abtriebskraft zu sein. Ist die Antriebskraft F_N (Antriebsmo-
ment) konstant, wird die Abtriebskraft F (Abtriebsmoment) am Eingriffsbeginn kleiner, springt am
Wälzpunkt auf einen höheren Wert und sinkt auf den Wert der Abtriebskraft. Ähnlich verhalten sich
die Reibkräfte in Diagramm 1.2.

Die Darstellungen in Diagramm 1.1 und 1.2 sind des besseren Vergleichs wegen den Meßprotokollen
in Teilbild 2 angepaßt. Aus der üblichen Darstellung des Übertragungsfaktors für Reibkräfte λ_R,
Diagramm 1.3, und des Richtungssinnes für Gleitgeschwindigkeiten, Diagramm 1.4, ergibt sich nach
Gl.(2.103) das Diagramm 1.2.

Teilbild 2: Messung der Normal- und Reibkräfte. An einem für diese Zwecke besonders geeigneten
Sonder-Zahnradpaar mit möglichst kleiner Zähnezahl (z = 2, geradverzahnt), extremen Gleitverhält-
nissen ($-\infty \leq \xi \leq +1$), geometrisch gleichen Zahnflanken, Kraftübertragung nur an e i n e m
Zahnpaar, Eingriff über den gesamten möglichen Bereich von T_1 bis T_2, Überdeckung $\varepsilon = 1$, wurden
die Gleitverhältnisse experimentell erfaßt und die Normal- und Reibkraft bei verschiedenen Schmier-
verhältnissen, Gleitgeschwindigkeiten und Paarungswerkstoffen gemessen [2/16]. Die Änderung der
Normal- und Reibkräfte ist ähnlich wie in Teilbild 1. Schmierung und hohe Gleitgeschwindigkeit verringern zusätzlich den Reibwert μ bis beinahe zum Wert Null im Wälzpunkt C, so daß dort kein
Sprung mehr erfolgt (Felder 2.4 und 2.6). Das Verhältnis der Trägheitsmomente J_1, J_2 von Antrieb
zu Abtrieb war bei der Versuchseinrichtung etwa $J_1/J_2 \rightarrow \infty$.

Teilbild 3: Überdeckungsverhältnisse für übliche Außen-Radpaarungen mit ($1 < \varepsilon_\alpha < 2$), hier im besonderen für die Paarung nach Bild 2.37 bzw. 2.40. Während des Eingriffs von zwei Zahnpaaren
vom Anfangspunkt des Eingriffs A bis zum inneren Einzeleingriffspunkt B sowie vom äußeren Eingriffspunkt D bis zum Endpunkt des Eingriffs E wirken ein progressives und ein degressives Reibsystem gleichzeitig (allerdings mit halber Kraft), zwischen den Punkten B und C nur ein progressives, zwischen C und D nur ein degressives Reibsystem (hier mit ganzer Kraft für F, F_N und F_R).

Teilbilder 4;5: Übertragungsfaktoren λ_R für Reibkräfte bei Doppeleingriff. Gegenüber dem Diagramm
1.3 wird der Sprung am Anfangspunkt A und am Endpunkt E des Eingriffs gemildert, ist aber an den
Einzeleingriffspunkten B und D relativ groß und am größten am Wälzpunkt C. Wie sehr eine Verringerung des Reibwertes μ diese Verhältnisse verändert, zeigt der Vergleich der Diagramme in den
Teilbildern 4 und 5. Die gestrichelten Linien zeigen den Verlauf, wenn die Einzeleingriffspunkte an
den Anfangs- bzw. Endpunkt des Eingriffs wandern würden.

der rotierenden Massen J_1/J_2, das auf den Kurvenverlauf einen starken Einfluß hat, war im dargestellten Fall $J_1/J_2 \rightarrow \infty$. Bei langsamer Bewegung gleicht der theoretische Verlauf der Übertragungsfaktoren λ_N, λ_R bzw. der ihnen proportionalen Kräfte F_N, F_R (Bild 2.44, Teilbild 1) auffallend dem gemessenen Verlauf der Felder 2.1, 2.2, 2.3 und 2.5 in Teilbild 2. Sowohl der Sprung im Wälzpunkt C ist vorhanden als auch der Sprung am Ende eines Eingriffpaares zum Eingriff des nächsten. Bei höheren Gleitgeschwindigkeiten und zusätzlicher Schmierung wird der Übergang im Wälzpunkt C kontinuierlich und der Abfall der Kräfte in diesem Bereich stärker als mit dem Reibsystem erklärbar. Die Größe der Reibkraft hängt offensichtlich neben der Gleitgeschwindigkeit wesentlich vom Anteil des Gleitens bei einer kombinierten Gleit-Wälzbewegung ab. Es muß angenommen werden, daß hier beim Übergang vom Gleit-Wälzen zum reinen Wälzen bei relativ geringer Belastung der Gleitreibwert sehr klein wird. Es wurde mit den Versuchen bestätigt, daß auch bei einer annähernd fehlerfreien Verzahnung ein reibungsbedingter Sprung der Zahnkräfte grundsätzlich unvermeidbar ist. Damit konnte nachgewiesen werden, daß aufgrund des Reibungseinflusses ein rein stationärer Bewegungszustand im allgemeinen nicht möglich ist. In weiteren Versuchen [2/16] wurde gezeigt, daß der beschriebene Verlauf der Zahnkräfte von dynamischen Zusatzwirkungen abhängt, die über angekoppelte Drehmassen an An- und Abtrieb beeinflußbar sind (z.B. wenn J_1/J_2 die Werte ∞, 1 oder 0 annimmt).

Um den Einfluß der Reibsysteme für übliche Paarungen mit Überdeckungen zwischen $1 < \varepsilon_\alpha < 2$ zu erfassen, wurden in Bild 2.44 für die Paarung aus Bild 2.37 bzw. 2.40 die Übertragungsfaktoren sowohl für den Mehrfach- als auch für den Einzeleingriffsbereich über dem Eingriff aufgetragen. Teilbild 3 veranschaulicht die momentane Überdeckung $\varepsilon_{\alpha mom}$ von einem oder zwei Zahnpaaren und die gleichzeitige Wirkung von einem oder zwei Reibsystemen. Die Teilbilder 4 und 5 zeigen den Übertragungsfaktor für Reibkraft λ_R bei Mehrfacheingriff. Bei gleichzeitiger Wirkung von zwei verschiedenen Reibsystemen, also im Bereich zwischen A und B bzw. zwischen D und E wurde ein Mittelwert der λ-Werte angenommen. Die gestrichelte Linie zeigt, ähnlich wie in Teilbild 1.3, den λ_R-Verlauf, wenn nur ein Zahnpaar im Eingriff ist mit dem großen Sprung am Eingriffsbeginn (bzw. -ende), die strichpunktierte Linie veranschaulicht die periodische Wiederholung der Schwankungen des Übertragungsfaktors $\lambda_R = f(g_{\alpha y})$.

Gut zu erkennen ist in den Teilbildern 4 und 5, daß am Eingriffsbeginn A nicht mehr der große Sprung von λ_R, wie z.B. in Teilbild 1.3 vorliegt, sondern ein etwas kleinerer, der im Gegensatz dazu aber unterhalb der Größe $\lambda_R = \mu$ beginnt. Er ist identisch mit dem Sprung am äußeren Einzeleingriffspunkt D. Am inneren Einzeleingriffspunkt B und am Eingriffsende E erfolgt ein kleinerer Sprung. Der größte Sprung findet im Wälzpunkt C statt, der danach gar nicht so ideale Eingriffsverhältnisse aufweist, wie man es schlechthin annimmt. Dieser Sprung, insbesondere bei größeren

Reibwerten, kann zwei Auswirkungen haben: Zum einen eine ungleichförmige Bewegungsübertragung, denn die Normalkraft F_N schwankt im gleichen Verhältnis, zum anderen eine ungünstige Oberflächenbeanspruchung, weil die unmittelbar vor und nach dem Wälzpunkt wirksame Reibkraft F_R bei großen Kräften, bei gegen Null gehender und umkehrender Gleitgeschwindigkeit die Oberfläche auch tangential verformt, da die Profilflächen zu langsam übereinander hinweggleiten.

Aus den Teilbildern 4 und 5 ist zu erkennen, daß der Übertragungsfaktor λ_R, mit ihm auch die Reibkraft F_R mehr bzw. weniger als proportional mit dem Reibwert steigen kann (siehe auch Bild 2.38, Teilbild 4), die Differenz, d.h. die Sprünge, jedoch hier mehr als proportional steigen. Die folgenden Zahlenbeispiele für die Außen-Radpaarung nach Bild 2.37 bzw. 2.40 mögen das veranschaulichen.

Nach Gl.(2.103) und Gl.(2.102) kann man schreiben

$$dF_R = \frac{v_g}{|v_g|} \, (d\lambda_R \cdot F) \qquad\qquad (2.118)$$

und

$$dF_N = d\lambda_N \cdot F \; . \qquad\qquad (2.119)$$

Ändert sich daher beim Wechsel der Reibsysteme der Übertragungsfaktor λ_R oder λ_N, ändert sich in gleichem Maße auch die Reib- bzw. die Normalkraft. Für den Sprung am Wälzpunkt C erhält man z.B. mit den Werten aus der Tabelle und den Gl.(2.118;2.119) für $\mu = 0,1$ und $\mu = 0,2$

$$\Delta F_R \approx 0,010 \cdot F \quad\quad \text{mit} \quad\quad \mu = 0,1 \qquad\qquad (2.118\text{-}1)$$

$$\approx 0,041 \cdot F \quad\quad \text{mit} \quad\quad \mu = 0,2 \qquad\qquad (2.118\text{-}2)$$

$$\Delta F_N \approx 0,102 \cdot F \quad\quad \text{mit} \quad\quad \mu = 0,1 \qquad\qquad (2.119\text{-}1)$$

$$\approx 0,206 \cdot F \quad\quad \text{mit} \quad\quad \mu = 0,2 \; . \qquad\qquad (2.119\text{-}2)$$

Mit F kann man auch d i e Kraft bezeichnen, die sich aus dem Abtriebsmoment ergibt, das im betrachteten Fall von Rad 2 ausgeht

$$F = \frac{M_2}{r_{b2}} \qquad\qquad (2.120)$$

und mit F_N die entsprechende Kraft aus dem Antriebsmoment

$$F_N = \frac{M_1}{r_{b1}} \; . \qquad\qquad (2.121)$$

Bei gleicher Abtriebskraft F ändert sich daher beim betrachteten Beispiel am Wälzpunkt die Reibkraft F_R und die Antriebskraft F_N für $\mu = 0,1$ kurzzeitig um bis zu 10%, für $\mu = 0,2$ um bis zu 20%.

κ \\ λ	$\mu = 0,1$			$\mu = 0,2$		
	λ_R	$\Delta\lambda_R$	$\Delta\lambda_N = \frac{1}{\mu}\,\Delta\lambda_R$	λ_R	$\Delta\lambda_R$	$\Delta\lambda_N = \frac{1}{\mu}\,\Delta\lambda_R$
$\kappa_{2A} = 53,5°$	0,10799	$\frac{A+D}{2} - D = 0,00539$	0,0539	0,23474	$\frac{A+D}{2} - D = 0,02280$	0,1140
$\kappa_{2B} = 57,5°$	0,10680	$B - \frac{B+E}{2} = 0,00436$	0,0436	0,22920	$B - \frac{B+E}{2} = 0,01831$	0,0916
$\kappa_{2Cp} = 63,0°$	0,10536	$C_p - C_d = 0,01021$	0,1021	0,22269	$C_p - C_d = 0,04119$	0,2060
$\kappa_{2Cd} = 63,0°$	0,09515			0,18150		
$\kappa_{2D} = 74,0°$	0,09721	$\frac{\Delta\lambda_R}{\lambda_R} \approx 10\%$	$\frac{\Delta\lambda_N}{\lambda_N} \approx 10\%$	0,18915	$\frac{\Delta\lambda_R}{\lambda_R} \approx 20\%$	$\frac{\Delta\lambda_N}{\lambda_N} \approx 20\%$
$\kappa_{2E} = 79,0°$	0,09809			0,19259		

Tabelle mit den Werten für die Übertragungsfaktoren der Radpaarung aus Bild 2.37 bzw. 2.40 an den Eingriffspunkten A, B, C, D, E. Es bedeutet in der Tabelle $A = \lambda_{RA}$, $B = \lambda_{RB}$, $C_p = \lambda_{RC\,progr}$, $C_d = \lambda_{RC\,degr}$ usw.

Die in der Praxis eingesetzten Radpaarungen arbeiten in der Regel mit Ölschmierung, so daß sowohl der Reibwert μ als auch die Ungleichförmigkeit von Abtriebs- bzw. Antriebskraft viel kleiner werden. Allerdings macht sich diese Ungleichförmigkeit der An- bzw. Abtriebskraft im Geräusch bemerkbar. Bei Verwendung von Schrägverzahnungen gleichen sich die ungleichförmigen An- bzw. Abtriebskräfte in gewissen Grenzen aus, weil der Eingriff in jeder Stirnebene phasenverschoben erfolgt. Der Grad des Ausgleichs hängt von der günstigen Größe und Aufteilung von Profil- und Sprungüberdeckung ab.

2.12 Berechnung der geometrischen Größen für geradverzahnte Stirnräder

2.12.1 Lösung der Aufgabenstellung 2-1

Aufgabenstellung 2-1 siehe Abschnitt 2.2.5, S. 43 (Zahnkopf-, Zahnfußdicke)

1. Die Evolventenflanken werden bei Zähnezahlen $z < 7$ am Fußende merklich zerstört (siehe Bild 2.45).

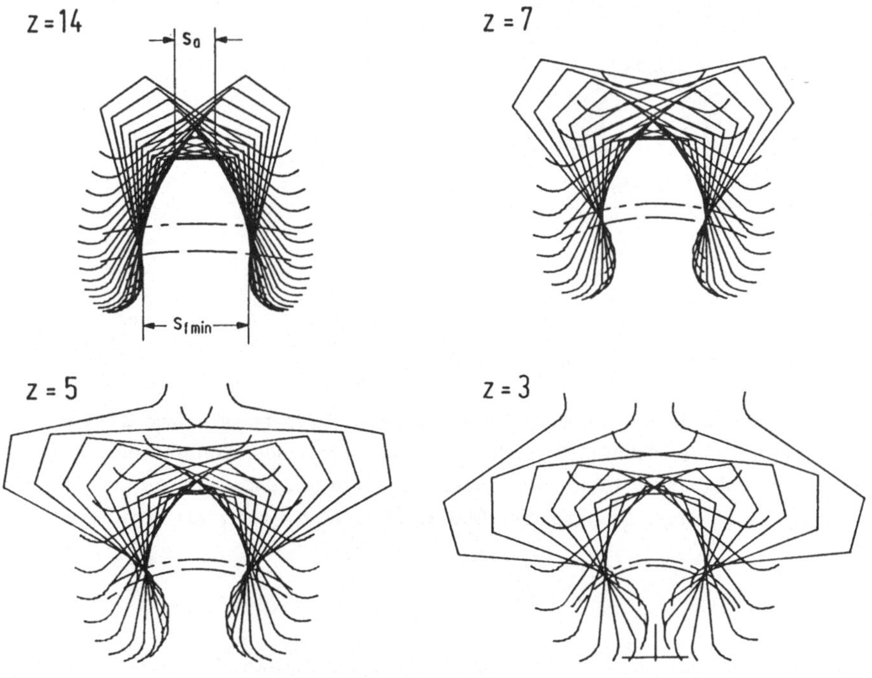

Bild 2.45. Mit Hilfe der Zeichenschablone von Bild 2.9 gezeichnete Polygonprofile von Zahnrädern mit verschiedenen Zähnezahlen zur Bestimmung der verbleibenden minimalen Zahndicken im Fußbereich $s_{f\,min}$ und am Zahnkopf s_a. Bezugsprofil (Bild 2.11) nach DIN 867 [2/3], Profilverschiebungsfaktor $x = 0$.

2. Die minimalen Zahndicken sind s_{min} = 32 mm, 24 mm, 17,5 mm, 4 mm. Sie nehmen mit sinkender Zähnezahl infolge des auftretenden Unterschnitts ab.

3. Die Zahnkopfdicke des erzeugenden Bezugsprofils ist s_{aP} = 20·(π/2-tan 20°) = 16,86 mm. Aus Bild 2.45 können die Zahnkopfdicken direkt abgegriffen werden, wobei der Zeichnungs-Maßstab zu berücksichtigen ist. Es ergibt sich für z = 14;7;5;3, s_a = 13 mm, 10 mm, 9 mm, 4,5 mm, s_a/s_{aP} = 0,77;0,59;0,53;0,27.

2.12.2 Lösung der Aufgabenstellung 2-2

Aufgabenstellung 2-2 siehe Abschnitt 2.4.6, S. 57 (Zahnhöhen, Zahnfußradius)

1. Die nutzbare Zahnflanke wird am Fußende durch den Beginn des Unterschnitts begrenzt. Aus Bild 2.46 folgt, daß h_{Ff} = 2,5 mm ist. Die Fuß-Formhöhe des zugrunde gelegten Bezugsprofils beträgt h_{FfP} = h^*_{FfP}·m = 1,0·20 = 20 mm. Die Fuß-Formhöhe und damit die nutzbare Zahnfußhöhe des Rades ist achtmal kleiner als die Fuß-Formhöhe h_{FfP} des Bezugsprofils.

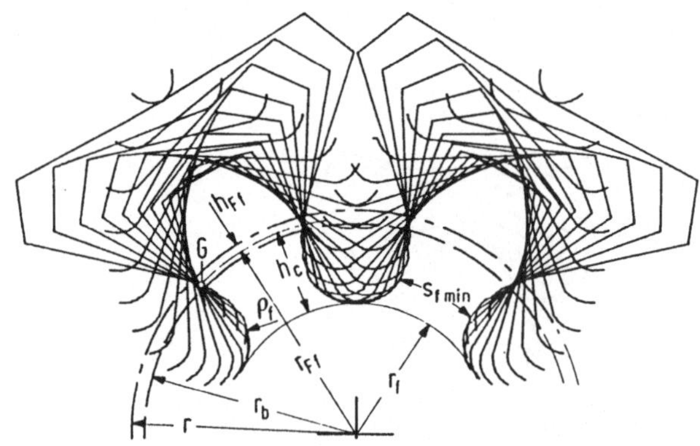

Bild 2.46. Mit Hilfe der Zeichenschablone von Bild 2.9 gezeichnetes Polygonprofil eines Zahnrades mit z = 6 Zähnen zur Ermittlung der Zahnfuß-Formhöhe h_{Ff}, des beginnenden Unterschnitts am Punkt G, der Zahnhöhe des Fußgrundes h_c, des kleinsten Fußrundungshalbmessers ρ_F und der kleinsten Zahndicke s_{fmin} am Zahnfuß. Bezugsprofil (Bild 2.11) nach DIN 867 [2/3], Profilverbungsfaktor x = 0.

2. Es tritt Unterschnitt ein, da ein Teil der erzeugten Flanke durch den austauchenden Fräserkopf weggeschnitten wird, siehe Bild 2.46.

3. Aus Bild 2.46 entnimmt man die Höhe des Zahnlückengrundes mit h_c = 23 mm. Da das Kopfspiel mit c = c*·m = 0,25·20 = 5 mm ist, kann der Gegenzahn um den Betrag h_c - c = 23 - 5 = 18 mm eintauchen.

4. Der kleinste Fußrundungshalbmesser beträgt ρ_F = 15 mm.

5. Die kleinste Zahndicke am Fuß beträgt $s_{f\,min}$ = 21,5 mm.

2.12.3 Lösung der Aufgabenstellung 2-3

Aufgabenstellung 2-3 siehe Abschnitt 2.5.4, S. 70 (Verschiedene Bezugsprofile, xm)

1. Mit den Gl.(2.21;2.21-1;2.13) ergeben sich Modul m und Teilung p des alten
   Zahnrades in metrischen Maßen zu m = w/P [mm] = (25,4/40) mm = 0,635 mm;
   p = $\pi \cdot$m = $\pi \cdot$0,635 mm = 1,995 mm.

   Nach DIN 780 [2/2], siehe Bild 8.1, sind als nächstliegende genormte Moduln
   die Werte m = 0,6 mm der Reihe I oder m = 0,65 mm der Reihe II zu wählen.
   Obwohl Reihe I bevorzugt werden soll, wird wegen besserer Übereinstimmung
   der Teilung m = 0,65 mm gewählt. Es ist dann die Teilung mit Gl.(2.13)
   p = $\pi \cdot$0,65 mm = 2,042 mm, der Profilverschiebungsfaktor x = (x/P)$\cdot$P =
   0,0125 Zoll$\cdot$40 Zoll^{-1} = 0,5, die Profilverschiebung x$\cdot$m = 0,5$\cdot$0,65 mm =
   0,325 mm.

2. Kleinster und größter Profilverschiebungsfaktor werden durch Unterschnitt-
   und Spitzengrenze bestimmt. Für die beiden genormten Bezugsprofile [2/3;2/5],
   siehe auch Bilder 2.11 und 2.12, erhält man mit Gl.(2.28) x_u = x_{min} =
   h^*_{FfP} - (1/2)$\cdot$z$\cdot$sin$^2 \alpha_P$ für DIN 867 den Wert x_{min} = 1 - 1/2$\cdot$25$\cdot$sin^{2}20° = -0,462,
   für DIN 58400 x_{min} = 1,1 - 1/2$\cdot$25$\cdot$sin^2 20° = -0,362.

   Die Spitzengrenze kann aus der Gl.(2.40)

$$x_S = x_{max} = \frac{z \cdot (inv\alpha_a - inv\alpha_P) - \frac{\pi}{2}}{2 \cdot tan\alpha_P}$$

   und der Gl.(2.41), wobei hier k* = 0 sei,

$$cos\alpha_a = \frac{z \cdot cos\,\alpha_P}{z + 2x_S + 2h^*_{aP} + 2k^*}$$

   durch iteratives Vorgehen berechnet werden. Die Werte sind für DIN 867
   x_S = 1,432, für DIN 58 400 x_S = 1,207. Die Werte können auch den Bildern
   2.19, 4.9 und 8.2 bis 8.5 entnommen werden. Für DIN 867 ist der Bereich
   zulässiger Profilverschiebung viel größer als für DIN 58 400.

3. Für das Zahnrad mit dem Profilwinkel des Bezugsprofils α_P = 15° erhält man
   für x_{min} = 1 - (1/2)$\cdot$25$\cdot$sin^2 15° = 0,163 und mit Gl.(2.40;2.41) nach Iteration x_{max} = 1,47. Die Unterschnittgrenze tritt früher, die Spitzengrenze später auf. In Kapitel 8 wird ein Struktogramm für die Programmierung der beiden Gl.(2.40) und (2.41) angegeben für die Durchführung des Iterationspro-
   zesses im Rechner.

2.12.4 Lösung der Aufgabenstellung 2-4

Aufgabenstellung 2-4 siehe Abschnitt 2.6.4, S. 80 (Achsabstand, Profilverschiebung)

1. Der Null-Achsabstand a_d ist mit Gl.(2.43)

$$a_d = \frac{18 + 55}{2} \cdot 1,25 = 45,625 \text{ mm},$$

der Betriebseingriffswinkel α_w mit Gl.(2.49)

$$\text{inv}\,\alpha_w = \frac{0 + 0}{18 + 55} \cdot 2 \cdot \tan 20° + \text{inv}\,\alpha_p,$$

weil $x_1 + x_2 = 0$ ist, wird $\text{inv}\,\alpha_w = \text{inv}\,\alpha_p$, also $\alpha_w = \alpha_p$. Somit ist auch der (Betriebs-) Achsabstand mit Gl.(2.48) $a = a_d$ gleich dem Nullachsabstand. Da $x_1 + x_2 = 0$ ist, ist auch keine Kopfhöhenänderung erforderlich, $k = 0$.

2. Damit der Achsabstand $a = a_d$ erhalten bleibt, muß $\alpha_w = \alpha_p$ sein. Das ist nach Gl.(2.49) nur der Fall, wenn $z_1 + z_2 \rightarrow \infty$ geht (also Zahnstangen vorliegen) oder wenn $x_1 + x_2 = 0$ ist. Wählt man $x_1 = +0,5$, muß dann $x_2 = -0,5$ werden.

3. Mit der Korhammerschen Beziehung, Gl.(2.49) und den gegebenen Größen wird der Profilverschiebungsfaktor

$$x_2 = \frac{z_1 + z_2}{2\tan\alpha_p} \, (\text{inv}\,\alpha_w - \text{inv}\,\alpha_p) - x_1.$$

Mit dem Betriebseingriffswinkel aus Gl.(2.48) erhält man

$$a_d \cdot \cos\alpha_p = a \cdot \cos\alpha_w$$

$$\cos\alpha_w = \frac{a_d}{a} \cos\alpha_p$$

und damit

$$\alpha_w = \text{arc}\cos\left(\frac{a_d}{a}\cos\alpha_p\right) = \text{arc}\cos\left(\frac{45,625}{46}\cos 20°\right) = 21,2462°.$$

Es ist dann

$$x_2 = \frac{18 + 55}{2 \cdot \tan 20°} \, (\text{inv}\,21,2462° + \text{inv}\,20°) - 0,5 = -0,191.$$

Da $x_1 + x_2 \neq 0$, ist eine Kopfhöhenänderung erforderlich. Sie beträgt mit Gl. (2.59) $k^* \cdot m = y \cdot m - (x_1 + x_2) \cdot m$ und mit Gl.(2.51) $y \cdot m = a - a_d$ ergibt sich $k^* \cdot m = a - a_d - (x_1 + x_2) \cdot m = 46,00 - 45,625 - (0,5 - 0,191) \cdot 1,25 = -0,011$ mm; $k^* = -0,009$.

2.12.5 Lösung der Aufgabenstellung 2-5

Aufgabenstellung 2-5 siehe Abschnitt 2.9.3, S. 87 (Eingriffsstrecke, Eingriffswinkel)

Grundkreise zeichnen im Abstand a mit den Mittelpunkten 0_1 und 0_2. Mit den Gl. (2.3-1;2.15) erhält man

$$r_{b1} = \frac{z_1 \cdot m}{2} \cdot \cos \alpha_P = \frac{20}{2} \cdot 0,8 \cdot \cos 20° = 7,52 \text{ mm}$$

und

$$r_{b2} = \frac{90}{2} \cdot 0,8 \cdot \cos 20° = 33,83 \text{ mm}.$$

Die Tangente an die Grundkreise (Bild 2.47) - Berührung an den Punkten T_1 und T_2 - ergibt die Eingriffslinie und schneidet die Mittenlinie $0_1 0_2$ im Wälzpunkt C. Der Betriebseingriffswinkel ist

$$\alpha_w = \measuredangle C0_1 T_1 = \measuredangle C0_2 T_2.$$

Die Kopfkreise werden mit Gl.(2.36)

$$r_a = \left(\frac{z}{2} + x + h_{aP}^* + k^* \right) \cdot m$$

und ergeben sich zu

$$r_{a1} = \left(\frac{20}{2} + 0,2 + 1,1 + 0 \right) \cdot 0,8 = 9,04 \text{ mm},$$

$$r_{a2} = \left(\frac{90}{2} - 0,2 + 1,1 + 0 \right) \cdot 0,8 = 36,72 \text{ mm},$$

wenn man vorläufig mit $k^* = 0$ rechnet.

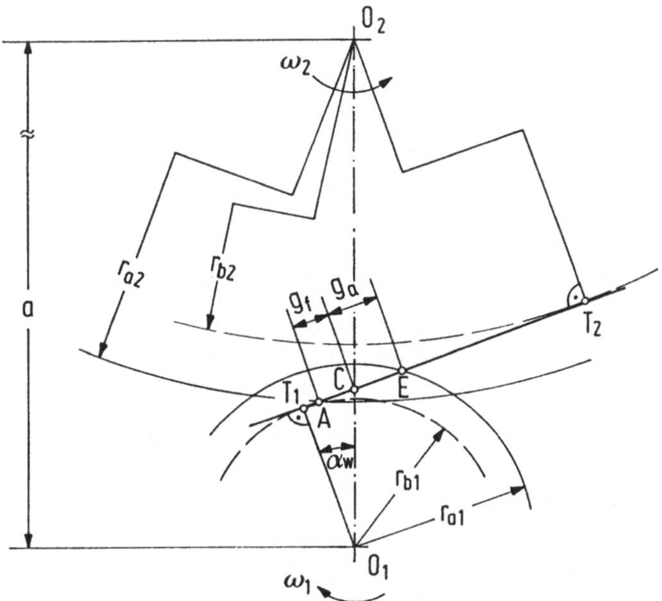

Bild 2.47. Zeichnerische Ermittlung des Betriebseingriffswinkels α_w sowie der Ein- und Austritt-Eingriffsstrecken g_f, g_a für eine Zahnradpaarung mit den gegebenen Größen z_1, z_2, x_1, x_2, a, m und dem Bezugsprofil (zu Übung 2-5).

Die Eintritt-Eingriffsstrecke kann man abgreifen, sie ist

$$g_f = \overline{AG} = 1,96 \ \text{mm},$$

die Austritt-Eingriffsstrecke ist

$$g_a = \overline{CE} = 2,28 \ \text{mm}.$$

Die Profilüberdeckung ist mit Gl.(2.72)

$$\varepsilon_\alpha = \frac{g_f + g_a}{p_e}$$

und die Eingriffsteilung mit Gl.(2.80)

$$p_e = \pi \cdot m \cos \alpha_P.$$

Man erhält

$$\varepsilon_\alpha = \frac{1,96 + 2,28}{\pi \cdot 0,8 \cdot \cos 20°} = 1,80.$$

2.12.6 Lösung der Aufgabenstellung 2-6

Aufgabenstellung 2-6 siehe Abschnitt 2.10.3, S. 99 (Berechnung wichtiger Verzahnungsgrößen)

1. V-Null-Radpaarung

Verzahnungsgrößen	Fall I: $x_1 = x_u$	Fall II: $x_1 = 0$	Fall III: $x_1 = x_{sa}$
Zähnezahl	gegeben		
	$z_1 = 24$ $z_2 = 53$	$z_1 = 24$ $z_2 = 53$	$z_1 = 24$ $z_2 = 53$
Modul	gegeben		
	$m = 1,000$ mm	$m = 1,000$ mm	$m = 1,000$ mm
Profilwinkel	nach DIN 867		
	$\alpha_P = 20°$	$\alpha_P = 20°$	$\alpha_P = 20°$
Zahnkopfhöhenfaktor	nach DIN 867		
	$h^*_{aP1} = 1,000$ $h^*_{aP2} = 1,000$	$h^*_{aP1} = 1,000$ $h^*_{aP2} = 1,000$	$h^*_{aP1} = 1,000$ $h^*_{aP2} = 1,000$
ZahnfußFormfaktor	nach DIN 867		
	$h^*_{FfP1} = 1,000$ $h^*_{FfP2} = 1,000$	$h^*_{FfP1} = 1,000$ $h^*_{FfP2} = 1,000$	$h^*_{NfP1} = 1,000$ $h^*_{NfP2} = 1,000$
Kopfspielfaktor	nach DIN 867		
	$c^*_{P1} = 0,250$ $c^*_{P2} = 0,250$	$c^*_{P1} = 0,250$ $c^*_{P2} = 0,250$	$c^*_{P1} = 0,250$ $c^*_{P2} = 0,250$

Berechnung wichtiger Verzahnungsgrößen (Fortsetzung) V-Null-Radpaarung

Übersetzung, Zähnezahlverhältnis	$i = -\dfrac{z_b}{z_a}$; $u = \dfrac{z_2}{z_1}$ (1.9) (1.10)		
	$i = -\left(\dfrac{53}{24}\right) = -2{,}208$ $u = 2{,}208$	$i = -2{,}208$ $u = 2{,}208$	$i = -2{,}208$ $u = 2{,}208$
Teilkreisradius	$r = \dfrac{z}{2} \cdot m$ (2.15)		
	$r_1 = \dfrac{24}{2} \cdot 1{,}0 = 12{,}0$ mm $r_2 = \dfrac{53}{2} \cdot 1{,}0 = 26{,}5$ mm	$r_1 = 12{,}0$ mm $r_2 = 26{,}5$ mm	$r_1 = 12{,}0$ mm $r_2 = 26{,}5$ mm
Grundkreisradius	$r_b = \dfrac{z}{2} \cdot m \cdot \cos\alpha_p$ (2.3-1) (2.15)		
	$r_{b1} = \dfrac{24}{2} \cdot 1{,}0 \cdot \cos 20° = 11{,}276$ mm $r_{b2} = \dfrac{53}{2} \cdot 1{,}0 \cdot \cos 20° = 24{,}902$ mm	$r_{b1} = 11{,}276$ mm $r_{b2} = 24{,}902$ mm	$r_{b1} = 11{,}276$ mm $r_{b2} = 24{,}902$ mm
Unterschnittgrenze	$x_u = h^*_{FfP} - \dfrac{1}{2} \cdot z \cdot \sin^2\alpha_p < x$ (2.28)		
	$x_{u1} = -0{,}404$ $x_{u2} = -2{,}100$	$x_{u1} = -0{,}404$ $x_{u2} = -2{,}100$	$x_{u1} = -0{,}404$ $x_{u2} = -2{,}100$
Grenze für MindestZahnkopfstärke	$x_{sa} > x$ aus Diagramm, Bilder 8.4;8.5		
	$x_{sa1} = 1{,}09$ $x_{sa2} = 1{,}91$	$x_{sa1} = 1{,}09$ $x_{sa2} = 1{,}91$	$x_{sa1} = 1{,}09$ $x_{sa2} = 1{,}91$

Berechnung wichtiger Verzahnungsgrößen (Fortsetzung)   V-Null-Radpaarung

Null-Achs-abstand	$a_d = \dfrac{z_1+z_2}{2} \cdot m$		(2.43)
	$a_d = \dfrac{24+53}{2} \cdot 1,0 = 38,500$ mm	$a_d = 38,500$ mm	$a_d = 38,500$ mm
Profilver-schiebungs-faktor	x_1 gegeben		
	$x_1 = -0,400$	$x_1 = 0$	$x_1 = 1,09$
	$x_2 = -x_1$ (V-Null-Verzahnung)		
	$x_2 = +0,400$	$x_2 = 0$	$x_2 = -1,09$
Betriebs-eingriffs-winkel	$\mathrm{inv}\alpha_w = \dfrac{x_1+x_2}{z_1+z_2} \cdot 2 \cdot \tan\alpha_p + \mathrm{inv}\alpha_p$		(2.49)
	$\mathrm{inv}\alpha_w = \dfrac{-0,400+0,400}{24+53} \cdot 2 \cdot \tan 20° + \mathrm{inv} 20°$ $\alpha_w = \alpha_p = 20°$	$\alpha_w = 20°$	$\alpha_w = 20°$
Betriebs-Achsabstand	$a = a_d \cdot \dfrac{\cos\alpha_p}{\cos\alpha_w}$		(2.48-1)
	$a = 38,500 \cdot \dfrac{\cos 20°}{\cos 20°} = 38,500$ mm	$a = 38,500$ mm	$a = 38,500$ mm
Verschiebungs-Achsabstand	$a_v = a_d + (x_1 + x_2) \cdot m$		(2.45) (2.43)
	$a_v = 38,500 + (-0,400 + 0,400) \cdot 1,0 = 38,500$ mm	$a_v = 38,500$ mm	$a_v = 38,500$ mm
Kopfhöhen-änderungs-faktor	$k^* = \dfrac{a - a_v}{m}$		(2.59)
	$k^* = \dfrac{38,500 - 38,500}{1,0} = 0$	$k^* = 0$	$k^* = 0$

Berechnung wichtiger Verzahnungsgrößen (Fortsetzung)　　　V-Null-Radpaarung

Kopfkreis-radius	$r_a = r + (x + h^*_{aP} + k^*) \cdot m$ (2.35)		
	$r_{a1} = 12{,}000 + (-0{,}400 + 1 + 0) \cdot 1{,}0 = 12{,}600$ mm	$r_{a1} = 13{,}000$ mm	$r_{a1} = 14{,}090$ mm
	$r_{a2} = 26{,}500 + (0{,}400 + 1 + 0) \cdot 1{,}0 = 27{,}900$ mm	$r_{a2} = 27{,}500$ mm	$r_{a2} = 26{,}410$ mm
Fußkreis-radius	$r_f = r - (h^*_{FfP} - x + c^*_P) \cdot m$ (2.36)		
	$r_{f1} = 12{,}000 - (1{,}000 + 0{,}400 + 0{,}250) \cdot 1{,}000 = 10{,}350$ mm	$r_{f1} = 10{,}750$ mm	$r_{f1} = 11{,}840$ mm
	$r_{f2} = 26{,}500 - (1{,}000 - 0{,}400 + 0{,}250) \cdot 1{,}000 = 25{,}650$ mm	$r_{f2} = 25{,}250$ mm	$r_{f2} = 24{,}160$ mm
Wälzkreis-radius	$r_w = \dfrac{r_b}{\cos\alpha_w}$ (2.3-2)		
	$r_{w1} = \dfrac{11{,}276}{\cos 20°} = 12{,}000$ mm	$r_{w1} = 12{,}000$ mm	$r_{w1} = 12{,}000$ mm
	$r_{w2} = \dfrac{24{,}902}{\cos 20°} = 26{,}500$ mm	$r_{w2} = 26{,}500$ mm	$r_{w2} = 26{,}500$ mm
Zahndicke am Wälzkreis	$s_w = \left(\dfrac{m}{2 \cdot r} \cdot (\dfrac{\pi}{2} + 2 \cdot x \cdot \tan\alpha_P) + \mathrm{inv}\alpha_P - \mathrm{inv}\alpha_w \right) \cdot 2 \cdot r_w$ (2.34)		
	$s_{w1} = \left(\dfrac{1{,}000}{2 \cdot 12} \cdot (\dfrac{\pi}{2} - 2 \cdot 0{,}400 \cdot \tan 20°) + \mathrm{inv}20° - \mathrm{inv}20° \right) \cdot 2 \cdot 12$ $= 1{,}280$ mm	$s_{w1} = 1{,}571$ mm	$s_{w1} = 2{,}364$ mm
	$s_{w2} = \left(\dfrac{1{,}000}{2 \cdot 26{,}500} \cdot (\dfrac{\pi}{2} + 2 \cdot 0{,}400 \cdot \tan 20°) + \mathrm{inv}20° - \mathrm{inv}20° \right) \cdot 2 \cdot 26{,}500$ $= 1{,}862$ mm	$s_{w2} = 1{,}571$ mm	$s_{w2} = 0{,}777$ mm
Teilkreis-teilung	$p = \pi \cdot m$ (2.13)		
	$p = \pi \cdot 1{,}000 = 3{,}142$ mm	$p = 3{,}142$ mm	$p = 3{,}142$ mm
Eingriffs-teilung	$p_e = \pi \cdot m \cdot \cos\alpha_P$ (2.71)		
	$p_e = \pi \cdot 1{,}000 \cdot \cos 20° \cong 2{,}952$ mm	$p_e = 2{,}952$ mm	$p_e = 2{,}952$ mm

Berechnung wichtiger Verzahnungsgrößen (Fortsetzung)   V-Null-Radpaarung

Austritt-Eingriffs-strecke	$g_a = \overline{CE} = \sqrt{r_{Na1}^2 - r_{b1}^2} - r_{b1}\cdot\tan\alpha_w$		(2.76)
	$g_a = \sqrt{12{,}600^2 - 11{,}276^2} - 11{,}276\tan20° = 1{,}518$ mm	$g_a = 2{,}365$ mm	$g_a = 4{,}345$ mm
Eintritt-Eingriffs-strecke	$g_f = \overline{AC} = \sqrt{r_{Na2}^2 - r_{b2}^2} - r_{b2}\cdot\tan\alpha_w$		(2.75)
	$g_f = \sqrt{27{,}900^2 - 24{,}902^2} - 24{,}902\tan20° = 3{,}518$ mm	$g_f = 2{,}605$ mm	$g_f = -0{,}267$ mm
Profil-überdeckung	$\varepsilon_\alpha = \dfrac{g_f + g_a}{Pe} > 1$		(2.81)
	$\varepsilon_\alpha = \dfrac{3{,}518+1{,}518}{2{,}952} = 1{,}706$ ausreichend	$\varepsilon_\alpha = 1{,}683$ ausreichend	$\varepsilon_\alpha = 1{,}381$ ausreichend
Geometrie-bedingung	$\overline{T_1C} = r_{b1}\cdot\tan\alpha_w > g_f$		(2.78)
	$\overline{T_1C} = 11{,}276\cdot\tan20° = 4{,}104$ mm erfüllt	$\overline{T_1C} = 4{,}104$ mm erfüllt	$\overline{T_1C} = 4{,}104$ mm erfüllt
	$\overline{T_2C} = r_{b2}\cdot\tan\alpha_w > g_a$		(2.79)
	$\overline{T_2C} = 24{,}902\cdot\tan20° = 9{,}064$ mm erfüllt	$\overline{T_2C} = 9{,}064$ mm erfüllt	$\overline{T_2C} = 9{,}064$ mm erfüllt

2. V-Radpaarung   **Berechnung wichtiger Verzahnungsgrößen**

Verzahnungs-größen	Gleichungen	
Zähnezahl	gegeben	
	$z_1 = z_a = 24$ $z_2 = z_b = 53$	
Modul	gegeben	
	$m = 1{,}000$ mm	
Profilwinkel	nach DIN 867	
	$\alpha_P = 20°$	
Zahnkopf-höhenfaktor	nach DIN 867	
	$h^*_{aP1} = 1{,}000$ $h^*_{aP2} = 1{,}000$	
Zahnfuß-Formfaktor	nach DIN 867	
	$h^*_{FfP1} = 1{,}000$ $h^*_{FfP2} = 1{,}000$	
Kopfspiel-faktor	nach DIN 867	
	$c^*_P = 0{,}250$	
Übersetzung	$i = -\dfrac{z_b}{z_a}$ $i = -\left(\dfrac{53}{24}\right) = -2{,}208$	(1.9)
Zähnezahl-verhältnis	$u = \dfrac{z_2}{z_1}$ $u = 2{,}208$	(1.10)
Teilkreis-radius	$r = \dfrac{z}{2}\cdot m$ $r_1 = \dfrac{24}{2}\cdot 1{,}000 = 12{,}000$ mm $r_2 = \dfrac{53}{2}\cdot 1{,}000 = 26{,}500$ mm	(2.15)

Berechnung wichtiger Verzahnungsgrößen (Fortsetzung)   V-Radpaarung

Grundkreis-radius	$r_b = \dfrac{z}{2}\cdot m\cdot\cos\alpha_p$	(2.3-1) (2.15)
	$r_{b1} = \dfrac{24}{2}\cdot 1,000\cdot\cos 20° = 11,276\ \text{mm}$ $r_{b2} = \dfrac{53}{2}\cdot 1,000\cdot\cos 20° = 24,902\ \text{mm}$	
Null-Achs-abstand	$a_d = \dfrac{z_1+z_2}{2}\cdot m$	(2.43)
	$a_d = \dfrac{24+53}{2}\cdot 1,000 = 38,500\ \text{mm}$	
Betriebs-achsabstand	gegeben	
	$a = 40,000\ \text{mm}$	
Betriebsein-griffswinkel	$\alpha_w = \text{arc}\cos\left(\dfrac{a_d}{a}\cdot\cos\alpha_p\right)$	(2.48-1)
	$\alpha_w = \text{arc}\cos\left(\dfrac{38,5}{40}\cdot\cos 20°\right) = 25,25°$	
Profilver-schiebungs-faktor	$x_1 = $ gegeben	
	$x_1 = 0,600$	
	$x_2 = \dfrac{z_1+z_2}{2\cdot\tan\alpha_p}\,(\text{inv}\alpha_w - \text{inv}\alpha_p) - x_1$	(2.49)
	$x_2 = \dfrac{24+53}{2\cdot\tan 20°}\,(\text{inv}25,250° - \text{inv}20°) - 0,600 = 1,096$	
Unterschnitt-grenze	$x_u = h^*_{FfP} - \dfrac{1}{2}\cdot z\cdot\sin^2\alpha_p < x$	(2.28)
	$x_{u1} = 1 - \dfrac{1}{2}\cdot 24\cdot\sin^2 20° = -0,404 \quad$ erfüllt $x_{u2} = 1 - \dfrac{1}{2}\cdot 53\cdot\sin^2 20° = -2,100 \quad$ erfüllt	
Grenze für Mindest-Zahn-kopfstärke	$x_{sa} > x_u \quad$ aus den Bildern 8.4;8.5	
	$x_{sa1} = 1,09 \quad$ erfüllt $x_{sa2} = 1,91 \quad$ erfüllt	
Verschiebungs-achsabstand	$a_v = a_d + (x_1 + x_2)\cdot m$	(2.45) (2.43)
	$a_v = 38,500 + (0,600 + 1,096)\cdot 1,000 = 40,196\ \text{mm}$	
Kopfhöhen-änderungs-faktor	$k^* = \dfrac{a - a_v}{m}$	(2.59)
	$k^* = \dfrac{40,000 - 40,196}{1,000} = -0,196$	

Berechnung wichtiger Verzahnungsgrößen (Fortsetzung)   V-Radpaarung

Kopfkreis- radius	$r_a = r + (x + h^*_{aP} + k^*) \cdot m$	(2.35)
	$r_{a1} = 12{,}000 + (0{,}600 + 1{,}000 - 0{,}196) \cdot 1{,}000 = 13{,}404$ mm $r_{a2} = 26{,}500 + (1{,}096 + 1{,}000 - 0{,}196) \cdot 1{,}000 = 28{,}400$ mm	
Fußkreis- radius	$r_f = r - (h^*_{fP} - x + c^*_P) \cdot m$	(2.36)
	$r_{f1} = 12{,}000 - (1{,}000 - 0{,}600 + 0{,}250) \cdot 1{,}000 = 11{,}350$ mm $r_{f2} = 26{,}500 - (1{,}000 - 1{,}096 + 0{,}250) \cdot 1{,}000 = 26{,}346$ mm	
Wälzkreis- radius	$r_w = \dfrac{r_b}{\cos\alpha_w}$	(2.3-2)
	$r_{w1} = \dfrac{11{,}276}{\cos 25{,}250°} = 12{,}468$ mm $r_{w2} = \dfrac{24{,}902}{\cos 25{,}250°} = 27{,}533$ mm	
Zahndicke am Wälzkreis	$s_w = 2 \cdot r_w\left(\dfrac{m}{2 \cdot r} \cdot (\dfrac{\pi}{2} + 2x \cdot \tan\alpha_P) + \mathrm{inv}\alpha_P - \mathrm{inv}\alpha_w\right)$	(2.34)
	$s_{w1} = 2 \cdot 12{,}468\left(\dfrac{1{,}000}{2 \cdot 12{,}000}\ (\dfrac{\pi}{2} + 2 \cdot 0{,}600\ \tan 20°) + \mathrm{inv}20° - \mathrm{inv}25{,}250°\right)$ $\quad = 1{,}686$ mm $s_{w2} = 2 \cdot 27{,}533\left(\dfrac{1{,}000}{2 \cdot 26{,}500}\ (\dfrac{\pi}{2} + 2 \cdot 1{,}096\ \tan 20°) + \mathrm{inv}20° - \mathrm{inv}25{,}250°\right)$ $\quad = 1{,}578$ mm	
Teilkreis- teilung	$p = \pi \cdot m$	(2.13)
	$p = \pi \cdot 1{,}000 = 3{,}142$ mm	
Eingriffs- teilung	$p_e = \pi \cdot m \cdot \cos\alpha_P$	(2.71)
	$p_e = \pi \cdot 1{,}000 \cdot \cos 20° = 2{,}952$ mm	
Eintritt- Eingriffs- strecke	$g_f = \overline{AC} = \sqrt{r^2_{Na2} - r^2_{b2}} - r_{b2} \cdot \tan\alpha_w$	(2.75)
	$g_f = \sqrt{28{,}400^2 - 24{,}902^2} - 24{,}902 \cdot \tan 25{,}250° = 1{,}910$ mm	
Austritt- Eingriffs- strecke	$g_a = \overline{CE} = \sqrt{r^2_{Na1} - r^2_{b1}} - r_{b1} \cdot \tan\alpha_w$	(2.76)
	$g_a = \sqrt{13{,}404^2 - 11{,}276^2} - 11{,}276 \cdot \tan 25{,}250° = 1{,}928$ mm	

Berechnung wichtiger Verzahnungsgrößen (Fortsetzung)   V-Radpaarung

Profil- überdeckung	$\varepsilon_\alpha = \dfrac{g_f + g_a}{p_e} > 1$	(2.81)
	$\varepsilon_\alpha = \dfrac{1,910 + 1,928}{2,952} = 1,300 \quad$ ausreichend	
Geometrie- bedingung	$\overline{T_1 C} = r_{b1} \cdot \tan\alpha_w > g_f$	(2.78)
	$\overline{T_1 C} = 11,276 \cdot \tan 25,250° = \ 5,318 \ \text{mm} \ > g_f \quad$ erfüllt	
	$\overline{T_2 C} = r_{b2} \cdot \tan\alpha_w > g_a$	(2.79)
	$\overline{T_2 C} = 24,902 \cdot \tan 25,250° = 11,745 \ \text{mm} > g_a \quad$ erfüllt	

2.13 Herleitung der Korhammerschen Beziehung

Sie lautet nach Gl.(2.49)

$$\operatorname{inv}\alpha_w = \frac{x_1 + x_2}{z_1 + z_2} \cdot 2 \cdot \tan\alpha + \operatorname{inv}\alpha \ . \qquad (2.49)$$

Am Wälzkreis (r_w), Bild 2.30, ist die Zahndicke des Ritzels s_{w1} gleich der Lückenweite des Rades e_{w2}, Gl.(2.62), und die Zahndicke des Rades s_{w2} gleich der Lückenweite des Ritzels s_{w1}, Gl.(2.63). Da nun Zahndicke und Lückenweite die Teilung des jeweiligen Kreises, also auch des Wälzkreises, ergeben, Gl.(2.64), ist im speziellen Fall des Wälzkreises die Zahndicke von Ritzel und Rad gleich der Wälzkreisteilung p_w, die für Ritzel und Rad gleich ist, also

$$p_w = s_{w1} + s_{w2} \ . \qquad (2.64)$$

Mit Gl.(2.16) ist allgemein die Teilung Umfang durch Zähnezahl, daher im Fall des Wälzkreises

$$p_w = \frac{2\pi r_w}{z} = \frac{2\pi r_{w1}}{z_1} = \frac{2\pi r_{w2}}{z_2} \ . \qquad (2.16\text{-}1)$$

Aus Gl.(2.64) und (2.16-1) erhält man

$$s_{w1} + s_{w2} = \frac{2\pi r_w}{z} \qquad (2.122)$$

und mit Gl.(2.31) - auf den Wälzkreis bezogen -

$$\frac{s_w}{2\,r_w} + \operatorname{inv}\alpha_w = \frac{s}{2r} + \operatorname{inv}\alpha \ . \qquad (2.31\text{-}2)$$

Die beiden letzten Gleichungen stellen den geometrischen Ansatz dar und ergeben

$$s_w = 2r_w \left(\frac{s}{2r} + \mathrm{inv}\,\alpha - \mathrm{inv}\,\alpha_w \right) , \qquad\qquad (2.31\text{-}3)$$

Aus Gl.(2.64;2.122;2.31-3) leitet man her

$$2r_{w1} \left(\frac{s_1}{2r_1} + \mathrm{inv}\,\alpha_1 - \mathrm{inv}\alpha_{w1} \right) + 2r_{w2} \left(\frac{s_2}{2r_2} + \mathrm{inv}\,\alpha_2 - \mathrm{inv}\alpha_{w2} \right) = \frac{2\,\pi\,r_{w1}}{z_1} \cdot \quad (2.123)$$

Da die Eingriffswinkel für beide Räder gleich sind

$$\alpha_1 = \alpha_2 \qquad\qquad (2.124)$$

$$\alpha_{w1} = \alpha_{w2} \qquad\qquad (2.124\text{-}1)$$

erhält man mit Division durch $2 \cdot r_{w1}$

$$\frac{s_1}{2r_1} + \mathrm{inv}\,\alpha - \mathrm{inv}\,\alpha_w + \frac{2r_{w2}}{2r_{w1}} \left(\frac{s_2}{2r_2} + \mathrm{inv}\,\alpha - \mathrm{inv}\,\alpha_w \right) = \frac{\pi}{z_1} \quad . \qquad\qquad (2.125)$$

Aus Gl.(1.8) entnimmt man

$$\frac{r_{w2}}{r_{w1}} = \frac{z_2}{z_1} \qquad\qquad (1.8\text{-}1)$$

und vereinfacht fortlaufend

$$(\mathrm{inv}\,\alpha - \mathrm{inv}\,\alpha_w) \left(1 + \frac{z_2}{z_1} \right) + \frac{s_1}{2r_1} + \frac{z_2}{z_1} \cdot \frac{s_2}{2r_2} - \frac{\pi}{z_1} = 0 \qquad\qquad (2.126)$$

$$2r_1 \cdot (\mathrm{inv}\,\alpha - \mathrm{inv}\,\alpha_w)(z_1 + z_2) + z_1\,s_1 + z_1\,s_2 - 2\pi r_1 = 0 \qquad (2.126\text{-}1)$$

$$\mathrm{inv}\,\alpha_w = \frac{z_1 \cdot (s_1 + s_2) - 2\pi r_1}{2r_1 \cdot (z_1 + z_2)} + \mathrm{inv}\,\alpha \quad . \qquad\qquad (2.126\text{-}2)$$

Für die Zahndicke am Teilkreis Gl.(2.33-1) eingesetzt, wobei für α Gl.(2.27) gilt,

$$s = \left(\frac{\pi}{2} + 2\,x\,\tan\alpha_P \right) \cdot m \qquad\qquad (2.33\text{-}1)$$

wird

$$\mathrm{inv}\,\alpha_w = \frac{z_1(\pi \cdot m + 2x_1 \cdot m \cdot \tan\alpha + 2x_2 \cdot m \cdot \tan\alpha) - 2\pi r_1}{2r_1 \cdot (z_1 + z_2)} + \mathrm{inv}\,\alpha \qquad (2.127)$$

und mit Gl.(2.15)

$$r = \frac{z}{2} \cdot m \qquad\qquad (2.15)$$

erhält man schließlich das Ergebnis

$$\mathrm{inv}\,\alpha_w = \frac{x_1 + x_2}{z_1 + z_2} \cdot 2 \cdot \tan\alpha + \mathrm{inv}\,\alpha \ . \qquad\qquad (2.49)$$

2.14 Schrifttum zu Kapitel 2

Normen, Richtlinien

[2/1]   DIN 3960: Begriffe und Bestimmungsgrößen für Stirnräder (Zylinderräder) und Stirnrad-paare (Zylinderradpaare) mit Evolventenverzahnung. Berlin: Beuth-Verlag, März 1987.

[2/2]   DIN 780, Teil 1: Modulreihe für Zahnräder, Moduln für Stirnräder. Berlin: Beuth-Verlag Mai 1977.

[2/3]   DIN 867: Bezugsprofile für Evolventenverzahnungen an Stirnrädern (Zylinderrädern) für den allgemeinen Maschinenbau und den Schwermaschinenbau. Berlin: Beuth-Verlag, Februar 1986.

[2/4]   DIN 3998, Teil 1 und 2: Benennungen an Zahnrädern und Zahnradpaaren. Berlin, Köln: Beuth-Verlag, September 1976.

[2/5]   DIN 58400: Bezugsprofil für Evolventenverzahnungen an Stirnrädern für die Feinwerk-technik. Berlin: Beuth-Verlag, Juni 1984.

[2/6]   ISO 54-1977: Moduln und Diametral Pitches für Stirnräder für den allgemeinen Maschinen-bau und den Schwermaschinenbau.

[2/7]   DIN 3992: Profilverschiebung bei Stirnrädern mit Außenverzahnung. Berlin, Köln: Beuth-Verlag 1964.

[2/8]   DIN 3972: Bezugsprofile von Verzahnwerkzeugen für Evolventenverzahnung nach DIN 867. Berlin, Köln: Beuth-Verlag, Februar 1952.

[2/9]   AGMA 115.01 - 1974: Reference information - basic gear geometry.

[2/10]   AGMA 207.06 - 1974: Tooth proportions for pitch involute spur and helical gears (ANSI B 6.7-1977).

Bücher, Dissertationen

[2/11]   Seherr-Thoss, H.-Chr. Graf v.: Die Entwicklung der Zahnrad-Technik. Berlin, Heidel-berg, New York: Springer 1965.

[2/12]   Niemann, G.: Maschinenelemente, Band 2, 1. Auflage. Berlin, Heidelberg, New York: Springer 1965 (siehe auch [1/7]).

[2/13]   Keck, K.F.: Zahnradpraxis, Geradstirnräder, Band I. München: Oldenbourg 1956.

[2/14]   Zimmer, H.-W.: Verzahnungen I, Stirnräder mit geraden und schrägen Zähnen. Werk-stattbücher. Berlin, Heidelberg, New York: Springer 1968.

[2/15]   Roth, K.: Untersuchungen über die Eignung der Evolventen-Zahnform für eine allgemein verwendbare feinwerktechnische Normverzahnung. Dissertation TH München 1963.

[2/16]   Mette, M: Einfluß der Reibung auf die Änderung der Zahnkraft über dem Eingriff bei geradverzahnten Stirnrädern unter Berücksichtigung der Massenverhältnisse. Disserta-tion TU Braunschweig 1975.

[2/17]   Winter, H.: Zahnradgetriebe. Dubbel Taschenbuch für den Maschinenbau. 14. Auflage, S. 451-475. Berlin, Heidelberg, New York: Springer 1981.

Aufsätze, Firmenschriften, Patentschriften

[2/18]   Roth, K., Pini, P., Trapp, H.-J.: Zeichengerät zum Zeichnen von Wälzprofilen (für
         Verzahnungen und Verzahnwerkzeuge). DBP 1486 936 (12.9.1966).

[2/19]   Roth, K.: Die Kennlinie von einfachen und zusammengesetzten Reibsystemen. Feinwerk-
         technik 64 (1960) H. 4, S. 135-142.

[2/20]   Niemann, G., Stössel, K.: Reibungszahlen bei elastohydrodynamischer Schmierung in
         Reibrad- und Zahnradgetrieben. Konstruktion 23 (1971), H. 7, S. 245-256.

[2/21]   Niemann, G., Ehrlenspiel, K.: Anlaufreibung und Stick-Slip bei Gleitpaarungen. VDI-Z
         108 (1966), Nr. 6, S. 201-276.

[2/22]   Roth, K.: Reibkupplungen in der Feinwerktechnik. Feinwerktechnik 65 (1961) H. 8,
         S. 285-296.

Weiteres Schrifttum in [1/7].

3 Schrägverzahnte Stirnräder und Stirn-Radpaarungen mit genormten Evolventen-Verzahnungen

Eine wesentliche Erweiterung der Eigenschaften von Zahnradpaarungen läßt sich durch das Schrägstellen der Zähne zur Radachse erzielen (siehe Bild 1.5, Teilbild 4, Feld 1.2). Diese Schrägstellung, festgelegt durch den Schrägungswinkel β (Bild 3.4), läßt die Zahnköpfe und Zahnlücken auf dem Radkörper wie die Gewindegänge einer Schraube erscheinen.

Schrägverzahnte Stirnräder haben gegenüber vergleichbaren geradverzahnten den Vorteil, daß sie leiser laufen, imstande sind, höhere Zahnkräfte zu übertragen und auch kleinere Zähnezahlen ermöglichen. Der Nachteil des Auftretens von Axialkräften und der relativen Verdrehung bei axialen Verschiebungen wird für Leistungsgetriebe gern in Kauf genommen. Alle Stirnradpaarungen moderner Kraftfahrzeuggetriebe sind z.B. schrägverzahnt.

3.1 Entstehung des schrägverzahnten Stirnrades

Grundlage für die Bestimmung aller im folgenden behandelten Verzahnungen ist die Geometrie der evolventischen Geradverzahnung. Bei den schrägverzahnten Stirnrädern kommt als einziger neuer Parameter der Schrägungswinkel β hinzu. Der Schrägungswinkel β ist der spitze Winkel zwischen einer Tangente an eine Teilzylinder-Flankenlinie und der Teilzylinder-Mantellinie durch den Tangentenberührpunkt. Die Teilzylinder-Flankenlinie ist die Schnittlinie der Flanke mit dem Teilzylinder (siehe auch Bild 3.4). Der Schrägungswinkel hat u.a. zur Folge, daß nun ein Stirnschnitt und ein Normalschnitt der Zahnprofile unterschieden werden muß. Der Stirnschnitt entsteht, wenn die Verzahnung von einer Ebene, die senkrecht zur Achse verläuft, geschnitten wird. Er stellt praktisch die Ansicht der Verzahnung dar, wenn man sie in Richtung der Drehachse betrachtet. Der Normalschnitt entsteht beim Schnitt einer Evolventen-Schrägverzahnung mit einer Fläche, die im Schnittpunkt senkrecht zu einer ausgewählten Flankenlinie der Evolventenschraubenflächen verläuft [2/1]. Eine Normalschnittfläche, die alle Flankenlinien senkrecht schneidet, ist räumlich gekrümmt, weil die Flankenlinien - das sind die Schnitte der Zahnflanke mit konzentrischen Zy-

lindern - vom Zahnfuß bis Zahnkopf nicht parallel gerichtet sind. In Bild 3.3, Teilbild 3, ist der Schnitt einer Ebene N-N, die senkrecht zu den Flankenlinien am Teilzylinder verläuft, dargestellt. In der Abwicklung sind die Flankenlinien Geraden.

Die Entstehung der Schrägverzahnung aus der Geradverzahnung kann nun auf zwei
Weisen erklärt werden, von denen die erste einfach, daher sehr verbreitet, aber im
Hinblick auf die praktische Fertigung irreführend ist, die zweite schwerer verständ-
lich, wenig bekannt, das Verständnis für die tatsächlichen Zusammenhänge und die
praktische Erzeugung aber sehr treffend beschreibt.

3.1.1 Erste Möglichkeit: Stirnschnittgrößen konstant

Eine Schrägverzahnung entsteht aus einer Geradverzahnung dadurch, daß man die Geradverzahnung in möglichst viele dünne Scheiben aufschneidet und die Scheiben ge-
geneinander versetzt, bis ihre schmalen Oberflächen den gewünschten Schrägungswinkel β der Zahnflanke ergeben (siehe Bilder 3.1 und 3.3, Teilbilder 1,2,3).

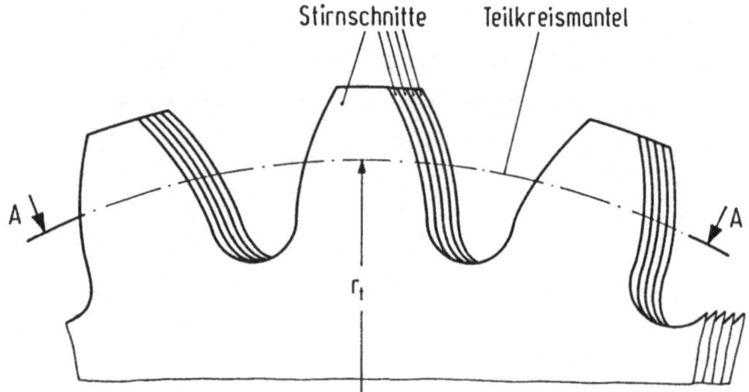

Bild 3.1. Schrägverzahnung, zusammengesetzt aus den Scheiben einer Geradverzahnung. Das Bezugsprofil und die Zahnprofile im Stirnschnitt der Gerad- und der Schrägverzahnung sind gleich.

Die Zahndicken und Lückenweiten im Normalschnitt werden mit größeren Schrägungswinkeln immer
kleiner. Die radialen Größen, d.h. die Zahnhöhen und das Kopfspiel, ändern sich nicht.

Die Verzahnungswerte sind:

$z = 20$, $x = 0$, $\beta = 40°$, $c^* = 0,2$,

das Bezugsprofil im Stirnschnitt entspricht DIN 867.

Die Folge dieser Vorgehensweise ist die, daß die Scheiben bei jedem beliebigen
Schrägungswinkel β das gleiche Stirnschnittprofil behalten (Bild 3.1;3.3, Teilbilder
2 und 3) und somit die gleiche Zahndicke s_t und Lückenweite e_t, aber mit größer
werdendem Schrägungswinkel im Normalschnitt immer geringere Zahndicken s_n und
Lückenweiten e_n haben. Alle Bestimmungsgrößen koaxial und tangential zum Teilkreis (r) werden um den Faktor $\cos \beta$ kleiner, wie z.B. die Zahndicken s_{n2} und

s_{n3} in Bild 3.3, Teilbilder 2 und 3. Das Unangenehme sind dabei die variablen kleineren Zahndicken s_n und die variablen kleineren Lückenweiten e_n im Normalschnitt. Die Zähne werden beim Zerspanen nämlich durch Ausarbeiten der Zahnlücke vom Fräser parallel zur Flankenlinie erzeugt. Wenn die Zahnlücken bzw. die Zahndicken einer Schrägverzahnung abhängig vom Schrägungswinkel β veränderlich sind, braucht man bei dieser Art der Zahnraderzeugung für jeden Schrägungswinkel einen anderen Fräser, aber auch ein anderes Bezugsprofil.

3.1.2 Zweite Möglichkeit: Normalschnittgrößen konstant

Das Prinzip ist das gleiche wie bei der ersten Möglichkeit, nur werden die Zahndicken s_n und Lückenweiten e_n im Normalschnitt, somit auch das Bezugsprofil im Normalschnitt konstant gehalten (Bild 3.3, Teilbilder 1 und 4). Die Folge ist, daß die Zahndicken s_t und alle zum Teilkreis koaxialen und tangentialen Größen für jeden Schrägungswinkel einen anderen Wert erhalten und um den Faktor $1/\cos\beta$ größer werden (Bild 3.2;3.3, Teilbild 4). Das Bezugsprofil für Gerad- und Schrägverzahnungen bleibt gleich, z.B. DIN 867, und für alle Schrägungswinkel genügt e i n Fräser bzw. Fräserprofil.

Schrägverzahnungen kann man im Normalschnitt ähnlich wie Geradverzahnungen berechnen und alle Tabellen für Geradverzahnungen verwenden wie Unterschnitt- und Spitzengrenze (siehe Bilder 4.9,8.2 bis 8.5). Man muß allerdings mittels der im fol-

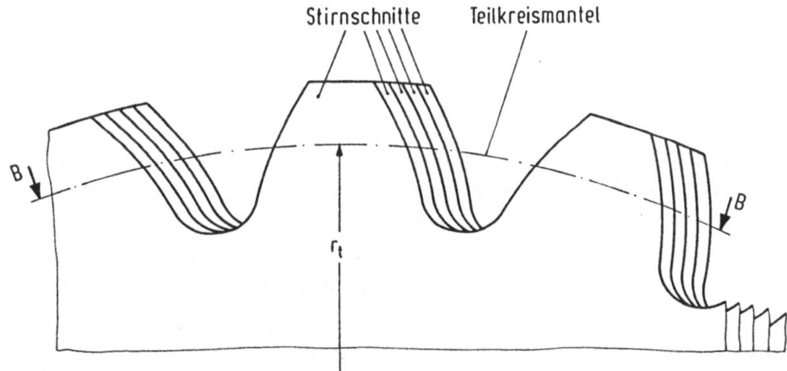

Bild 3.2. Schrägverzahnung, zusammengesetzt aus den Scheiben einer Geradverzahnung. Das Bezugsprofil, die Zahndicken und die Lückenweiten im Normalschnitt der Schrägverzahnung bleiben gleich und entsprechen dem Normprofil. Die Zahndicken und Lückenweiten im Stirnschnitt werden mit größeren Schrägungswinkeln β auch immer größer. Die radialen Größen, d.h. die Zahnhöhen und das Kopfspiel, ändern sich nicht.

Die Verzahnungswerte sind:

$z = 20$, $x = 0$, $\beta = 40°$, $c^* = 0,25$,

das Bezugsprofil im Normalschnitt entspricht DIN 867.

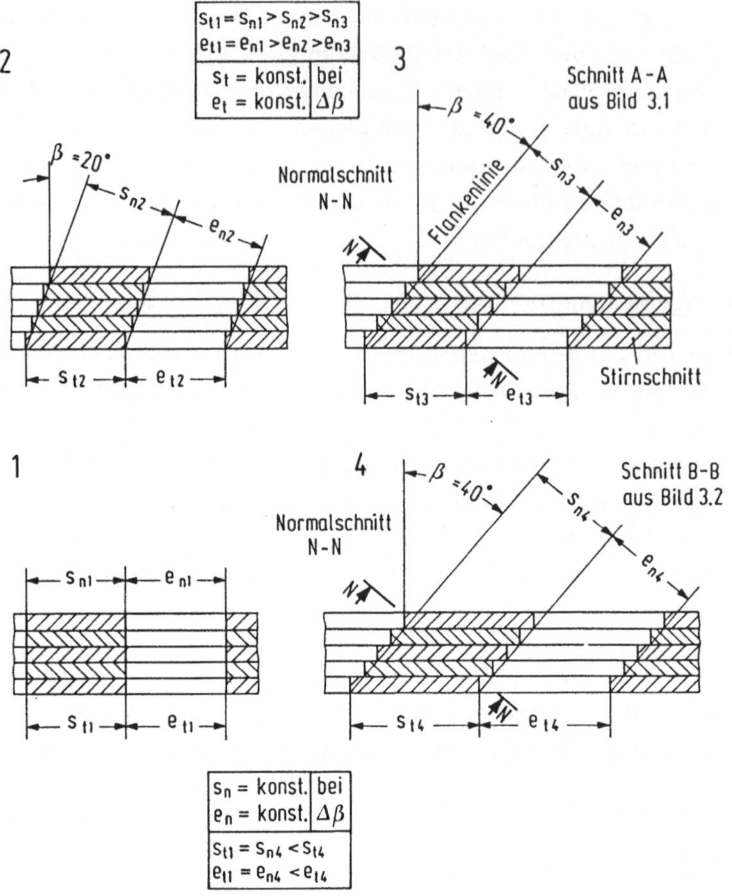

Bild 3.3. Zwei Möglichkeiten für die Entstehung einer Schrägverzahnung aus einer Geradverzahnung, dargestellt am abgewickelten Teilkreismantel.

Oben: Geradverzahnung im Teilbild 1 in Scheiben geschnitten. Die Scheiben werden in Teilbild 2 und 3 verschieden stark versetzt, so daß der Schrägungswinkel $\beta = 20°$ bzw. $\beta = 40°$ entsteht. Die Stirnschnittgrößen bleiben konstant, die koaxial zum Teilkreis verlaufenden Größen im Normalschnitt ändern sich. Dies Verfahren entspricht nicht dem üblichen Herstellverfahren, weil sich die Zahndicken s und die Lückenweiten e im Normalschnitt mit dem Schrägungswinkel β ändern und somit auch die Werkzeugprofile.

Unten: Zusammensetzung der Schrägverzahnung wie oben, jedoch werden die Zahndicke s_{t4} und die Lückenweite e_{t4} im Stirnschnitt (Teilbild 4) so verändert, daß die Zahndicke s_{n4} und die Lückenweite e_{n4} bei Geradverzahnung und Schrägverzahnung gleich bleiben. Die Normalschnittgrößen bleiben konstant, die Stirnschnittgrößen koaxial zum Teilkreis ändern sich. (Übliches Herstellverfahren!)

genden angeführten Gleichungen die Werte aus dem Stirnschnitt in den Normalschnitt umrechnen. Vorteil dieser Berechnungsart ist das schnelle Finden gut angenäherter Werte und die Überschaubarkeit der Ergebnisse, Nachteil, daß die Werte im Normalschnitt nur für d i e Flankenlinien ganz exakt stimmen, auf welche man den Normalschnitt bezogen hat, denn die Zahnflanke ist im üblichen Normalschnitt keine Kreisevolvente (siehe Bild 3.6 oben). Eine Evolvente des Ersatzkrümmungsradius nähert die Zahnflankenform mehr oder weniger gut an (Bilder 8.13;8.14). Für sehr genaue Berechnungen, insbesondere mit Rechenanlagen, wird daher der Stirnschnitt zugrunde gelegt, und es werden die Größen des Bezugsprofils, welches im Normalschnitt festgelegt ist, aufgrund des Schrägungswinkels β auf den Stirnschnitt umgerechnet. In ihm sind die Zähne wohl dicker, aber genau evolventisch (da man ja auch im Stirnschnitt abwälzt).

3.2 Gleichungen für Schrägverzahnungen

Zur Umrechnung der Größen des Normalschnitts in die entsprechenden Größen des Stirnschnitts kann man die im folgenden hergeleiteten Gleichungen verwenden. Der entscheidende Parameter ist der gewählte Schrägungswinkel β am Teilzylinder. Die schräggestellten Zähne legen sich über den zylindrischen Zahnradkörper wie Schraubengänge und haben am Zahnfuß einen kleineren und am Zahnkopf einen größeren Schrägungswinkel. Es hat sich als zweckmäßig erwiesen, bei der Festlegung der Verzahnungsgrößen die Schrägstellung am Teilzylinder mit dem Winkel β anzugeben. Wickelt man den Teilkreiszylindermantel zu einer ebenen Fläche ab, erscheinen die Zahnflanken als Geraden, und der Schrägungswinkel β ist dann der spitze Winkel in der abgewickelten Ebene zwischen der Flankenlinie und einer Mantellinie (Bild 3.4). Senkrecht zum Normalschnitt kann man das dem Zahnrad zugrunde liegende Normalschnitt-Bezugsprofil (z.B. DIN 867, ISO 53 [2/3]) projizieren und senkrecht zum Stirnschnitt das Bezugsprofil, welches sich aufgrund des gewählten Normalschnittprofils und des vorgegebenen Schrägungswinkels β ergibt. Im Stirnschnitt ergibt sich bei den Abwälzverfahren eine exakte Kreisevolventen-Zahnform [3/1].

3.2.1 Beziehung der Längen

Es gelten folgende Beziehungen (Bild 3.4): Mit Gl.(2.13) ist

$$\cos\beta \;=\; \frac{p_n}{p_t} \;=\; \frac{\pi \cdot m_n}{\pi \cdot m_t} \;,$$

$$m_n = m_t \cdot \cos\beta \;. \tag{3.1}$$

Auch alle anderen Größen wie z.B. die Zahndicke s unterscheiden sich im Stirnschnitt durch den Faktor $\cos\beta$. So ist z.B. die Zahndicke an der Profilbezugslinie im Normalschnitt

$$s_n = s_t \cdot \cos\beta \tag{3.2}$$

um den Faktor $\cos\beta$ mal dünner als im Stirnschnitt. Die gleiche Beziehung gilt für die Zahndicken am Teilkreis.

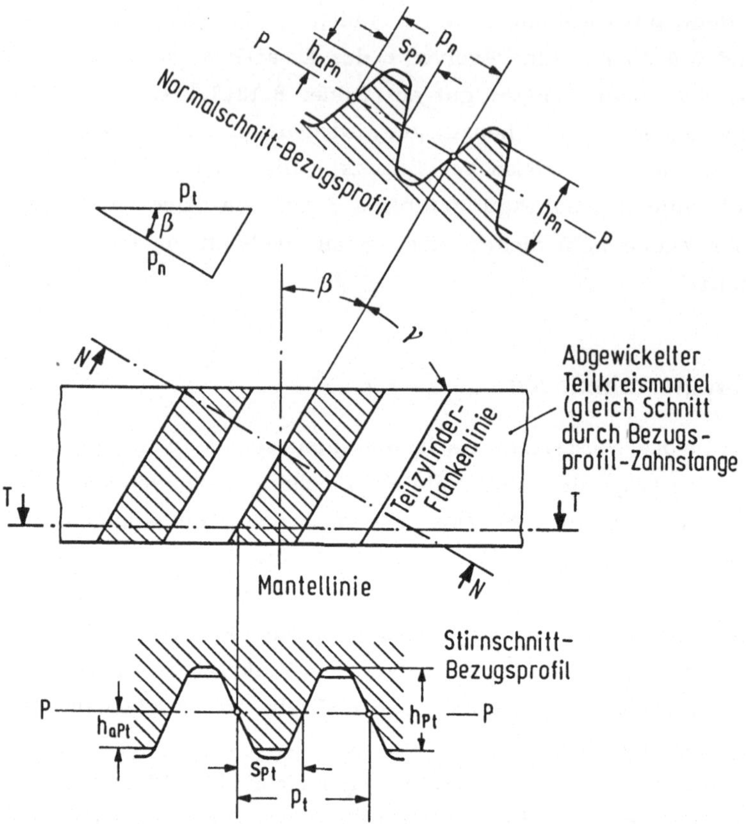

Bild 3.4. Bezugsprofil eines Schrägstirnrades im Normalschnitt N-N und im Stirnschnitt T-T.

Der Normalschnitt ist bezogen auf die Flankenlinien und deren Schrägungswinkel β am abgewickelten Teilkreismantel. Die radialen Größen sind im Normal- und Stirnschnitt gleich groß, die zum abgewickelten Teilkreismantel parallelen Größen sind im Stirnschnitt um den Faktor 1/cos β größer als im Normalschnitt.

Es bedeutet: γ Steigungswinkel auf dem Teilzylinder, h Zahnhöhen, p Teilung am Teilkreis, Index n für Normalschnitt-, Index t für Stirnschnittgrößen.

Da sich die Zahngrößen in radialer Richtung nicht verändern, ist die Zahnhöhe h, die Zahnkopfhöhe h_a, die Zahnfußhöhe h_f, die Zahnfuß-Formhöhe h_{Ff} und die Zahnfuß-Nutzhöhe h_{Nf} im Normalschnitt und in dem dazugehörenden Stirnschnittprofil gleich groß. Es ist

$$h_n = h_t \tag{3.3}$$
$$h_{an} = h_{at} \tag{3.4}$$
$$h_{fn} = h_{ft} \tag{3.5}$$
$$h_{Ffn} = h_{Fft} \tag{3.6}$$
$$h_{Nfn} = h_{Nft} \; . \tag{3.6-1}$$

Da sich die Zahnhöhen aus dem Produkt des entsprechenden Faktors mit dem Modul
(im Normal- bzw. Stirnschnitt) ergeben, erhält man mit den Gl.(3.3) bis (3.6)

$$h_n^* \cdot m_n = h_t^* \cdot m_t \qquad\qquad\qquad (3.7)$$
$$h_{an}^* \cdot m_n = h_{at}^* \cdot m_t \qquad \text{usw.} \qquad\qquad (3.8)$$

und mit Gl.(3.1)

$$h_t^* = h_n^* \cdot \cos \beta \qquad\qquad\qquad (3.9)$$
$$h_{at}^* = h_{an}^* \cdot \cos \beta \qquad\qquad\qquad (3.10)$$
$$h_{Fft}^* = h_{Ffn}^* \cdot \cos \beta \qquad\qquad\qquad (3.11)$$
$$h_{Nft}^* = h_{Nfn}^* \cdot \cos \beta \qquad\qquad\qquad (3.11\text{-}1)$$
$$h_{ft}^* = h_{fn}^* \cdot \cos \beta \qquad \text{usw.} \qquad\qquad (3.11\text{-}2)$$

Analog dazu gilt für den Profilverschiebungsfaktor

$$x_t = x_{(n)} \cdot \cos \beta \ . \qquad\qquad\qquad (3.12)$$

Da der Modul im Normal- und Stirnschnitt verschieden ist, müssen auch die Faktoren
im Normal- und Stirnschnitt verschieden sein, damit die Produkte den gleichen Wert ergeben. In der Regel berechnet man auch die Größen des Stirnschnitts mit den Faktoren des Normalschnitts, weil letztere konstant bleiben, d.h. man geht von den üblichen Faktoren des Bezugsprofils und vom Profilverschiebungsfaktor $x_{(n)} = x$ aus.

3.2.2 Berechnung der Ersatzzähnezahl

Beim Vergleich der Bestimmungsgrößen im Normal- und im Stirnschnitt muß auch eine
Aussage über die Zähnezahl z getroffen werden. Im Normalschnitt erscheint ein zylindrisches Rad elliptisch (Bild 3.6) mit dem Krümmungsradius r_{bn} des Grundkreises, der für die entsprechende Flankenform im Normalschnitt maßgebend ist. Der dazugehörende Krümmungsradius r_n des Teilkreises ist größer als der entsprechende
Radius im Stirnschnitt. Man kann im Normalschnitt diesen Teilkreisradius r_n so groß
annehmen wie den großen Scheitelradius der Schnittellipse des Stirnschnitt-Teilkrei-
ses (r_t). Aus dem derart ermittelten Teilkreisradius r_n und dem Normalmodul m_n läßt
sich die sogenannte Ersatzzähnezahl z_{nx} im Normalschnitt berechnen, die man am
Zahnrad nicht erkennen kann, die in der Regel nicht ganzzahlig ist.

Man kann sich im wesentlichen auf drei Verfahren stützen, um einen Schrägstirnrad-
zahn bezüglich verschiedener Eigenschaften durch einen angenäherten Geradstirnrad-
zahn zu ersetzen, der zu einem hypothetischen geradverzahnten Zahnrad mit entspre-
chendem Teil- und Grundkreisradius sowie zu einer sogenannten Ersatzzähnezahl gehört. Das Schnittprofil so eines geraden Zahnes erhält man mit den drei folgenden
Verfahren (siehe auch Abschnitt 8.11):

1. Durch einen ebenen Schnitt senkrecht zum Schrägungswinkel β am Teilzylinder mit der aus der Teilung am Teilzylinder ermittelten Ersatzzähnezahl (Bild 3.5, Linie 1).

2. Durch einen ebenen Schnitt senkrecht zum Schrägungswinkel β_b am Grundzylinder mit der aus der Teilung am Teilzylinder ermittelten Ersatzzähnezahl (Bild 3.5, Linie 2, Bild 3.6, Teilbild 1).

3. Durch einen ebenen Schnitt senkrecht zum Schrägungswinkel β_b am Grundzylinder und der aus der Teilung am geschnittenen Grundzylinder ($\bar{r}_{bn}$) ermittelten Ersatzzähnezahl (Bild 3.5, Linie 3).

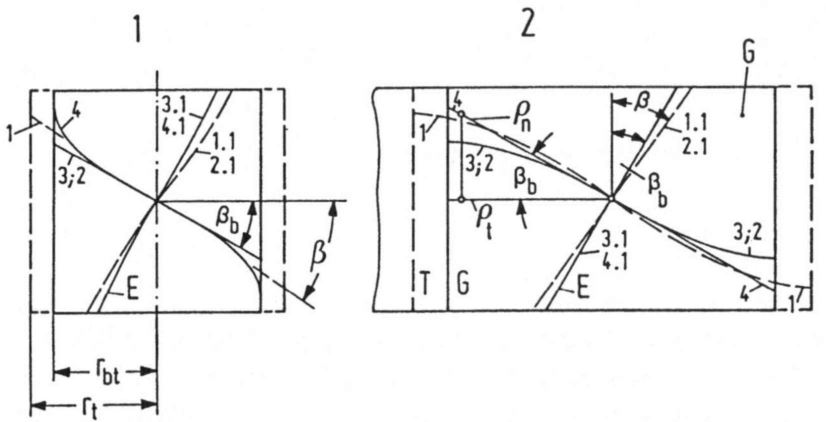

Bild 3.5. Darstellung verschiedener Schnitte durch einen zylindrischen Körper mit Schrägverzahnung, mit deren Hilfe die Ersatzzähnezahl für die zugrunde liegende Ersatz-Geradverzahnung berechnet werden kann.

Teilbild 1: Grundzylinder (r_{bt}) und Teilzylinder (r_t).

Teilbild 2: Abgewickelter Grundzylinder-Mantel G mit der die Evolventen erzeugenden Linie E sowie Grundschrägungswinkel β_b und abgewickelter Teilzylinder-Mantel T (gestrichelt), mit Schrägungswinkel β.

Es bedeutet:

Linie 1: Ebener Schnitt durch den Teilzylinder (r_t), senkrecht zum Schrägungswinkel β. Linien 1.1 und 2.1 zeigen die Lage der Erzeugenden am Teilzylinder (r_t), von dem die Zahnteilung in den Verfahren 1 und 2 abgeleitet wird (siehe Bild 3.6).

Linie 3;2: Ebener Schnitt durch den Grundzylinder (r_b), senkrecht zum Grundschrägungswinkel β_b. Linien 3.1 und 4.1 zeigen die Lage der Erzeugenden E am Grundzylinder (r_{bt}), von dem die Zahnteilung in den Verfahren 3 und 4 abgeleitet wird (siehe auch Abschnitt 8.12).

Linie 4: Schnitt entlang einer Schraubenlinie, welche auf dem Grundzylinder senkrecht zur Erzeugenden Linie E verläuft. Die in Richtung ρ_n abgewickelte Fadenlinie erzeugt eine exakte Evolvente für den jeweiligen Normalschnitt. Die senkrecht zur Achse abgewickelte Fadenlinie ρ_t erzeugt die exakte Evolvente im Stirnschnitt. Wichtig ist, daß alle ebenen Schnitte am zylindrischen Zahnkörper (Linie 1-3, Teilbild 1) Ellipsenquerschnitte ergeben (Bild 3.6) und in der Abwicklung, Teilbild 2, gekrümmte Linie 1-3. Die Abwicklung der Schraubenlinie 4 ist in der Grundzylinder-Ebene G jedoch eine Gerade.

Im folgenden wird zunächst nur Verfahren 2 behandelt, das auch den Gleichungen des Normblattes DIN 3960 [2/1] zugrunde gelegt wurde. Über die anderen Verfahren siehe Kapitel 8.

Der Krümmungsradius der Teilkreis-Schnittellipse in Punkt C (Bild 3.6) ist

$$r_n = \frac{a^2}{b} = \frac{(r_t/\cos\beta_b)^2}{r_t} = \frac{1}{\cos^2\beta_b} \cdot r_t \quad . \tag{3.13}$$

Die Gl.(2.15) mit Index n versehen erhält die Form

$$r_n = \frac{z_n}{2} \cdot m_n \tag{3.14}$$

und die analoge Gleichung für den Stirnschnitt eine entsprechende Form[1]

$$r_t = \frac{z_{(t)}}{2} \cdot m_t \quad . \tag{3.15}$$

Aus Gl.(3.13) mit Gl.(3.14;3.15) unter Berücksichtigung von Gl.(3.1) erhält man schließlich

$$z_{nx} = \frac{z_{(t)}}{\cos^2\beta_b \cdot \cos\beta} = z_{nx}^* \cdot z_{(t)} \tag{3.16}$$

die Ersatzzähnezahl eines im Normalschnitt gedachten, dem Schrägstirnrad bezüglich der Zahnflanken annähernd entsprechenden Geradstirnrades. Der Index x weist darauf hin, daß die Ersatzzähnezahl hauptsächlich zur Berechnung des Unterschnitts geeignet ist. Wie man sieht, ist immer die Zähnezahl im Stirnschnitt kleiner als im Normalschnitt (siehe Bild 3.9), da der Ersatz-Zähnezahlfaktor

$$z_{nx}^* = \frac{1}{\cos^2\beta_b \cdot \cos\beta} \tag{3.17}$$

absolut größer als 1 ist,

$$|z_{nx}| > |z| \tag{3.18}$$

mit allen Konsequenzen für Unterschnitt, Spitzengrenze und Flankenkrümmung. Diese Wahl einer Ersatzverzahnung ist nicht die einzige, sondern die, welche es ermög-

---

[1] Den eingeklammerten Index (t) läßt man in der Regel weg, da es sich um die reale Zähnezahl des Schrägstirnrades handelt. Ebenso läßt man den Index (n) beim Profilverschiebungsfaktor meistens weg, weil man keinen anderen Profilverschiebungsfaktor verwendet. Auch beim Normalmodul m_n setzt man den Index n nur dann, wenn er gegenüber dem Stirnmodul m_t herausgehoben werden soll. In der Regel verwendet man nur den Normalmodul.

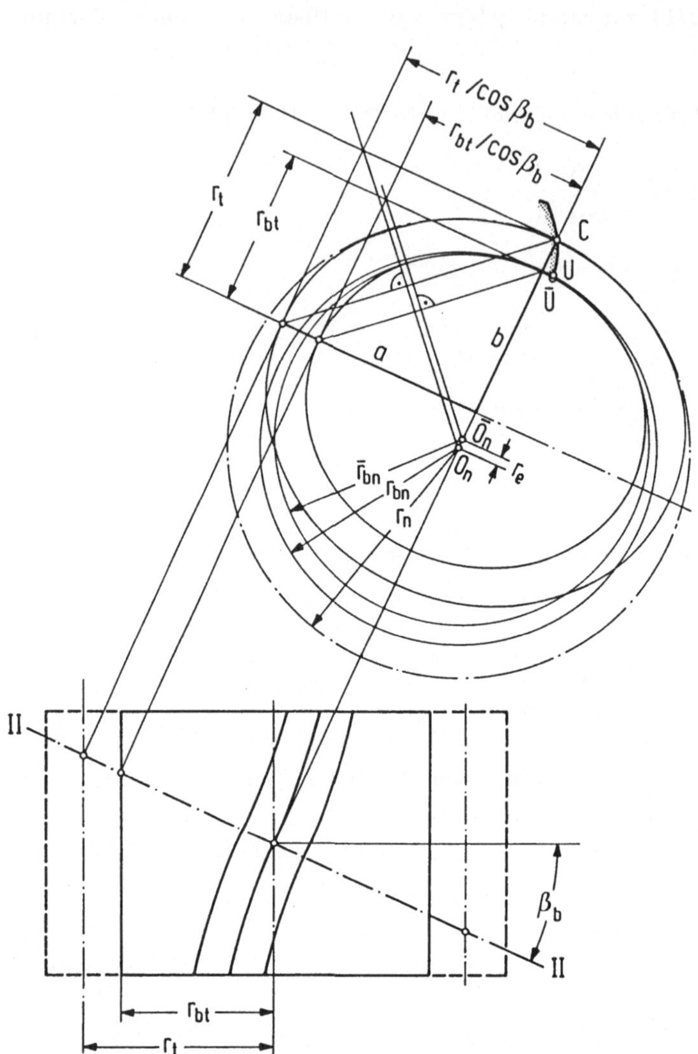

Bild 3.6. Ersatzzähnezahl für Schrägverzahnungen

Teilbild 1: Ermitteln einer Ersatzzähnezahl nach DIN 3960 [2/1] für den Normalschnitt auf den Grundschrägungswinkel β_b einer Schrägverzahnung (im Text nach Verfahren Nr. 2). Die Zahnflanke ist in diesem Schnitt keine Kreisevolvente. Der Krümmungsradius der Schnittellipse im Scheitelpunkt C wird zur Bestimmung des Teilkreisradius r_n des Ersatzrades und die Teilung in diesem Normalschnitt zur Berechnung der Ersatzzähnezahl verwendet.

Der Grundkreisradius r_{bn} im Normalschnitt wird mit dem Teilkreisradius und dem Eingriffswinkel α_n im Normalschnitt berechnet und nicht mit Hilfe der Projektion von Schnitt II-II der Grundkreis-Schnittellipse. Letztere Möglichkeit wäre für die Unterschnittverhältnisse korrekt, würde aber im Normalschnitt kein Rad ergeben, bei dem das Verhältnis $r_{bn}/r_n = \cos \alpha_n$ ist, da $\bar{r}_{bn}$ aus der Schnittellipse kleiner als r_{bn} aus dem Teilkreisradius ist. Die Mitten für r_n und $\bar{r}_{bn}$ liegen nicht im gleichen Punkt (siehe auch Abschnitt 8.11).

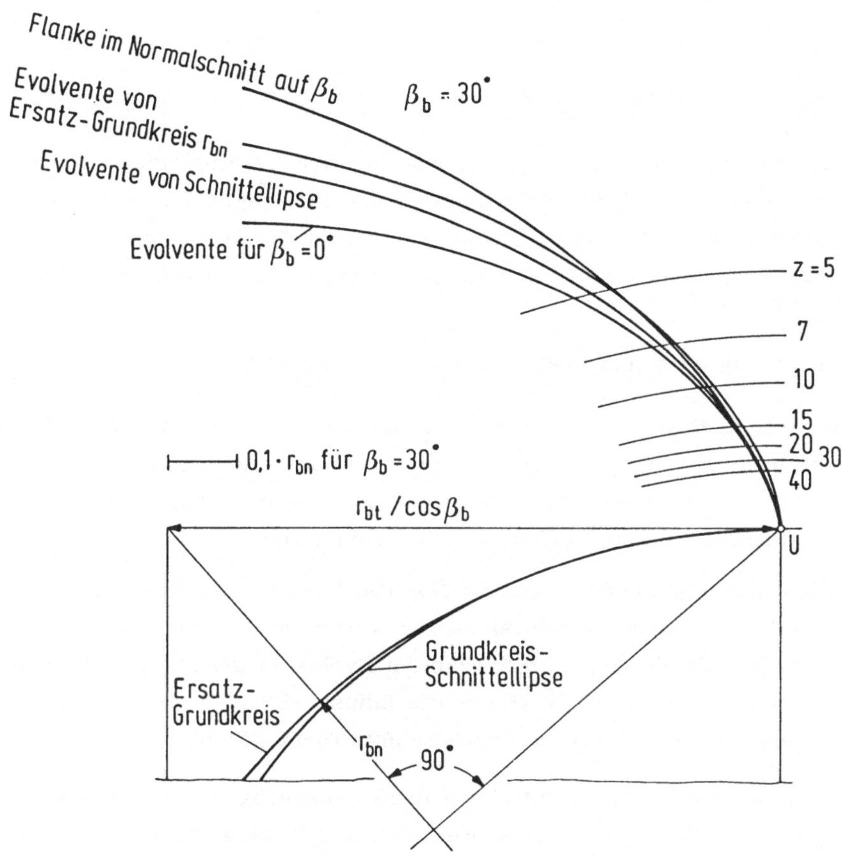

Bild 3.6. Ersatzzähnezahl für Schrägverzahnungen

Teilbild 2: Verlauf des Zahnprofils der Flanke im Normalschnitt auf den Grundschrägungswinkel $\beta_b = 30°$, der Evolvente vom Ersatzgrundkreis (r_{bn}) und der Evolvente der Schnittellipse des Grundkreises. Für den Evolventenabschnitt bei üblichen Zähnezahlen, z > 10, weicht die Normalschnittflanke (tatsächliche Flanke) doch erheblich von der Evolvente des Ersatzgrundkreises (r_{bn}) ab. Die Evolvente der Schnittellipse nähert die tatsächliche Schnittflanke für größere Zähnezahlen (z > 20) sehr gut an. Für $\beta_b = 20°$ liegt diese Schnittflanke zwischen den beiden mittleren Kurven und deckt sich etwa ab z > 10 mit der tatsächlichen Schnittflanke für $\beta_b = 30°$. Aus der eingezeichneten Länge für $0,1 \cdot r_{bn}$ kann man die tatsächlichen Werte der jeweiligen geometrischen Abweichungen der einzelnen Flanken ablesen.

licht, daß sich für eine Schrägverzahnung und die zugehörige Ersatz-Geradverzahnung aus der Gl.(3.19) annähernd der gleiche Wert für den kleinstmöglichen Profilverschiebungsfaktor x_{Emin} ergibt [2/1], also

$$x_{Emin} = \frac{h_{FaP0}}{m_n} - \frac{z \cdot \sin^2 \alpha_t}{2 \cdot \cos \beta} \, . \tag{3.19}$$

Diese Gleichung erlaubt es, die Unterschnittgrenze der Geradverzahnungen sofort auf die Unterschnittgrenze von Schrägverzahnungen zu übertragen und z.B. auch die Unterschnitt-Diagramme, mit gewissen Abweichungen auch die Spitzengrenze-Diagramme von Geradverzahnungen für Schrägverzahnungen zu verwenden (Bilder 2.19;4.9;8.2 bis 8.9).

Die Zahnflankenkrümmung wird aus zwei Gründen nur angenähert:

1. Der Schnitt II-II in Bild 3.6, Teilbild 1, erfolgt senkrecht auf die Grundflankenlinie, also im Winkel β_b, die Umrechnung der Zähnezahlen geht aber von der Schnittellipse des Teilzylinders aus. Der Schnitt erfolgt daher nicht senkrecht auf die Flankenlinie am Teilkreis, d.h. nicht unter dem Winkel β.

2. Die tatsächlich sich ergebende Flanke im Normalschnitt stimmt weder mit der von der Schnittellipse des Grundkreises abgewickelten Evolvente, noch mit der vom Ersatzgrundkreis (r_{bn}) abgewickelten Evolvente genau überein (siehe Teilbild 2). Bei Zähnezahlen $z > 10$ stimmt die Ellipsen-Evolvente mit der tatsächlich sich ergebenden Flanke im Normalschnitt recht gut überein.

Bei allen Verfahren, in denen eine Schnittebene nicht senkrecht zu dem Schrägungswinkel auf <u>dem</u> Zylinder steht, aus welchem man auch die Teilung errechnet, also hier in Verfahren 2, stößt man auf einen grundsätzlichen Widerspruch, der nur mit einem Kompromiß gelöst werden kann. Man erhält nämlich nach Bild 3.6, Teilbild 1, jeweils einen anderen Grundkreisradius $\bar{r}_{bn}$, wenn man ihn direkt aus der Grundkreis-Schnittellipse berechnen würde, was korrekt ist, als wenn man ihn aus dem ermittelten Ersatzteilkreis im Normalschnitt r_n über die Beziehung $r_{bn} = r_n \cdot \cos \alpha_n$ berechnet, was man, um die Definitionsgleichung des Grundkreises, Gl.(2.3), aufrecht zu erhalten, tatsächlich macht. Daher können die Ergebnisse bezüglich des Unterschnitts theoretisch nicht ganz korrekt, für die Praxis aber hinreichend sein. Wie aus Bild 3.6, Teilbild 1, hervorgeht, ist $\bar{r}_{bn} + e < r_{bn}$ (siehe auch Abschnitt 8.11).

3.2.3 Beziehungen der Winkel

Die Entstehung der Evolventenflanke eines schrägverzahnten Rades kann man sich leicht vorstellen bei Betrachtung des Teilbildes 1 in Bild 3.7. Die Flanke wird erzeugt durch die Strecke $\overline{B_1B'}$, die auf einer vom Grundzylinder (r_{bt}) abgewickelten Ebene NMM'N' liegt. Diese Strecke liegt nun nicht parallel zur Achse 00 wie die Strecke $\overline{B_1A'}$, die eine Geradverzahnung ergeben würde, sondern um den Grundschrägungswinkel β_b auf der Grundzylinderebene NMM'N' geneigt. Daraus kann man gleich zwei Regeln für die späteren Eingriffsverhältnisse ableiten, nämlich, daß

- bei jeder Schrägverzahnung die Oberfläche längs der Erzeugenden $\overline{B_1B'}$ nicht gekrümmt ist,

- die zur gleichen Zeit im Eingriff stehenden Punkte (längs dieser Linie) auf verschiedenen Zahnhöhen liegen.

Außer der vom Grundzylinder abgewickelten Ebene NMM'N' ist noch eine zweite Ebene dargestellt, $C_1E_1DC_2$, die allerdings vom Teilzylinder (r_t) abgewickelt worden ist. Deren schräge Abgrenzung E_1D ist zur achsparallelen Linie E_1E_2 um den Winkel β geneigt.

In Teilbild 2 des Bildes 3.7 ist ein Ausschnitt aus Teilbild 1 groß herausgezeichnet. Dabei wird nicht die ganze Zahnbreite b berücksichtigt, sondern nur der Betrag, welcher sich aus dem rechten Winkel an Punkt B_1 ergibt. Man erhält nun folgende trigonometrische Beziehungen:

$$y = x\cdot\tan\alpha_t = u\cdot\tan\alpha_n$$

mit

$$\cos\beta = \frac{x}{u}$$

wird

$$\tan\alpha_n = \tan\alpha_t\cdot\cos\beta \tag{3.20}$$

wobei

$$\alpha_n = \alpha_{P(n)} \tag{3.21}$$

ist und ebenso

$$\alpha_t = \alpha_{Pt} \cdot \tag{3.21-1}$$

Gl.(3.20) stellt die Beziehung der Eingriffswinkel im Normal- und Stirnschnitt her.

Mit

$$\sin\alpha_t = \frac{y}{w} \ , \ \sin\alpha_n = \frac{y}{v} \ \text{und} \ \cos\beta_b = \frac{w}{v}$$

erhält man eine andere Beziehung für die Eingriffswinkel im Normal- und Stirnschnitt, nämlich

$$\sin\alpha_n = \sin\alpha_t\cdot\cos\beta_b \cdot \tag{3.22}$$

Weiterhin gilt

$$\tan\beta = \frac{\overline{b}}{x} \ , \ \tan\beta_b = \frac{\overline{b}}{w} \ , \ \cos\alpha_t = \frac{x}{w} \cdot$$

Durch Eliminieren der Längen erhält man

$$\tan \beta_b = \tan \beta \cdot \cos \alpha_t \ , \tag{3.23}$$

eine Beziehung zwischen dem Schrägungswinkel β_b auf dem abgewickelten Grund-zylindermantel und dem Schrägungswinkel β auf dem abgewickelten Teilzylinderman-tel.

Weiter ist

$$\cos \alpha_n = \frac{u}{v}$$

und

$$\sin \beta = \frac{\overline{b}}{u}$$

sowie

$$\sin \beta_b = \frac{\overline{b}}{v} \ .$$

Aus den letzten drei Gleichungen ergibt sich

$$\sin \beta_b = \sin \beta \cdot \cos \alpha_n \ , \tag{3.24}$$

eine Beziehung zwischen dem Grundschrägungswinkel β_b und dem Eingriffswinkel im Normalschnitt α_n. Mit diesen Gleichungen lassen sich die Größen des Stirnschnitts auf die des Normalschnitts zurückführen. Das ist wichtig, weil auch bei Schrägver-zahnungen die Größen des genormten Bezugsprofils im Normalschnitt angegeben wer-den, wobei $\alpha_n = \alpha_p$ ist.

3.3 Bereiche des Schrägungswinkels und Veränderungen der Zahnformen

Es interessiert nun die Frage, welcher Bereich des Schrägungswinkels β für prak-tisch ausführbare Stirnradverzahnungen sinnvoll ist. Von der Verzahnungsform her kann der Schrägungswinkel den Bereich

$$0° \leq |\beta| < 90° \tag{3.25}$$

überstreichen, und es entstehen immer brauchbare Verzahnungen (siehe Bild 3.8). Da der Schrägungswinkel β für rechts- und linkssteigende Räder verschiedene Vor-zeichen hat, muß man hier Absolutzeichen setzen. Der Wert $\beta = 0°$ ergibt Geradver-zahnungen, die Schrägungswinkel mit Werten von

$$0° < |\beta| \leq 30° \tag{3.26}$$

führen zu üblichen Schrägstirnrädern, welche in Stirnradgetrieben eingesetzt wer-den. Schrägstirnräder mit größeren Schrägungswinkeln

$$30° < |\beta| \leq 65° \tag{3.27}$$

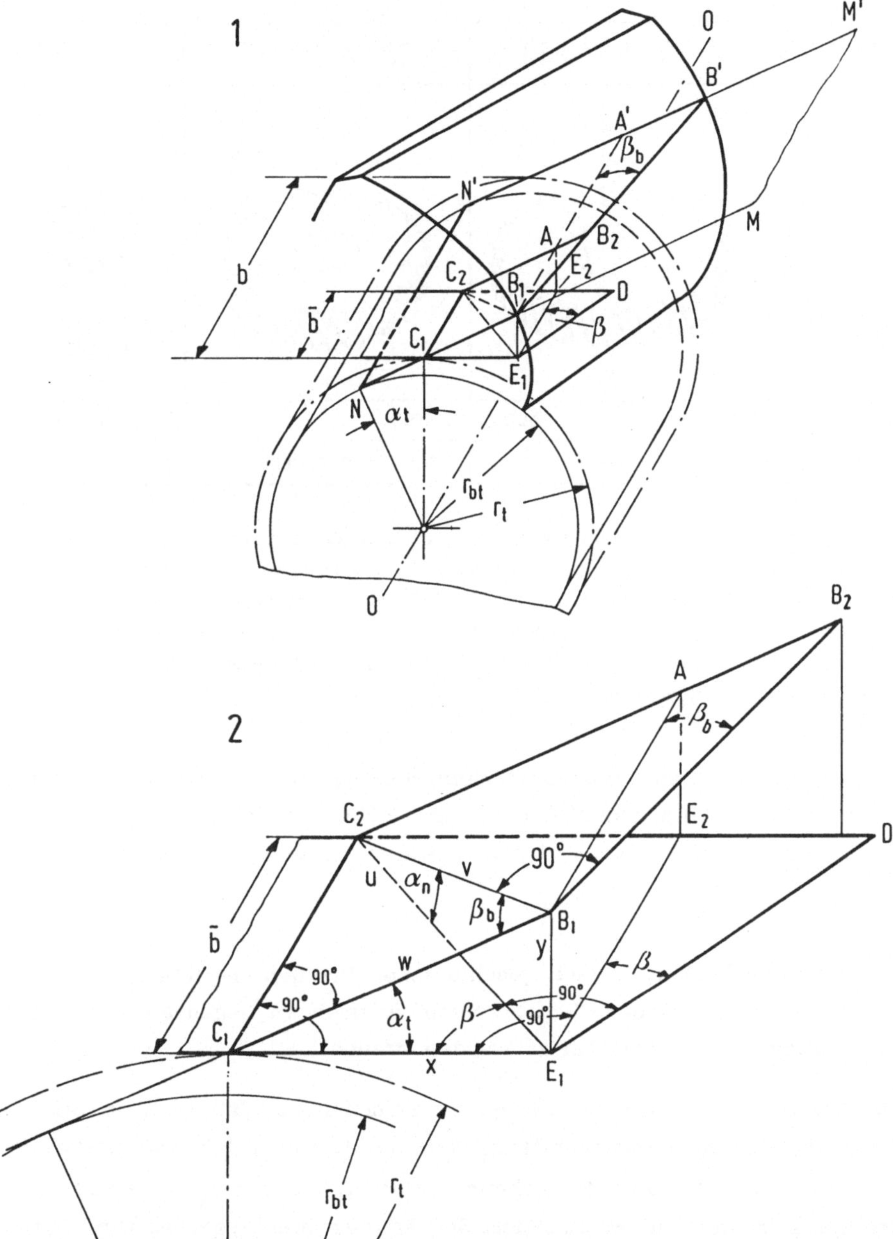

Bild 3.7. Ausgangsfigur zur Festlegung der Beziehungen zwischen den Winkeln der Gerad- und der Schrägverzahnung. Dargestellt sind die vom Grund- und vom Teilzylinder abgewickelten Ebenen. Teilbild 1: Abwicklung des Grundzylindermantels NMM'N', in dem die Eingriffsebene $NB_1B'N'$ liegt und des Teilzylindermantels $C_1E_1DC_2$ für die Zahnbreite b.
Teilbild 2: Strecken und Winkel am abgewickelten Grund- und Teilzylindermantel.

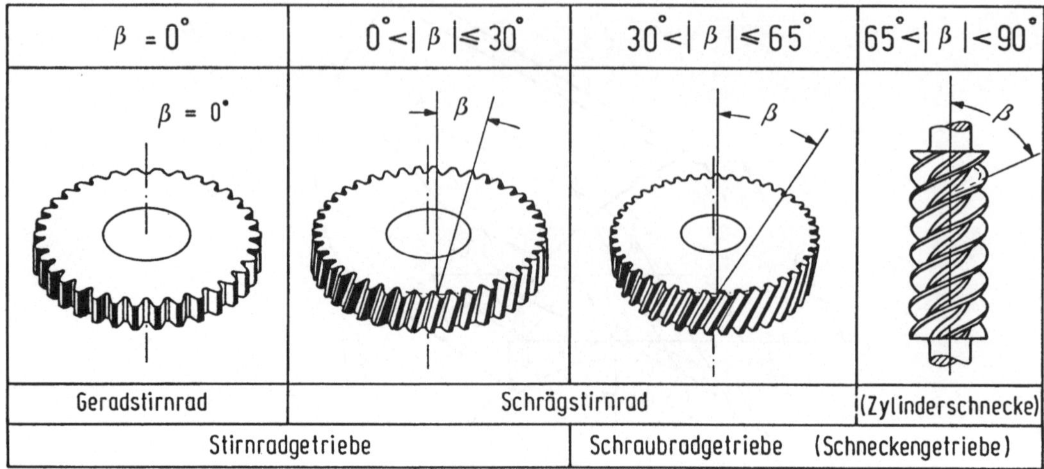

Bild 3.8. Erzeugen verschiedener Verzahnungen durch Verändern des Schrägungswinkels β.
Bilden die Zähne am Zahnkörper bei Außenverzahnungen eine "Rechtsschraube", hat der Schrägungswinkel β ein positives, bilden sie eine "Linksschraube", ein negatives Vorzeichen. Bei Innenverzahnungen werden die Vorzeichen für den Schrägungswinkel umgekehrt gesetzt. Zahnräder
mit Schrägungswinkeln bis $\beta = |30°|$ werden hauptsächlich in Stirnrad-, solche mit größeren
Schrägungswinkeln in Schraubradgetrieben eingesetzt.

werden in Schraubradgetrieben verwendet. Zahnräder mit noch größeren Schrägungs-
winkeln $|\beta|$, nehmen die Form von Schnecken an (Zylinderschnecken). Sie treten
in Getrieben mit gekreuzten Achsen und hohen Stufenübersetzungen auf. Der Wert

$$|\beta| = 90° \tag{3.28}$$

läßt eine Rolle mit umlaufenden, in sich geschlossenen Profilen entstehen, die keine
Steigung hat, in der Rotationsebene liegt, keinen Vortrieb am Gegenrad ergibt und
daher als Verzahnung nicht betrachtet zu werden braucht.

In Bild 3.9 ist die Gl.(3.16), also die Beziehung zwischen der Zähnezahl im Stirnschnitt $z_{(t)} = z$ und der im Normalschnitt z_n dargestellt, wobei der Profilwinkel des
Bezugsprofils immer $\alpha_p = 20°$ ist. Man erkennt deutlich, daß für $z_{(t)} = $ konst. die
Zähnezahl im Normalschnitt mit wachsendem Schrägungswinkel β größer wird. Sehr
deutlich tritt diese Gesetzmäßigkeit bei der Zähnezahl $z_t = 14$ auf, die bei der Geradverzahnung nach DIN 867 für $x = 0$ Unterschnitt an der Evolventenflanke ergäbe.
Für Verzahnungen mit dem Schrägungswinkel $\beta = 20°$ ergibt sich bei $x = 0$ die Zähnezahl $z_{nu} = 17$ und damit Unterschnittfreiheit. Für die Zähnezahl $z_{(t)} = 5$ wird die
Unterschnittgrenze unter den gegebenen Voraussetzungen beim Schrägungswinkel
$\beta = 50°$ erreicht. Gleiches gilt für $z_{(t)} = 1$ und $\beta = 75°$. Man erkennt, daß bei extrem großen Schrägungswinkeln

$$75° < |\beta| < 90° \tag{3.29}$$

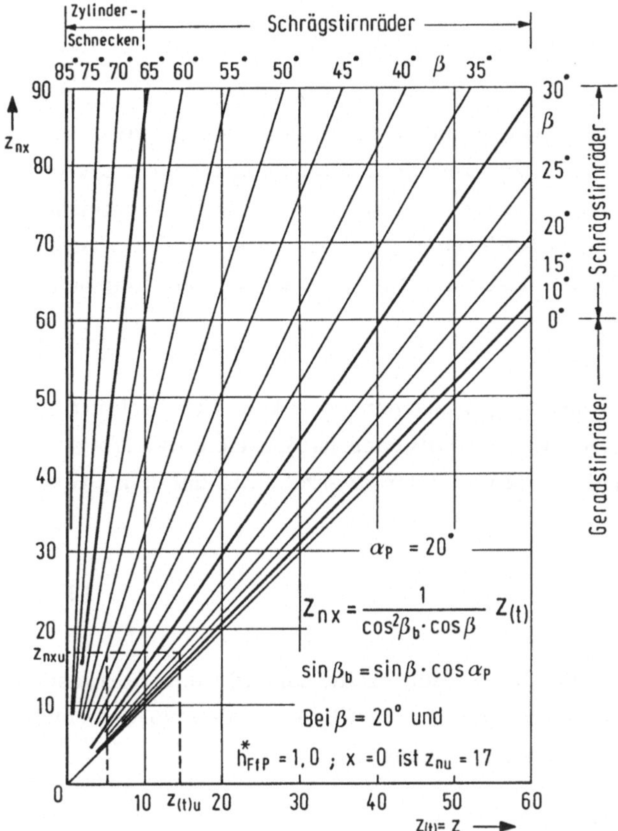

Bild 3.9. Normalschnittzähnezahl z_{nx} abhängig von der Stirnschnittzähnezahl $z_{(t)}$ und dem Schrägungswinkel β am Teilzylinder nach Gl.(3.16). Bei Zahnrädern mit geschlossenem Zahnkranz ist $z_{(t)}$ immer ganzzahlig. Unterschnittene Zähne im Normalschnitt erhält man bei $z_{nx} < z_{nxu}$ und dem Profilverschiebungsfaktor x = 0. Ist das Normalschnittrad z_{nxu} unterschnitten, so ist es auch das Schrägstirnrad $z_{(t)u}$, obwohl seine Zähnezahl eine andere ist. Da $z_{(t)u} < z_{nxu}$ ist, tritt der Unterschnitt bei Schrägstirnrädern bei kleineren Zähnezahlen auf. Für Zähnezahlen $z_{nxu} < 17$ nach Profil DIN 867 und Profilverschiebung $x \cdot m = 0$, β = 0° beginnt gerade der Unterschnitt. Bei entsprechenden Schrägverzahnungen mit β = 20° tritt dieser Effekt erst bei Zähnezahlen von $z_{(t)u} = 14$ auf (gestrichelte Linie). Bei gleichen Verhältnissen und einem Schrägungswinkel β = 50° wird ein Rad mit $z_{(t)} = 5$ unterschnittfrei.

ohne Profilverschiebung auch Zähnezahlen von $z_{(t)} = 1$ erzeugt werden können. Es handelt sich in diesem Fall in der Tat um eingängige Zylinderschnecken, deren Achsen aber - anders als bei den Schrägstirnrädern - mit den Achsen des dazugehörenden Schneckenrades meistens einen Achswinkel von Σ = 90° haben. Statt des Schrägungswinkels kann man im Bereich von

$$\beta > |65°| \qquad\qquad (3.30)$$

den Steigungswinkel γ angeben. Es ist der Steigungswinkel z.B. auf dem Teilzylinder

$$|\gamma| = 90° - |\beta|, \qquad\qquad\qquad (3.31)$$

wobei für die beiden Winkel immer der gleiche Index zu verwenden ist und die Absolutzeichen dazu dienen, daß auch bei negativem Schrägungswinkel eine Differenzbildung entsteht. Schrägungs- und Steigungswinkel haben das gleiche Vorzeichen, und zwar ein positives, wenn die schraubenförmige Flankenlinie einer Außenverzahnung einer Rechts- und einer Hohlradverzahnung einer Linksschraube entspricht

$$\beta > 0 \; , \; \gamma > 0. \qquad\qquad\qquad (3.32)$$

Die Berechnung der kleinsten Zähnezahl $z_{(t)u}$, bei der noch kein Unterschnitt auftritt, kann wie bei den meisten anderen Größen entweder im Stirnschnitt erfolgen, indem die entsprechende Gleichung (hier 2.28) für Geradverzahnung mit den Stirnschnittgrößen versehen wird

$$z_{(t)u} = \frac{2(h^{*}_{Fft} - x_t)}{\sin^2\alpha_t} \; . \qquad\qquad\qquad (3.33)$$

Man kann auch zuerst mit Gl.(2.28) die Unterschnittszähnezahl für den Normalschnitt (Geradverzahnung) z_{nxu} berechnen und aufgrund von Gl.(3.16) alle Normalschnittzähnezahlen auf die Stirnschnittzähnezahlen umrechnen,

$$z_{(t)u} = \frac{z_{nxu}}{z^{*}_{nx}} = \cos\beta \cdot \cos^2\beta_b \cdot z_{nxu} \; . \qquad\qquad (3.16\text{-}1)$$

Der zweite Weg, bei dem etwa das gleiche Ergebnis herauskommt (abhängig von dem Ansatz für die Ersatzzähnezahlberechnung), hat - wie schon erwähnt - den Vorteil, daß die Werte aus den Diagrammen für Geradverzahnung (z.B. für die Unterschnittgrenze, Bild 2.14) sofort auch die Werte für die Unterschnittgrenze beliebiger Schrägverzahnungen abgelesen werden können, die sich nur durch den Winkel β von der Geradverzahnung unterscheiden.

Die Spitzengrenze für Schrägverzahnungen oder auch die Grenze, bei der der Zahnkopf eine gewisse Mindestdicke hat (z.B. $s_a = 0,2 \cdot m$), kann direkt mit den Gl.(2.40) und (2.41) berechnet werden, wobei die Stirnschnittgrößen einzusetzen sind, oder indirekt, indem man mit Gl.(3.16) das dem Schrägstirnrad $z_{(t)}$ entsprechende Ersatzstirnrad z_{nx} berechnet und mit Gl.(3.40) und (3.41) prüft, welche Zahndicke es hat. Mit der Zähnezahl z_{nx}, dem Profilverschiebungsfaktor x_n kann man auch mit dem Diagramm Bild 2.19 Zahndicke und Unterschnittgrenze prüfen. Was für z_{nx} gilt, gilt dann auch für die entsprechende Zähnezahl $z_{(t)}$.

Geht man von Stirnschnittgrößen aus, dann können diese nach denselben Gleichungen wie die Größen der Geradverzahnung berechnet werden. Es ist dann sinnvoll, die Bezugsprofilgrößen auf den Stirnschnitt umzurechnen, was exakt möglich ist, da es sich hier um Körper mit ebenen Flächen handelt.

3.3.1 Durchmesser und Radien

Ähnlich wie in Gl.(2.15) für Geradverzahnungen kann der Teilkreisradius bei Schrägverzahnungen für den Stirnschnitt berechnet werden. Man legt immer den Normalmodul m_n zugrunde, da bis auf Ausnahmen nur für seine genormten Größen (siehe Bild 8.1) Werkzeuge zur Verfügung stehen. Mit Gl.(3.1) erhält man

$$r_t = \frac{z_{(t)}}{2} \cdot m_t = \frac{z_{(t)} \cdot m_n}{2\cos\beta} \ . \tag{3.34}$$

Für die Radien am Y-Kreis r_{yt}, am V-Kreis r_{vt} und am Grundkreis r_{bt} sind die Gleichungen entsprechend, und zwar

$$r_{yt} = r_t \pm h_y \ . \tag{3.35}$$

Die Größe $\pm h_y$ gibt an, um wieviel der Y-Kreis größer oder kleiner als der Teilkreis, Gl.(3.34), wird.

Danach erhält man analog zur Gl.(2.35) für den Kopfkreisradius im Stirnschnitt

$$r_{at} = r_t + (x_n + h_{aP}^* + k^*) \cdot m_n \tag{3.35-1}$$

und für den Fußkreisradius im Stirnschnitt

$$r_{ft} = r_t + (x_n - h_{fFP}^* - c_P^*) \cdot m_n \ . \tag{3.35-2}$$

Den V-Kreis erhält man aus dem Teilkreis (r_t) (im Stirnschnitt) und der Profilverschiebung, welche im Stirn- und Normalschnitt gleich groß ist. Es ist

$$x_t \cdot m_t = x_n \cdot m_n \tag{3.36}$$

und

$$r_{vt} = r_t + x_n \cdot m_n \ . \tag{3.37}$$

Mit Gl.(3.34) wird der Verschiebungskreis

$$r_{vt} = r_t \left(1 + \frac{2x_n}{z_{(t)}} \cdot \cos\beta\right) . \tag{3.38}$$

Ähnlich wie Gl.(2.3-1) erhält man für den Grundkreisradius r_{bt}

$$r_{bt} = r_t \cdot \cos\alpha_t \ . \tag{3.39}$$

3.3.2 Zahndicken und Lückenweiten im Stirnschnitt

Die Stirnzahndicken kann man aus den Zahndicken für ein geradverzahntes Rad ableiten, indem durch den Cosinus des entsprechenden Schrägungswinkels geteilt wird.

Mit Gl.(3.2;3.21;2.33-1) erhält man dann für die Stirnzahndicke am Teilkreisbogen

$$s_t = \frac{s_n}{\cos\beta} = \frac{m_n}{\cos\beta}\left(\frac{\pi}{2} + 2x_{(n)}\tan\alpha_n\right) \quad {}^{1)} \qquad (3.40)$$

und für die Stirnzahndicken am Y-Kreisbogen mit Gl.(3.2;3.23;2.15;2.34) schließlich

$$s_{yt} = \frac{s_{yn}}{\cos\beta_y} = r_{yt}\left[\frac{\pi+4x_{(n)}\tan\alpha_n}{z_{(t)}} + \mathrm{inv}\,\alpha_t - \mathrm{inv}\,\alpha_{yt}\right]^{1)} . \qquad (3.41)$$

Auf ähnliche Weise werden die Zahndicken für den V- und Grundkreisbogen berechnet. Es ist

$$s_{vt} = \frac{s_{vn}}{\cos\beta_v} = r_{vt}\left[\frac{\pi+4x_{(n)}\tan\alpha_n}{z_{(t)}} + \mathrm{inv}\,\alpha_t - \mathrm{inv}\,\alpha_{vt}\right]^{1)} \qquad (3.42)$$

und

$$s_{bt} = \frac{s_{bn}}{\cos\beta_b} = r_{bt}\left[\frac{\pi+4x_{(n)}\tan\alpha_n}{z_{(t)}} + \mathrm{inv}\,\alpha_t\right]^{1)} . \qquad (3.43)$$

Die Lückenweiten e können aufgrund der Teilung p und der Zahndicke s leicht ermittelt werden. Es ist am Teilkreisbogen

$$p_t = \pi\cdot m_t = s_t + e_t \; , \qquad (3.44)$$

am Kopfkreisbogen

$$p_{at} = s_{at} + e_{at} , \qquad (3.45)$$

am Grundkreisbogen

$$p_{bt} = s_{bt} + e_{bt} \qquad (3.46)$$

usw. Man erhält dann für die Lückenweite am Teilkreisbogen

$$e_t = \frac{e_n}{\cos\beta} = \frac{m_n}{\cos\beta}\left[\frac{\pi}{2} - 2x\cdot\tan\alpha_n\right] . \qquad (3.47)$$

---

[1] Da der Profilverschiebungsfaktor x stets im Normalschnitt angegeben wird, läßt man bei ihm den Index n weg, und da die Zähnezahl im Stirnschnitt z_t die reelle, tatsächliche Zähnezahl ist, läßt man auch bei ihr den Index t weg. Es ist daher:

$$x_n = x$$
$$z_t = z$$

Wenn im folgenden diese Indizes zur besseren Unterscheidung doch verwendet werden, stehen sie in Klammern.

Die Ausdrücke für e_{yt}, e_{vt} und e_{bt} entsprechen denen der Gl.(3.41; 3.42; 3.43), wenn man dort die ausgeschriebenen Vorzeichen im Klammerausdruck umkehrt. So ist z.B. die Lückenweite am Radius r_{yt}

$$e_{yt} = \frac{e_{yn}}{\cos\beta_y} = r_{yt} \left[\frac{\pi - 4x \cdot \tan\alpha_n}{z} - \operatorname{inv}\alpha_t + \operatorname{inv}\alpha_{yt} \right] . \tag{3.48}$$

3.4 Zahnradpaarungen mit Schrägverzahnung

Eine Zahnradpaarung mit Schrägverzahnung und parallelen Achsen unterscheidet sich von einer solchen mit Geradverzahnung in folgenden Punkten:

1. Rad und Gegenrad haben gleiche, aber entgegengesetzt gerichtete Schrägungswinkel

$$\beta_1 + \beta_2 = 0°$$

2. Unter der Voraussetzung des gleichen Normalschnittprofils, des gleichen Normalmoduls und gleicher Zähnezahlen ist die Profilüberdeckung $\varepsilon_{\alpha t}$ im Stirnschnitt bei Schrägverzahnung kleiner als bei Geradverzahnung. Sie wird ergänzt durch die Sprungüberdeckung ε_β. Die Summe beider Überdeckungen ist in der Regel größer als die Profilüberdeckung bei Geradverzahnungen.

3. Die Berührung der kämmenden Zahnflanken findet auf einer Geraden (der Erzeugenden) statt, die auf der Flanke liegt, aber schräg zur Radachse geneigt ist. Gleichzeitig geht sie über verschiedene Zahnhöhenbereiche. Die Berührlinie wandert daher beim Eingriff schräg über die ganze Zahnflanke (siehe Bild 3.7, Teilbild 1).

4. Die Gesamtüberdeckung ε_γ bei Schrägverzahnung ändert sich nicht so sprunghaft wie die Profilüberdeckung bei Geradverzahnungen. Sie wird auch konstant, wenn die Profilüberdeckung ganzzahlig ist. Das führt zu kleinerer Geräuscherzeugung.

5. Schrägverzahnungen erzeugen Axialkräfte und ändern ihre Relativlage bei axialer Verschiebung eines Zahnrades.

6. Die Zahnfußtragfähigkeit von Schrägverzahnungen ist unter den Voraussetzungen von Punkt 2 und gleicher Zahnbreite wegen der kräftigeren Zähne im Stirnschnitt größer als bei Geradverzahnungen, ebenso die Flankentragfähigkeit wegen der günstigeren Überdeckung.

3.5 Achsabstand, Zahnspiele und Gleitgeschwindigkeiten

Im folgenden werden noch einige wichtige Größen, die für Geradverzahnung herge-
leitet wurden, auch für Zahnradpaarungen mit Schrägverzahnung angegeben.

Der Achsabstand ist analog zu Gl.(2.43)

$$a_d = r_{t1} + r_{t2} = \frac{z_1+z_2}{2} \cdot m_t = \frac{z_1+z_2}{2} \cdot \frac{m_n}{\cos\beta} \cdot \qquad (3.50)$$

Einen beliebigen Achsabstand a erhält man entsprechend Gl.(2.48) mit

$$a_d \cdot \cos\alpha_t = a \cdot \cos\alpha_{wt} = a_v \cdot \cos\alpha_{vt} \,^{1)} \qquad (3.51)$$

und mit Gl.(3.50)

$$a = \frac{(z_1+z_2)\cdot m_n}{2\cos\beta} \cdot \frac{\cos\alpha_t}{\cos\alpha_{wt}} = r_{wt1} + r_{wt2}. \qquad (3.52)$$

Statt α_{wt}, den Betriebseingriffswinkel bei Flankenspielfreiheit, kann man α_{vt}, den
Verschiebungseingriffswinkel, einsetzen und erhält dann immer den entsprechenden
Achsabstand, z.B. den Verschiebungsachsabstand a_v usw. Der Betriebseingriffswin-
kel α_{wt} bei Spielfreiheit errechnet sich analog zu Gl.(2.49)

$$\text{inv}\,\alpha_{wt} = \frac{x_{t1}+x_{t2}}{z_1+z_2} \cdot 2\tan\alpha_t + \text{inv}\,\alpha_{Pt} \cdot \qquad (3.53)$$

Mit den Gl.(3.12;3.20) erhält man

$$\text{inv}\,\alpha_{wt} = \frac{x_1+x_2}{z_1+z_2} \cdot 2\tan\alpha_n + \text{inv}\,\alpha_t \cdot \qquad (3.54)$$

Den Achsabstand a_v für die Berührung der Verschiebungskreise kann man analog
zu Gl.(2.45) auch direkt berechnen und erhält

$$a_v = r_{vt1} + r_{vt2} = r_{t1} + r_{t2} + (x_1 + x_2)\cdot m_n \qquad (3.55)$$

---

[1] Wenn die Indizierung in der Norm 3960 [2/1] konsequent durchgeführt worden
wäre, dann müßten hier bei den Achsabständen und den dazugehörenden Eingriffswinkeln stets die gleichen Indizes erscheinen. Hätte man die allgemeinen Größen
und nicht bloß die für die "Zahnstangen-Geometrie" wichtigen aber speziellen Teilkreisgrößen ohne Index und zueinander gehörende Größen mit gleichem Index versehen, ließen sich Gesetzmäßigkeiten durch eine Gleichung darstellen etwa wie
$a \cdot \cos\alpha = $ konst. und die formale Richtigkeit der Gleichungen aus der gleichen
Indizierung erkennen, etwa wie $a_t \cdot \cos\alpha_t = a_{wt} \cdot \cos\alpha_{wt} = a_{dt} \cdot \cos\alpha_{dt} = $
$a_{vt} \cdot \cos\alpha_{vt}$. Nach DIN 3960 aber heißt es: $a \cdot \cos\alpha_{wt} = a_d \cdot \cos\alpha = a_v \cdot \cos\alpha_{vt}$.

sowie mit Gl.(3.34)

$$a_v = \left(\frac{z_1+z_2}{2\cos\beta} + x_1 + x_2\right) \cdot m_n \quad .$$ (3.55-1)

Die Zahnspiele werden genau so berechnet wie bei der Geradverzahnung. Da das Kopfspiel aufgrund von Größen entsteht, die radial gerichtet sind, kann man die Gl.(2.68) für Geradverzahnung verwenden. Das Drehflankenspiel j_t in tangentialer Richtung wird zwischen den Flanken als Länge des Wälzkreisbogens, um den sich ein Zahnrad bei festgehaltenem Gegenrad im Stirnschnitt dreht, bestimmt, genau wie bei der Geradverzahnung. Beim Normalflankenspiel j_n muß nicht nur die Normalrichtung n auf die geneigte Stirnflanke, sondern auch die Schrägstellung (β) berücksichtigt werden. Es ist daher

$$j_n = j_t \cdot \cos\alpha_n \cdot \cos\beta \quad .$$ (3.56)

Mit den Gl.(3.23 und 3.24) erhält man j_n in Abhängigkeit des Stirneingriffswinkels α_t. Es ist

$$j_n = j_t \cos\alpha_t \cos\beta_b \quad .$$ (3.57)

Das Radialspiel j_r ist

$$j_r = \frac{j_t}{2\tan\alpha_{wt}} \quad .$$ (3.58)

Auch für die relative Gleitgeschwindigkeit v_g gelten für Schrägverzahnungen im Stirnschnitt und für Geradverzahnungen, siehe Gl.(2.87;2.88), dieselben Gleichungen, nur müssen die Eingriffsstrecken g im ersten Fall stets Stirnschnitteingriffsstrecken sein.

Die relative Gleitgeschwindigkeit im Punkt Y ist entsprechend der Gl.(2.87)

$$v_{g1} = \pm\omega_1\, g_{\alpha yt} \left(1 + \frac{1}{u}\right)$$ (3.59)

mit $g_{\alpha yt}$ als der Strecke im Stirnschnitt von Wälzpunkt C zum betrachteten Eingriffspunkt Y.

Die Extremwerte erreicht sie am Fuß- bzw. Kopfeingriffspunkt mit den Gl.(2.89; 2.90)

$$v_{gft} = \pm\, \omega_1 \cdot g_{ft} \cdot \left(1 + \frac{1}{u}\right) \quad ,$$ (3.60)

$$v_{gat} = \pm\, \omega_1 \cdot g_{at} \cdot \left(1 + \frac{1}{u}\right) \quad .$$ (3.61)

Es ist $g_{\alpha y}$ stets positiv und u bei Außen-Radpaaren positiv, bei Innen-Radpaaren negativ. Die Gleichungen für die Eingriffsstrecken wurden nach Bild 2.36 abgeleitet und sind für den Stirnschnitt in den Tafeln 8.3.1 und 8.4 enthalten.

Die Berechnung des spezifischen Gleitens ζ erfolgt auch bei Schrägverzahnungen mit den Gl.(2.91) bis (2.94), wobei die Krümmungsradien im Stirnschnitt eingesetzt werden.

Für den Eingriffsbeginn, Punkt A, erhält man

$$\zeta_{ft1} = 1 - \frac{\rho_{At2}}{u \cdot \rho_{At1}} \qquad (3.62)$$

und für das Eingriffsende, Punkt E,

$$\zeta_{ft2} = 1 - \frac{u \cdot \rho_{Et1}}{\rho_{Et2}} \ . \qquad (3.63)$$

3.6 Profil- und Sprungüberdeckung

Im Stirnschnitt sind die Eingriffsverhältnisse bei Schräg- und Geradverzahnung ähnlich. Während bei der Geradverzahnung über die ganze Zahnbreite die gleichen Punkte der Zahnprofile zur gleichen Zeit im Eingriff sind, sind bei der Schrägverzahnung längs der Zahnbreite verschiedene Profilpunkte miteinander in Berührung. Die abgewickelte Grundzylinder-Mantelfläche (NMM'N') in Bild 3.7, Teilbild 1, ist auch gleichzeitig die Eingriffsebene, wenn sie den Grundzylinder des Gegenrades tangiert, wie in Bild 3.10 zu erkennen ist. Wickelt man diese Ebene von einem Grundzylinder ab, dann erzeugt die Strichpunktlinie die jeweiligen Zahnflanken. Läßt man die abgewickkelte Grundzylinderebene jedoch als tangierende Ebene an den Grundzylindern wie einen Treibriemen abwälzen, dann gibt die Strichpunktlinie den geometrischen Ort aller gleichzeitigen Berührungspunkte der paarenden Zahnflanken an.

Diese Schrägstellung der Berührlinie B_1B_2 in den Bildern 3.7 und 3.10 ist auch der Grund, weswegen bei Schrägverzahnungen zusätzlich die Sprungüberdeckung auftritt. Ist z.B. ein Zahn im vorderen Stirnschnitt T_IT_I (Bild 3.11) schon außer Eingriff, dann ist er im rückwärtigen Stirnschnitt $T_{II}T_{II}$ noch voll im Eingriff, da die vordere und die rückwärtige Profileingriffsstrecke $g_{\alpha t}$ um den Sprung g_β verschoben sind. Die Folge ist, daß sich die Eingriffsstrecke im Stirnschnitt $g_{\alpha t}$ um den Betrag g_β verlängert, der aus der Größe des Schrägungswinkels β_b und der Zahnbreite b resultiert. Bei Schrägverzahnungen ist zu berücksichtigen, daß nicht immer die ganze Zahnbreite im Eingriff steht, und bei extremen Verhältnissen die tatsächliche Berührlänge sehr kurz sein kann, wenn auch die Gesamtüberdeckung ε_γ, die sich aus Profilüberdeckung ε_α und Sprungüberdeckung ε_β zusammensetzt, scheinbar groß genug ist. Die Überdeckung ergibt sich wie bei der Geradverzahnung - Gl.(2.72) - aus dem Verhältnis der Eingriffsstrecke und der Eingriffsteilung zu

$$\varepsilon_t = \frac{g_t}{p_{et}} \ . \qquad (3.64)$$

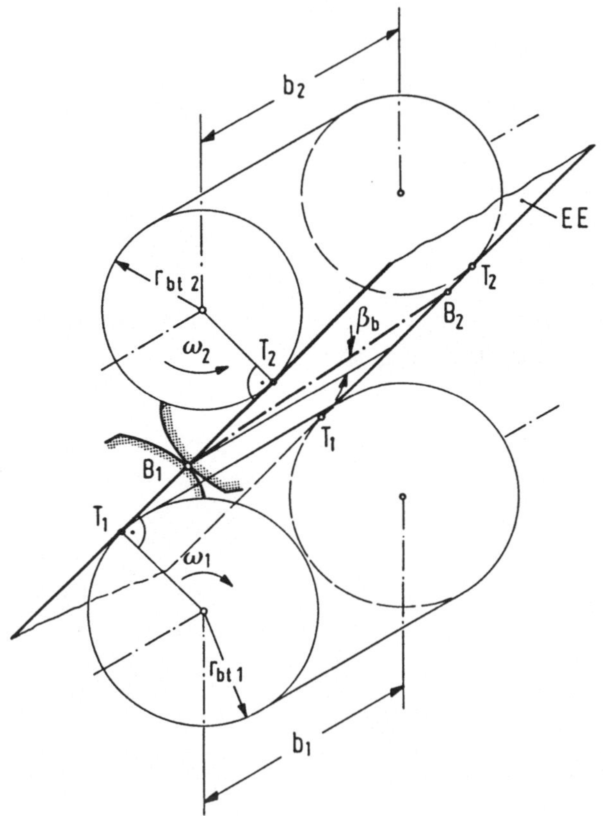

Bild 3.10. Eingriffsebene E zweier Zahnräder mit den Grundkreiszylindern (r_{bt1}) und (r_{bt2}). Die Linie $\overline{B_1B_2}$ ist beim Abwickeln vom Grundzylinder die Flankenerzeugende und beim Abrollen an den Grundzylindern der geometrische Ort der Flankenberührungspunkte.

Man erhält für die einzelnen Überdeckungen

$$\varepsilon_{\alpha t} = \frac{g_{\alpha t}}{p_{et}} \tag{3.65}$$

$$\varepsilon_{\beta} = \frac{g_{\beta}}{p_{et}} \tag{3.66}$$

$$\varepsilon_{\gamma} = \varepsilon_{\alpha t} + \varepsilon_{\beta} \; . \tag{3.67}$$

Die Überdeckungen kann man statt mit den Eingriffsstrecken g mit den Profil- und Sprung-Überdeckungswinkeln φ_{α} und φ_{β} und dem Teilungswinkel τ berechnen.

Es gilt dann

$$\varphi_{\alpha t} = \frac{g_{\alpha t}}{r_{bt}} \tag{3.68}$$

$$\varphi_\beta = \frac{g_\beta}{r_{bt}} \tag{3.69}$$

$$\tau = \frac{p_b}{r_{bt}} = \frac{p_e}{r_{bt}} \tag{3.70}$$

womit man die Gesamtüberdeckung

$$\varepsilon_\gamma = \frac{\varphi_{\alpha t}}{\tau} + \frac{\varphi_\beta}{\tau} = \varepsilon_{\alpha t} + \varepsilon_\beta \tag{3.71}$$

erhält. Die Profilüberdeckung im Normalschnitt $\varepsilon_{\alpha n}$ mit der Eingriffsstrecke $\overline{E_{1n}E_{2n}}$ des Bildes 3.11, bezogen auf die Eingriffsteilung p_{en} ist

$$\varepsilon_{\alpha n} = \frac{\overline{A_n E_n}}{p_{en}} = \frac{g_{\alpha n}}{p_{en}} \ . \tag{3.72}$$

Im Stirnschnitt lautet sie

$$\varepsilon_{\alpha t} = \frac{\overline{A_t E_t}}{p_{et}} = \frac{g_{\alpha t}}{p_{et}} \ , \tag{3.73}$$

wobei

$$g_{\alpha t} = g_{\alpha n} \cos \beta_b \tag{3.74}$$

und

$$p_{et} = \frac{p_{en}}{\cos\beta_b} \tag{3.75}$$

ist.

Aus Gl.(3.73;3.74;3.75) ergibt sich

$$\varepsilon_{\alpha t} = \varepsilon_{\alpha n} \cdot \cos^2\beta_b. \tag{3.76}$$

Nach Gl.(2.82) erhält man im Stirnschnitt für die Profilüberdeckung die Gleichung

$$\varepsilon_{\alpha t} = \frac{1}{\pi \cdot m_t \cdot \cos\alpha_t} \cdot \left[\ \sqrt{r_{at1}^2 - r_{bt1}^2} \ + \ \sqrt{r_{at2}^2 - r_{bt2}^2} \ - (r_{bt1} + r_{bt2}) \cdot \tan \alpha_{wt} \right]. \tag{3.76-1}$$

Die Sprungüberdeckung ist auch leicht herzuleiten. Aus Bild 3.11 erhält man

$$g_\beta = b \cdot \tan \beta_b \tag{3.77}$$

und mit der auf den Stirnschnitt bezogenen Gl.(2.80)

$$p_{et} = \pi \cdot m_t \cdot \cos \alpha_t \tag{3.78}$$

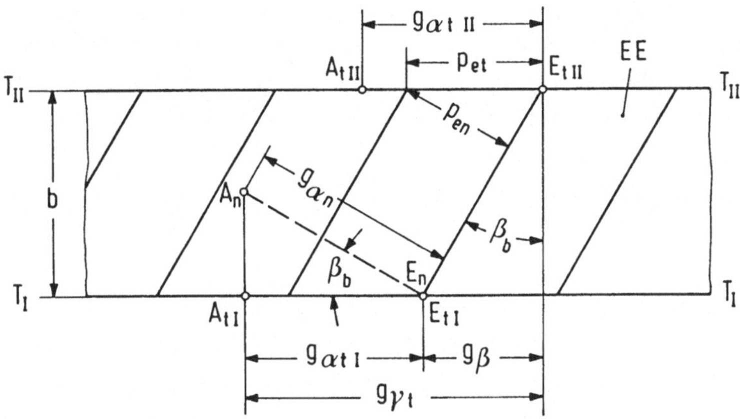

Bild 3.11. Eingriffsstrecke bei Schrägverzahnungen, dargestellt in der Eingriffsebene EE (dem abgewickelten Grundzylindermantel).

Die gesamte Eingriffsstrecke im Stirnschnitt $g_{\gamma t}$ setzt sich aus der Profileingriffsstrecke im Stirnschnitt $g_{\alpha t}$ und dem Sprung g_β zusammen. Die Profileingriffsstrecke im Normalschnitt $g_{\alpha n}$ wird von Punkt A_n bis E_n angenommen und ist länger als die Profileingriffsstrecke von A_t bis E_t im Stirnschnitt $g_{\alpha t}$. Normal- und Stirnschnittgrößen, wie z.B. die Eingriffsteilungen p_{en} und p_{et} (gleich den Grundzylinderteilungen p_{bn} und p_{bt}) im Normal- und Stirnschnitt unterscheiden sich um den Faktor $\cos \beta_b$.

Die vordere und die rückwärtige Profileingriffsstrecke $g_{\alpha t I}$ und $g_{\alpha t II}$ sind um den Sprung g_β verschoben.

ergibt sich aus Gl.(3.66;3.77;3.1;3.24) die Sprungüberdeckung

$$\varepsilon_\beta = \frac{b \cdot \sin|\beta|}{\pi \cdot m_n} \, . \tag{3.79}$$

3.7 Überdeckung und Länge der Berührlinien

3.7.1 Geradverzahnung

Der Begriff der Überdeckung ε_α als das Verhältnis der Eingriffsstrecke g_α zur Eingriffsteilung p_e ist eigentlich nur für Geradverzahnungen im doppelten Sinne aussagefähig, nämlich im Hinblick auf die Anzahl der mindestens gleichzeitig in Eingriff kommenden Zahnpaare - bekanntlich muß es stets mehr als eines sein, $\varepsilon_\alpha > 1$ - und in Bezug auf ihre maximale und minimale Berührlänge. So besagt z.B. bei Geradverzahnungen die Profilüberdeckung $\varepsilon_\alpha = 1,8$, daß stets mindestens ein Zahnpaar im Eingriff ist, aber über 80% der Eingriffslänge (am Anfang und am Ende) zwei Zahnpaare, bei $\varepsilon_\alpha = 2,3$, z.B. von Sonderverzahnungen, stets mindestens zwei Zahnpaare, aber während 30% der Eingriffslänge drei Zahnpaare. Die dazugehörenden Berührlän-

gen sind das Produkt der gerade im Eingriff befindlichen Zahnpaare und der Breite b
des schmaleren Rades. Die Änderung der Gesamtberührlänge und damit auch die Flan-
kenbelastung erfolgt plötzlich, gleichzeitig auf der ganzen Zahnbreite, nämlich im inneren Einzeleingriffspunkt B (Verkürzung der Berührlänge) und im äußeren Einzeleingriffspunkt D (Vergrößerung der Berührlänge). Die Berührlinien wandern parallel
zur Achse über die Zahnflanke (Bild 3.13, Teilbild 1).

3.7.2 Schrägverzahnung

Bei der Schrägverzahnung sind die Verhältnisse komplizierter, und man kann aus der
Profilüberdeckung $\varepsilon_{\alpha t}$ dasselbe wie für die Geradverzahnung nur für den Stirnschnitt
entnehmen, so daß man weiß, wieviele Zahnpaare dort z.B. $\varepsilon_{\alpha t} = 1,8$ über welche
Strecke im Eingriff sind, aber man weiß nicht, wie lang die dazugehörenden Berührlinien sind, zumal sie schräg über die Flanke laufen, also nicht parallel zur Achse
(Bild 3.7, Teilbild 1, Strecke B_1B') und auch in der Eingriffsebene schräg im Eingriffsfeld liegen. Das ist in Bild 3.12, Teilbild 1, auf der abgewickelten Eingriffsebene EE gut zu erkennen. In Teilbild 2 ist das Eingriffsfeld EF getrennt gezeich-
net, und man kann die Stirnschnittgrößen, Länge der Eingriffsstrecke $g_{\alpha t}$, Eingriffsteilung p_{et} und Sprung g_β gut erkennen, ebenso die senkrecht dazu liegende Axialteilung p_x sowie den Grundschrägungswinkel β_b und senkrecht zu den Flanken die
Normalteilung p_{en}. Die Axialteilung als axialer Abstand der gleichseitigen Flanken
ist

$$p_x = p_{et} \cdot \cot \beta_b \; , \qquad\qquad\qquad\qquad (3.80)$$

im Gegensatz zur Stirnteilung in jedem Zylindermantel gleich groß. Definiert man einen Axialmodul m_x, dann erhält man die Axialteilung - wie auch Normal- und Stirnteilung, Gl.(2.13 und 3.44) - zu

$$p_x = \pi \cdot m_x = \frac{\pi \cdot m_n}{\sin|\beta|} = \frac{\pi \cdot m_t}{\tan|\beta|} \; . \qquad\qquad (3.81)$$

Noch schwieriger wird die Beurteilung der Länge der Berührlinien, wenn man die
Gesamtüberdeckung ε_γ mit

$$\varepsilon_\gamma = \varepsilon_{\alpha t} + \varepsilon_\beta \qquad\qquad\qquad\qquad (3.67)$$

zugrunde legt, weil dann noch die durch den Sprung g_β, Gl.(3.77), entstehende
Überdeckung enthalten ist.

In Bild 3.13 sind dafür in einer Anlehnung an die Darstellung nach Niemann/Winter
[1/7] einige Beispiele angegeben. Teilbild 1 zeigt über einer abgewickelten Eingriffsebene EE das Eingriffsfeld bei verschiedenen Lagen der Zahnflanken als Fenster Q.
Die Zahnflanken sind symbolisch als Linien dargestellt. Darüber ist die Gesamtlänge

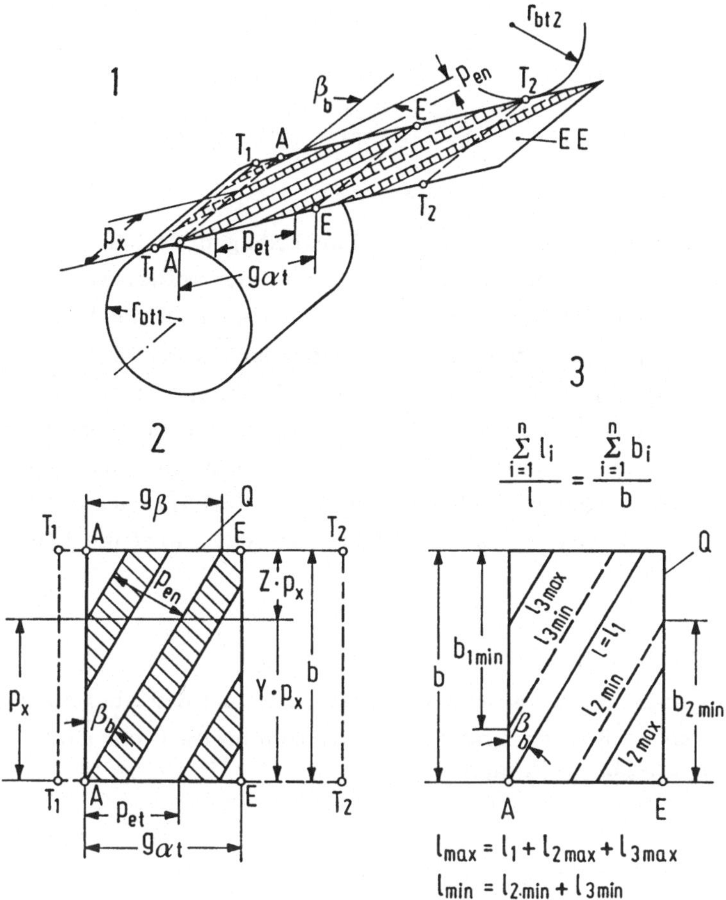

Bild 3.12. Abgewickeltes Eingriffsfeld Q der Schrägverzahnung.

Teilbild 1: Vom Grundzylinder abgewickelte Eingriffsebene EE mit Tangentenberührungsstrecken $\overline{T_1 T_1}$ und $\overline{T_2 T_2}$ am Grundkreis, Eingriffsbegrenzungsstrecken $\overline{AA}$ und $\overline{EE}$, Normal-, Stirn- und Axialteilungen p_{en}, p_{et}, p_x am Grundzylinder und Grundschrägungswinkel β_b.

Teilbild 2: Darstellung der Eingriffsteilungen im Normalschnitt (p_{en}), im Stirnschnitt (p_{et}) und der Axialteilung p_x sowie der Eingriffsstrecke im Stirnschnitt $g_{\alpha t}$ und des Sprungs g_β am Eingriffsfeld Q. Zahnbreiten in Abhängigkeit des Sprunges mit Y als ganzer und Z als Dezimalzahl der Sprungüberdeckung ε_β.

Teilbild 3: Länge der B-Linien (Berührlinien) $l_{max} = \sum_{i=1}^{n} l_i$ im gesamten Eingriffsfeld und Länge $b_{max} = \sum_{i=1}^{n} b_i$ der dazugehörenden Zahnbreiten, ausgezogen für die maximale, gestrichelt für die minimale Länge. Es ist n die Anzahl der im Eingriffsfeld Q auftretenden Rechts- oder Linksflanken.

der Berührlinien l_i, bezogen auf die Berührlinienlänge l für eine Zahnbreite (von Stirn- zu Stirnfläche) aufgetragen mit n als Anzahl der im Fenster erscheinenden Zahnflanken. Es ist das Verhältnis

$$\sum_{i=1}^{n} l_i/l = \sum_{i=1}^{n} b_i/b \qquad (3.82)$$

mit

$$b = 1 \cdot \cos \beta_b \ , \qquad\qquad\qquad (3.83)$$

das gleich den Zahnbreitenverhältnissen ist, wie aus Bild 3.12, Teilbild 3, hervorgeht.

In Teilbild 1 erhält man für das maximale und minimale Berührlängen-Verhältnis der Geradverzahnung die Werte $l_{max}/l = 2$ und $l_{min}/l = 1$, während die Profilüberdeckung $\varepsilon_\alpha = 1,8$ ist. In Teilbild 2 für eine Schrägverzahnung mit $\varepsilon_\beta = 0,5$ sind die Maximal- und Minimalwerte 2 und 1,6. Wichtig ist, daß der Übergang zwischen den Extremwerten kontinuierlich erfolgt. In Teilbild 3 mit einer Sprungüberdeckung von $\varepsilon_\beta = 1,0$ ist die Länge der Berührlinien konstant, die Profilüberdeckung aber immer noch (wie in Teilbild 2) $\varepsilon_{\alpha t} = 1,8$. In Teilbild 4.2 erzeugt die ganzzahlige Profilüberdeckung $\varepsilon_{\alpha t} = 2$ auch konstante Berührlinienlängen, wobei $\varepsilon_\beta = 0,5$ ist. Verkürzt man die Eingriffsstrecke, so daß $\varepsilon_{\alpha t} = 1,2$ wird - wie in Teilbild 4.1 - dann wird die Länge der Berührlinien kleiner und stark schwankend.

3.7.3 Ermitteln der extremen Berührlängen

In Bild 3.14 sind die vier grundsätzlich verschiedenen Möglichkeiten der Abgrenzung des Eingriffsfeldes EF nach Keck [3/2] dargestellt. Ist die Zahnbreite b ein ganzzahliges Vielfaches der Axialteilung wie in Teilbild 1

$$b = n \cdot p_x , \qquad\qquad\qquad (3.84)$$

Bild 3.13. Bezogene Länge der gleichzeitig im Eingriff stehenden Berührlinien $\left(\sum_{i=1}^{n} l_i \right)/l$ bzw. Zahnbreiten $\left(\sum_{i=1}^{n} b_i \right)/b$. Zusammenhang zwischen Berührlinien-Längen und Überdeckungen, gezeigt an den durch das "Fenster Q" dargestellten Eingriffsfeldern in der Eingriffsebene EE. Die Eingriffsstrecke A bis E wird durch eine gedachte Bewegung der Eingriffsebene und des Fensters gedehnt, da v_Q etwas größer als v_{EE} ist (Überholvorgang).
Teilbild 1: Geradverzahnung, plötzliche Änderung der bezogenen Berührlinienlänge $\left(\sum_{i=1}^{n} l_i \right)/l$ von 2 auf 1. Die Profilüberdeckung $\varepsilon_\alpha = 1,80$ besagt nur, daß für 80% der Eingriffslänge die bezogene Berührlinien-Länge 2 und für 20% diese Länge 1 ist.
Teilbild 2: Schrägverzahnung mit $\varepsilon_\beta = 0,5$. Die Profilüberdeckung $\varepsilon_{\alpha t}$ ist abhängig von der Länge g_α des Eingriffsfeldes Q und der Eingriffs-Stirnteilung p_{et}. Zwar ist $\varepsilon_{\alpha t} = 1,80$, die bezogene Berührlinien-Länge $\left(\sum_{i=1}^{n} l_i \right)/l = \left(\sum_{i=1}^{n} b_i \right)/b$, aber schwankt zwischen 2 und 1,6. Daher ist $\varepsilon_{\alpha t}$ keine aussagekräftige Größe für die Beurteilung der Tragfähigkeit bei Schrägverzahnungen.
Teilbild 3: Die Sprungüberdeckung ε_β ist eine ganze Zahl. Die bezogenen Berührlängen $\left(\sum_{i=1}^{n} l_i \right)/l$ über dem Eingriff sind alle gleich, was Vorteile für ruhigen Lauf und Zahnbeanspruchung bringt.
Teilbild 4.1: Die Länge $g_{\alpha I}$ des Eingriffsfeldes wurde kürzer gemacht. Die Längenänderung der Berührlinien bleibt ähnlich der in Teilbild 2, aber die Maximal- und Minimalwerte sind niedriger.
Teilbild 4.2: Auch wenn die Profilüberdeckung $\varepsilon_{\alpha t}$ eine ganze Zahl hat (hier $\varepsilon_{\alpha t} = 2$), bleibt wie im Fall 3 die bezogene Länge der Berührlinien $\left(\sum_{i=1}^{n} l_i \right)/l$ konstant mit allen geschilderten Vorteilen.

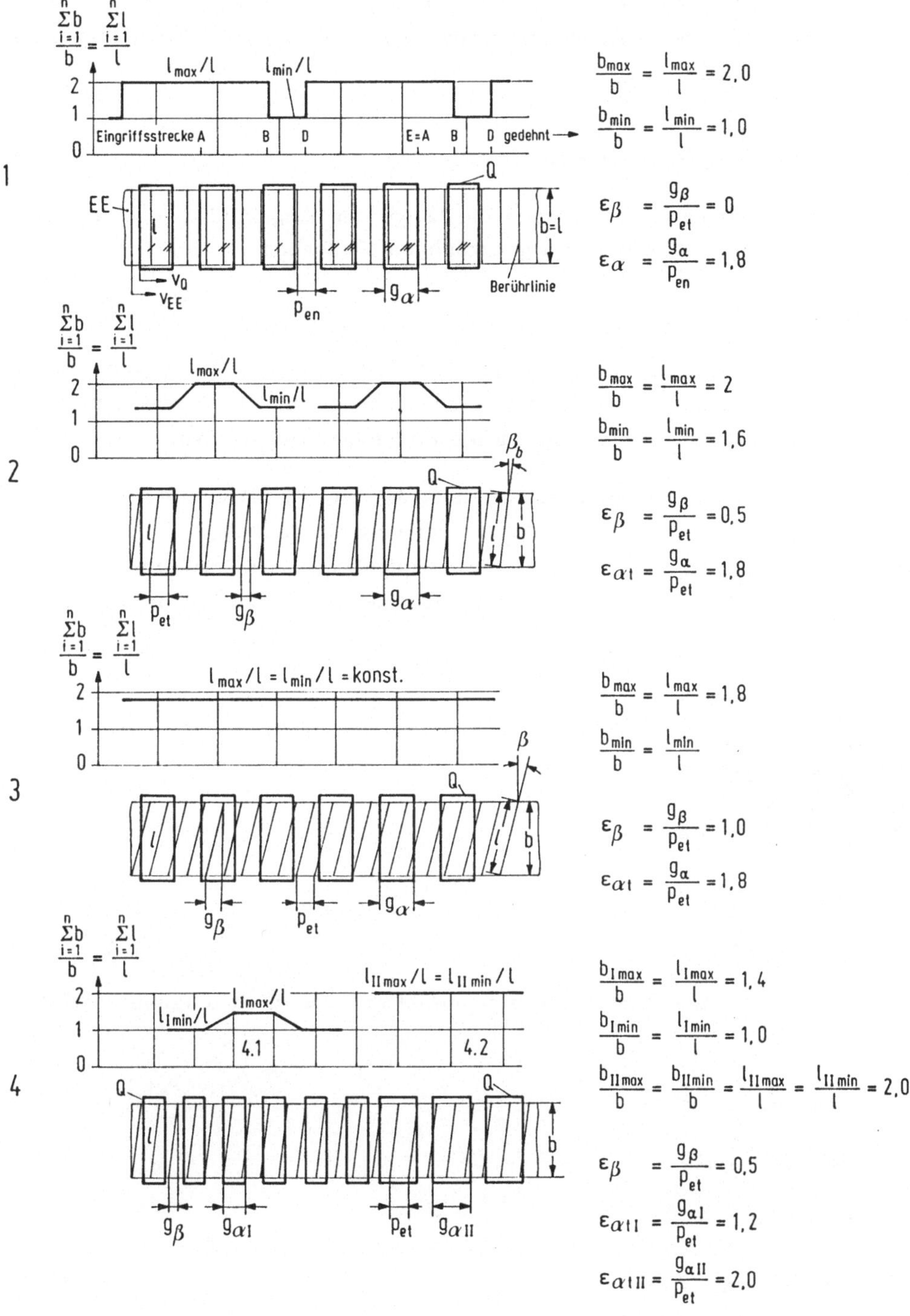
1
$\sum_{i=1}^{n} b$ / b = $\sum_{i=1}^{n} l$ / l
2 1 0
l_{max}/l
l_{min}/l
Eingriffsstrecke A
B D
E = A B
D gedehnt
Q
EE
l
v_Q
v_{EE}
p_{en}
g_α
Berührlinie
b = l
$\frac{b_{max}}{b} = \frac{l_{max}}{l} = 2,0$
$\frac{b_{min}}{b} = \frac{l_{min}}{l} = 1,0$
$\varepsilon_\beta = \frac{g_\beta}{p_{et}} = 0$
$\varepsilon_\alpha = \frac{g_\alpha}{p_{en}} = 1,8$

2
$\sum_{i=1}^{n} b$ / b = $\sum_{i=1}^{n} l$ / l
2 1 0
l_{max}/l
l_{min}/l
β_b
Q
l b
p_{et}
g_β
g_α
$\frac{b_{max}}{b} = \frac{l_{max}}{l} = 2$
$\frac{b_{min}}{b} = \frac{l_{min}}{l} = 1,6$
$\varepsilon_\beta = \frac{g_\beta}{p_{et}} = 0,5$
$\varepsilon_{\alpha t} = \frac{g_\alpha}{p_{et}} = 1,8$

3
$\sum_{i=1}^{n} b$ / b = $\sum_{i=1}^{n} l$ / l
2 1 0
$l_{max}/l = l_{min}/l = $ konst.
β
Q
l b
g_β
p_{et}
g_α
$\frac{b_{max}}{b} = \frac{l_{max}}{l} = 1,8$
$\frac{b_{min}}{b} = \frac{l_{min}}{l}$
$\varepsilon_\beta = \frac{g_\beta}{p_{et}} = 1,0$
$\varepsilon_{\alpha t} = \frac{g_\alpha}{p_{et}} = 1,8$

4
$\sum_{i=1}^{n} b$ / b = $\sum_{i=1}^{n} l$ / l
2 1 0
$l_{I min}/l$
$l_{I max}/l$
$l_{II max}/l = l_{II min}/l$
4.1
4.2
Q Q
l b
g_β $g_{\alpha I}$
p_{et} $g_{\alpha II}$
$\frac{b_{I max}}{b} = \frac{l_{I max}}{l} = 1,4$
$\frac{b_{I min}}{b} = \frac{l_{I min}}{l} = 1,0$
$\frac{b_{II max}}{b} = \frac{b_{II min}}{b} = \frac{l_{II max}}{l} = \frac{l_{II min}}{l} = 2,0$
$\varepsilon_\beta = \frac{g_\beta}{p_{et}} = 0,5$
$\varepsilon_{\alpha t I} = \frac{g_{\alpha I}}{p_{et}} = 1,2$
$\varepsilon_{\alpha t II} = \frac{g_{\alpha II}}{p_{et}} = 2,0$

dann ist es gleichgültig, wie groß die Länge der Eingriffsstrecke $g_{\alpha t}$ ist, die Summe der Berührlängen bzw. das Berührlängenverhältnis und das dazugehörende Zahnbreitenverhältnis bleiben konstant.

$$\sum_{i=1}^{n} l_i / l = \sum_{i=1}^{n} b_i / b = \text{konst.} \qquad (3.82\text{-}1)$$

Genau denselben Effekt erzielt man, wenn die Länge der Eingriffslinie $g_{\alpha t}$ gleich der Eingriffsteilung p_{et} ist oder einem ganzzahligen Vielfachen von ihr

$$g_{\alpha t} = n \cdot p_{et} \cdot \qquad (3.85)$$

Man kann sich vom Eintreten dieses Effekts leicht überzeugen, wenn in den Teilbildern 1 und 2 die Flankenlinien horizontal verschoben werden. Die Strecke, um die eine Linie kürzer wird, ist gleich der, um die die andere länger wird.

Ist nun keine der beiden Bedingungen der Gl.(3.84) und (3.85) erfüllt, dann tritt der Fall der Teilbilder 3 und 4 auf. In diesen gibt es ein Feld IV, auf dessen Einfluß allein die Schwankung der gesamten Berührlinienlänge zurückzuführen ist. Das Eingriffsfeld in Teilbild 3 erfüllt zwei Bedingungen bezüglich der Berührlängen, nämlich

$$l_{2\,max} + l_{3\,max} \leqq 1 \qquad (3.86)$$

und

$$l_{2\,max} \leqq l_{3\,max} \qquad (3.87)$$

die auch für die Breiten gelten

$$b_{2\,max} + b_{3\,max} \leqq b \qquad (3.86\text{-}1)$$

$$b_{2\,max} \leqq b_{3\,max} \cdot \qquad (3.87\text{-}1)$$

Das Eingriffsfeld in Teilbild 4 ist dagegen so aufgebaut, daß die Bedingungen erfüllt werden

$$l_{2\,max} + l_{3\,max} > 1 \qquad (3.88)$$

$$l_{2\,max} > l_{3\,max} \qquad (3.89)$$

bzw. für die Breiten

$$b_{2\,max} + b_{3\,max} > b \qquad (3.88\text{-}1)$$

$$b_{2\,max} > b_{3\,max} \cdot \qquad (3.89\text{-}1)$$

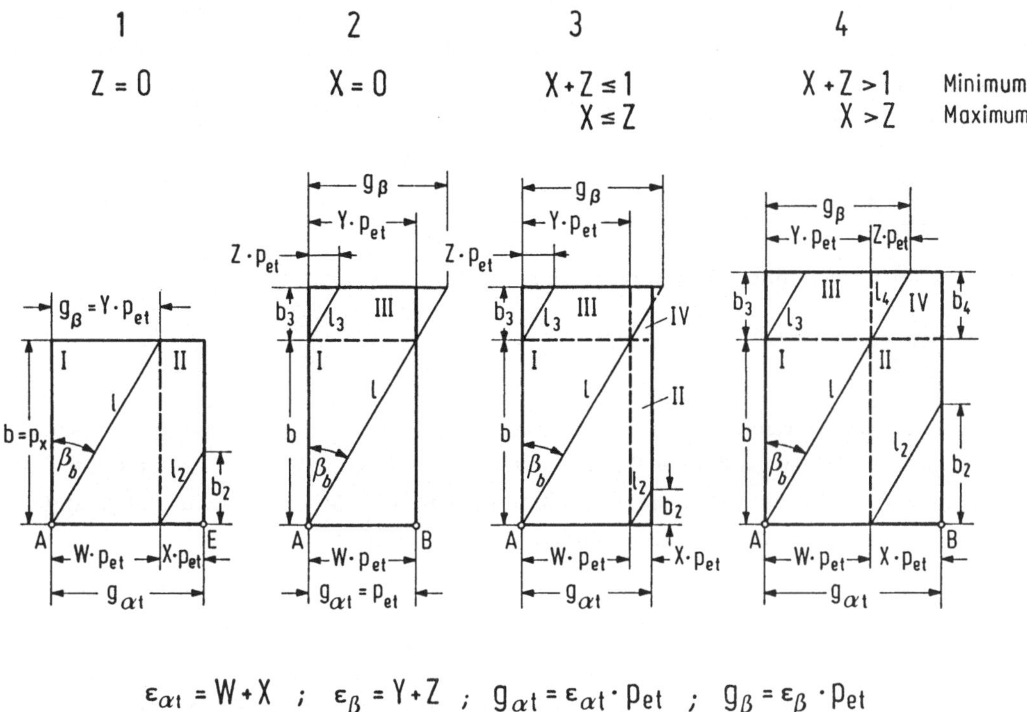

$$\varepsilon_{\alpha t} = W + X \quad ; \quad \varepsilon_{\beta} = Y + Z \quad ; \quad g_{\alpha t} = \varepsilon_{\alpha t} \cdot p_{et} \quad ; \quad g_{\beta} = \varepsilon_{\beta} \cdot p_{et}$$

Bild 3.14. Grundsätzliche Lage der Berührlinien im stark umrandeten Eingriffsfeld Q. Zusammenhang zwischen der Berührlänge $\sum_{i=1}^{n} l_i$ bzw. der entsprechenden Zahnbreite $\sum_{i=1}^{n} b_i$ von schrägverzahnten Stirnradpaarungen und der Profil- und Sprungüberdeckung nach Keck [3/1], dargestellt am Eingriffsfeld A bis B. Es bedeutet: W und Y die ganzzahligen Zahlen der Profil- und Sprungüberdeckung, X und Z die Dezimalzahlen von Profil- und Sprungüberdeckung.

Teilbild 1: Die Zahnbreite ist gerade so groß wie die Axialteilung p_X oder ein ganzes Vielfaches davon. Ganz gleich, wie groß die Eingriffsstrecke $g_{\alpha t}$ bzw. die Profilüberdeckung $\varepsilon_{\alpha t}$ ist, die Berührlänge bleibt über den gesamten Eingriff konstant, da $l+l_2$ = konst. ist, wie aus den Feldern I und II ersichtlich ist.

Teilbild 2: Die Eingriffsstrecke $g_{\alpha t}$ ist gerade so lang wie die Eingriffsteilung p_{et} (oder ein ganzes Vielfaches davon). Ganz gleich, wie groß der Sprung g_{β} bzw. die Sprungüberdeckung ε_{β} ist, die Berührlänge bleibt über den gesamten Eingriff konstant, da $l+l_3$ = konst. ist, wie aus den Feldern I und III ersichtlich ist.

Teilbild 3: Sowohl die Länge der Stirneingriffsstrecke $g_{\alpha t}$ als auch der Sprung g_{β} sind kein ganzes Vielfaches der Stirneingriffsteilung p_{et}. Die drei Felder I+II+III haben zusammen eine konstante Berührlänge, das restliche Feld IV ist für die Änderung der gesamten Berührlänge verantwortlich. Die Eingriffslängen $(X+Z) \cdot p_{et}$ sind hier kleiner als die Eingriffsteilung p_{et}. Das hat zur Folge, daß nach einer längeren konstanten minimalen Überdeckung diese kurzzeitig größer wird.

Teilbild 4: Wie Teilbild 3, nur ist $(X+Z) \cdot p_{et}$ größer als die Eingriffsteilung p_{et}, d.h. die Summe der Dezimalgrößen von $\varepsilon_{\alpha t}$ und ε_{β} ist größer als 1 bzw. die Zahnbreiten b_2 und b_3 sind größer als b. Es ist b_2+b_4 > b. Das hat zur Folge, daß die minimale und maximale Überdeckung unter sonst gleichen Verhältnissen größer als in Fall 3 sind und die maximale sich über einen längeren Teil des Eingriffs erstreckt.

Die Bedingungen Gl.(3.86;3.87) bzw. Gl.(3.88;3.89) müssen nicht zusammenfallen, wurden aber aus zeichentechnischen Gründen jeweils in einem Bild zusammengefaßt. Da es für die Ermittlung der Belastbarkeit der Zahnflanken wichtig ist, das kleinste Berührlängen-Verhältnis

$$\sum_{i=1}^{n} l_{i\,min}/l$$

bzw. das entsprechende Breitenverhältnis

$$\sum_{i=1}^{n} b_{i\,min}/b$$

zu kennen, schlägt Keck [3/2] die Unterteilung der Profil- und Sprungüberdeckung in ihre ganzen Zahlen und ihre Dezimalwerte vor. Niemann/Winter [1/7] wählen dafür in Anlehnung an Karas [3/3] die Bezeichnung W und Y für die ganzen und X und Z für die Dezimalzahlen der Überdeckungen. Es ist dann

$$\varepsilon_{\alpha t} = W + X \tag{3.90}$$

und

$$\varepsilon_{\beta} = Y + Z \ . \tag{3.91}$$

Für eine Profilüberdeckung von $\varepsilon_{\alpha t} = 2,3$ ist danach W = 2, X = 0,3 und für eine Sprungüberdeckung von $\varepsilon_{\beta} = 0,5$ ist Y = 0 und Z = 0,5. Um die minimalen und maximalen Berührlängenverhältnisse zu berechnen, muß man die vier Fälle der Teilbilder 3 und 4 in Bild 3.14 unterscheiden. Die Bedingung der Gl.(3.86) kann nun mit den Größen X und Z ausgedrückt werden und ist

$$X + Z \leqq 1. \tag{3.92}$$

Wenn sie erfüllt ist, wird das kleinste Berührlängen-Verhältnis mit Gl.(3.93) berechnet:

$$l_{min}/l = b_{min}/b = [(W + X) \cdot Y + W \cdot Z]/\varepsilon_{\beta} \ . \tag{3.93}$$

Gl.(3.88) kann durch Gl.(3.94) ersetzt werden

$$X + Z > 1 \tag{3.94}$$

und wenn sie zutrifft, wird l_{min}/l mit Gl.(3.95) berechnet:

$$l_{min}/l = b_{min}/b = [(W + X) \cdot Y + W \cdot Z + (X + Z - 1)]/\varepsilon_{\beta} \ . \tag{3.95}$$

Für die größte Summe des Berührlängen-Verhältnisses l_{max}/l und den Fall, daß Gl. (3.87) bzw. Gl.(3.96) zutrifft

$$X \leqq Z \ , \tag{3.96}$$

gilt

$$l_{max}/l = b_{max}/b = [(W + X) \cdot Y + (X + Z)]/\varepsilon_\beta \ , \qquad (3.97)$$

wenn dagegen Gl.(3.89) bzw. Gl.(3.98)

$$X > Z \qquad (3.98)$$

zutrifft, gilt Gl.(3.99)

$$l_{max}/l = b_{max}/b = [(W + X) \cdot Y + 2Z]/\varepsilon_\beta \ . \qquad (3.99)$$

Gibt man daher die Überdeckungen von Schrägverzahnungen nicht als Gesamtüberdeckung ε_γ, sondern mit ihren Komponenten $\varepsilon_{\alpha t}$ und ε_β an, dann läßt sich auf einfache Weise das maximale und minimale Berührlängen-Verhältnis l_{max}/l und l_{min}/l nach Gl.(3.82) berechnen und mit Gl.(3.83) auch die absolute Länge der Berührlinie.

Das Beispiel aus Bild 3.13, Teilbild 2, nachgerechnet ergibt:

$$\varepsilon_{\alpha t} = 1,8, \quad \varepsilon_\beta = 0,5, \quad \text{somit } W = 1, \ X = 0,8, \ Y = 0, \ Z = 0,5.$$

$$X + Z = 1,3 > 1, \qquad \text{daher gilt für } l_{min}/l \quad \text{Gl.}(3.95)$$

$$X = 0,8 > Z = 0,5, \ \text{daher gilt für } l_{max}/l \quad \text{Gl.}(3.99).$$

Damit wird $l_{min}/l = 1,6$ mit Gl.(3.83) $l_{min} = 1,6 \cdot b/\cos \beta_b$ und $l_{max}/l = 2$ mit Gl. (3.83) $l_{max} = 2 \cdot b/\cos \beta_b$.

Danach ist zwischen dem inneren Einzeleingriffspunkt B auf der Stirnseite, auf welcher er zuletzt erreicht wurde, und dem äußeren Einzeleingriffspunkt D der anderen Stirnseite nur eine Berührlänge l_{min} im Eingriff.

3.8 Schreibweise für Geradverzahnungen, Normalschnitt- und Stirnschnittgrößen

Die Gleichungen für Geradverzahnungen ergeben sich als Sonderfall der Gleichungen für Schrägverzahnungen, indem man den Schrägungswinkel $\beta = 0°$ setzt. Man könnte daher, um die Anzahl der Indizes zu verringern, für Schrägverzahnungen im Stirnschnitt auf den Index t verzichten, der bei Geradverzahnungen ohnehin nicht vorkommt. Für Verzahnungen im Normalschnitt müßte dann aber stets der Index n auftreten. Gegen so eine Übereinkunft spricht aber die Tatsache, daß z.B. die Zahndicken am Teilkreis und der Modul bei den nicht indizierten Geradverzahnungen und den Schrägverzahnungen im Stirnschnitt ungleich, jedoch bei den indizierten Schrägverzahnungen im Normalschnitt und den nicht indizierten Geradverzahnungen gleich wären. Um Zweifeln aus dem Weg zu gehen, wäre es eindeutig, bei Schrägverzahnungen die Größen mit t oder n zu indizieren, da sie in vielen Gleichungen gemischt auftreten. Bei Geradverzahnungen kann dieser Index entfallen.

In den Normenwerken (DIN 3960 u.a.) wird häufig auf Indizierungen bezüglich des Normal- und Stirnschnitts verzichtet, so z.B. bei den verschiedenen Radien und Durchmessern, beim Profilverschiebungsfaktor, bei der Zähnezahl usw. Das ist dann besonders verwirrend, wenn e i n m a l der Index für die Stirnschnittgröße fehlt wie z.B. bei den Radien, Durchmessern, der Zähnezahl, ein a n d e r m a l für Normalschnittgrößen wie beim Profilverschiebungsfaktor, bei den Zahnhöhen (weil man annimmt, sie kämen alle vom Bezugsprofil im Normalschnitt).

Eine Zusammenstellung der wichtigsten Bezeichnungen für Verzahnungen, geordnet nach den verschiedenen Größen, versehen mit den gebräuchlichsten Indizes, enthält Abschnitt 8.1. Deutung nicht indizierter Größen siehe S. 246.

3.9 Berechnung der geometrischen Größen von Schrägverzahnungen und Zahnradpaarungen

3.9.1 Aufgabenstellung 3-1 (Geometrische Größen der Schrägstirnräder)

Für zwei Schrägstirnräder, deren angeführte Größen vorgegeben sind, sollen die restlichen geometrischen Verzahnungsgrößen als Zahlenwerte berechnet werden.

		Rad 1	Rad 2
Bezugsprofil		DIN 867	DIN 867
Modul	m_n	2 mm	2 mm
Schrägungswinkel	β	20°	– 20°
Zähnezahl	z	12	21
Profilverschiebungsfaktor	x	+ 0,5	0,0
Mindestzahnkopfdicke	$s_{an\,min}$	0,2·m	0,2·m

3.9.2 Aufgabenstellung 3-2 (Prüfen der Unterschnitt-Grenzzähnezahl)

Berechnung der Unterschnitt-Grenzzähnezahl z_u, bei der noch kein Unterschnitt auftritt, über den Normalschnitt und über den Stirnschnitt.

1. Nachweis, daß die Gl.(3.16-1)

$$z_{nxu} = \frac{z_u}{\cos^2\beta_b \cdot \cos\beta} \tag{3.16-1}$$

für die Berechnung der Unterschnitt-Grenzzähnezahl exakte Ergebnisse liefert.

Gegeben sei eine Verzahnung nach DIN 867 mit einem Profilverschiebungsfaktor $x = +0{,}1$ und dem Schrägungswinkel $\beta = 15°$.

2. Herleiten der Gl.(3.16-1) aus schon bekannten Gleichungen.

3.9.3 Aufgabenstellung 3-3 (Geometrische Größen einer Zahnradpaarung aus Schräg-stirnrädern)

Die beiden Zahnräder aus Aufgabenstellung 3-1 sollen für eine Paarung zur Übersetzung ins Langsame verwendet werden. Es sind die notwendigen geometrischen Größen zu bestimmen, und die Verzahnung ist auf korrekten Eingriff zu überprüfen. Die Zahnbreite betrage $b = 10$ mm.

3.9.4 Aufgabenstellung 3-4 (Schrägverzahnte Stirnradpaarungen mit kleiner Ritzel-zähnezahl

Für den Achsabstand $a = 40$ mm soll eine Schrägverzahnung ausgelegt werden mit der Übersetzung $i = -5{,}375$. Das Bezugsprofil sei nach DIN 867 gewählt, der Modul betrage $m_n = 1{,}5$ mm, der Schrägungswinkel $\beta = 18{,}5°$, die Mindestzahnkopfdicke $s_{an\,min} = 0{,}2 \cdot m_n$ und die Zahnbreite $b = 10$ mm. Um ein möglichst kleines Getriebe zu erhalten, soll die Zähnezahl des Ritzels so klein als möglich gewählt werden.

3.9.5 Lösung der Aufgabenstellung 3-1

Geometrische Größen der Schrägstirnräder, Aufgabenstellung siehe Abschnitt 3.9.1, S. 174

(Die nicht aus dem Bild entnommenen Zahlenwerte sind auf 3 Stellen genau.)

Zahndicke am Teilkreis	$s_t = \dfrac{m_n}{\cos\beta} \cdot \left(\dfrac{\pi}{2} + 2x\cdot\tan\alpha_n\right)$		(3.40)
	$s_{t1} = \dfrac{2{,}000}{\cos 20°} \cdot \left(\dfrac{\pi}{2} + 2\cdot 0{,}500\cdot\tan 20°\right) = 4{,}118 \text{ mm}$	$s_{t2} = \dfrac{2{,}000}{\cos(-20°)} \cdot \left(\dfrac{\pi}{2} + 2\cdot 0\cdot\tan 20°\right) = 3{,}343 \text{ mm}$	
Zahnlücke am Teilkreis	$e_t = \dfrac{m_n}{\cos\beta} \cdot \left(\dfrac{\pi}{2} - 2x\cdot\tan\alpha_n\right)$		(3.47)
	$e_{t1} = \dfrac{2{,}000}{\cos 20°} \cdot \left(\dfrac{\pi}{2} - 2\cdot 0{,}500\cdot\tan 20°\right) = 2{,}569 \text{ mm}$	$e_{t2} = \dfrac{2{,}000}{\cos(-20°)} \cdot \left(\dfrac{\pi}{2} - 2\cdot 0\cdot\tan 20°\right) = 3{,}343 \text{ mm}$	
Ersatz-zähnezahl	$z_{nx} = \dfrac{z}{\cos^2\beta_b\cdot\cos\beta}$		(3.16)
	$z_{nx1} = \dfrac{12}{\cos^2 18{,}747°\cdot\cos 20°} = 14{,}241$	$z_{nx2} = \dfrac{21}{\cos^2(-18{,}747°)\cdot\cos(-20°)} = 24{,}922$	
Unterschnitt-grenze	$x_{un} = h^*_{fFP} - \dfrac{1}{2}\cdot z_n\cdot\sin^2\alpha_n < x$		(2.28)
	$x_{un1} = 1{,}0 - \dfrac{1}{2}\cdot 14{,}241\cdot\sin^2 20° = 0{,}167 < 0{,}500$ erfüllt	$x_{un2} = 1{,}0 - \dfrac{1}{2}\cdot 24{,}922\cdot\sin^2 20° = -0{,}458 < 0$ erfüllt	
Grenze für Mindestzahn-kopfdicke	$x_{0,2} > x$ aus Diagramm in den Bildern 2.19; 4.9; 8.5		
	$x_{min1} = 0{,}71 > 0{,}500 \quad$ erfüllt	$x_{min2} = 1{,}12 > 0 \quad$ erfüllt	

Berechnung geometrischer Größen von Schrägstirnrädern (Fortsetzung)

Grundschrä-gungswinkel	$\beta_b = \arc\sin(\sin\beta\cdot\cos\alpha_n)$		(3.24)
	$\beta_{b1} = \arc\sin(\sin20°\cdot\cos20°) = 18{,}747°$	$\beta_{b2} = \arc\sin(\sin(-20°)\cdot\cos20°) = -18{,}747°$	
Teilkreis-radius	$r_t = \dfrac{z_t}{2}\cdot\dfrac{m_n}{\cos\beta}$		(3.34)
	$r_{t1} = \dfrac{12}{2}\cdot\dfrac{2{,}000}{\cos20°} = 12{,}770$ mm	$r_{t2} = \dfrac{21}{2}\cdot\dfrac{2{,}000}{\cos(-20°)} = 22{,}348$ mm	
Grundkreis-radius	$r_{bt} = r_t\cdot\cos\alpha_t$		(3.39)
	$r_{bt1} = 12{,}770\cdot\cos 21{,}173° = 11{,}908$ mm	$r_{bt2} = 22{,}348\cdot\cos21{,}173° = 20{,}839$ mm	
Kopfkreis-radius	$r_{at} = r_t + (x + h_{aP}^{*} + k^{*})\cdot m_n$		(3.35-1)
	$r_{at1} = 12{,}770 + (0{,}500 + 1{,}000 + 0)\cdot2{,}000 = 15{,}770$ mm	$r_{at2} = 22{,}348 + (0 + 1{,}000 + 0)\cdot2{,}000 = 24{,}348$ mm	
Fußkreis-radius	$r_{ft} = r_t - (h_{fP}^{*} - x + c_P^{*})\cdot m_n$		(3.35-2)
	$r_{ft1} = 12{,}770-(1{,}0-0{,}5+0{,}25)\cdot2{,}000 = 11{,}270$ mm	$r_{ft2} = 12{,}348-(1{,}0-0+0{,}250)\cdot2{,}000 = 19{,}848$ mm	
Teilkreis-teilung	$p_n = \pi\cdot m_n$		(2.13)
	$p_{n1} = \pi\cdot2{,}000 = 6{,}283$ mm	$p_{n2} = \pi\cdot2{,}000 = 6{,}283$ mm	
Eingriffs-teilung	$p_{en} = \pi\cdot m_n\cdot\cos\alpha_n$		(2.80)
	$p_{en1} = \pi\cdot2{,}000\cdot\cos20° = 5{,}904$ mm	$p_{en2} = \pi\cdot2{,}000\cdot\cos20° = 5{,}904$ mm	

Berechnung geometrischer Größen von Schrägstirnrädern (Fortsetzung)

Verzahnungs-größe	Rad 1	Rad 2
Zähnezahl	gegeben	
	$z_1 = 12$	$z_2 = 21$
Profil-winkel	nach DIN 867	
	$\alpha_{P1} = 20°$	$\alpha_{P2} = 20°$
Zahnkopf-höhenfaktor	nach DIN 867	
	$h^*_{aP1} = 1,000$	$h^*_{aP2} = 1,000$
Zahnfuß-Formfaktor	nach DIN 867	
	$h^*_{FfP1} = 1,000$	$h^*_{FfP2} = 1,000$
Kopfspiel-faktor	nach DIN 867	
	$c^*_{P1} = 0,250$	$c^*_{P2} = 0,250$
Schrägungs-winkel	gegeben	
	$\beta_1 = +20°$ (rechtssteigend)	$\beta_2 = -20°$ (linkssteigend)
Normalein-griffswinkel	$\alpha_n = \alpha_p$	
	$\alpha_{n1} = 20°$	$\alpha_{n2} = 20°$
Stirnein-griffswinkel	$\alpha_t = \arctan\left(\dfrac{\tan\alpha_n}{\cos\beta}\right)$	(3.20)
	$\alpha_{t1} = \arctan\left(\dfrac{\tan 20°}{\cos 20°}\right) = 21,173°$	$\alpha_{t2} = \arctan\dfrac{\tan 20°}{\cos(-20°)} = 21,173°$

3.9.6 Lösung der Aufgabenstellung 3-2

Prüfen der Unterschnitt-Grenzzähnezahl, Aufgabenstellung siehe Seite 174

1. Prüfung durch numerische Rechnung

Mit den Werten $h^*_{FfPn} = 1,0$ und $\alpha_p = \alpha_n = 20°$ für eine Verzahnung nach DIN 867 beträgt die Grenzzähnezahl, bei der gerade Unterschnitt auftritt, im Normalschnitt nach Gl.(2.28)

$$z_{nu} = \frac{2(h^*_{FfP} - x)}{\sin^2\alpha_p} = \frac{2 \cdot (1,000 - 0,100)}{\sin^2 20°} = 15,387 .$$

Mit dem Grundschrägungswinkel β_b nach Gl.(3.24) ist

$$\beta_b = \arcsin(\sin\beta \cdot \cos\alpha_n) = \arcsin(\sin 15° \cdot \cos 20°) = 14,076°$$

folgt aus Gl.(3.16-1) die Grenzzähnezahl im Stirnschnitt

$$z_u = \cos 15° \cdot \cos^2 14,076° \cdot 15,387 = 13,984 .$$

Der gleiche Zahlenwert ergibt sich, wenn unter Berücksichtigung der Gl.(3.11;3.12; 3.20) die Größen h^*_{Fft}, x_t und α_t berechnet werden zu

$$h^*_{Fft} = h^*_{FfPn} \cdot \cos\beta = 1,000 \cdot \cos 15° = 0,966 ,$$

$$x_t = x_{(n)} \cdot \cos\beta = 0,100 \cdot \cos 15° = 0,097 ,$$

$$\alpha_t = \arctan\left(\frac{\tan\alpha_n}{\cos\beta}\right) = \arctan\left(\frac{\tan 20°}{\cos 15°}\right) = 20,647° \tag{3.22}$$

und mit Gl.(3.33) die Grenzzähnezahl im Stirnschnitt

$$z_{(t)u} = \frac{2(h^*_{Fft} - x_t)}{\sin^2\alpha_t} = \frac{2(0,966 - 0,097)}{\sin^2 20,647°} = 13,984 . \tag{3.33}$$

2. Prüfung durch Herleitung

Analog zur Gl.(2.28) im Normalschnitt ist die Unterschnitt-Grenzzähnezahl im Stirnschnitt

$$z_{(t)u} = \frac{2 \cdot (h^*_{Fft} - x_t)}{\sin^2\alpha_t} .$$

Mit den Gl.(3.11) und (3.12)

$$h^*_{Fft} = h^*_{FfPn} \cdot \cos\beta \quad ; \quad x_t = x \cdot \cos\beta$$

gilt

$$z_{(t)u} = \frac{2 \cdot (h^*_{FfPn} - x) \cdot \cos\beta}{\sin^2\alpha_t} \quad .$$

Die Beziehung zwischen dem Sinus des Profilwinkels α_P im Stirnschnitt und Normalschnitt ergibt sich aus der Gl.(3.22)

$$\sin\alpha_t = \frac{\sin\alpha_n}{\cos\beta_b} \quad .$$

Aus den letzten beiden Gleichungen folgt

$$z_{(t)u} = \frac{2 \cdot (h^*_{FfPn} - x)}{\sin^2\alpha_n} \cdot \cos\beta \cdot \cos^2\beta_b \quad . \tag{3.33-1}$$

Da nach Gl.(2.28)

$$z_{nxu} = \frac{2 \cdot (h^*_{FfP} - x)}{\sin^2\alpha_n} \tag{2.28-1}$$

ist, ergibt sich die Gl.(3.16-1) zu

$$z_{(t)u} = \cos\beta \cdot \cos^2\beta_b \cdot z_{nxu} \quad . \tag{3.16-1}$$

Diese Gleichung kann man auch aus Gl.(3.16) direkt entnehmen, wenn man zugrunde legt, daß der Unterschnitt im Normalschnitt (auf den Grundschrägungswinkel!) und im Stirnschnitt gleichzeitig beginnt!

3.9.7 Lösung der Aufgabenstellung 3-3

Geometrische Größen einer Zahnradpaarung aus Schrägstirnrädern
Aufgabenstellung siehe Abschnitt 3.9.3, S. 175

Verzahnungs-größe	Gleichungen	
Übersetzung ins Langsame	$i = -\dfrac{z_b}{z_a} = -\dfrac{z_2}{z_1}$	(1.9) (1.10)
	$i = -\dfrac{21}{12} = -1,750$	
Nullachs-abstand	$a_d = \dfrac{z_1+z_2}{2} \cdot \dfrac{m_n}{\cos\beta}$	(3.50)
	$a_d = \dfrac{12+21}{2} \cdot \dfrac{2,000}{\cos 20°} = 35,118$ mm	
Betriebs-eingriffs-winkel im Stirnschnitt	$\mathrm{inv}\alpha_{wt} = \dfrac{x_1+x_2}{z_1+z_2} \cdot 2 \cdot \tan\alpha_n + \mathrm{inv}\alpha_t$ α_{wt} durch Iteration aus $\mathrm{inv}\alpha_{wt}$ zu bestimmen	(3.54) (Abschnitt 8.9.1)
	$\mathrm{inv}\alpha_{wt} = \dfrac{0,500+0}{12+21} \cdot 2 \cdot \tan 20° + \mathrm{inv}\,21,173° = 0,028823 \; ; \; \alpha_{wt} = 24,692°$	
Betriebs-achsabstand	$a = a_d \cdot \dfrac{\cos\alpha_t}{\cos\alpha_{wt}}$	(3.51)
	$a = 35,118 \cdot \dfrac{\cos 21,173°}{\cos 24,692°} = 36,043$ mm	
Verschiebungs-achsabstand	$a_v = a_d + (x_1 + x_2) \cdot m_n$	(3.55)
	$a_v = 35,118 + (0,500+0) \cdot 2,000 = 36,118$ mm	
Kopfhöhen-änderungs-faktor	$k^* = \dfrac{a - a_v}{m_n}$	(2.59)
	$k^* = \dfrac{36,043 - 36,118}{2,000} = -0,038$	
Kopfkreis-radius im Stirnschnitt	$r_{at} = r_t + (x + h_{aP}^* + k^*) \cdot m_n$	(3.35-1)
	$r_{at1} = 12,770 + (0,500 + 1,000 - 0,038) \cdot 2,000 = 15,694$ mm $r_{at2} = 22,348 + (0 + 1,000 - 0,038) \cdot 2,000 = 24,272$ mm	
Wälzkreis-radius im Stirnschnitt	$r_{wt} = \dfrac{r_{bt}}{\cos\alpha_{wt}}$	(2.3-2) (3.39)
	$r_{wt1} = \dfrac{11,908}{\cos 24,692°} = 13,106$ mm $r_{wt2} = \dfrac{20,839}{\cos 24,692°} = 22,936$ mm	
Kopfeingriffs-strecke im Stirnschnitt	$g_{at} = \overline{CE} = \sqrt{r_{Nat1}^2 - r_{bt1}^2} - r_{bt1}\tan\alpha_{wt}$	entspr. (2.78)
	$g_{at} = \sqrt{15,694^2 - 11,908^2} - 11,908 \cdot \tan 24,692° = 4,748$ mm	

Geometrische Größen, Zahnradpaarung mit Schrägstirnrädern (Fortsetzung)

Fußeingriffsstrecke im Stirnschnitt	$g_{ft} = \overline{AC} = \sqrt{r_{Nat2}^2 - r_{bt2}^2} - r_{bt2}\cdot\tan\alpha_{wt}$	entspr. (2.77)
	$g_{ft} = \sqrt{24{,}272^2 - 20{,}839^2} - 20{,}839\cdot\tan24{,}692° = 2{,}863 \ mm$	
Profilüberdeckung im Stirnschnitt	$\varepsilon_{\alpha t} = \dfrac{g_{at} + g_{ft}}{p_{en}/\cos\beta_b}$	entspr. (2.81)
	$\varepsilon_{\alpha t} = \dfrac{4{,}748 + 2{,}863}{5{,}904/\cos18{,}747°} = 1{,}221$	
Sprungüberdeckung	$\varepsilon_\beta = \dfrac{b\cdot\sin\lvert\beta\rvert}{\pi\cdot m_n}$	(3.79)
	$\varepsilon_\beta = \dfrac{10{,}000\cdot\sin20°}{\pi\cdot2{,}000} = 0{,}544$	
Gesamtüberdeckung	$\varepsilon_\gamma = \varepsilon_{\alpha t} + \varepsilon_\beta > 1$	(3.71)
	$\varepsilon_\gamma = 1{,}221 + 0{,}544 = 1{,}765 > 1 \quad$ ausreichend	
Geometriebedingung	$\overline{T_1C} = r_{bt1}\cdot\tan\alpha_{wt} > g_f$	
	$\overline{T_2C} = r_{bt2}\cdot\tan\alpha_{wt} > g_a$	
	$\overline{T_1C} = 11{,}908\cdot\tan24{,}692° = 5{,}475 \ mm \quad$ erfüllt	
	$\overline{T_2C} = 20{,}839\cdot\tan24{,}692° = 9{,}581 \ mm \quad$ erfüllt	
Kleinste Summe der Berührlängen l_{min}	$X + Z \leqq 1$	(3.92)
	$l_{min} = \dfrac{[(W + X)\cdot Y + WZ]\cdot l}{\varepsilon_\beta}$	(3.93)
	$l = \dfrac{b}{\cos\beta_b} \quad ^{1)}$	(3.83)
	$W = 1 \ ; \ X = 0{,}221 \ ; \ Y = 0 \ ; \ Z = 0{,}544$	
	$X + Z = 0{,}221 + 0{,}544 = 0{,}765 < 1{,}000$	
	$l = 10/\cos18{,}747° = 10{,}560 \ mm$	
	$l_{min} = [(1 + 0{,}221)\cdot0 + 1\cdot0{,}544]\cdot\dfrac{10{,}560}{0{,}544} = 10{,}560 \ mm$	
Größte Summe der Berührlängen l_{max}	$X < Z$	(3.96)
	$l_{max} = \dfrac{[(W + X)\cdot Y + (X + Z)]\cdot l}{\varepsilon_\beta}$	(3.97)
	$X = 0{,}221 < Z = 0{,}544$	
	$l_{max} = [(1 + 0{,}221)\cdot0 + (0{,}221 + 0{,}544)]\cdot\dfrac{10{,}560}{0{,}544} = 14{,}850 \ mm$	

[1] Werte aus Beispiel 3-1

Aus dem Spitzen-Unterschnitt-Diagramm (Bilder 8.4;8.5) entnimmt man, daß die kleinste Ersatzzähnezahl des Ritzels, bei der gerade kein Unterschnitt auftritt und die Mindestzahnkopfstärke erreicht wird, $z_{nx} = 9,3$ ist mit dem dazugehörnden Profilverschiebungsfaktor $x = 0,46$. Mit den vorgegebenen Werten und Gl.(3.16-1) ergibt sich eine "Stirn-Zähnezahl" von

$$z_{(t)1} = z_{nx1} \cdot \cos^2\beta_b \cdot \cos\beta = 9,300 \cdot \cos^2 17,348° \cdot \cos 18,5° = 8,035 \approx 8$$

wobei mit Gl.(3.24) der Grundschrägungswinkel β_b

$$\beta_b = \arcsin(\sin\beta \cdot \cos\alpha_n) = \arcsin(\sin 18,500° \cdot \cos 20°) = 17,348°$$

beträgt. Die Übersetzung ist negativ, also handelt es sich um eine Außen-Radpaarung, weil $|i| > 1$ ist, um eine Übersetzung ins Langsame (treibendes Ritzel). Da $z_a = z_1$ und $z_b = z_2$ ist, folgt aus Gl.(1.10)

$$z_2 = u \cdot z_1 = 5,375 \cdot 8 = 43 \, .$$

Die Ersatzzähnezahl im Normalschnitt z_{nx2} ist für das Rad nach Gl.(3.16)

$$z_{nx2} = \frac{z_{(t)2}}{\cos^2\beta_b \cdot \cos\beta} = \frac{43}{\cos^2 17,348° \cdot \cos 18,500°} = 49,770 \, .$$

Für dieses Rad findet man im Spitzen-Unterschnitt-Diagramm (Bilder 4.9;8.4) die Grenzen für den zulässigen Profilverschiebungsfaktor mit

$$-1,92 \leq x_2 \leq 1,84 \, .$$

3.9.8 Lösung der Aufgabenstellung 3-4

Schrägverzahnte Stirnradpaarung mit kleiner Ritzelzähnezahl, Aufgabenstellung S. 175

Verzahnungs-größe	Gleichungen
Profilwinkel	nach DIN 867
	$\alpha_{P1} = 20°$ $\alpha_{P2} = 20°$
Zahnkopf-höhen-faktor	nach DIN 867
	$h_{aP1}^{*} = 1,000$ $h_{aP2}^{*} = 1,000$
Zahnfuß-Formfaktor	nach DIN 867
	$h_{FfP1}^{*} = 1,000$ $h_{FfP2}^{*} = 1,000$
Kopfspiel-faktor	nach DIN 867
	$c_{P1}^{*} = 0,250$ $c_{P2}^{*} = 0,250$
Schrägungs-winkel	gegeben
	$\beta_1 = 18,500°$ $\beta_2 = -18,500°$
Normal-eingriffs-winkel	$\alpha_n = \alpha_P$
	$\alpha_n = 20°$
Stirn-eingriffs-winkel	$\alpha_t = \arctan\left(\dfrac{\tan\alpha_n}{\cos\beta}\right)$ (3.20)
	$\alpha_{t1} = \arctan\left(\dfrac{\tan 20°}{\cos 18,500°}\right) = 20,997°$
Teilkreis-radius	$r_t = \dfrac{z}{2} \cdot \dfrac{m_n}{\cos\beta}$ (3.34)
	$r_{t1} = \dfrac{8}{2} \cdot \dfrac{1,500}{\cos 18,500°} = 6,327$ mm $r_{t2} = \dfrac{43}{2} \cdot \dfrac{1,500}{\cos(-18,500°)} = 34,007$ mm

Schrägverzahnte Stirnräder mit kleiner Ritzelzähnezahl (Fortsetzung)

Grundkreis-radius	$r_{bt} = r_t \cdot \cos\alpha_t$	(3.39)
	$r_{bt1} = 6{,}327 \cdot \cos 20{,}997° = 5{,}907 \text{ mm}$ $r_{bt2} = 34{,}007 \cdot \cos 20{,}997° = 31{,}749 \text{ mm}$	
Nullachs-abstand	$a_d = \dfrac{z_1 + z_2}{2} \cdot \dfrac{m_n}{\cos\beta}$	(3.50)
	$a_d = \dfrac{8+43}{2} \cdot \dfrac{1{,}500}{\cos 18{,}500°} = 40{,}334 \text{ mm}$	
Betriebs-achsabstand	gegeben	
	$a = 40{,}000 \text{ mm}$	
Betriebs-eingriffs-winkel	$\alpha_{wt} = \arccos\left(\dfrac{a_d}{a} \cdot \cos\alpha_t\right)$	(3.51)
	$\alpha_{wt} = \arccos\left(\dfrac{40{,}334}{40{,}000} \cdot \cos 20{,}997°\right) = 19{,}713°$	
Profilver-schiebungs-faktor	$x_2 = \dfrac{z_1 + z_2}{2 \cdot \tan\alpha_n}\,(\text{inv}\,\alpha_{wt} - \text{inv}\,\alpha_t) - x_1$	(3.54)
	$x_1 = 0{,}460$ $x_2 = \dfrac{8+43}{2 \cdot \tan 20°}\,(\text{inv}\,19{,}713° - \text{inv}\,20{,}997°) - 0{,}460 = -0{,}676 \quad \text{zulässig}$	
Verschiebungs-achsabstand	$a_v = a_d + (x_1 + x_2) \cdot m_n$	(3.50) (3.55)
	$a_v = 40{,}334 + (0{,}460 - 0{,}676) \cdot 1{,}500 = 40{,}010 \text{ mm}$	
Kopfhöhen-änderungs-faktor	$k^*_{(n)} = \dfrac{a - a_v}{m_n}$	(2.59)
	$k^* = \dfrac{40{,}000 - 40{,}010}{1{,}500} = -0{,}007$	
Kopfkreis-radius	$r_{at} = r_t + (x + h^*_{aP} + k^*) \cdot m_n$	(3.35-1)
	$r_{at1} = 6{,}327 + (0{,}460 + 1{,}000 - 0{,}007) \cdot 1{,}500 = 8{,}507 \text{ mm}$ $r_{at2} = 34{,}007 + (-0{,}676 + 1{,}000 - 0{,}007) \cdot 1{,}500 = 34{,}483 \text{ mm}$	
Fußkreis-radius	$r_{ft} = r_t + (x - h^*_{FfP} - c^*_P) \cdot m_n$	(3.35-2)
	$r_{ft1} = 6{,}327 + (0{,}460 - 1{,}000 - 0{,}250) \cdot 1{,}500 = 5{,}142 \text{ mm}$ $r_{ft2} = 34{,}007 + (-0{,}676 - 1{,}000 - 0{,}250) \cdot 1{,}500 = 31{,}118 \text{ mm}$	

Schrägverzahnte Stirnräder mit kleiner Ritzelzähnezahl (Fortsetzung)

Wälzkreis- radius	$r_{wt} = \dfrac{r_{bt}}{\cos\alpha_{wt}}$	(2.3-2)
	$r_{wt1} = \dfrac{5{,}907}{\cos 19{,}713°} = 6{,}275$ mm $r_{wt2} = \dfrac{31{,}749}{\cos 19{,}713°} = 33{,}726$ mm	
Teilkreis- teilung	$p_n = \pi\cdot m_n$	(2.13)
	$p_n = \pi\cdot 1{,}500 = 4{,}712$ mm	
Eingriffs- teilung	$p_{en} = \pi\cdot m_n\cdot\cos\alpha_n$	(2.71)
	$p_{en} = \pi\cdot 1{,}500\cdot\cos 20° = 4{,}428$ mm	
Kopfein- griffsstrecke	$g_a = \overline{EC} = \sqrt{r_{at1}^2 - r_{bt1}^2} - r_{bt1}\cdot\tan\alpha_{wt}$	(2.68)
	$g_a = \sqrt{8{,}507^2 - 5{,}907^2} - 5{,}907\cdot\tan 19{,}713° = 4{,}005$ mm	
Fußein- griffsstrecke	$g_f = \overline{AC} = \sqrt{r_{at2}^2 - r_{bt2}^2} - r_{bt2}\cdot\tan\alpha_{wt}$	(2.67)
	$g_f = \sqrt{34{,}483^2 - 31{,}749^2} - 31{,}749\cdot\tan 19{,}713° = 2{,}081$ mm	
Profilüber- deckung	$\varepsilon_{\alpha t} = \dfrac{g_a + g_f}{p_{en}/\cos\beta_b}$	
	$\varepsilon_{\alpha t} = \dfrac{4{,}005+2{,}081}{4{,}428/\cos 17{,}348°} = 1{,}312$	
Sprung- überdeckung	$\varepsilon_\beta = \dfrac{b\cdot\sin|\beta|}{m_n\cdot\pi}$	(3.58)
	$\varepsilon_\beta = \dfrac{10{,}000\cdot\sin 18{,}500°}{1{,}500\cdot\pi}$	
Gesamt- überdeckung	$\varepsilon_\gamma = \varepsilon_{\alpha t} + \varepsilon_\beta > 1$	(3.56)
	$\varepsilon_\gamma = 1{,}312 + 0{,}673 = 1{,}985$ ausreichend	
Geometrie- bedingung	$\overline{T_1C} = r_{bt1}\cdot\tan\alpha_{wt} > g_f$	
	$\overline{T_1C} = 5{,}907\cdot\tan 19{,}713° = 2{,}117$ mm erfüllt	
	$\overline{T_2C} = r_{bt2}\cdot\tan\alpha_{wt} > g_a$	
	$\overline{T_2C} = 31{,}749\cdot\tan 19{,}713° = 11{,}376$ mm erfüllt	

3.10 Schrifttum zu Kapitel 3

[3/1]   Colbourne, J.R.: The Geometry of Involute Gears. New York, Berlin, Heidelberg, London, Paris, Tokyo: Springer 1987.

[3/2]   Keck, K.E.: Zahnradpraxis, Schrägstirnräder. Band II. München: Oldenbourg 1959.

[3/3]   Karas, F.: Berechnung der Walzenpressung von Schrägzähnen an Stirnrädern. Halle (Saale): Knapp 1949.

Weiteres Schrifttum in Abschnitt 2.13 und in [1/7].

4 Innenverzahnungen und deren Paarungsmöglichkeiten

4.1 Allgemeines

Hohlräder sind Zahnräder, bei denen die Verzahnung an der Innenwand eines beispielsweise zylindrischen ringförmigen Zahnradkörpers sitzt. Sie können nur mit außenverzahnten Zahnrädern gepaart werden, deren Zähnezahl betragsmäßig kleiner als ihre Zähnezahl ist, also nie mit Zahnstangen.

Mit Hohlrädern, auch als innenverzahnte Zahnräder bezeichnet, kann man drei grundsätzlich verschieden wirkende Getriebearten erzeugen. Es sind dies (Bild 4.1)

- Standgetriebe
- Differenzgetriebe
- Umlauf- bzw. Planetengetriebe.

Vergleich von Innen- und Außen-Radpaarungen

Von Vorteil ist bei Paarungen mit Innenverzahnungen:

- die kompakte Bauweise, weil der Achsabstand kleiner ist als der Hohlradteilkreisradius, weil das Ritzel in der Regel vom Hohlrad umschlossen wird,

- die hohe Tragfähigkeit des Hohlrades wegen der "trapezähnlichen" Zahnform (dicker Zahnfuß), wegen der Anschmiegung an den Gegenzahn durch konkave Flankenform (dadurch verminderte Hertzsche Pressung).

Von Nachteil ist bei Innenverzahnungen:

- daß beidseitige Lagerung von Ritzel und Hohlrad nicht möglich ist (Ausnahme, wenn es möglich ist, alle Lagerungen in der Drehachse des Hohlrades abzustützen),

- daß bei kleinen Differenzzähnezahlen die axiale Montage des Ritzels notwendig ist,

- daß zahlreiche Verzahnungsauslegungen begrenzt sind infolge von Eingriffsstörungen im Hinblick auf das Gegenrad und das Werkzeug,

- daß die Herstellung und Bearbeitung von Innenverzahnungen wegen schlechter Zugänglichkeit immer schwierig ist,

Nr.	Getriebearten mit Hohlrädern	Besonderheiten
1 Normales Einstufen-Getriebe (Stand-getriebe)	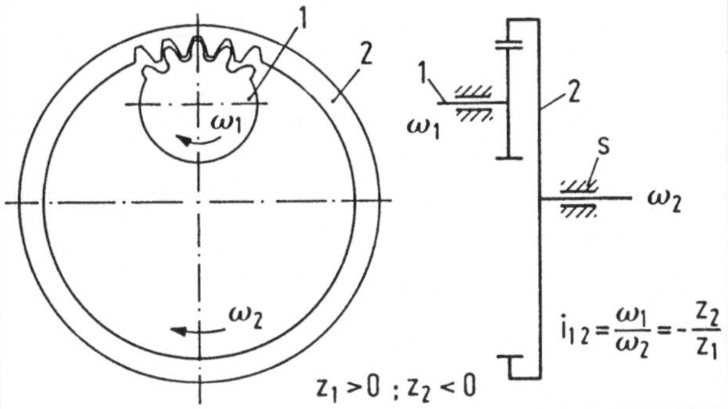 $z_1 > 0 \; ; z_2 < 0$ $i_{12} = \dfrac{\omega_1}{\omega_2} = -\dfrac{z_2}{z_1}$	Gleicher Drehsinn am Ein- und Ausgang Gute Flankentragfähigkeit (gleiche Flankenkrümmung)
2 Differenz-Getriebe	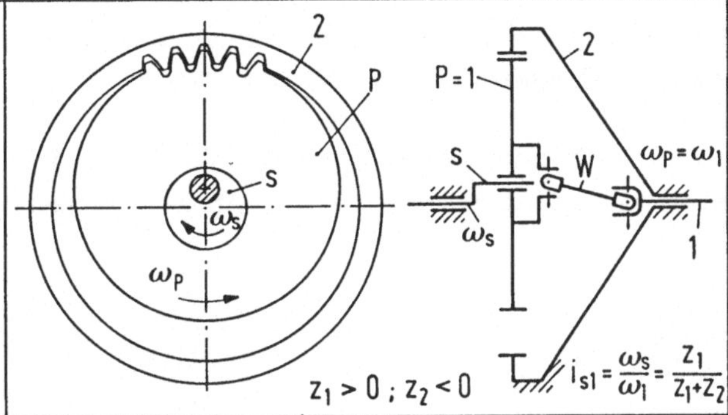 $z_1 > 0 \; ; z_2 < 0$ $i_{s1} = \dfrac{\omega_s}{\omega_1} = \dfrac{z_1}{z_1 + z_2}$	Große Übersetzung in einer Stufe Hohe Reibungsverluste Eingriffsstörungen bei zu kleiner Zähnezahldifferenz Rad P wird durch Steg s angetrieben
3 Planeten-Getriebe	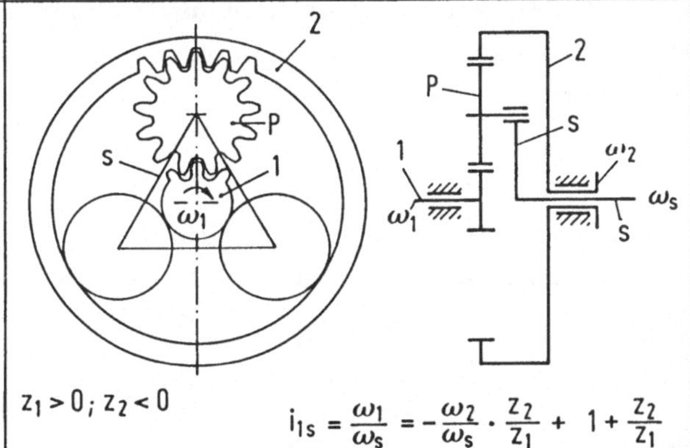 $z_1 > 0 \; ; z_2 < 0$ $i_{1s} = \dfrac{\omega_1}{\omega_s} = -\dfrac{\omega_2}{\omega_s} \cdot \dfrac{z_2}{z_1} + 1 + \dfrac{z_2}{z_1}$	Getriebe nicht zwangläufig, weil zwei Eingänge, ein Ausgang oder umgekehrt Leistungsverzweigung Hohe Tragfähigkeit wegen Mehrfacheingriffs und gleicher Flankenkrümmung am Hohl- und Außenrad. Eingriff überbestimmt, wenn mehr als ein Planetenrad durch Steg verbunden ist

Bild 4.1. Verschiedene Getriebearten bei Verwendung von Hohlrädern. Bei Planetengetrieben erhält man Winkelgeschwindigkeit und Drehrichtungssinn aus Gl.(4.18).

- daß keine Verwendung von Zahnstangenwerkzeugen möglich ist. Daher gibt es nur für ausgewählte Zähnezahlen Satzradeigenschaften. Die Kontrolle bezüglich Eingriffsstörungen ist stets erforderlich.

4.1.1 Innen-Radpaare als Standgetriebe

Nach Bild 4.1, Zeile 1, unterscheiden sie sich von den außenverzahnten zwar nicht
grundsätzlich, aber doch in einigen wichtigen Punkten:

Der Achsabstand ist dem Betrag nach stets kleiner als der Teilkreisradius des Hohlrades, der Drehsinn von Ritzel und Hohlrad ist gleich (im Gegensatz zu außenverzahnten Radpaaren) und die Flankentragfähigkeit von Innenradverzahnungen ist
grundsätzlich besser, weil sich der konkave Hohlradzahn an den konvexen Außen-
radzahn besser anschmiegen kann. Auch die Fußtragfähigkeit ist besser, weil die
Zahndicke der Hohlradzähne von ihrem Kopf bis zum Fuß mehr als proportional zu-
nimmt (Bild 4.4, Zeilen 1;2).

Schließlich ist - wie schon erwähnt - die Zähnezahl des Ritzels eingegrenzt, im wesentlichen nur nach oben (Bild 4.4, Zeile 3).

Die Übersetzung ist, wenn man nach einem Vorschlag von Müller [4/2;4/3] den Index für die Antriebsgrößen als ersten, den Index für die Abtriebsgrößen als zweiten schreibt,

$$i_{12} = \frac{\omega_1}{\omega_2} = \frac{n_1}{n_2} = - \frac{z_2}{z_1} \qquad\qquad (4.1)$$

wobei hier der Index 2 für das Hohlrad verwendet wird. Da die Hohlradzähnezahl z_2
ein negatives Vorzeichen hat, ist die Übersetzung bei Hohlradstandgetrieben stets
positiv (gleichsinnige Drehrichtung),

$$i_{12} > 1. \qquad\qquad (4.1-1)$$

Die Übersetzung ist selbstverständlich auch dann positiv, wenn nicht wie im Fall der
Gl.(4.1) das außenverzahnte Rad, sondern das Hohlrad treibt. Es wird

$$i_{21} = \frac{\omega_2}{\omega_1} = \frac{n_2}{n_1} = - \frac{z_1}{z_2} , \qquad\qquad (4.2)$$

wobei die Übersetzung stets

$$1 > i_{21} > 0 \qquad\qquad (4.2-1)$$

ist, beide Räder sich also im gleichen Sinne drehen.

4.1.2 Differenzgetriebe

Sie können als Sonderfall der Planetengetriebe betrachtet und berechnet werden.
Differenzgetriebe sind für große Übersetzungen vorgesehen und in einstufiger Bauweise nur mit Hohlrädern realisierbar, Bild 4.1, Zeile 2. Paart man ein relativ großes außenverzahntes Rad mit einem (etwas größeren) innenverzahnten Rad (Hohlrad),

dann wird die Übersetzung immer größer, je kleiner die Zähnezahldifferenz Δz ist

$$\Delta z = |z_2| - z_1 \; . \tag{4.3}$$

Aus Gl.(4.11) erhält man bei feststehendem Rad 2 für den Fall, daß der Antrieb vom Steg s erfolgt und der Abtrieb am Planetenrad P ist, die Übersetzung

$$i_{s1} = \frac{z_1}{z_1 + z_2} \; . \tag{4.4}$$

Da die Zähnezahlen von Hohlrädern ein negatives Vorzeichen erhalten, entsteht in Gl.(4.4) im Nenner eine Differenz, die eine kleine negative Zahl ergibt, welche um so näher an Null liegt, je näher die Zähnezahl z_1 an $|z_2|$ ist. Die Übersetzung i_{s1} erhält immer ein negatives Vorzeichen $i_{s1} < 0$, weil aus geometrischen Gründen stets gilt

$$|z_2| > z_1 \; . \tag{4.5}$$

Das Planetenrad P muß daher möglichst groß sein, und der Steg s dreht sich in anderem Richtungssinn als dieses. Aus Bild 4.2, Teilbild 2, kann man das anschaulich nachvollziehen.

Bei Außenverzahnung (Teilbild 1) sind die Verhältnisse anders; der Drehrichtungssinn von Steg s und Rad P ist gleich, da die Übersetzung positiv bleibt ($i_{s1} > 0$). Sie ist ins Schnelle gerichtet, da $i_{s1} > 1$ wird und das Drehzahlverhältnis von ω_1 zu ω_s ist groß, da der Zahlenwert i_{s1} klein wird

$$i_{s1} = \frac{\omega_s}{\omega_1} \; . \tag{4.7}$$

Der Abtrieb von Differenzgetrieben wird in der Regel nicht über Kardangelenke gehen, sondern man leitet in vielen Fällen diese Bewegung auf ein spiegelbildlich angeordnetes zweites Differenzgetriebe ab, dessen außenverzahntes Rad auf der gleichen Stegachse und dessen zweites Hohlrad zentrisch zur Antriebsachse liegt (Wolfromgetriebe), oder man arbeitet mit einem elastischen, nicht runden aber zentrisch liegenden inneren Rad wie bei den Harmonic-Drive-Getrieben. Differenzgetriebe bereiten bezüglich der Vermeidung von Eingriffsstörungen bei annähernd gleichen Zähnezahlen große Auslegungsschwierigkeiten, da meistens starke Kopfhöhenänderungen notwendig sind, diese aber die Überdeckung sehr verringern, wie in Beispiel 3 in Bild 4.4 sehr gut zu erkennen ist. Der Wirkungsgrad von Differenzgetrieben der beschriebenen Art ist nicht gut, weil wegen der beinahe gleichen Krümmungen von Hohl- und Außenrad Eingriffsbeginn und -ende sehr nahe an die Tangierungspunkte T_1 und T_2 rücken, wo der Wälzanteil an den Zahnflanken sehr klein wird, der Gleitanteil jedoch sehr groß.

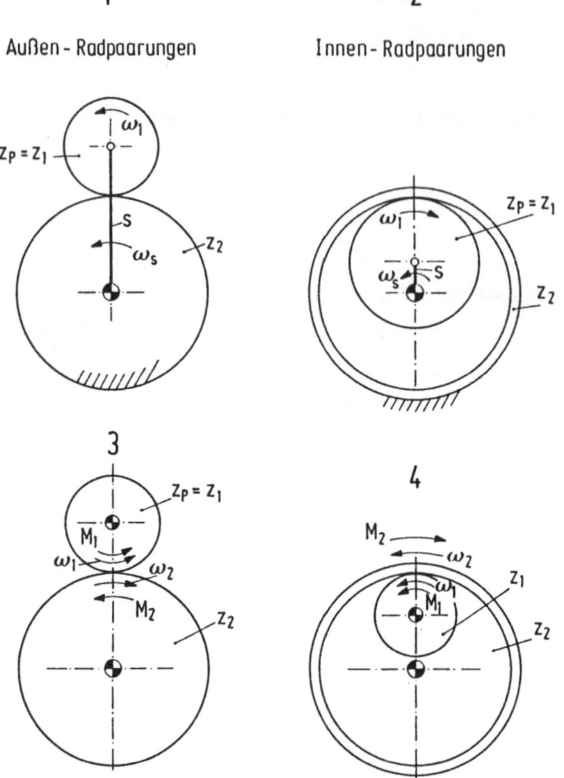

Bild 4.2. Übersetzung bei Paarungen mit Außen- und mit Innenverzahnungen.
Teilbilder 1;2: Die Übersetzung i_{s1} zwischen Steg und Planetenrad z_P strebt bei Paarungen mit Innenverzahnungen gegen unendlich ($i_{s1} \rightarrow -\infty$), wenn das Planetenrad sich der Größe des Hohlrades nähert, bei Außenverzahnungen jedoch nur gegen einen endlichen Wert ($i_{s1} \rightarrow 0,5$). Das macht die Getriebepaarung in Teilbild 2 sehr interessant für große Übersetzungen in einer Stufe, speziell für Differenzgetriebe. Da die Zähnezahl von Hohlrädern negativ ist, erreicht i_{s1} den größten Absolutwert, wenn $\Delta z = z_1 + z_2 = 1$ und z_1 möglichst groß ist, d.h. bei gleicher Abmessung der Radkörper möglichst kleine Zähne verwendet werden.

Teilbilder 3;4: Leistungsflüsse $M \cdot \omega$, Drehmomente M und Winkelgeschwindigkeiten ω können bei Außen- und Innen-Radpaarungen mit denselben Gleichungen beschrieben werden, wenn die verschiedenen Richtungssinne verschiedene Vorzeichen erhalten sowie Außenrad-Zähnezahlen positive und Innenrad-Zähnezahlen negative Vorzeichen erhalten.

4.1.3 Planetengetriebe

Das Beispiel Zeile 3 in Bild 4.1 zeigt ein typisches Planetengetriebe [4/4] in der Mitte mit dem Sonnenrad 1, mit drei Planetenrädern P (auch Planeten genannt) an einem Steg s und dem Hohlrad 2. Nach Müller [4/2;4/3] kann man sich die Entstehung eines Planetengetriebes aus einem koaxialen Standgetriebe so vorstellen, als würde das Gehäuse um die zentrale Achse drehbar gelagert und von ihm eine Welle s herausgeführt. In Bild 4.3, Teilbilder 1 und 2, ist das für ein Getriebe mit Außen-

und eines mit Innenverzahnung dargestellt. Das ursprüngliche Gehäuse, der Steg s,
schrumpft in der Regel auf den notwendigen Teil zusammen, wie aus dem Vergleich
von Bild 4.3, Teilbild 1, und Bild 4.1, Zeile 3, zu entnehmen ist.

Die Berechnungen der Drehzahlen und Wirkungsgrade der Planetengetriebe beruhen
auf dem Vergleich mit den entsprechenden Eigenschaften seines Standgetriebes, nämlich der Standübersetzung i_0 und dem Standwirkungsgrad η_0. Die Standübersetzung
i_0 erhält man, wenn der Steg s stillgesetzt wird und die beiden Zentralwellen 1 und 2
als An- und Abtrieb gelten. Für die üblichen Planetengetriebe, die in Bild 4.3, Teilbilder 3.1 bis 3.6, dargestellt sind, werden in den gleichen Feldern die Standüber-
setzungen angeführt.

Die Planetengetriebe haben gegenüber den Standgetrieben drei nach außen führende
Wellen und den Freiheitsgrad (Laufgrad) $f = 2$. Sie sind nur zwangläufig, d.h. An-
und Abtrieb sind einander mit einem bestimmten Drehzahlverhältnis zugeordnet, wenn
die Drehzahlen zweier Wellen vorgegeben sind, und die Drehzahl der dritten Welle
sich als Überlagerungsdrehzahl ergibt. Ein Planetengetriebe ermöglicht sechs Drehzahlverhältnisse, von denen jeweils stets zwei untereinander reziprok sind. Bezeichnet man die Wellen mit 1, 2 und s und setzt immer eine Welle still, dann sind es folgende Übersetzungen:

$$i_{12} = \omega_1/\omega_2 = n_1/n_2 = -\,z_2/z_1 \tag{4.1}$$

$$i_{21} = \omega_2/\omega_1 = n_2/n_1 = -\,z_1/z_2 \tag{4.2}$$

$$i_{1s} = \omega_1/\omega_s = n_1/n_s \tag{4.6}$$

$$i_{s1} = \omega_s/\omega_1 = n_s/n_1 \tag{4.7}$$

$$i_{2s} = \omega_2/\omega_s = n_2/n_s \tag{4.8}$$

$$i_{s2} = \omega_s/\omega_2 = n_s/n_2 \tag{4.9}$$

Nach Müller [4/2] kann man die Drehzahlverhältnisse eines Planetengetriebes leicht
ableiten, wenn man sich als Beobachter auf den rotierenden Steg begibt. Dann beob-
achtet man nur Relativdrehzahlen, nämlich (n_1-n_s) des Rades 1 und (n_2-n_s) des
Rades 2. Da der Steg für den Beobachter steht, ist das Verhältnis der Relativdrehzahlen mit dem Drehzahlverhältnis des Standgetriebes identisch. Es ergibt sich die
Ausgangsgleichung (Willis-Gleichung)

$$\frac{n_1 - n_s}{n_2 - n_s} = i_0 \tag{4.10-1}$$

und nach Umformung

$$n_1 - n_2 \cdot i_0 - n_s(1 - i_0) = 0\;. \tag{4.10}$$

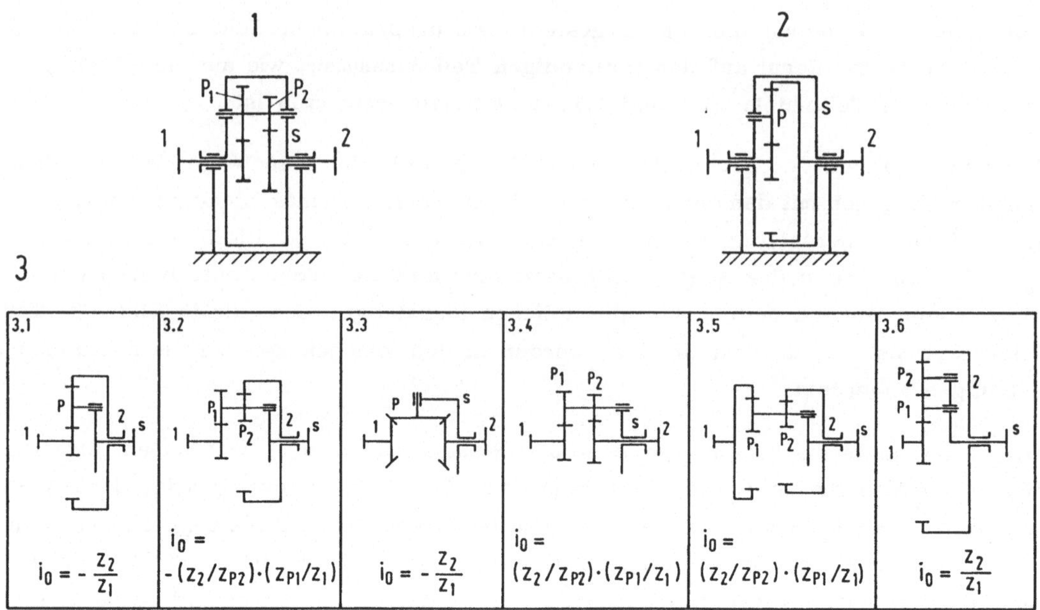

Bild 4.3. Entstehung und Übersicht wichtiger Planetengetriebe nach Müller [4/2;4/3;4/5].
Teilbilder 1;2: Entstehung eines Planetengetriebes durch Lagern eines koaxialen Standgetriebes
(ω_s = 0) und Herausführen der koaxialen Welle des Gehäuses (s). Das gilt für Standgetriebe als
Außen-Radpaarungen (Teilbild 1) und für solche als Innen-Radpaarungen (Teilbild 2), wobei letztere weniger Zahnradstufen benötigen. Die Übersetzung ist aus der Willis-Gleichung (4.11) zu entnehmen. Der Laufgrad von Planetengetrieben ist f = 2, also nicht zwangläufig. Von den Drehzahlen der beiden Räder und des Steges müssen zwei festgelegt werden, damit die dritte zwangläufig
einen bestimmten Wert einnimmt.

Teilbilder 3.1 bis 3.6: Darstellung der wichtigsten Bauformen für Planetengetriebe mit ihren Stand-
übersetzungen i_0 (Übersetzung bei stillstehendem Steg). Jedes Planetengetriebe ermöglicht sechs
Übersetzungen (wobei jeweils zwei zueinander reziprok sind), von denen stets vier positiv (gleich-
läufig) und zwei negativ (gegenläufig) sind. Das Getriebe aus Teilbild 1 erscheint in der Tabelle
in Feld 3.4, das von Teilbild 2 in Feld 3.1 wieder. Das übliche Kraftfahrzeug-Differential ist in
Feld 3.3.

Aufgrund von Gl.(1.3) kann man Gl.(4.10) auch mit den Winkelgeschwindigkeiten angeben

$$\omega_1 - \omega_2 \cdot i_0 - \omega_s(1 - i_0) = 0 \qquad\qquad (4.11)$$

wobei auch gilt

$$\frac{\omega_1 - \omega_s}{\omega_2 - \omega_s} = i_0 \; . \qquad\qquad (4.11\text{-}1)$$

Diese Gleichung gestattet es nun, alle Übersetzungen auszurechnen. Das soll beispielhaft für die Getriebe in den Bildern 4.1 und 4.2 geschehen. Ein Standgetriebe

ist nach Definition ein Planetengetriebe, dessen Steg s das Gehäuse ist und still-
steht. Getriebe 1 in Bild 4.1 erfüllt diese Bedingung (wenn hier auch Antrieb und
Abtrieb nicht koaxial sind). Da bei diesem Getriebe gilt

$$\omega_s = 0 \ , \tag{4.12}$$

erhält man mit Gl.(4.11)

$$\omega_1 - \omega_2 \cdot i_0 = 0 \tag{4.13}$$

und Gl.(4.1)

$$i_{12} = \omega_1/\omega_2 = -\ z_2/z_1 \tag{4.1}$$

die Gl.(4.14)

$$i_0 = i_{12} \ . \tag{4.14}$$

Beim Getriebe 2 in Bild 4.1 und den Getrieben 1 und 2 in Bild 4.2 ist der Planet P
gleichzeitig auch Rad 1. Es wird Rad 2 festgehalten, also ist

$$\omega_2 = 0 \tag{4.15}$$

und mit Gl.(4.11) ergibt sich

$$\omega_1 - \omega_s \cdot (1 - i_0) = 0 \tag{4.16}$$

und mit Gl.(4.1;4.14)

$$\omega_1 - \omega_s \cdot \left(1 + \frac{z_2}{z_1} \right) = 0 \ . \tag{4.17}$$

Das gesuchte Drehzahlverhältnis mit dem Steg s als Antrieb und dem Planeten P bzw.
dem mit ihm identischen Rad 1 als Abtrieb ist

$$i_{s1} = \frac{\omega_s}{\omega_1} \ . \tag{4.7}$$

Mit den Gl.(4.7;4.17) erhalten wir schließlich die zu Beginn angegebene Gl.(4.4)

$$i_{s1} = \frac{z_1}{z_1 + z_2} \ . \tag{4.4}$$

Beim Planetengetriebe, Bild 4.1, Zeile 3, bleibt nichts anderes übrig, als die Gl.(4.11)
nach dem gewünschten Drehzahlverhältnis, z.B. i_{1s} zu entwickeln. Es ist

$$i_{1s} = \omega_1/\omega_s = (\omega_2/\omega_s) \cdot i_0 + 1 - i_0 \ . \tag{4.11-2}$$

Mit den Gl.(4.1;4.14) wird aus Gl.(4.11)

$$\omega_1 + \omega_2 \cdot \frac{z_2}{z_1} - \omega_s \cdot \left(1 + \frac{z_2}{z_1} \right) = 0 \tag{4.18}$$

eine für die Getriebe 3.1, 3.3 und 3.6 aus Bild 4.3 gültige Form der Gl.(4.11) und mit ihr das obige Drehzahlverhältnis

$$i_{1s} = \omega_1/\omega_s = - \frac{\omega_2}{\omega_s} \cdot \frac{z_2}{z_1} + 1 + \frac{z_2}{z_1} \qquad (4.18\text{-}1)$$

das heißt, dies Drehzahlverhältnis ist nur bestimmt, wenn auch das Verhältnis

$$i_{2s} = \frac{\omega_2}{\omega_s}$$

festliegt.

Für die Wellenmomente gilt, daß sie in einem durch i_0 vorgegebenen unveränderlichen Verhältnis zueinander stehen, unabhängig von ihrer Drehzahl und unabhängig davon, ob eine Welle stillgesetzt ist oder nicht. Es gilt

$$M_1 : M_2 : M_s = \text{konst.} \qquad (4.19)$$

und

$$M_1 + M_2 + M_s = 0. \qquad (4.20)$$

Mit Hilfe der Darstellungen in Bild 4.2, Teilbilder 3 und 4, und Gl.(4.1;4.2) erhält man für Antrieb von Welle 1

$$M_2 \cdot \omega_2 = - M_1 \cdot \omega_1 \cdot \eta_{12} \qquad (4.21)$$

und für Antrieb von Welle 2

$$M_1 \cdot \omega_1 = - M_2 \cdot \omega_2 \cdot \eta_{21} \qquad (4.22)$$

wobei für Drehzahl und Winkelgeschwindigkeit für verschiedene Drehrichtungen und für Voll- und Hohlrad die entsprechenden Vorzeichen einzusetzen sind. Der Wirkungsgrad kann überschlägig mit

$$\eta_{12} \approx 0,99...0,96 \qquad (4.23)$$

angenommen werden und ist für die Übersetzung vom großen zum kleinen Rad schlechter

$$\eta_{21} < \eta_{12} . \qquad (4.24)$$

Planetengetriebe mit stillstehendem Steg (Standgetriebe) und mehreren Planeten wendet man vornehmlich für große Momente an (Schiffsgetriebe). Bei ihnen wird die Leistung vom Sonnenrad zu den Planeten auf mehreren Wegen übertragen, sofern die Planeten durch Ausgleichsverfahren verschiedener Art alle zur gleichmäßigen Kraftübertragung herangezogen werden, damit keine Überbestimmtheit vorliegt. Man verwendet dabei Räder mit Doppelschrägverzahnung, um die Axialkräfte aufzufangen.

Planetengetriebe mit drei laufenden Wellen verwendet man als Überlagerungsgetriebe. Da die Summe der Momente nach Gl.(4.20) Null ist, muß eines der drei Momente das entgegengesetzte Vorzeichen der beiden anderen haben. Die Welle mit diesem Moment heißt "Summenwelle", die beiden anderen "Differenzwellen". Man kann nun mit dem Getriebe entweder ein Antriebsmoment an der Summenwelle in zwei kleinere zerlegen oder zwei Antriebsmomente an den Differenzwellen zu einem größeren in der Summenwelle addieren.

Die Winkelgeschwindigkeit ω und ihr Drehsinn ist aus Gl.(4.11) zu bestimmen. Stimmt sie mit dem Richtungssinn des Moments überein (siehe Bild 4.2, Teilbilder 3 und 4), dann handelt es sich um eine Antriebsleistung

$$P = M \cdot \omega > 0, \qquad (4.25)$$

stimmt sie mit dem Moment nicht überein

$$P = M \cdot \omega < 0, \qquad (4.26)$$

dann ist es eine Abtriebsleistung. Bei einem Planetengetriebe muß entweder die Gesamtleistungswelle (Summenwelle) eine Antriebs- und die beiden anderen müssen Abtriebswellen sein, oder die beiden anderen Wellen sind Antriebs- und die Gesamtleistungswelle ist Abtriebswelle. Hat man jedoch ein Drehzahlverhältnis zwischen den drei Wellen festgelegt, ist die Gesamtleistungswelle und daher der Leistungsfluß nicht mehr frei wählbar [4/3], da nach Gl.(4.11-2) durch ein Drehzahlverhältnis die anderen bestimmt sind und nach Gl.(4.19) die Wellenmomente in einem festen Verhältnis stehen.

4.2 Der Zähnezahlbereich von Hohlrädern

Der Zähnezahlbereich der Hohlräder ist theoretisch unbegrenzt. Vom Hohlrad als Einzahn (Bild 2.10) bis zum Hohlrad mit vielen hundert Zähnen sind exakte Evolventenräder möglich. Extrem kleine Zähnezahlen werden nicht gestoßen, sondern geräumt oder gespritzt. Für Getriebe ist es sinnvoll, Hohlräder mit mehr als 10 Zähnen vorzusehen. Anders verhält es sich mit den außenverzahnten Zahnrädern bei Paarungen mit Hohlrädern. In den DIN-Normen [4/1] geht man von kleinsten Zähnezahlen $z_1 = 12$ aus. Es gibt in der Feinwerktechnik Anwendungen mit Ritzelzähnezahlen von $z_1 = 3$ [4/6], wie das auch in Bild 4.4, Zeile 1, dargestellt ist. Selbst Zahnräder mit einem Zahn lassen sich bei Schrägverzahnungen realisieren [4/10;4/11]. Übliche Paarungen sind solche von $z_1 \geq 14$, $z_2 \leq -40(-22)$ möglichst mit mehr als 6 bis 10 Zähnen Differenz [4/1], ähnlich wie in Bild 4.4, Zeile 2.

Bei Differenzgetrieben benötigt man aber gerade sehr kleine Zähnezahldifferenzen, wie in Bild 4.4, Zeile 3, gezeigt wird. Weiter ist zu erkennen, daß bei der hier realisierten kleinstmöglichen Zähnezahldifferenz

$$\Delta z = |z_2| - z_1 = 1 \tag{4.3-1}$$

große negative Kopfhöhenänderungen nötig sind zur Vermeidung von Eingriffsstörungen. Die dadurch entstehenden kleinen Zahnhöhen kann man sich bei einem
Verstellgetriebe (hier z.B. für Autositze) auch leisten. Solche Getriebe müssen in
der Regel Selbsthemmung [4/7] aufweisen. Es liegt, von Rad 2 ausgehend, ein Antrieb ins Schnelle vor, der am Eingriffsende als progressives Reibsystem wirkt
(siehe Abschnitt 2.11).

Zähnezahlen	Zahnradpaarungen mit Hohlrädern	Besonderheit
1 $z_1 = 3$ $z_2 = -28$	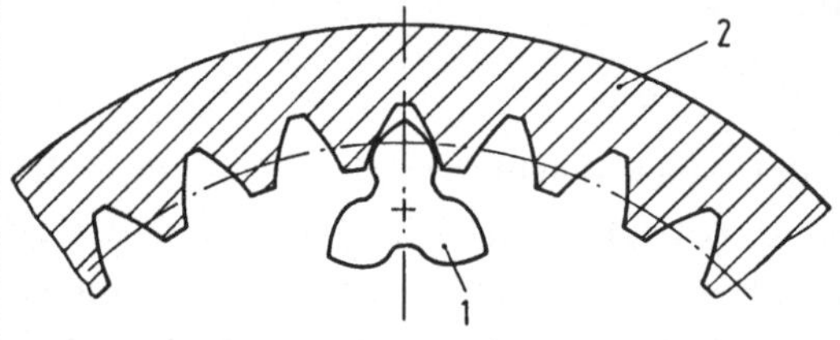	Komplementprofile Große Übersetzung mit extrem kleinen Ritzelzähnezahlen
2 $z_1 = 20$ $z_2 = -28$	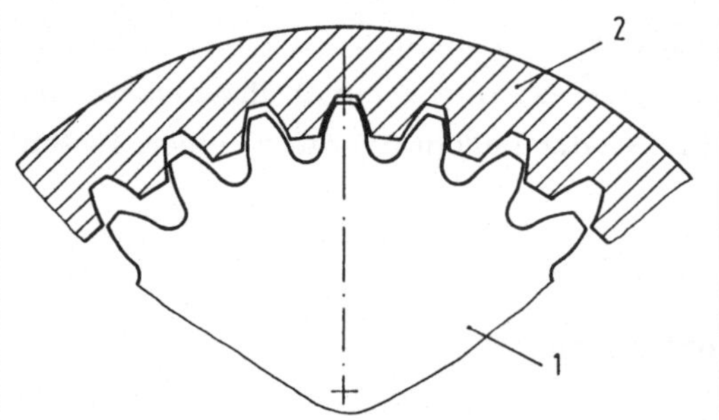	Normale Zahnprofile (DIN 867) Auslegung für hohe Tragfähigkeit Noch keine Eingriffsstörungen
3 $z_1 = 29$ $z_2 = -30$	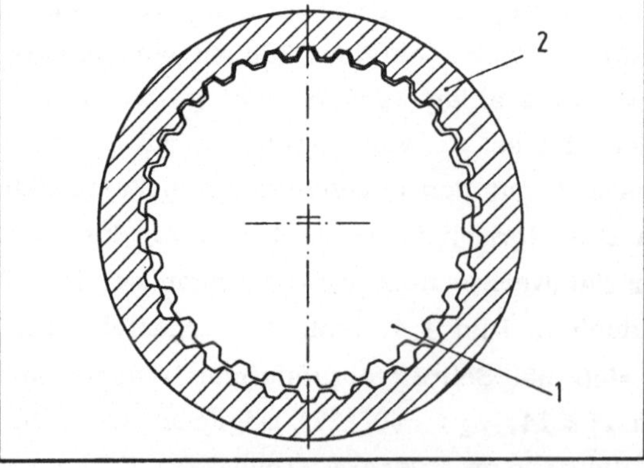	Sonderprofile Große Übersetzung (Differenzgetriebe) bei extrem kleiner Zähnezahldifferenz (Selbsthemmung) Eingriffsstörungen vermieden durch große Kopfhöhenänderungen

Bild 4.4. Spektrum möglicher Innen-Radpaarungen von extrem kleinen Ritzelzähnezahlen bis zu extrem kleinen Zähnezahldifferenzen. Berücksichtigung von hinreichender Überdeckung, ausreichender Tragfähigkeit und Vermeiden von Eingriffsstörungen.

4.3 Die Entstehung des Hohlrades

Man betrachte die Flanken eines Zahnkranzes nur als evolventische Flächen, ohne festzulegen, auf welcher Seite der Fläche der Körper liegt. Legt man nun den Zahnkörper nach innen, die Zahnflanken nach außen, entstehen die bekannten außenverzahnten Räder mit konvexen Zahnflanken, legt man den Zahnkörper nach außen, entstehen die Hohlräder mit Innenverzahnungen. Für den Eingriff dieser Evolventeninnen- oder -außenflächen bei Paarung mit evolventischen Gegenflächen gelten in beiden Fällen ähnliche Gesetzmäßigkeiten. Sie sind im Grunde sogar gleich bis auf die Tatsache, daß eine konkave Fläche nur mit konvexen Flächen, deren Krümmungsradien kleiner sind, Berührung haben kann.

In Bild 4.5 ist sehr gut zu erkennen, wie aus den gleichen Evolventenflächen für die Zahnflanken unter A eine Außenverzahnung, unter I eine Innenverzahnung entwickelt wurde. Die Lücken der Außenverzahnung werden zu Zähnen der Innenverzahnung und umgekehrt. Eine Ausnahme bildet der Fußgrund der Außenverzahnung, der bei der Innenverzahnung nicht zum Zahn wird, und der Kopfkreisradius des Außenrades r_{a1}, der wegen des späteren Kopfspiels betragsmäßig etwas kleiner ist als der entsprechende Radius r_{f2} des Hohlrades.

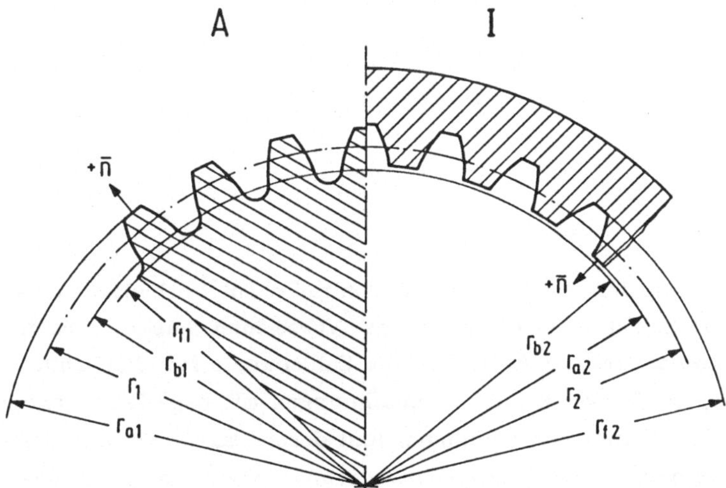

Bild 4.5. Entstehung des innenverzahnten Rades I aus dem außenverzahnten Rad A. Benennung der Zahnradien sowie ihre Größe bei sonst gleichen Verzahnungsdaten. Es ist in diesem Fall $r_{b1} = |r_{b2}|$ und $r_1 = |r_2|$. Für die Radien gilt $|r_{f2}| > |r_{a2}|$, absolut jedoch wie bei Außenverzahnungen $r_{f2} < r_{a2}$. Der Grund ist, daß die Zahlenwerte der radialen Größen des innenverzahnten Rades ein negatives Vorzeichen erhalten, da die "positive" Richtung der Normalenvektoren $\bar{n}_2$ zum, und nicht wie bei Außenverzahnungen, vom Mittelpunkt weg zeigt. Es ist daher im obigen Fall $r_{b1} = -r_{b2}$. Der Betrag des Kopfkreisradius r_a muß größer oder gleich dem des Grundkreisradius sein, $|r_{a2}| \geq |r_{b2}|$, der Betrag des Fußkreisradius vom Hohlrad größer als der Kopfkreisradius vom Gegenrad $|r_{f2}| > r_{a1}$.

4.3.1 Zahnradien und Durchmesser

Sie sind im beschriebenen Fall dem Betrag nach für Teil- und Grundkreis bei Außen- und Innenverzahnung gleich,

$$r_1 = |r_2| \tag{4.27}$$

$$r_{b1} = |r_{b2}| \ , \tag{4.28}$$

für Kopf- und Fußkreis jedoch verschieden. Als "Kopf" wird bei beiden Verzahnungsarten der freistehende und als "Fuß" der zahnkörperseitige Teil des Zahnes bezeichnet. Demgemäß ist der Kopfkreisradius r_{a2} des Hohlrades dem Betrag nach kleiner als sein Fußkreisradius r_{f2} (umgekehrt wie bei Außenverzahnungen),

$$|r_{a2}| < |r_{f2}| \ , \tag{4.29}$$

absolut jedoch größer, genau wie bei Außenverzahnungen

$$r_{a2} > r_{f2} \ . \tag{4.29-1}$$

Die Zahnfußhöhe am Hohlrad wird bestimmt durch das erwähnte Kopfspiel, weshalb bei sonst gleichen Verzahnungsdaten für den Fußkreisradius gilt

$$|r_{f2}| > r_{a1} \ . \tag{4.30}$$

Der Kopfkreisradius ist stets begrenzt durch den Grundkreis, da es innerhalb des Grundkreises keine Evolvente gibt und sonst falscher Eingriff entstehen würde. Daher gilt für die Beträge

$$|r_{a2}| \geq |r_{b2}| \tag{4.31}$$

und absolut

$$r_{a2} \leq r_{b2} \ . \tag{4.31-1}$$

4.3.2 Vorzeichenregeln

In den Gl.(4.27) bis (4.31) wurden die Größen des Hohlrades mit Vorbedacht in Absolutzeichen gesetzt, da die Zahlenwerte ein negatives Vorzeichen haben. Praktischer Grund für diese Vorzeichenregel: Setzt man die Zahlenwerte für die Zahnradien und von ihnen abhängige Größen bei Innenverzahnungen mit negativem Vorzeichen ein, dann gelten auch für Innenverzahnungen und deren Paarungen alle Gleichungen der Außenverzahnungen, ohne Vorzeichenänderung, wie es in den neueren[1] Normblättern auch praktiziert wird.

---

[1] In älteren Normvorschriften ging man den umgekehrten Weg und veränderte die Gleichungen für Innenverzahnungen durch Änderung der entsprechenden Vorzeichen, wobei der Vorteil entstand, radiale Größen und Zähnezahlen positiv eintragen zu können, jedoch in den meisten Fällen der Nachteil, zwei Gleichungen zu haben. Die neue Regelung ist auch im Hinblick auf den Rechnereinsatz viel vorteilhafter, da der Algorithmus stets gleich ist, auch bei Profilverschiebungen.

	Vorzeichen, Bezeichnung	Zahnradform	Zähnezahl $z=2\dfrac{r}{m}$
Nr.	1	2	3
1	Negativ $r<0$ Innenverzahnt		$z=-20$ $z=-\infty$
2	Positiv $r>0$ Außenverzahnt		$z=+\infty$ $z=+20$ $z=+1$
3	Negativ $r<0$ Innenverzahnt		$z=-1$ $z=-20$

Bild 4.6. Begründung für das negative Vorzeichen der Zahnradradien bei Hohlrädern, dargestellt an einem großen Verzahnungsspektrum: Die Lücke des außenverzahnten Rades (Patrize) ist bei sonst gleichen Verhältnissen der Zahn des innenverzahnten Rades (Matrize). Bei Patrize und Matrize sind für jeden Oberflächenpunkt die positiven Normalenvektoren entgegengesetzt gerichtet. Da der Radmittelpunkt erhalten bleibt, müssen die den Normalenvektoren nun entgegengesetzt gerichteten Radien das Vorzeichen wechseln, ebenso wie der Richtungssinn der Profilverschiebung. Die Umkehr der Richtungssinne verlangt dann, daß dort, wo der absolut größere Radius ist, der Zahnkopf liegt (also innen) und wo der absolut kleinere Radius ist, der Fußkreis liegt also außen. Kopf und Fuß sind gegenüber der Außenverzahnung vertauscht.

Der geometrische Grund für das negative Vorzeichen ist: Jedem Flächenelement eines Körpers kann man einen Normalenvektor $\bar{n}$ zuordnen, der senkrecht auf der Fläche steht und positiv gesetzt wird, wenn er vom Körper, auf dem die Fläche liegt, wegzeigt. Bei konvex gekrümmten Flächen zeigt der Normalenvektor vom Krümmungsmittelpunkt weg, bei konkav gekrümmten zum Krümmungsmittelpunkt hin (Bilder 4.5; 4.6; 4.7, Teilbilder 1,2). Gibt man nun dem Krümmungsradius für einen Kurvenpunkt (immer vom Krümmungsmittelpunkt ausgehend) ein positives Vorzeichen, wenn er mit dem positiven Normalenvektor gleichgerichtet und ein negatives, wenn er ihm entgegengesetzt gerichtet ist, kann er auch "konvexe" und "konkave" Flächen definieren. Streng genommen, z.B. im Hinblick auf Sattelflächen, muß man diese Regel auf eine Schnittebene des Körpers beziehen. Für die betrachteten Verzahnungen und ihre Radien ist sie immer eindeutig.

In Bild 4.6 ist das für die Kopfkreise von allen möglichen Zähnezahlbereichen geschehen. Man erkennt, daß bei innenverzahnten Rädern der Normalenvektor $\bar{n}$ zum Krümmungsmittelpunkt und bei außenverzahnten von ihm weg zeigt. Nach gleichem oder verschiedenem Richtungssinn mit dem Normalenvektor ändern sich die Vorzeichen der Zahlenwerte der vom Mittelpunkt ausgehenden Radien. So erhalten bei Hohlrädern die Zahlenwerte der Radien ein negatives Vorzeichen, z.B. r_b, r_a, r_{Fa}, r_{Na}, r, r_w, r_{Nf} usw. Ebenso werden das Zähnezahlverhältnis u, Gl.(1.10) und der Achsabstand a bei Paarungen mit Hohlrädern negativ, die Übersetzung i, Gl.(1.9) jedoch positiv, da beide Räder den gleichen Drehrichtungssinn haben. Die Zähnezahl berechnet man aus dem Teilkreisradius, Gl.(2.15), siehe auch Bild 4.6, Spalte 3. Da der Modul als Verhältniszahl immer positiv ist, hat die Zähnezahl das gleiche Vorzeichen wie der Teilkreisradius, also bei Hohlrädern ein negatives, bei außenverzahnten Rädern ein positives. Diese Betrachtung erlaubt es, mit jeder beliebigen Zähnezahl den Vorzeichenwechsel zu erklären. Selbst bei Zahnstangen kann man "innen- und außenverzahnt" unterscheiden, je nachdem, wohin man den fiktiven Drehpunkt legt, zahnkopfseitig oder zahnfußseitig (Bild 2.10). In Bild 4.6 sind zur Veranschaulichung für willkürlich gewählte Modulgrößen die Zahlenwerte der Teilkreisradien r für Außen- und Hohlräder eingetragen.

4.4 Erweiterte Gleichungen für Innenverzahnungen

4.4.1 Achsabstand

Die Zweckmäßigkeit und Bestätigung der Vorzeichenregel aus Abschnitt 4.3.2 kann leicht an Bild 4.7 vorgenommen werden. Es gilt nach Gl.(2.47), daß der Achsabstand die Summe der beiden Wälzkreisradien (bei V-Nullverzahnungen sind dies die Teil-

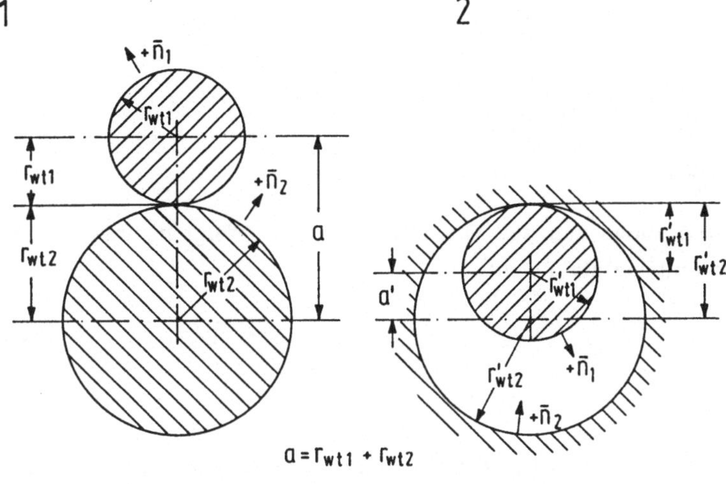

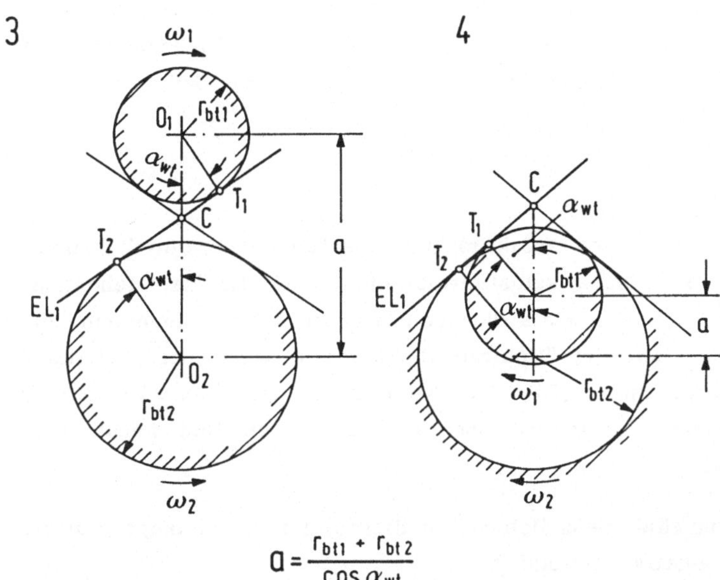

Bild 4.7. Achsabstand und Eingriffslinien bei außen- und innenverzahnten Radpaarungen. Der Achsabstand a als Summe der Wälzkreisradien r_{wt} bei:

Teilbild 1: Paarung zweier außenverzahnter Räder.

Teilbild 2: Paarung eines außen- und eines innenverzahnten Rades.

Teilbild 3: Innere Tangenten als Eingriffslinien bei Außenverzahnungen.

Teilbild 4: Äußere Tangenten als Eingriffslinien bei Innenverzahnungen.

Bei Antrieb im eingezeichneten Richtungssinn von ω_1 ist die mit EL_1 bezeichnete Eingriffslinie wirksam.

Radien, die vom Mittelpunkt zum Berührungspunkt einen dem Flächennormalenvektor $\bar{n}$ entgegengesetzten Richtungssinn haben, erhalten ein negatives Vorzeichen.

kreisradien) ist. Mit

$$a = r_{w1} + r_{w2} \qquad\qquad (2.47)$$

und den Werten $r_{w1} = 14$ mm; $r_{w2} = 23$ mm; $r'_{w2} = -23$ mm erhält man für die Achsabstände $a = 37$ mm; $a' = -9$ mm.

Die Berechnung des Achsabstandes aus den Grundkreisradien erfolgt in üblicher Weise, nur wird r_{bt2} negativ eingesetzt. Es ist

$$a = \frac{r_{bt1} + r_{bt2}}{\cos \alpha_{wt}} \qquad\qquad (4.32)$$

4.4.2 Eingriffslinien

Grundsätzlich unterschiedlich verlaufen die Eingriffslinien bei Außen-Radpaarungen (siehe Bild 4.7, Teilbild 3), nämlich als "Innentangenten", und bei Innen-Radpaarungen als "Außentangenten" (Teilbild 4). Die Eingriffsstrecke muß bei Außen-Radpaarungen (Teilbild 3) innerhalb der Tangierungspunkte T_1 und T_2 liegen, bei Innen-Radpaarungen (Teilbild 4) außerhalb von T_1 und T_2 auf der Seite des Wälzpunktes C.

4.4.3 Zahnhöhen

Betrachtet man in Bild 4.6 die "innenverzahnte" und die "außenverzahnte" Zahnstange in den Zeilen 1 und 2, dann ist es selbstverständlich, daß die "freistehenden" dünneren Zahnteile die Zahnköpfe und die dickeren, am Zahnkörper liegenden, die Zahnfüße sind. Am Hohlrad (bzw. der "Hohlradzahnstange") wird der Zahnkopf durch Näherrücken zur Zahnradmitte (Bild 4.8, Teilbild 2), der Zahnfuß durch Weiterrücken von der Zahnradmitte vergrößert, am außenverzahnten Rad genau umgekehrt, Bild 4.8, Teilbild 1.

Auch die Profilverschiebung zählt beim Hohlrad in Richtung zum Zahnkopf positiv, in Richtung zum Zahnfuß negativ, Teilbild 2.

Merkregel: Man nehme eine "außenverzahnte" Zahnstange (Bild 4.6, Zeile 2), kehre sie um, mit den Zahnköpfen zum fiktiven Drehpunkt (z.B. Bild 4.6, Zeile 1), und mache alle Operationen (Zahnkopfhöhenänderung, Profilverschiebung) wie bisher unter Beibehalten der alten Vorzeichen für diese Operationen. Die negativen Radien des Hohlrades bleiben natürlich.

Bild 4.8 zeigt Beispiele dafür, so daß im Zweifelsfall die Regel nachgeprüft werden kann.

Die Zahnkopfhöhe h_a bzw. die Zahnfußhöhe h_f wird bei Zahnrädern definiert als der radiale Abstand zwischen dem Teilkreisradius r und dem Kopfkreisradius r_a bzw.

1 Außenverzahnt

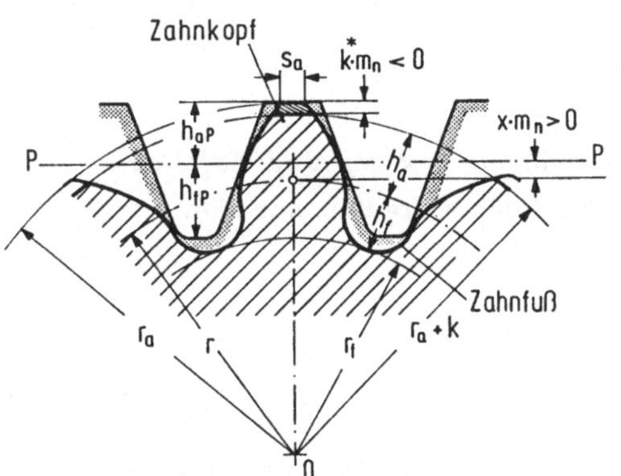

2 Innenverzahnt

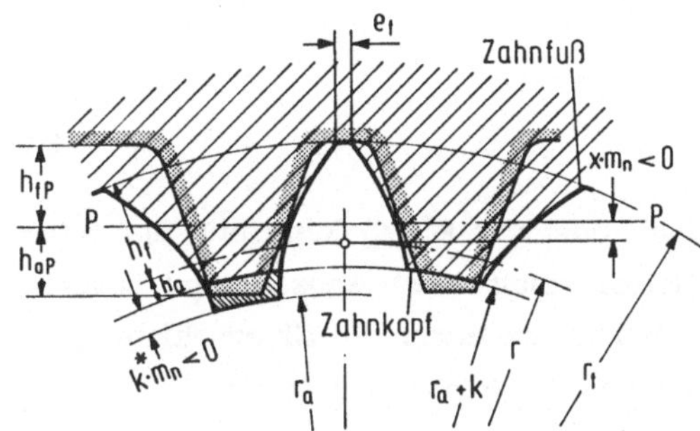

Bild 4.8. Positive und negative Profilverschiebung $x \cdot m_n$ und Kopfhöhenänderung $k = k^* \cdot m_n$ sowie Richtungssinn der Zahnkopf- und Zahnfußhöhen (h_a, h_f) bei Außen- und Innenverzahnung.

Die Zahnkopfhöhe h_a ist die vom Teilkreis (r) zum freistehenden Zahnende, d.h. zum Kopfkreis (r_a) radiale Entfernung, die Zahnfußhöhe h_f die vom Teilkreis zum Fußkreis (r_f), d.h. zum körperseitig gelegenen Zahnende bis zum Fußgrund vorliegende radiale Entfernung.

Sowohl für Außenverzahnung (Teilbild 1) als auch für Innenverzahnung (Teilbild 2) gilt ferner: Die Profilverschiebung ist positiv, $x \cdot m_n > 0$, wenn die Profilbezugslinie PP des Bezugsprofils vom Teilkreis (r) in Richtung des Zahnkopfes verschoben wird, und negativ, $x \cdot m_n < 0$, wenn sie vom Teilkreis her in Richtung des Fußes verschoben wird.

Die Kopfhöhenänderung ist positiv, $k^* \cdot m_n > 0$, wenn sie - vom Kopfkreis (r_a) ausgehend - zur Vergrößerung der Zahnkopfhöhe h_a und negativ, $k^* \cdot m_n < 0$, wenn sie zur Verkleinerung der Zahnkopfhöhe beiträgt. Die Zahnfußhöhe h_f als radiales Maß wird auch bei Innenverzahnungen als eine positive Größe betrachtet und daher zur Berechnung des Fußkreisradius immer vom Teilkreis abgezogen. Die Richtungssinne für Profilverschiebung und Kopfhöhenänderung sind gleich. Die radialen Größen r_a, r, r_f, r_b usw. erhalten bei Innenverzahnungen negative Zahlenwerte.

dem Teilkreisradius r und dem Fußkreisradius r_f

$$h_a = r_a - r \; , \tag{4.33}$$

$$h_f = r - r_f \; . \tag{4.34}$$

Da der Kopfkreisradius noch von der Profilverschiebung $x \cdot m_n$ und der Kopfhöhen-änderung $k^* \cdot m_n$ abhängt, Gl.(2.35;3.35-1), der Fußkreisradius nur von der Profil-verschiebung, gilt entsprechend

$$r_a = r + (h_{aP}^* + x + k^*) \cdot m_n \; , \tag{4.35}$$

$$r_f = r - (h_{fP}^* - x) \cdot m_n \; . \tag{4.36}$$

Man erkennt, daß Gl.(4.35) mit Gl.(2.35) identisch ist, daß aber Gl.(4.36) mit Gl. (2.36) wegen des dort auftretenden Kopfspiels c_P nicht übereinstimmt.

Aus obigen Gleichungen erhält man für Zahnkopf- und Zahnfußhöhe

$$h_a = (h_{aP}^* + x + k^*) \cdot m_n \; , \tag{4.37}$$

$$h_f = (h_{fP}^* - x) \cdot m_n \; . \tag{4.38}$$

Die für das Kopfspiel notwendige Zahnkopfhöhenänderung $k^* \cdot m_n$ kann aus der Sum-me der Profilverschiebungen Σx und dem (flankenspielfreien) Achsabstand berech-net werden. Sie gleicht Kopfspielveränderungen bei der durch Profilverschiebung häufig notwendigen Achsabstandskorrektur aus und ist ähnlich Gl.(2.59)

$$k = k^* \cdot m_n = a - a_d - m_n \Sigma x = (y - \Sigma x) \cdot m_n \; . \tag{4.39}$$

Mit der Zahnhöhe am Bezugsprofil h_P

$$h_P = h_{aP} + h_{fP} \tag{4.40}$$

und den Gl.(4.37;4.38) erhält man für die Zahnhöhe h des Zahnrades

$$h = h_P + k^* \cdot m_n \; . \tag{4.41}$$

Man erkennt den großen Unterschied zwischen den Zahnkopf- und Zahnfußhöhen des Bezugsprofils und denen des Zahnrades. Sie stimmen nur überein, wenn keine Pro-filverschiebung und keine Zahnkopfhöhenänderung vorliegt.

Die Gleichungen gelten für Außen- und Innenverzahnungen, Gl.(4.37) bis (4.41), auch für den Stirnschnitt, da die Zahnhöhen im Stirn- und Normalschnitt gleich groß sind.

Aufgrund der konsequenten Vorzeichenregelung für die Profilverschiebung bei In-nen- und Außenverzahnung bleiben die Definitionen der Null-, der V-Null- und V-

Verzahnungen wie bisher bestehen, und zwar wie folgt:

$$\Sigma x = 0 \qquad\qquad (2.44\text{-}1)$$

$$\text{Null- oder V-Nullradpaar } \quad a = a_d \; ; \; \alpha_w = \alpha \qquad (4.42);(2.27)$$

$$\Sigma x > 0 \qquad\qquad (2.44\text{-}3)$$

$$\text{V-Plus-Radpaar} \qquad a > a_d \; ; \; \alpha_w > \alpha \qquad (2.60\text{-}1);(2.60\text{-}2)$$

$$\Sigma x < 0 \qquad\qquad (2.44\text{-}4)$$

$$\text{V-Minus-Radpaar} \qquad a < a_d \; ; \; \alpha_w < \alpha \qquad (2.61\text{-}1);(2.61\text{-}2)$$

Bei Innen-Radpaarungen muß man allerdings das negative Vorzeichen des Achsabstandes beachten. Danach ist z.B. bei der Paarung für ein V-Plus-Radpaar der Achsabstand absolut auch größer als bei einem Null-Radpaar, genau wie bei der Außenverzahnung, aber der Betrag des Achsabstands kleiner, für ein V-Minus-Radpaar ist der Betrag des Abstands größer als für ein Nullradpaar, weil bekanntlich gilt: $-30 > -40$, jedoch $|-30| < |-40|$. Bei üblichen Verzahnungen geht man hauptsächlich von V-Nullradpaarungen aus und bevorzugt beim Abweichen von dieser Regel V-Minus-Radpaare. Bei ihnen rücken die Eingriffspunkte auf der Flanke des Hohlrades weiter weg vom Grundkreis, und infolge des größeren Krümmungsradius der Flanke werden die Pressungsverhältnisse günstiger.

4.4.4 Profilverschiebung

Die Grenzen der Profilverschiebung bei Hohlrädern sind durch zwei geometrische Bedingungen gegeben:

1. Der Kopfkreisradius r_a muß kleiner (dem Betrag nach größer), mindestens aber so groß wie der Grundkreisradius r_b sein (Bild 4.5)

$$r_a \leqq r_b. \qquad\qquad (4.43)$$

2. Die Lückenweite am Fußzylinder (im Normalschnitt) e_{fn} muß in der Regel größer als $0{,}2 \cdot m_n$ sein

$$e_{fn} \geqq 0{,}2 \cdot m_n \qquad\qquad (4.44)$$

damit sie vom Werkzeug ausgearbeitet werden kann.

Aus Gl.(4.43) ergibt sich mit Gl.(2.3-1) und (2.36)

$$\left(\frac{z}{2} + x + h_{aP}^* + k^*\right) \cdot m_n \leqq \frac{z}{2} \cdot m_n \cdot \cos \alpha_P$$

damit

$$x + h_{aP}^* + k^* \leqq \frac{z}{2} \cdot (\cos \alpha_P - 1).$$

Beim Teilen durch den negativen Wert (cos α_p - 1) muß das Größerzeichen umgedreht werden, und man erhält mit

$$z \leqq 2 \, \frac{x + h^*_{aP} + k^*}{\cos \alpha_p - 1} \tag{4.45}$$

die Angabe, welche größte Zähnezahl (welche kleinste Zähnezahl dem Betrag nach) aufgrund der Bedingung nach Gl.(4.43) für das Hohlrad noch zulässig ist. So stellt man fest, daß die dem Betrag nach kleinste Zähnezahl bei x = 0, h^*_a = 1,0, k^* = 0, α_p = 20°, z = -33 ist und positive Profilverschiebung nur für Zähnezahlen zulässig ist, die dem Betrag nach größer, in unserer Schreibweise aber kleiner sind, also z = -33 bis - ∞.

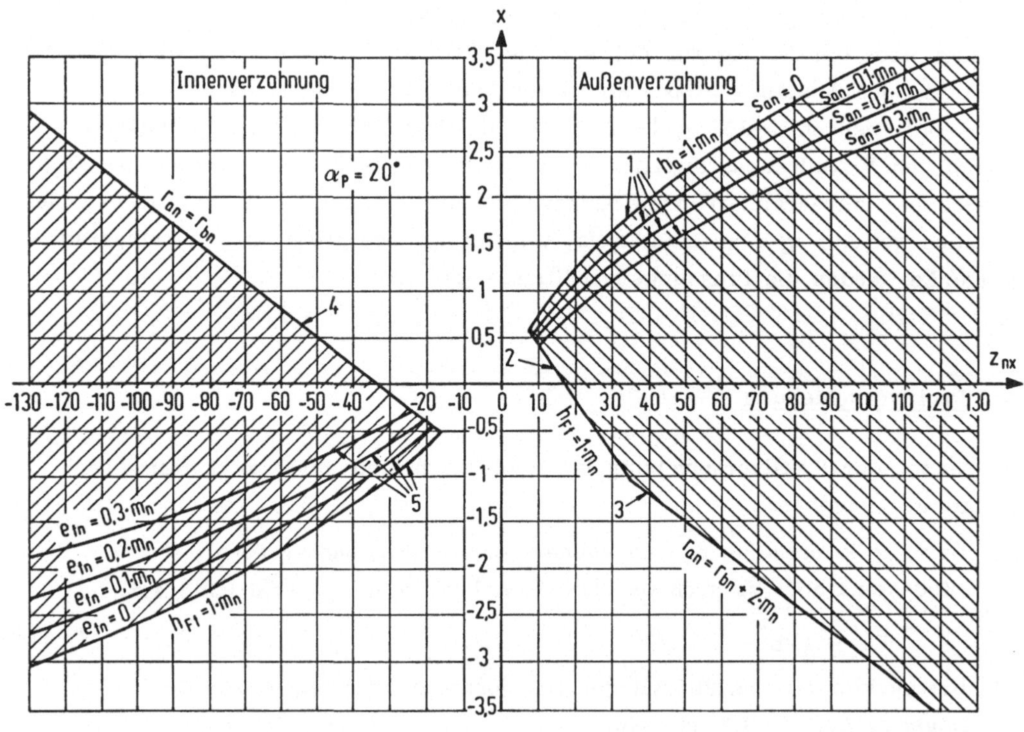

////// \\\\\\ zulässige Bereiche

Bild 4.9. Geometrische Grenzen für Zylinderräder mit Außen- und Innenverzahnung in Abhängigkeit der Ersatzzähnezahl z_{nx} und des Profilverschiebungsfaktors x, ohne Kopfhöhenänderung für das Bezugsprofil nach DIN 867 mit h^*_{FaP} = 1, h^*_{FfP} = 1 und α_p = 20° (siehe Bild 2.11).

Es bedeutet:

1 Grenze für die Zahnkopfdicke am Außenrad

2 Unterschnittgrenze für Zahnfuß-Formhöhe h^*_{FfP} = 1

3 Grenze für eine Zahnhöhe $h_F \geqq 2 m_n$

4 Grenze für die größtmögliche Zahnkopfhöhe h_{Fa}

5 Grenze für die Zahnfuß-Lückenweite bei Innenverzahnung mit h^*_{Ff} = 1

Die Feststellung einer spitzen Fußlücke, $e_{fn} = 0$, erfolgt auf gleiche Weise wie die Berechnung des spitzen Zahnes bei Außenverzahnung, $s_{an} = 0$, und ist in Bild 4.9 für das genormte Profil nach DIN 867 in den Bildern 8.6 und 8.7 in Kapitel 8 für verschiedene andere Zahnhöhen angegeben. Das Diagramm in Bild 4.9 wird ähnlich angewendet wie das in Bild 2.19. Es gilt für Geradverzahnungen und kann für Schrägverzahnungen verwendet werden, wenn man stets deren Ersatzzähnezahl z_{nx}, Gl. (3.16), sowie die Zahnhöhen bzw. deren Faktoren im Normalschnitt zugrunde legt. Man kann daraus die im schraffierten Bereich liegenden Werte der Profilverschiebung für korrekte Außenräder, d.h. nicht spitze, nicht unterschnittene Zähne und nicht unterhalb des Grundkreises liegende Zahnflanken finden und die Werte der Profilverschiebung für korrekte Hohlräder, d.h. mit Zahnlücken, die nicht spitz sind, und Kopfkreisen, die nicht innerhalb des Grundkreises liegen. Ob Eingriffsstörungen, insbesondere bei Paarungen mit Hohlrädern, zu erwarten sind, kann aus Bild 4.9 allein nicht entnommen werden.

4.5 Hohlräder mit Schrägverzahnung

4.5.1 Schrägungs- und Steigungswinkel

Wie bei den Außenrädern kann man auch bei den Hohlrädern Schrägverzahnungen erzeugen und einsetzen. Es ergeben sich ähnliche Vor- und Nachteile wie bei den Zahnradpaarungen für Außenräder (siehe Kapitel 3). Vorteile gegenüber geradverzahnten Hohlrädern sind, daß die Paarungen leiser laufen wegen der allmählichen Veränderung der Berührlinien, daß höhere Zahnkräfte übertragen werden können und kleinere Zähnezahlen möglich sind als bei Geradverzahnungen. Nachteile sind auch hier die nicht vermeidbaren Axialkräfte und für reproduzierbare Winkelübertragungen die durch Axialspiele entstehenden Winkel-Umkehrspannen ebenso wie die noch schwierigere Herstellbarkeit als die von geradverzahnten Hohlrädern.

Der Schrägungswinkel β ist die einzige Größe, die neu berücksichtigt werden muß. Man definiert ihn als den spitzen Winkel zwischen einer Tangente an eine Teilzylinder-Flankenlinie und der Teilzylinder-Mantellinie durch den Tangentenberührpunkt (Bild 4.10). Er kann auch mit Hilfe des Steigungswinkels γ definiert werden, dem spitzen Winkel, unter dem sich die Profilbezugslinie mit der Radachse kreuzt, wie in Gl.(3.31) schon festgelegt

$$|\beta| = 90° - |\gamma|. \qquad (3.31)$$

Während bei Außenrädern der Schrägungswinkel β positiv gezählt wird, wenn er rechtssteigend, und negativ, wenn er linkssteigend ist, zählt man ihn bei Hohlrä-

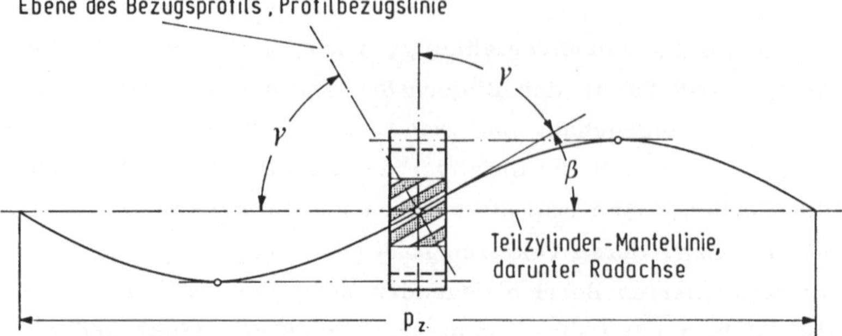

Bild 4.10. Die Steigung bestimmenden Größen am Schrägstirnrad. Schnitt durch den abgewickelten
Teilzylinder. Es bedeutet: β Schrägungswinkel, γ Steigungswinkel, p_z Steigungshöhe

dern genau umgekehrt, also:

$$\text{Außenräder rechtssteigend} \quad : \beta > 0°$$
$$\text{Außenräder linkssteigend} \quad : \beta < 0°$$
$$\text{Hohlräder rechtssteigend} \quad : \beta < 0°$$
$$\text{Hohlräder linkssteigend} \quad : \beta > 0°.$$

Bei Paarungen mit Außenverzahnungen hat man für parallele Achsen von Rad und
Gegenrad entgegengesetzt steigende Schrägungswinkel, bei Paarungen mit einem Au-
ßen- und einem Hohlrad dagegen im gleichen Sinne steigende. Für parallele Achsen
ist der Achsenwinkel Σ gleich Null. Es gilt für parallele Achsen sowohl bei Außen-
Radpaarungen als auch bei Hohlrad-Paarungen.

$$\Sigma = \beta_1 + \beta_2 = 0°. \tag{4.46}$$

Die Gl.(4.46) trifft in beiden Fällen zu, weil die Schrägungswinkel dem Betrag nach
gleich sind und verschiedene Vorzeichen haben, bei Hohlradpaarungen, weil in gleichem Sinn steigende Schrägungswinkel von Rad und Gegenrad verschiedene Vorzeichen haben, bei Außenradpaarungen, weil in verschiedenem Sinn steigende Schrägungswinkel verschiedene Vorzeichen haben.

Man kann mit zylindrischen Hohl- und Außenrädern keine Zahnradpaarungen mit gekreuzten Achsen bauen mit

$$\Sigma = \beta_1 + \beta_2 \neq 0°. \tag{4.47}$$

Allenfalls ist das möglich, wenn ein Zahnrad über die Zahnbreite eine hyperbolische,
gegebenenfalls eine konische Kopfmantelfläche aufweist.

Zu beachten ist ferner, daß für Stirnradpaarungen bei parallelen Achsen stets Li-
nien-, bei gekreuzten Achsen stets Punktberührung vorliegt.

4.5.2 Gleichungen für schrägverzahnte Hohlräder

An dem Beispiel der Profilüberdeckung soll gezeigt werden, wie die Verzahnungs-
gleichungen für Innen-Radpaarungen im Stirnschnitt umgeformt werden.

Es gilt für geradverzahnte Außen-Radpaarungen, wobei $m = m_n$ ist und vereinfachend
gesetzt wird

$$r_{Na} = r_a \tag{4.48}$$

$$\varepsilon_{\alpha t} = \frac{1}{\pi \cdot m_t \cdot \cos\alpha_t} \left[+ \sqrt{r_{at1}^2 - r_{bt1}^2} + \sqrt{r_{at2}^2 - r_{bt2}^2} - (r_{bt1} + r_{bt2}) \cdot \tan\alpha_{wt} \right] . \tag{3.76-1}$$

Für schrägverzahnte Außen-Radpaarungen können zur exakten Berechnung die Stirnschnittgrößen zugrunde gelegt werden. Ebenso müssen für schrägverzahnte Paarungen mit Hohlrädern die Zahlenwerte für die entsprechenden Hohlradgrößen mit negativem Vorzeichen eingesetzt werden. Das gilt auch für die Vorzeichen der Wurzeln.
Einfacher ist es, das Wurzelvorzeichen des Hohlrades immer durch den Faktor $z/|z|$
zu bestimmen. Aus Gl.(3.76-1) erhält man, wobei vereinfachend gesetzt wird

$$r_{Nat} = r_{at} \tag{4.49}$$

$$\varepsilon_{\alpha t} = \frac{1}{\pi \cdot m_t \cdot \cos\alpha_t} \left[+ \sqrt{r_{at1}^2 - r_{bt1}^2} + \frac{z_2}{|z_2|} \sqrt{r_{at2}^2 - r_{bt2}^2} - (r_{bt1} + r_{bt2}) \tan\alpha_{wt} \right] . \tag{4.50}$$

Es können nun, wenn nicht bekannt, die Stirnschnittgrößen aus den vorgegebenen
Normalschnittgrößen berechnet werden, m_t aus Gl.(3.1), α_t aus der Gl.(3.20), die
Radien r_{at}, r_{bt} jedoch direkt aus Stirnschnittgrößen, entsprechend Gl.(3.35-1;3.39;
2.3-1) und der Winkel α_{wt} aus Gl.(3.51). Da Rad 2 ein Hohlrad ist, wird das zweite Wurzelzeichen negativ, ebenso r_{bt2}.

4.6 Paarungen mit Hohlrädern (Innen-Radpaare)

4.6.1 Grundsätzliche Gesichtspunkte

Der Eingriff bei Paarungen mit Hohlrädern ist problematischer als der mit Außenrädern, weil neben den üblichen Eingriffsbedingungen für Außenräder zusätzlich folgende Erscheinungen Eingriffsstörungen verursachen können:

- Die Kopfkreise können sich außerhalb der Eingriffsstrecke schneiden, so daß sich
  gegebenenfalls Zahnecken von Rad und Gegenrad durchdringen, was beim Betrieb
  zum Bruch, beim Erzeugen zum Wegschneiden der Hohlradkopfkanten führt.

- Die Herstellung des Hohlrades erfolgt mit einem Schneidrad oder schneidradähnlichen Werkzeug, dessen Zähnezahl betragsmäßig kleiner als die des Hohlrades sein muß. Die erzeugten nutzbaren Evolventenlängen sind daher nur so lang, wie sie für die Paarung mit einem dem Schneidrad gleichenden oder kleineren Zahnrad und den für die Erzeugung zugrunde gelegten Profilverschiebungen sein müßten, also nicht so lang, wie sie für Ritzelzähnezahlen, die größer als die Schneidradzähnezahlen sind, sein müßten.

- Der Hohlradkopfkreis ist häufig kleiner als der Außenradkopfkreis. Das kann bei radialer Montage des Außenrades das Zusammenführen der Zahnräder wegen Durchdringung unmöglich machen.

Neben der Berechnung von Tragfähigkeit und Laufeigenschaften steht daher im Vordergrund der Verzahnungsauslegung die Kontrolle und Vermeidung von möglichen Eingriffsstörungen im Betrieb und während des Erzeugungsvorganges. Bei vorgegebenem Bezugsprofil bleiben als variable Verzahnungsgrößen die Zähnezahlen bzw. die Zähnezahldifferenz

$$\Delta z = |z_2| - z_1 \; , \tag{4.3}$$

die Größe der Profilverschiebungsfaktoren x_1 und x_2 bzw. deren Summe $x_1 + x_2$. Für das genormte Bezugsprofil gibt es in [4/1] eine Reihe von Diagrammen, ähnlich dem in Bild 4.9, welche die Grenzen für korrekte Zahnräder, für korrekte Zahnradpaarungen und für korrekte Erzeugungspaarungen mit Schneidrädern angeben. Weicht man vom üblichen Bezugsprofil ab, muß die Vermeidung von Eingriffsstörungen in jedem Einzelfall nachgeprüft werden.

4.6.2 Maßnahmen zur Verhinderung von Eingriffsstörungen

4.6.2.1 Korrekte Zahnräder
Ritzel und Hohlrad sollen zur Vermeidung spitzer Zahnköpfe bzw. spitzer Lückenweiten am Fußzylinder mindestens die Werte $s_{an1} \approx 0{,}2 \cdot m_n$ bzw. $e_{fn2} \approx 0{,}2 \cdot m_n$ aufweisen, keinen Unterschnitt haben und zur Vermeidung von Eingriffen innerhalb der Grundkreise für das Bezugsprofil nach DIN 867 Ersatzzähnezahlen und Profilverschiebungen haben, die in den schraffierten Feldern des Bildes 4.9 liegen. Für andere Profile gelten die in Kapitel 8 aufgeführten Diagramme Bilder 8.6 und 8.7. Die Ersatzzähnezahl ist mit Gl.(3.16) zu berechnen.

4.6.2.2 Genügende Überdeckung
Die Profilüberdeckung muß für Geradverzahnungen $\varepsilon_\alpha \geq 1$ sein, Nachrechnung mit Gl.(4.50). Für Schrägverzahnungen muß die Summe von Profil- und Sprungüberdeckung mindestens größer als 1 sein,

$$\varepsilon_\gamma = \varepsilon_\alpha + \varepsilon_\beta > 1. \tag{4.51}$$

4.6.2.3 Hinreichendes Kopfspiel

Für Hohlradzähnezahlen $z_2 \geq -80$ bzw. $|z_2| \leq 80$ sollte durch Nachrechnung geprüft werden, ob das Mindestkopfspiel c_P, entsprechend dem vorgeschriebenen Werkzeugprofil, eingehalten wird. Wenn nicht, kann entweder der Zahnkopf des Ritzels durch Verkleinern von r_{a1} verkürzt oder der Fuß-Formkreishalbmesser r_{Ff2} des Hohlrades durch ein Werkzeug mit größerer Zahnkopfhöhe vergrößert werden. Es ist entsprechend Gl.(3.52) der Achsabstand a_0 zwischen Schneidrad z_0 und Hohlrad z_2 bei der Erzeugung

$$a_0 = (z_2 + z_0) \cdot \frac{m_t}{2} \cdot \frac{\cos\alpha_t}{\cos\alpha_{wt0}} \ , \qquad (4.52)$$

der Fußkreisradius am Hohlrad aus Erzeugungsachsabstand a_0 und Schneidradkopfkreisradius r_{a0} nach Bild 4.11, Teilbild 1

$$r_{f2(0)} = a_0 - r_{a0} \quad {}^{1)} \qquad (4.53)$$

und wie in den Teilbildern 2 und 3 abgeleitet, der notwendige Ritzelkopfkreisradius r_{a1} bei einem Soll-Kopfspiel von c_P

$$r_{a1\,soll} = a - r_{f2(0)} - c_P \ . \qquad (4.54)$$

In den Gl.(4.52) bis (4.54) sind die Zahlenwerte für z_2, a_0, a und $r_{f2(0)}$ mit negativem Vorzeichen einzusetzen.

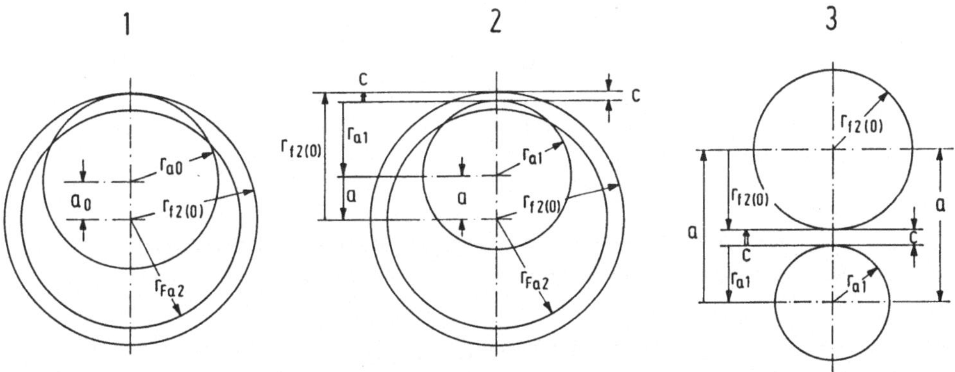

Bild 4.11. Berechnung des Kopfspiels c bei Innen-Radpaarungen aufgrund des Erzeugungsfußkreisradius $r_{f2(0)}$ bei der Herstellung des Hohlrades mit einem Schneidrad (Kopfkreisradius r_{a0}). Berechnung durch Vektoraddition siehe auch Kapitel 6.

Teilbild 1: Erzeugung des Fußkreises $r_{f2(0)}$ vom Hohlrad mit dem Schneidrad und seinem Kopfkreisradius r_{a0} beim Erzeugungsachsabstand a_0.

Teilbild 2: Paarung mit außenverzahntem Ritzel-Kopfkreisradius r_{a1} und innenverzahntem Rad (Fußkreisradius $r_{f2(0)}$) mit Berücksichtigung des Kopfspiels c. Berechnung von c ergibt

$c = -r_{a1} - a + r_{f2(0)}$. Mit Berücksichtigung der negativen Größen bei Innenverzahnungen erhält man

$$c = -r_{a1} + a - r_{f2(0)} \ . \qquad (4.54\text{-}1)$$

Teilbild 3: Paarung mit außenverzahnten Zahnrädern. Berechnung von c ergibt dieselbe Gleichung

$c = -r_{a1} + a - r_{f2(0)}$.

4.6.2.4 Hinreichende Evolventenlänge am Ritzel

Der nutzbare Fußkreis des Ritzels, d.h. der Fuß-Formkreisradius $r_{Fft1(0)}$, erzeugt durch das Werkzeugprofil, muß kleiner sein als der genutzte, d.h. der Fuß-Nutzkreisradius des Ritzels $r_{Nft1(2)}$, der sich durch den Anfang der Eingriffsstrecke (Punkt A) ergibt, also durch den Schnittpunkt des nutzbaren Kopfkreises, also des Kopf-Formkreisradius $r_{Fat2(0)}$ des Hohlrades mit der Eingriffslinie (Bilder 4.12 und 4.13).

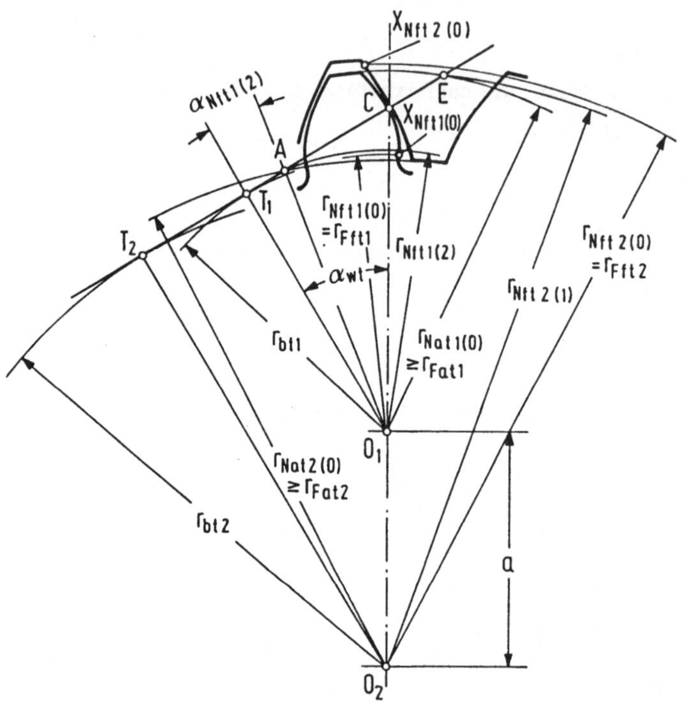

Bild 4.12. Berechnung des Fuß-Nutzkreisradius $r_{Nft1(2)}$ des Ritzels aufgrund des Kopf-Formkreisradius r_{Fat2} und des Fuß-Nutzkreisradius $r_{Nft2(1)}$ des Rades aufgrund des Ritzelkopf-Formkreisradius r_{Fat1}.

Die durch das Werkzeug erzeugten Fuß-Nutzkreise $r_{Nft1(0)} = r_{Fft1}$ und $r_{Nft2(0)} = r_{Fft2}$, die dem Zahnrad die endgültige Form geben und dann die Formkreise sind, müssen stets eine gleiche oder größere nutzbare Zahnflanke ergeben als die durch die Kopfkreise des Gegenrades bestimmten Nutzkreise, siehe Gl.(4.55) und (4.60-1).(Konstruktion der Nutzkreise siehe auch Bild 4.13, negative Werte von r_2 bei den Ungleichungen beachten!)

---

[1] Der zusätzliche Index in der Klammer gibt hier an, durch welches Rad der Radius erzeugt oder bestimmt wird. Dieser Index wird später weggelassen, da die Formkreise (Index F) grundsätzlich vom Werkzeug erzeugt und die Nutzkreise (Index N) grundsätzlich vom Gegenrad bestimmt werden.

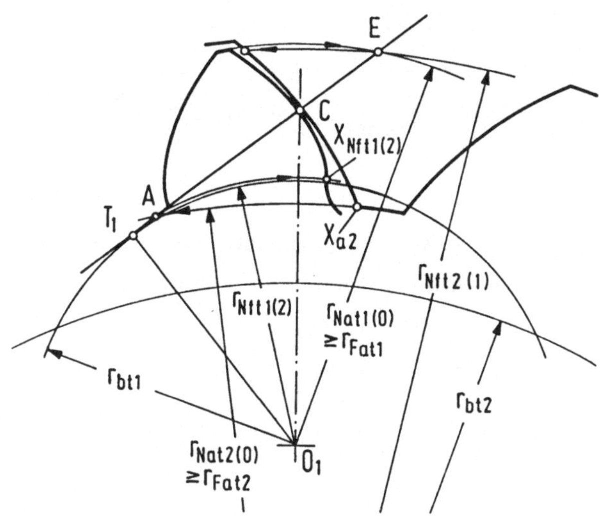

Bild 4.13. Lage sich berührender Eingriffspunkte von Rad und Gegenrad auf der Flanke.
Hier: Bestimmung der Fuß-Nutzkreisradien aufgrund der Kopfkreisradien der Gegenflanke. Durch
die Kopfkreise der Räder sind jeweils die äußersten Punkte der Eingriffsstrecke A und E bestimmt.
Konstruktion: Der gewünschte Flankenpunkt (hier z.B. der Kopfeckpunkt X_{a2}) wird mit einem
Kreisbogen, dessen Radius seinem Abstand zum Radmittelpunkt entspricht, auf die Eingriffslinie
übertragen (Punkt A) und von dort mit dem Radius seines Abstands zum Mittelpunkt des Gegenrades auf die Gegenflanke ($X_{Nft1(2)}$). Alle Größen im Stirnschnitt.

Die Konstruktion zur Ermittlung der Zahnfuß-Nutzkreispunkte, d.h. der untersten
Punkte der genutzten Flanke, ist in Bild 4.13 näher erläutert. Die Bedingung ist meistens automatisch erfüllt, wenn die Verzahnung mit einem Zahnstangenwerkzeug erzeugt wurde. Grundsätzlich muß dieser Schnittpunkt zwischen dem Tangierungspunkt
T_1 und dem Ende der Eingriffsstrecke E liegen.

Auch bei ungünstiger Auswirkung der Verzahnungstoleranzen muß daher sein

$$r_{Fft1} = r_{Nft1(0)} \leq r_{Nft1(2)} \, . \tag{4.55}$$

Es ist (im Stirnschnitt) [4/1]

$$r_{Fft1} = r_{Nft1(0)} = + \sqrt{\left(a_0 \sin\alpha_{wt0} - \sqrt{r_{Fat0}^2 - r_{bt0}^2}\right)^2 + r_{bt1}^2} \tag{4.56}$$

$$r_{Nft1(2)} = + \sqrt{\left(a \sin\alpha_{wt} - \frac{z_2}{|z_2|} \cdot \sqrt{r_{Fat2}^2 - r_{bt2}^2}\right)^2 + r_{bt1}^2} \, . \tag{4.57}$$

Im allgemeinen entspricht der Zahnkopf-Formkreisradius des Hohlrades r_{Fat2} dem
Hohlrad-Kopfkreisradius r_{at2}. Er läßt sich aus den Erzeugungsdaten des Hohlrades
korrekt berechnen mit

$$r_{Fat2(0)} = \frac{z_2}{|z_2|} \cdot \sqrt{\left(a_0 \sin\alpha_{wt0} - \sqrt{r_{Fft0}^2 - r_{bt0}^2}\right)^2 + r_{bt2}^2} \, . \tag{4.58}$$

Ist das Ritzel mit einem Zahnstangenwerkzeug gefertigt worden, gilt mit Bild 4.14
mit Berücksichtigung der Gl.(3.6)

$$r_{Fft1} = r_{Nft1(0)} = m_n \cdot \left[+ \sqrt{\left(\frac{z_1}{2\cos\beta} - h^*_{Fan0} - x_n\right)^2 + \left(\frac{h^*_{Fan0} - x_n}{\tan\alpha_t}\right)^2} \right] .$$

$$(4.59)$$

Den Erzeugungs-Fuß-Nutzkreisradius $r_{Nft1(0)}$, der gleichzeitig der Fuß-Formkreisradius r_{Fft1} ist, als Folge der Herstellung mit einem Zahnstangenwerkzeug, zeigt
Bild 4.14.

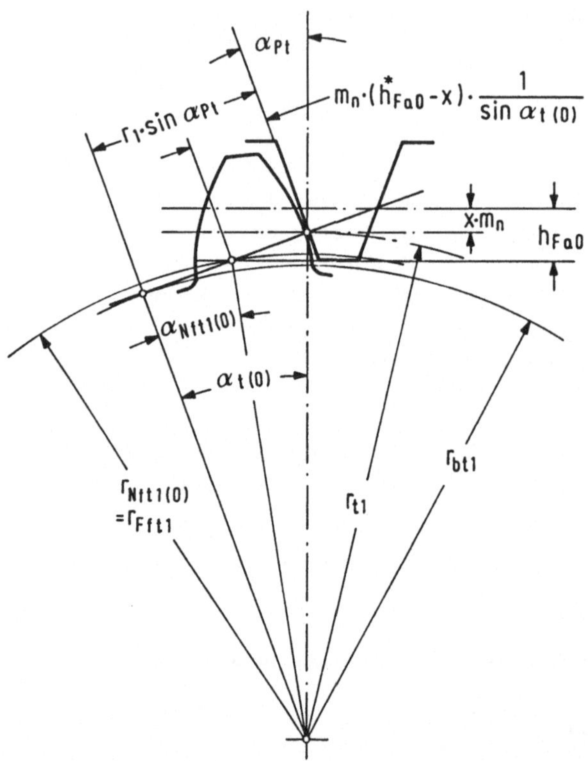

Bild 4.14. Darstellung des Erzeugungs-Fuß-Nutzkreisradius $r_{Nft1(0)}$ der gleichzeitig der Fuß-
Formkreisradius r_{Fft1} des Ritzels im Stirnschnitt ist, erzeugt durch ein Zahnstangenwerkzeug.

4.6.2.5 Hinreichende Evolventenlänge am Hohlrad

Der Erzeugungs-Fuß-Nutzkreisradius des Rades $r_{Nft2(0)}$, (erzeugt durch das Werkzeugprofil), der gleichzeitig sein Fuß-Formkreisradius r_{Fft2} ist, muß vom Betrag her
größer sein als der Betrag des Fuß-Nutzkreisradius des Rades $r_{Nft2(1)}$, der sich
durch den Kopf-Formkreisradius r_{Fat1}, also durch das Ende der Eingriffslinie E in
den Bildern 4.12 und 4.13 ergibt. Bei Außen-Radpaarungen, die mit Zahnstangen-

werkzeugen hergestellt wurden, ist diese Bedingung meistens erfüllt, bei solchen, die mit Schneidrädern erzeugt wurden, häufig nicht.

Es muß daher gelten (sowohl im Stirn- als auch im Normalschnitt):

Allgemein

$$r_{Fft2} = r_{Nft2(0)} \leq r_{Nft2(1)} \; , \tag{4.60}$$

für Innen-Radpaarungen

$$|r_{Nft2(0)}| \geq |r_{Nft2(1)}| \; . \tag{4.60-1}$$

Es ist (im Stirnschnitt)

$$r_{Fft2} = r_{Nft2(0)} = \frac{z_2}{|z_2|} \cdot \sqrt{(a_0 \sin\alpha_{wt0} - \sqrt{r_{Fat0}^2 - r_{bt0}^2})^2 + r_{bt2}^2} \tag{4.61}$$

$$r_{Nft2(1)} = \frac{z_2}{|z_2|} \cdot \sqrt{(a \sin\alpha_{wt} - \sqrt{r_{fat1}^2 - r_{bt1}^2})^2 + r_{bt2}^2} \; . \tag{4.62}$$

4.6.2.6 Vermeiden der Zahnkopfkanten-Berührung

Es muß gewährleistet sein, daß sich die Zahnkopfkanten von Außenrad und Hohlrad im eingebauten Zustand während der Drehbewegung nicht außerhalb des Eingriffsgebietes berühren, sonst würden sich die entsprechenden Zahnpartien zerstören oder das Getriebe bliebe in der montierten Lage gesperrt. Diese Überprüfung muß man selbstverständlich auch bei der Wahl des Schneidrades vornehmen, sonst könnten schon erzeugte Hohlradzahnköpfe wieder weggeschnitten werden.

Die rechnerische Überprüfung, ob das der Fall ist, erfolgt mit dem Störfaktor K [4/1]. Er muß größer 1 sein. Man erhält ihn nach Bild 4.15 wie folgt [4/9]:

Bei der Bewegung des Ritzel-Kopfeckpunktes von L nach P dreht sich das Ritzel um den Winkel $\varphi + \nu$ und das Rad um $(\varphi + \nu)/|u|$. Sollen sich die Kopfeckpunkte in Punkt P nicht berühren, muß der durch Drehung des Hohlrades entstehende Winkel größer sein als der vom Kopfeckpunkt des Ritzels in P bestimmte minimale Drehwinkel. Es ist

$$\frac{\varphi + \nu}{|u|} > \delta - \varepsilon \tag{4.63}$$

und damit

$$K = \frac{\varphi + \nu}{|u| \cdot (\delta - \varepsilon)} > 1 \; . \tag{4.64}$$

Weiter gelten nach Bild 4.15 noch die folgenden geometrischen Beziehungen:

$$\cos \varphi = \frac{r_{at2}^2 - r_{at1}^2 - a^2}{2 \cdot r_{at1} \cdot |a|} \tag{4.65}$$

$$\nu = \text{inv}\,\alpha_{at1} - \text{inv}\,\alpha_{wt} \tag{4.66}$$

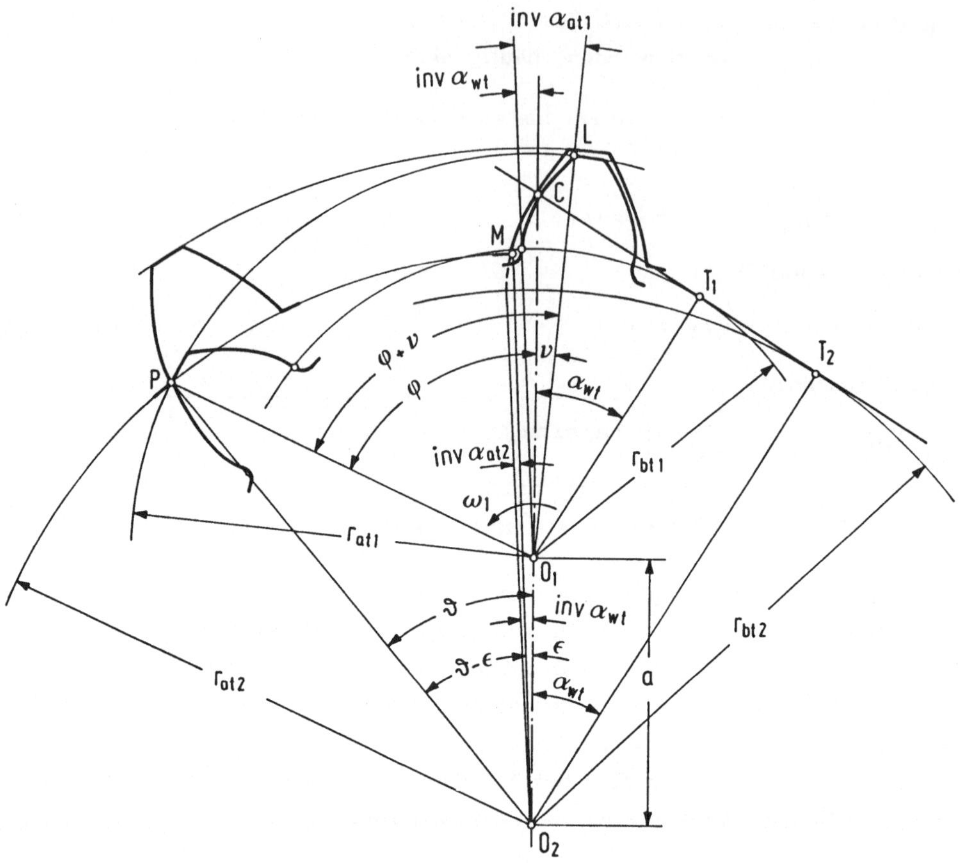

Bild 4.15. Berechnung des Beginns des unzulässigen Anstoßens der Zahnkopfkanten außerhalb des Eingriffs [4/9]. Berührungsbeginn am Schnittpunkt P der beiden Kopfkreise nach [4/1].

und entsprechend Gl.(2.3)

$$\cos \alpha_{at1} = \frac{r_{bt1}}{r_{at1}} \qquad (4.67\text{-}1)$$

$$\cos \vartheta = \frac{r_{at2}^2 - r_{at1}^2 + a^2}{2 \cdot r_{at2} \cdot a} \qquad (4.68)$$

$$\varepsilon = \text{inv}\,\alpha_{wt} - \text{inv}\,\alpha_{at2} \qquad (4.69)$$

$$\cos \alpha_{at2} = \frac{r_{bt2}}{r_{at2}} \qquad (4.67\text{-}2)$$

sowie u nach Gl.(1.10).

4.6.3 Radialer Ritzeleinbau, radiale Schneidradzustellung

Bei radialem Einbau des Ritzels oder bei radialer Zustellung des Schneidwerkzeugs muß gewährleistet sein, daß sich die Zahnkopfkanten von Außenrad und Hohlrad während der Montage bzw. Zustellbewegung nicht berühren oder durchdringen. Es wäre sonst die radiale Montage nicht möglich bzw. würden bei der Herstellung mit einem dem Zahnrad nachgebildeten Schneidwerkzeug die entsprechenden Teile der Hohlradzähne weggeschnitten.

Graphische Überprüfung

Anhand von Bild 4.16 wird geprüft, ob sich die Zahnkopfkanten außerhalb des zulässigen Eingriffs berühren. Danach müssen die Schnittpunkte der Kopfkreise im

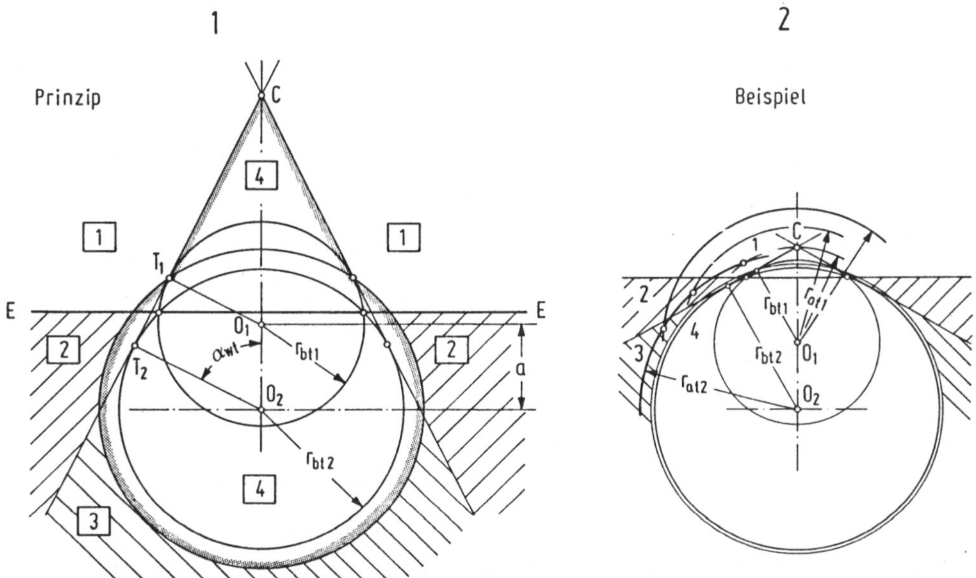

Bild 4.16. Zonen ohne und mit Eingriffsstörungen.

Teilbild 1: Prinzip

Lage der Schnittpunkte der Kopfkreisradien in den Zonen 1 bis 4 als Kontrolle, ob Anstoßen der Kopfkanten zu erwarten ist. Es folgt für die Zonen:

1. Kein Anstoßen der Zahnkopfkanten außerhalb des Eingriffsgebietes. Radiales Ausrücken möglich.
2. Wie Feld 1, aber radiales Ausrücken nur bedingt möglich (Nachrechnung erforderlich).
3. Anstoßen der Zahnkopfkanten und radiales Ausrücken nur rechnerisch feststellbar.
4. Bereich unzulässig, mit Sicherheit Eingriffsstörungen, z.B. $r_{at2} > r_{bt2}$ (Grenze 4 in Bild 4.9) bzw. Eingriffsstörung am Fuß des Ritzels oder $\varepsilon_\alpha < 1$.

Teilbild 2: Beispiel

Schnittpunkt des Kopfkreisradius r_{at1} des außenverzahnten Rades mit dem Kopfkreisradius r_{at2} des innenverzahnten Rades. Kopfkreisradius schneidet in Zone 1, wenn er klein ist (radiales Ausrücken immer möglich), in Zone 2, wenn er größer ist (radiales Ausrücken nur bedingt möglich) und in Zone 3 (radiales Ausrücken meistens nicht möglich), wenn er sehr groß ist.

weißen Feld 1 oder im schraffierten Feld 2 liegen, wenn ein Anstoßen der Zahnkopfkanten vermieden werden soll. Liegen sie im schraffierten Feld 3, muß stets eine
Nachrechnung erfolgen [4/1;4/8;1/7].

Rechnerische Überprüfung
Die Zahnkopfkanten berühren sich beim Ausrücken nicht (Bild 4.17), wenn ihr Abstand A immer größer Null ist.

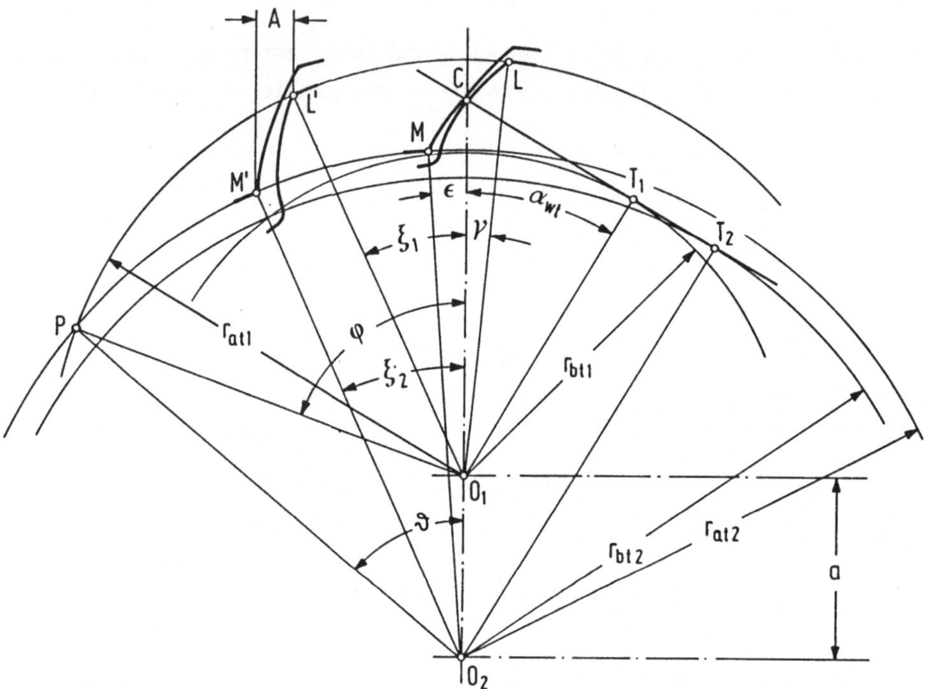

Bild 4.17. Berechnung des Abstands A, der größer Null sein muß, wenn das Anstoßen der Zahn-
kopfkanten bei radialem Einbau des Ritzels (Index 1) vermieden werden soll bzw. beim radialen
Vorschub des Schneidrades kein unzulässiger Wegschnitt erfolgen soll (dann Ritzelindex durch
Schneidradindex 0 ersetzen) nach [4/1].

Der Kopfeckpunkt des Außenrades dreht sich um $\xi_1 + \nu$, der des Hohlrades nach
[4/1] um

$$\xi_2 - \varepsilon = \frac{\xi_1 + \nu}{|u|}$$

somit ist

$$\xi_2 = \frac{\xi_1 + \nu}{|u|} + \varepsilon \ .$$

$$(4.70)$$

Nach der Verdrehung haben die Verbindungen der Kopfeckpunkte L' und M' zu den Mittelpunkten 0_1 und 0_2 mit der Mittenlinie die Winkel ξ_1 und ξ_2 und ihr zur Ausrückbewegung senkrechter Abstand ist A, der größer Null sein muß

$$A = |r_{at2}| \cdot \sin\xi_2 - r_{at1} \cdot \sin\xi_1 > 0 \quad . \tag{4.71}$$

Da sich A mit ξ_1 laufend ändert, muß sein Minimum gesucht werden. Die Berechnung von A kann unterbleiben, wenn radiales Ausrücken grundsätzlich nicht möglich ist, bei

$$r_{at1} \geqq |r_{at2}| \quad , \tag{4.72}$$

wenn radiales Ausrücken sicher möglich ist, bei

$$r_{a1} \cdot \sin\alpha_{at1} \leqq |r_{at2}| \cdot \sin\alpha_{at2} \quad . \tag{4.73}$$

Möglich ist es immer, wenn

$$\xi_2 = \frac{\xi_1 + \nu}{|u|} + \varepsilon > \text{arc tan} \frac{\tan\xi_1}{|u|} \quad . \tag{4.74}$$

ξ_1 ist mit Gl.(4.75) zu berechnen und ergibt

$$\tan\xi_1 = \frac{1}{r_{bt1}} \cdot \sqrt{\frac{r_{at1}^2 \cdot r_{bt2}^2 - r_{at2}^2 \cdot r_{bt1}^2}{r_{at2}^2 - r_{at1}^2}} \quad . \tag{4.75}$$

Will man das Anstoßen des Schneidrades an den Zahnkopfecken des Hohlrades beim Zustellen prüfen, dann muß in den Gleichungen der Index 1 durch den Index 0 ersetzt und es müssen die Schneidradabmessungen zugrunde gelegt werden.

4.6.4 Grenzen für die Paarung eines Hohlrades mit einem Ritzel

Schon die korrekte Paarung zweier außenverzahnter Räder ist an gewisse Begrenzungen gebunden, die das Zahnrad betreffen (Unterschnitt- und Spitzengrenze, Bilder 2.19;4.9) und solche, die die Paarung betreffen (Überdeckung, Kopf- oder Flankenspiel). Bei der Paarung mit Hohlrädern treten zu diesen Begrenzungen noch solche auf, die eine unzulässige Berührung der Partnerzähne außerhalb des Eingriffsbereichs verhindern sollen.

In Bild 4.18, Teilbild 1, ist der Grenzbereich für Verzahnungen nach dem Maschinenbauprofil DIN 867 [2/3] - siehe Bild 2.11 - anschaulich dargestellt. Dieser Grenzbereich ist in ein Koordinatensystem eingetragen, dessen Abszisse die Profilverschiebungssumme und dessen Ordinate die Ritzelprofilverschiebung angibt. Ändert man das Bezugsprofil, müssen die einzelnen Grenzen mit Hilfe der angegebenen Diagramme und Gleichungen neu bestimmt werden. Die Begrenzungslinien beziehen sich auf folgende Erscheinungen:

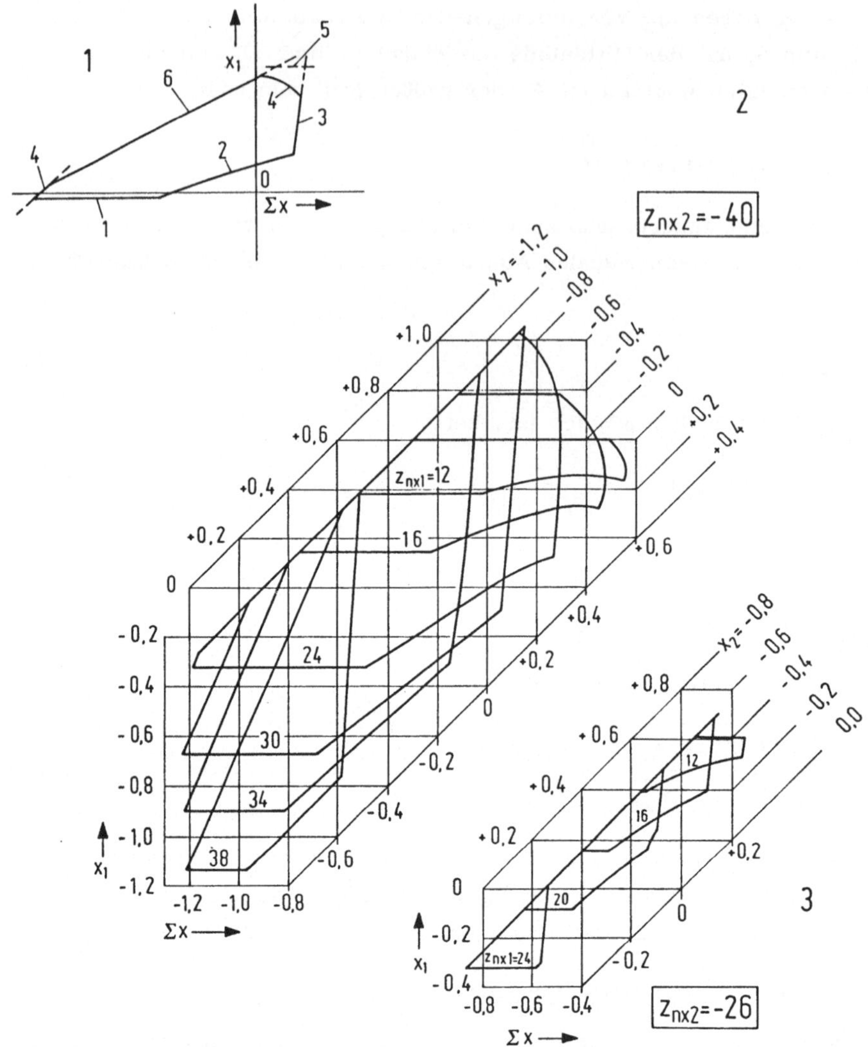

Bild 4.18. Geometrische Begrenzung der Profilverschiebung nach [4/1] für Innen-Radpaarungen.
Bezugsprofil nach DIN 867 [2/3].

Teilbild 1: Bedeutung der Begrenzungslinien:

1 Unterschnittgrenze Ritzel (Bild 4.9)

2 Kopfkreis der Innenverzahnung geht durch äußersten Eingriffsstreckenbeginn am Ritzelgrundkreis (z.B. durch Punkt T_1 in Bild 4.12)

3 Berühren der Zahnkopfkanten (ähnlich wie in Bild 4.15)

4 Profilüberdeckung $\varepsilon_\alpha = 1,1$

5 Zahnkopfdicke am Ritzel $0,2 \cdot m_n$ (Bild 4.9)

6 Zahnlückenweite am Hohlrad $0,2 \cdot m_n$ (Bild 4.9)

Teilbild 2: Praktisches Beispiel für $z_{nx1} = 12 \ldots 38$ und $z_{nx2} = -40$.

Teilbild 3: Praktisches Beispiel für $z_{nx1} = 12 \ldots 24$ und $z_{nx2} = -26$.

Untere Grenze von x_1:

1 Unterschnittgrenze am Ritzel (siehe auch Bilder 2.19;4.9).

2 Kleinstmöglicher Betrag des Hohlradkopfkreises (er geht durch den möglichen Beginn der Eingriffsstrecke T_1 am Ritzelgrundkreis).

3 Berührung der Zahnkopfkanten von Rad und Ritzel (Bild 4.15) wird vermieden, der Störfaktor ist K = 1.

Obere Grenze von x_1:

4 Profilüberdeckung der Verzahnung ist $\varepsilon_\alpha = 1,1$.

5 Die Zahnkopfdicke am Ritzel ist $s_{an} = 0,2 \cdot m_n$ (Bilder 4.9;8.5).

6 Die Zahnfußlückenweite am Hohlrad ist $e_{fn} = 0,2 \cdot m_n$ (Bilder 4.9;8.7).

Aus den zahlreichen Diagrammen von [4/1] sind in Bild 4.18 zwei herausgegriffen, die es gestatten, direkt numerische Werte abzulesen. Teilbild 2 zeigt die Paarung eines Hohlrades der Zähnezahl $z_{nx2} = -40$ mit Ritzeln der Zähnezahlen $z_{nx1} = 12$ bis 38 und Teilbild 3 solche mit $z_{nx2} = -26$ und $z_{nx1} = 12$ bis 24. Man erkennt, je kleiner die Hohlradzähnezahl bzw. je kleiner die Zähnezahldifferenz ist, um so mehr wird die Profilverschiebung der Ritzel- und Radzähnezahl eingeengt. Weitere Diagramme sind in den Bildern 8.8 und 8.9 enthalten.

4.6.5 Profilverschiebungsfaktoren für ausgeglichenes spezifisches Gleiten, kleinste Ritzelzähnezahlen

Ausgeglichenes spezifisches Gleiten, d.h. Gleiten mit gleichen Werten, aber verschiedenen Vorzeichen an den Enden der Eingriffsstrecke, ist in bezug auf Tragfähigkeiten, geräusch- und schwingungsarmen Lauf sehr günstig. Daher ist man bestrebt, die Profilverschiebungen an Rad und Ritzel so zu wählen, daß dieser Zustand eintritt.

Für einige auch in Bild 4.18 enthaltene Ritzelzähnezahlen z.B. $z_{nx1} = 14;24;38$ sind die entsprechenden Profilverschiebungsfaktoren aus den Diagrammen des Bildes 4.19 zu entnehmen.

Berechnung der Stirnschnitte

Wählt man ein anderes Bezugsprofil als das in Bild 2.11 oder nimmt man Kopfhöhenänderungen vor, dann kann das spezifische Gleiten mit den Gl.(2.91) bis (2.96) nachgeprüft werden. Wegen des kleineren spezifischen Gleitens bei Hohlradpaarungen sinkt der Wirkungsgrad bei Übersetzungen ins Schnelle (treibendes Hohlrad) nicht so stark wie bei Außenverzahnungen, so daß man in der Regel ähnliche Auslegungen für beide Betriebsarten verwenden kann. Um den Reibanteil bei Zahnradpaarungen klein zu machen, ist es immer günstig, den Teil der Überdeckung, welcher ein progressives Reibsystem darstellt (siehe Kapitel 2, Bild 2.39), zu verkleinern, eventuell auf Kosten des anderen, also durch Vergrößerung des "degressiven" Eingriffsabschnitts. Das erreicht man durch folgende Maßnahmen:

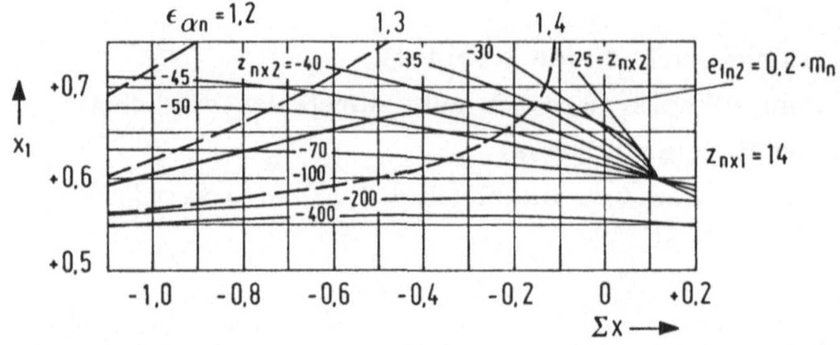

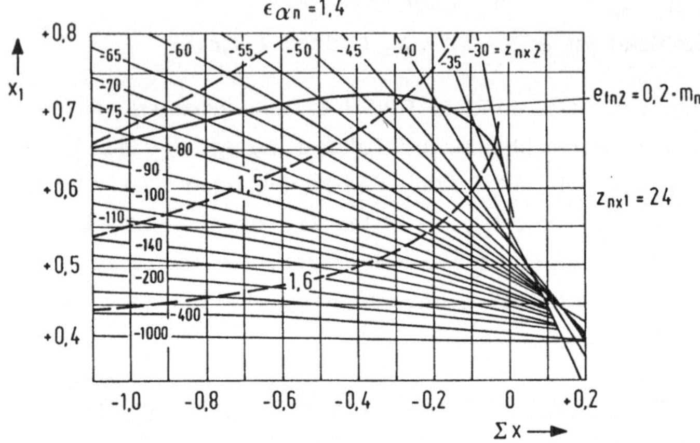

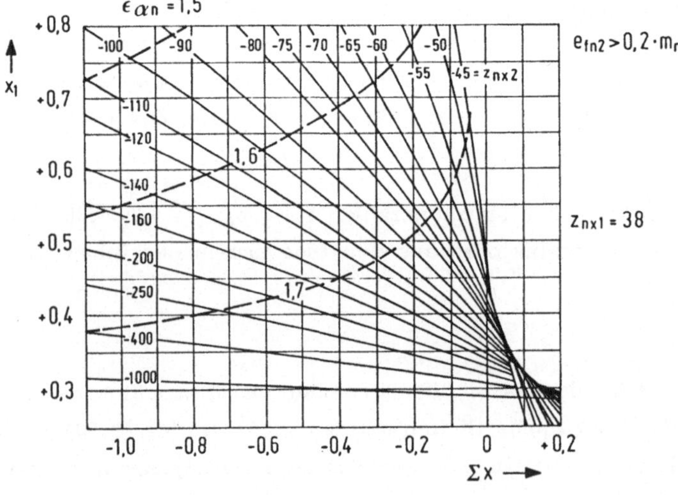

Bild 4.19. Ermittlung der Profilverschiebungsfaktoren für V-Innen-Radpaarungen mit ausgeglichenem spezifischen Gleiten für Ritzelzähnezahlen $z_{nx1} = 14; 24; 38$ nach [4/1]. Werte für Normalschnitt.

Außen-Radpaarung

Übersetzung ins Langsame $i_{12} < -1$: $r_{a2} \rightarrow$ klein, $x_2 \rightarrow$ klein (mögl. negativ)

Übersetzung ins Schnelle $-1 < i_{21} < 0$: $r_{a1} \rightarrow$ klein, $x_1 \rightarrow$ klein (mögl. negativ)

Innen-Radpaarung

Übersetzung ins Langsame $i_{12} > 1$: $r_{a1} \rightarrow$ klein, $x_1 \rightarrow$ klein (mögl. negativ)

Übersetzung ins Schnelle $0 < i_{21} < 1$: $r_{a2} \rightarrow$ klein, d.h. $|r_{a2}| \rightarrow$ groß

$x_2 \rightarrow$ klein (mögl. negativ)

Ausgehend von der Möglichkeit, die Zahnhöhen am außen- und innenverzahnten Rad durch negative Profilverschiebung zu verkleinern, kann man für störungsfreien Eingriff bezüglich der Zahnkopfeckpunkte aus dem Diagramm nach [4/9] in Bild 4.20 die kleinste Profilverschiebungssumme $x_1 + x_2$, die kleinste Ritzelzähnezahl $z_{1\,min}$ und die kleinstmögliche Zähnezahldifferenz $|z_2| - z_1$ für geradverzahnte Hohlradpaarungen nach Bezugsprofil DIN 867 [2/3] entnehmen.

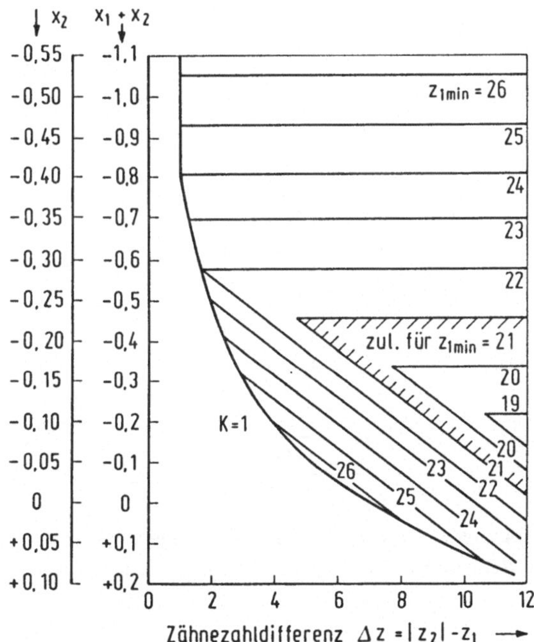

Bild 4.20. Profilverschiebungsaufteilung bei kleiner Zähnezahldifferenz nach Müller [4/9]. Vermeiden von Profildurchdringungen an Innen-Radpaarungen bei kleiner Zähnezahldifferenz, $\Delta z = |z_2| - z_1$, durch Verkleinerung der Zahnkopfhöhen an Rad und Ritzel mittels negativer Profilverschiebung. Diese wird gleichmäßig auf beide Verzahnungspartner aufgeteilt. Die zu entnehmenden Werte müssen oberhalb der Grenzkurve und innerhalb der von den Zähnezahlen eingeschlossenen Feldern liegen.

4.6.6 Eingrenzung der Profilverschiebungen für Schneidrad und Hohlrad zur Vermeidung von Eingriffsstörungen

Legt man eine Schneidrad-Zahnkopfhöhe $h_{a0} = 1,25 \cdot m_n$ zugrunde, um das entsprechende Kopfspiel im Hohlrad zu erzeugen, müssen sich die Profilverschiebungsfaktoren in bestimmten Grenzen halten, um Eingriffsstörungen beim Abwälzen und bei der radialen Zustellung zu vermeiden. In Bild 4.21, Teilbild 1, ist ein Grenzfeld beispielhaft dargestellt, das die Profilverschiebung x_0 am Schneidrad begrenzt nach Unterschnitt am Schneidrad (1), falschem Eingriff des Hohlrad-Kopfkreises (2), Eingriffsstörungen zwischen Schneidradflanke und Hohlrad-Zahnkopfkanten (3), minimale Schneidradkopfdicke (4) und minimale Hohlrad-Zahnfußlückenweite (5).

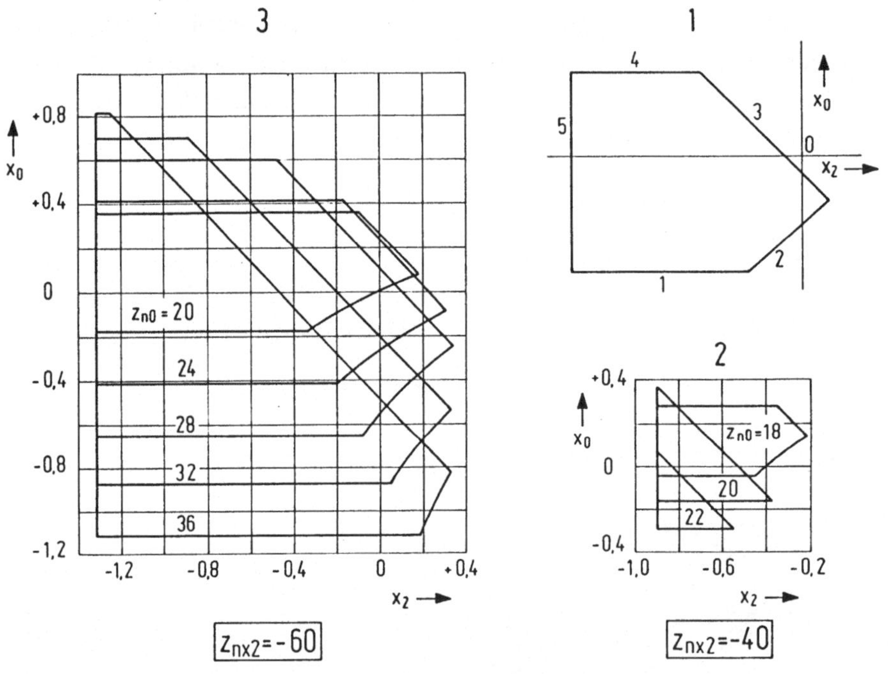

Bild 4.21. Zulässige Grenzwerte der Profilverschiebungen bei der Paarung eines Hohlrades (nach DIN 867) mit einem Schneidrad, bezogen auf eine Schneidrad-Zahnkopfhöhe von $h_{a0} = 1,25 \cdot m_n$, nach [4/1].

Teilbild 1: Untere Grenzen von x_0 durch

1 Unterschnitt am Schneidrad

2 Hohlrad-Kopfkreislage (geht durch den Beginn der Erzeugungs-Eingriffsstrecke am Grundkreis des Schneidrades).

Obere Grenze für x_0 durch

3 Erzeugungs-Eingriffsstörung durch Schneidradflanke und Hohlrad-Zahnkopfkanten während des Schneidradrückhubes bei gleichzeitiger Wälzbewegung

4 Zahnkopfdicke am Schneidrad von $s_{a0} = 0,2 \cdot m_n$

5 Zahnfußlückenweite am Hohlrad von $e_{f2} = 0,2 \cdot m_n$.

Teilbilder 2 und 3: Diagramme zur Entnahme der Zahlenwerte für die Zähnezahlen $z_{nx2} = -40$; -60.

Die Teilbilder 2 und 3 des Bildes 4.21 zeigen quantitative Werte für die beiden Hohlradzähnezahlen von $z_2 = -40$ und $z_2 = -60$.

Bei Paarungen mit dem Schneidrad ist die Eingriffsstörung meistens gleichbedeutend mit dem Wegschneiden einer Zone im Zahnkopfbereich des Hohlrades. Das geschieht z.B. beim Radialvorschub, wenn die Grenzlinie 3 überschritten wird, insbesondere wenn die Hohlrad-Zähnezahl $z_2 < |40|$ ist. Sie können aber auch den Rückhub beim Wälzvorgang behindern. Mit Rückhubstörungen muß man aber schon beim reinen Wälzvorgang rechnen, wenn der Grundkreis kleiner Schneidräder den Hohlrad-Kopfkreis schneidet.

Auch beim Wälzschälen treten ähnliche Störmöglichkeiten auf, die mit Hilfe der Berechnungen nach Bild 4.16 erfaßt werden können. Allerdings benötigt man hier keinen Rückhub, so daß die Schwierigkeiten mit der radialen Zustellung größtenteils entfallen.

4.7 Beispiele für die Berechnung von Innenverzahnungen und deren korrekte Paarungsmöglichkeiten

4.7.1 Aufgabenstellung 4-1 (Berechnung einer Innenverzahnung)

Es sollen die geometrischen Verzahnungsgrößen eines geradverzahnten Hohlrades so ausgelegt werden, daß der Kopfkreisradius r_a seinen größten Wert (betragsmäßig seinen kleinsten) erhält und gleich dem Grundkreisradius r_b wird.

Gegeben ist: Bezugsprofil   DIN 867 (Bild 2.11)

      Modul $m_n = 1,25$ mm

      Zähnezahl $z_2 = -60$

      kleinste Lückenweite $e_{f\,min} = 0,2 \cdot m_n$

4.7.2 Aufgabenstellung 4-2 (Achsabstand einer Innen-Radpaarung)

Das Hohlrad (innenverzahntes Rad) aus Aufgabenstellung 4-1 soll mit einem Ritzel z_1 gepaart werden, von dem folgende zwei Werte festgelegt sind:

      Zähnezahl $z_1 = 25$

      Profilverschiebungsfaktor $x_1 = -0,3$

Welcher Achsabstand a ist erforderlich?

4.7.3 Aufgabenstellung 4-3 (Überprüfung einer Innen-Radpaarung auf korrekten Eingriff und Eingriffsstörungen)

Gegebene Verzahnungsgrößen:

Bezugsprofil nach   DIN 867 (Bild 2.11)

Modul m_n = 1,5 mm

Zähnezahlen z_1 = 12

z_2 = -40

Profilverschiebungsfaktoren x_1 = +0,3

x_2 = -0,3

Kopfspielfaktor c_P^* = 0,25

Mindest-Zahnkopfdicke $s_{a\,min}$ = 0,2·m_n

Mindest-Zahnfußlückenweite $e_{f\,min}$ = 0,2·m_n .

Das Ritzel (z_1) ist wälzgefräst, das inneverzahnte Rad (z_2) wird mit einem Schneidrad durch Wälzstoßen hergestellt. Die entscheidenden Schneidradgrößen sind:

Zähnezahl z_0 = 20

Profilverschiebungsfaktor x_0 = 0

4.7.4 Lösung der Aufgabenstellung 4-1

Aufgabenstellung 4-1 s. Abschn. 4.7.1, S. 227 (Berechnung einer Innenverzahnung)

(Die Gleichungen für Schrägverzahnung im Stirnschnitt gelten für Geradverzahnungen, wenn $\beta = 0°$ gesetzt wird. Alle Zahlenwerte sind auf 3 Stellen genau.)

Verzahnungsgröße	Gleichungen	
Grundkreisradius	$r_{bt} = \frac{z}{2} \cdot \frac{m_n}{\cos\beta} \cdot \cos\alpha_t$	(3.39) (3.34)
	$r_b = \frac{-60}{2} \cdot 1,250 \cdot \cos 20° = -35,238$ mm	
Gleichsetzung	$r_{bt} = r_{at}$	
Profilverschie- bungsfaktor	$x_2 = \frac{z_{nx}}{2} \cdot (\cos\alpha_P - 1) - h^*_{aP}$ mit $k^*_2 = 0$	(4.45)
	$x_2 = \frac{-60}{2}(\cos 20° - 1) - 1,000 = +0,809$	
Zulässige Profil- verschiebung	$x_{min} = -1,300$ für $e_{f\,min} = 0,200 \cdot m_n$	(Bild 4.9)
	$x_2 > x_{s\,min} = -1,300$	
Teilkreisradius	$r_t = \frac{z}{2} \cdot \frac{m_n}{\cos\beta}$	(3.34)
	$r_t = \frac{-60}{2} \cdot 1,250 = -37,500$ mm	
Fußkreisradius	$r_{ft} = r_t - (h^*_{FfP} - x + c^*_P) \cdot m_n$	(3.35-2)
	$r_{ft} = -37,500 - (1,000 - 0,809 + 0,250) \cdot 1,250$ $= -38,051$ mm	
Teilkreisteilung	$p_n = \pi \cdot m_n$	(2.13)
	$p_n = \pi \cdot 1,250 = 3,927$ mm	
Eingriffsteilung	$p_{en} = \pi \cdot m_n \cdot \cos\alpha_n$	(2.71)
	$p_{en} = \pi \cdot 1,250 \cdot \cos 20° = 3,690$ mm	
Zahndicke am Teilkreis	$s_t = \frac{m_n}{\cos\beta} \cdot \left(\frac{\pi}{2} - 2x \cdot \tan\alpha_n\right)$	(4.76)
	$s_t = 1,250 \cdot \left(\frac{\pi}{2} - 2 \cdot 0,809 \cdot \tan 20°\right) = 1,227$ mm	
Lückenweite am Teilkreis	$e_t = \frac{m_n}{\cos\beta} \cdot \left(\frac{\pi}{2} + 2x \cdot \tan\alpha_n\right)$	(4.77)
	$e_t = 1,250 \cdot \left(\frac{\pi}{2} + 2 \cdot 0,809 \cdot \tan 20°\right) = 2,700$ mm	

4.7.5 Lösung der Aufgabenstellung 4-2

Aufgabenstellung 4-2 s. Abschn. 4.7.2, S. 227 (Achsabstand einer Innen-Radpaarung)

(Gleichungen für Schrägverzahnung im Stirnschnitt gelten für Geradverzahnungen, wenn $\beta = 0°$ gesetzt wird.)

Verzahnungsgröße	Gleichungen	
Null-Achsabstand	$a_d = \dfrac{z_1+z_2}{2} \cdot \dfrac{m_n}{\cos\beta}$	(3.50)
	$a_d = \dfrac{25-60}{2} \cdot 1,250 = -21,875 \text{ mm}$	
Betriebsein-griffswinkel	$\mathrm{inv}\,\alpha_{wt} = \dfrac{x_1+x_2}{z_1+z_2} \cdot 2 \cdot \tan\alpha_n + \mathrm{inv}\,\alpha_t$	(3.54)
	$\mathrm{inv}\,\alpha_{wt} = \dfrac{-0,300+0,809}{25-60} \cdot 2 \cdot \tan 20° + \mathrm{inv}\,20° = 0,004318$ $\alpha_{wt} = 13,358°$	
Betriebs-Achsabstand	$a = a_d \cdot \dfrac{\cos\alpha_t}{\cos\alpha_{wt}}$	(3.51)
	$a = -21,875 \cdot \dfrac{\cos 20°}{\cos 13,358°} = -21,127 \text{ mm}$	
Verschiebungs-Achsabstand	$a_v = a_d + (x_1+x_2) \cdot m_n$	(3.55) (3.52)
	$a_v = -21,875 + (-0,300+0,809) \cdot 1,250 = -21,239 \text{ mm}$	
Kopfhöhenände-rungsfaktor	$k^* = \dfrac{a - a_v}{m_n}$	(2.59)
	$k^* = \dfrac{-21,127 - (-21,239)}{1,250} = 0,090$	

4.7.6 Lösung der Aufgabenstellung 4-3

Aufgabenstellung 4-3 siehe Abschnitt 4.7.3, S. 228 (Überprüfen einer Innen-Radpaarung auf korrekten Eingriff)

Verzahnungs-größe	Gleichungen	
Teilkreis-radius	$r_t = \dfrac{z}{2} \cdot \dfrac{m_n}{\cos\beta}$	(3.34)
	$r_{t1} = \dfrac{12}{2} \cdot 1,500 = 9,000$ mm	
	$r_{t2} = \dfrac{-40}{2} \cdot 1,500 = -30,000$ mm	
Grundkreis-radius	$r_{bt} = \dfrac{z_t}{2} \cdot \dfrac{m_n}{\cos\beta} \cdot \cos\alpha_t$	(3.39) (3.34)
	$r_{bt1} = \dfrac{12}{2} \cdot 1,500 \cdot \cos 20° = 8,457$ mm	
	$r_{bt2} = \dfrac{-40}{2} \cdot 1,500 \cdot \cos 20° = -28,191$ mm	
Null-Achsabstand	$a_d = \dfrac{z_1 + z_2}{2} \cdot \dfrac{m_n}{\cos\beta}$	(3.50)
	$a_d = \dfrac{12-40}{2} \cdot 1,500 = -21,000$ mm	
Profilver-schiebungs-faktoren	gegeben	
	$x_1 = +0,300$	
	$x_2 = -0,300$	
Betriebsein-griffswinkel	$\alpha_{wt} = \alpha_t$ (V-Null-Verzahnung)	
	$\alpha_{wt} = 20°$	

Überprüfen einer Innen-Radpaarung auf korrekten Eingriff (Fortsetzung)

Betriebs-Achsabstand	$a = a_d \cdot \left(\dfrac{\cos\alpha_t}{\cos\alpha_{wt}} \right)$	(3.51)
	$a = -21{,}000 \cdot \left(\dfrac{\cos 20°}{\cos 20°} \right) = -21{,}000 \text{ mm}$	
Verschie-bungsachs-abstand	$a_v = a_d + (x_1 + x_2) \cdot m_n$	(3.55) (3.50)
	$a_v = -21{,}000 + (0{,}300 - 0{,}300) \cdot 1{,}500 = -21{,}000 \text{ mm}$	
Kopfhöhen-änderungs-faktor	$k^* = \dfrac{a - a_v}{m_n}$	(2.55)
	$k^* = \dfrac{-21{,}000 + 21{,}000}{1{,}500} = 0$	
Schneidrad-Grundkreis-radius	$r_{bt0} = \dfrac{z}{2} \cdot \dfrac{m_n}{\cos\beta} \cdot \cos\alpha_t$	(3.39) (3.34)
	$r_{bt0} = \dfrac{20}{2} \cdot 1{,}500 \cdot \cos 20° = 14{,}095 \text{ mm}$	
Schneidrad-Kopfkreis-radius	$r_{at0} = \left(\dfrac{z_0}{2} + x_0 + h_{a0}^* + k_0^* \right) \cdot m_n$	(3.35-1)
	$r_{at0} = \left(\dfrac{20}{2} + 0 + 1{,}25 + 0 \right) \cdot 1{,}500 = 16{,}875 \text{ mm}$	
Schneidrad-Kopf-Form-kreisradius	$r_{Fat0} \approx r_{at0} - c_P^* \cdot m_n$	
	$r_{Fat0} \approx 16{,}875 - 0{,}250 \cdot 1{,}500 = 16{,}500 \text{ mm}$	

Überprüfen einer Innen-Radpaarung auf korrekten Eingriff (Fortsetzung)

Überprüfung auf korrekten Eingriff:		
Unter-schnitt-grenze	$x_{un} = h^*_{FfP} - \frac{1}{2} \cdot z_n \cdot \sin^2\alpha_P < x$	(2.28)
	$x_{un1} = 1,000 - \frac{1}{2} \cdot 12 \cdot \sin^2 20° = 0,298 < x_1 = +0,300$	
	$x_{un2} = 1,000 - \frac{1}{2} \cdot (-40)\sin^2 20° = -1,340 < x_2 = -0,300$	
Grenze für Kopfkreis-radius ≤	$x_{2\,max} = \frac{z}{2}(\cos\alpha_P - 1) - h^*_{aP} > x_2$	(4.45)
Grundkreis-radius	$x_{2\,max} = \frac{-40}{2}(\cos 20° - 1) - 1,000 = 0,206 > x_2 = -0,300$	
Grenze für Mindest-zahnkopf-dicke am Ritzel	$x_{s\,min1} > x_1$	
	$x_{s\,min1} = 0,60$ aus Diagramm in den Bildern 4.9 und 5.8	
Grenze für Mindest-lückenweite am Hohlrad	$x_{s\,min2} < x_2$	
	$x_{s\,min2} = -0,80$ aus Diagramm in den Bildern 4.9 und 8.7	
Hinreichendes Kopfspiel:		
Kopf-kreis-radius	$r_{at} = r_t + m_n(x + h^*_{aP} + k^*)$	(3.35-1)
	$r_{at} = 9,000 + 1,500(0,300 + 1,000 + 0) = 10,950$ mm	
	$r_{at2} = -30,000 + 1,500(-0,300 + 1,000 + 0) = -28,950$ mm	

Überprüfen einer Innen-Radpaarung auf korrekten Eingriff (Fortsetzung)

Ein-griffs-winkel bei Er-zeugung	$\operatorname{inva}\alpha_{wt0} = \dfrac{x_2 + x_0}{z_2 + z_0} \cdot 2 \cdot \tan\alpha_n + \operatorname{inv}\alpha_t$	(3.54)
	$\operatorname{inv}\alpha_{wt0} = \dfrac{-0,300 + 0}{-40 + 20} \cdot 2 \cdot \tan20° + \operatorname{inv}20° = 0,025823$	
	$\alpha_{wt0} = 23,847°$	
Erzeu-gungs-Achsab-stand	$a_0 = (z_2 + z_0) \cdot \dfrac{m_t}{2} \cdot \dfrac{\cos\alpha_t}{\cos\alpha_{wt0}}$	(4.52)
	$a_0 = (-40 + 20) \cdot \dfrac{1,500}{2} \cdot \dfrac{\cos20°}{\cos23,847°} = -15,411 \text{ mm}$	
Fußkreis-radius am Hohlrad aus Er-zeugung	$r_{f2(0)} = a_0 - r_{at0}$	(4.53)
	$r_{f2(0)} = -15,411 - 16,875 = -32,286 \text{ mm}$	
Notwen-diger Ritzel-kopf-kreis-radius	$r_{at1\,max} = a - 0,200 \cdot m_n - r_{f2(0)} > r_{at1}$	
	$r_{at1\,max} = -21,000 - 0,200 \cdot 1,500 + 32,286 = 10,986 \text{ mm} > r_{at1} = 10,950 \text{ mm}$	
	Bedingung erfüllt. Keine Kopfhöhenänderung zur Einhaltung des Mindestkopfspiels erforderlich.	
Profil-über-deckung	$\varepsilon_{\alpha t} = \dfrac{1}{\pi \cdot m_t \cdot \cos\alpha_{pt}} \cdot \left(\sqrt{r_{at1}^2 - r_{bt1}^2} + \dfrac{z_2}{|z_2|} \cdot \sqrt{r_{at2}^2 - r_{bt2}^2} - (r_{bt1} + r_{bt2}) \cdot \tan\alpha_{wt} \right)$	(4.50)
	$\varepsilon_{\alpha t} = \dfrac{1}{\pi \cdot 1,500 \cdot \cos20°} \cdot \left(\sqrt{10,950^2 - 8,457^2} + \dfrac{-40}{40} \cdot \sqrt{(-28,950)^2 - (-28,191)^2} - (8,457 - 28,191) \cdot \tan20° \right)$	
	$= 1,706 \quad$ ausreichend	
Hinrei-chende Evolven-tenlänge am Ritzel	$r_{Nft1(0)} = r_{Fft1} = m_n \cdot \sqrt{\left(\dfrac{z_1}{2 \cdot \cos\beta} - h^*_{Fan0} + x_n \right)^2 + \left(\dfrac{h^*_{Fan0} - x_n}{\tan\alpha_t} \right)^2}$	(4.59)
	$r_{Nft1(0)} = 1,500 \cdot \sqrt{\left(\dfrac{12}{2} - 1,000 + 0,300 \right)^2 + \left(\dfrac{1,000 - 0,300}{\tan20°} \right)^2} = 8,457 \text{ mm}$	

Überprüfen einer Innen-Radpaarung auf korrekten Eingriff (Fortsetzung)

	$r_{Nft1(2)} = \sqrt{\left(a \cdot \sin\alpha_{wt} - \dfrac{z_2}{\lvert z_2 \rvert}\sqrt{r_{Fat2}^2 - r_{bt2}^2}\right)^2 + r_{bt1}^2}$	(4.57)
	$r_{Nft1(2)} = \sqrt{\left(-21{,}000 \cdot \sin 20° - \dfrac{-40}{40}\sqrt{(-28{,}950)^2 - (-28{,}191)^2}\right)^2 + 8{,}457^2} = 8{,}478 \text{ mm}$	(4.55)
	$r_{Fft1} \leqq r_{Nft1(2)}$ erfüllt	
Hinrei-chende Evolven-tenlänge am Hohlrad	$r_{Nft2(0)} = r_{Fft2} = \dfrac{z_2}{\lvert z_2 \rvert}\sqrt{\left(a_0 \cdot \sin\alpha_{wt0} - \sqrt{r_{Fat0}^2 - r_{bt0}^2}\right)^2 + r_{bt2}^2}$	(4.61)
	$r_{Nft2(0)} = \dfrac{-40}{40} \cdot \sqrt{\left(-15{,}411 \cdot \sin 23{,}847° - \sqrt{16{,}500^2 - 14{,}095^2}\right)^2 + (-28{,}191)^2} = -31{,}843 \text{ mm}$	
	$r_{Nft2(1)} = \dfrac{z_2}{\lvert z_2 \rvert} \cdot \sqrt{\left(a \cdot \sin\alpha_{wt} - \sqrt{r_{Fat1}^2 - r_{bt1}^2}\right)^2 + r_{bt2}^2}$	(4.62)
	$r_{Nft2(1)} = \dfrac{-40}{40} \cdot \sqrt{\left(-21{,}000 \cdot \sin 20° - \sqrt{10{,}950^2 - 8{,}457^2}\right)^2 + (-28{,}191)^2} = -31{,}537 \text{ mm}$	
	$r_{Fft2} \leqq r_{Nft2(1)}$ erfüllt	(4.60-1)
Vermeiden von Zahn-kopfkan-tenberüh-rung	$\widehat{\varphi}_0 = \arccos\left(\dfrac{r_{at2}^2 - r_{at0}^2 - a_0^2}{2 \cdot r_{at0} \cdot \lvert a_0 \rvert}\right)$	(4.65)
	$\widehat{\varphi}_0 = \arccos\left(\dfrac{(-28{,}950)^2 - 16{,}875^2 - (-15{,}411)^2}{2 \cdot 16{,}875 \cdot 15{,}411}\right) = 0{,}9182$	
	$\widehat{\varphi}_1 = \arccos \dfrac{r_{at2}^2 - r_{at1}^2 - a_1^2}{2 \cdot r_{at1} \cdot \lvert a_1 \rvert}$	
	$\widehat{\varphi}_1 = \arccos\left(\dfrac{(-28{,}950)^2 - 10{,}950^2 - (-21{,}000)^2}{2 \cdot 10{,}950 \cdot 21{,}000}\right) = 0{,}9239$	
	$\alpha_{at} = \arccos\left(\dfrac{r_{bt}}{r_{at}}\right)$	(4.67-1)

Überprüfen einer Innen-Radpaarung auf korrekten Eingriff (Fortsetzung)

$$\alpha_{at0} = \arccos\left(\frac{14,095}{16,875}\right) = 33,357°$$

$$\alpha_{at1} = \arccos\left(\frac{8,457}{10,950}\right) = 39,436°$$

$$\alpha_{at2} = \arccos\left(\frac{-28,191}{-28,950}\right) = 13,149°$$

$$\widehat{\nu_0} = \text{inv}\alpha_{at0} - \text{inv}\alpha_{wt0} \tag{4.66}$$

$$\widehat{\nu_0} = \text{inv}33,357° - \text{inv}23,847° = 0,0503$$

$$\widehat{\nu_1} = \text{inv}\alpha_{at1} - \text{inv}\alpha_{wt1}$$

$$\widehat{\nu_1} = \text{inv}39,436° - \text{inv}20° = 0,1193$$

$$\widehat{\vartheta_0} = \arccos\left(\frac{r_{at2}^2 - r_{at0}^2 + a_0^2}{2 \cdot r_{at2} \cdot a_0}\right) \tag{4.68}$$

$$\widehat{\vartheta_0} = \arccos\left(\frac{(-28,950)^2 - 16,875^2 + (-15,411)^2}{2 \cdot (-28,950) \cdot (-15,411)}\right) = 0,4815$$

$$\widehat{\vartheta_1} = \arccos\left(\frac{r_{at2}^2 - r_{at1}^2 + a_1^2}{2 \cdot r_{at2} \cdot a_1}\right)$$

$$\widehat{\vartheta_1} = \arccos\left(\frac{(-28,950)^2 - 10,950^2 + (-21,000)^2}{2 \cdot (-28,950) \cdot (-21,000)}\right) = 0,3066$$

$$\widehat{\varepsilon_0} = \text{inv}\alpha_{wt0} - \text{inv}\alpha_{at2} \tag{4.69}$$

$$\widehat{\varepsilon_0} = \text{inv}23,847° - \text{inv}13,149° = 0,0217$$

$$\widehat{\varepsilon_1} = \text{inv}\alpha_{wt1} - \text{inv}\alpha_{at2}$$

$$\widehat{\varepsilon_1} = \text{inv}20,000° - \text{inv}13,149° = 0,0108$$

Überprüfen einer Innen-Radpaarung auf korrekten Eingriff (Fortsetzung)

Radialer Einbau, radialer Vorschub		

$$K_0 = \frac{\widehat{\varphi_0}+\widehat{\nu_0}}{\left|\frac{z_2}{z_0}\right|(\widehat{\vartheta_0}-\widehat{\varepsilon_0})} > 1 \tag{4.64}$$

$$K_0 = \frac{0,9182+0,0503}{\left|\frac{-40}{20}\right|(0,4815-0,0217)} = 1,053 \quad \text{erfüllt}$$

$$K_1 = \frac{\widehat{\varphi_1}+\widehat{\nu_1}}{\left|\frac{z_2}{z_1}\right|(\widehat{\vartheta_1}-\widehat{\varepsilon_1})} > 1$$

$$K_1 = \frac{0,9239 + 0,1193}{\left|\frac{-40}{12}\right|(0,3066-0,0108)} = 1,058 \quad \text{erfüllt}$$

Radialer Einbau, radialer Vorschub

$$\widehat{\xi_0} = \arctan\left(\frac{1}{r_{bt0}}\cdot\sqrt{\frac{r_{at0}^2\cdot r_{bt2}^2-r_{at2}^2\cdot r_{bt0}^2}{r_{at2}^2 - r_{at0}^2}}\right) \tag{4.75}$$

$$\widehat{\xi_0} = \arctan\left(\frac{1}{14,095}\cdot\sqrt{\frac{16,875^2\cdot(-28,191)^2-(-28,950)^2\cdot14,095^2}{(-28,950)^2-16,875^2}}\right) = 0,6355 \mathrel{\widehat{=}} 36,412°$$

$$\widehat{\xi_1} = \arctan\left(\frac{1}{r_{bt1}}\cdot\sqrt{\frac{r_{at1}^2\cdot r_{bt2}^2-r_{at2}^2\cdot r_{bt1}^2}{r_{at2}^2 - r_{at1}^2}}\right)$$

$$\widehat{\xi_1} = \arctan\left(\frac{1}{8,457}\cdot\sqrt{\frac{10,950^2\cdot(-28,191)^2-(-28,950)^2\cdot8,457^2}{(-28,950)^2-10,950^2}}\right) = 06925 \mathrel{\widehat{=}} 39,677°$$

$$\widehat{\xi_{2(0)}} = \frac{\widehat{\xi_0}+\widehat{\nu_0}}{\left|\frac{z_2}{z_0}\right|} + \widehat{\varepsilon_0} \tag{4.74}$$

$$\widehat{\xi_{2(0)}} = \frac{0,6355+0,0503}{\left|\frac{-40}{20}\right|} + 0,0217 = 0,3646$$

Überprüfen einer Innen-Radpaarung auf korrekten Eingriff (Fortsetzung)

$$\widehat{\xi}_{2(1)} = \frac{\widehat{\xi_1 + \nu_1}}{\left|\frac{z_2}{z_1}\right|} + \widehat{\varepsilon}_1$$

$$\widehat{\xi}_{2(1)} = \frac{0{,}6925 + 0{,}1193}{\left|\frac{-40}{12}\right|} + 0{,}0108 = 0{,}2543$$

$$\text{arc tan}\left(\frac{\tan\xi_0}{\left|\frac{z_2}{z_0}\right|}\right) < \widehat{\xi}_{2(0)} \tag{4.74}$$

$$\text{arc tan}\left(\frac{\tan 36{,}412°}{\left|\frac{-40}{20}\right|}\right) = 0{,}3533 < \widehat{\xi}_{2(0)} = 0{,}3646 \qquad \text{Bedingung erfüllt}$$

$$\text{arc tan}\left(\frac{\tan\xi_0}{\left|\frac{z_2}{z_1}\right|}\right) < \widehat{\xi}_{2(1)}$$

$$\text{arc tan}\left(\frac{\tan 39{,}677°}{\left|\frac{-40}{12}\right|}\right) = 0{,}2439 < \widehat{\xi}_{2(1)} = 0{,}2543 \qquad \text{Bedingung erfüllt}$$

Nachdem alle Bedingungen erfüllt sind, ist die Paarung bezüglich des Betriebs (Geometrie), der Montage und der Fertigung korrekt ausgelegt.

4.8 Schrifttum zu Kapitel 4

Normen, Richtlinien

[4/1]   DIN 3993: Geometrische Auslegung von zylindrischen Innenradpaaren mit Evolventenverzahnungen, Grundregeln. Berlin, Köln: Beuth-Verlag, August 1981.

Bücher

[4/2]   Müller, H.W.: Die Umlaufgetriebe, Berechnung, Anwendung, Auslegung. Konstruktionsbücher Bd. 28, Berlin, Heidelberg, New York: Springer 1971.

[4/3]   Müller, H.W.: Umlaufgetriebe. Dubbel, Taschenbuch für den Maschinenbau, 14. Auflage, S. 475. Berlin, Heidelberg, New York: Springer 1981.

[4/4]   Looman, J.: Zahnradgetriebe, Grundlagen, Konstruktionen, Anwendungen in Fahrzeugen. 2. Auflage Konstruktionsbücher, Band 26. Berlin, Heidelberg, New York, Tokyo: Springer 1988.

Zeitschriftenaufsätze

[4/5]   Müller, H.W.: Einheitliche Berechnung von Planetengetrieben, eine Anleitung zum praktischen Gebrauch. Z. antriebstechnik 15 (1976) Nr. 1.

[4/6]   Berlinger jr., B.E.: Das Evoloid-Verzahnungssystem für Stirnradgetriebe mit großem Stufenübersetzungsverhältnis. Konstruktion 29 (1977) H. 4, S. 156-158.

[4/7]   Müller, H.W.: Zum Mechanismus der Selbsthemmung. Konstruktion 39 (1987) H. 3, S. 93-100.

[4/8]   Rambousek, H.: Vereinfachte Methode zur Prüfung von Eingriffsstörungen bei Innenverzahnung. Voith Forschung und Konstruktion, Sonderdruck 9/1975.

[4/9]   Müller, H.W., Schäfer, F.: Geometrische Voraussetzungen bei innenverzahnten Getriebestufen mit sehr kleinen Zähnezahldifferenzen. Forschung Ing.-Wes. 36 (1970) Nr. 5, S. 160-163.

[4/10]   Roth, K.: Evolventenverzahnungen mit parallelen Achsen mit Ritzelzähnezahlen von 1 bis 7. VDI-Z 107 (1965) Nr. 6, S. 275-284.

[4/11]   Roth, K.: Stirnradpaarungen mit 1- bis 5-zähnigen Ritzeln im Maschinenbau. Konstruktion 26 (1974) S. 425-429.

Zeichen und Benennungen

a	Achsabstand eines Stirnradpaares stets als Betriebsachsabstand im Stirnschnitt
a_d	Null-Achsabstand (Summe der Teilkreishalbmesser)
a_v	Verschiebungs-Achsabstand (Stirnschnitt)
a_0	Achsabstand im Erzeugungsgetriebe
a''	Zweiflanken-Wälzabstand
b	Zahnbreite
b_M	Berührgeraden-Überdeckung (bei Zahnweitenmessungen)
c	Kopfspiel
c_F	Formübermaß
c_p	Kopfspiel zwischen Bezugsprofil und Gegenprofil
c^*	Kopfspielfaktor
d	Teilkreisdurchmesser
d_a	Kopfkreisdurchmesser
d_{aE}	Erzeugter Kopfkreisdurchmesser
d_{aM}	Kopfkreisdurchmesser bei überschnittenen Stirnrädern
d_b	Grundkreisdurchmesser
d_{b0}	Schneidrad-Grundkreisdurchmesser
d_f	Fußkreisdurchmesser (Nennmaß)
d_{fE}	Erzeugter Fußkreisdurchmesser
d_{f0}	Schneidrad-Fußkreisdurchmesser
$d_{Ff(0)}$	Fuß-Formkreisdurchmesser
d_n	Ersatz-Teilkreisdurchmesser
d_v	V-Kreis-Durchmesser
d_{vE}	V-Kreis-Durchmesser bei der Erzeugung
d_w	Wälzkreisdurchmesser
d_y	Y-Kreis-Durchmesser
d_{Fa}	Kopf-Formkreisdurchmesser
d_{Fa0}	Kopf-Formkreisdurchmesser des Schneidrades
d_{Ff}	Fuß-Formkreisdurchmesser
d_K	Durchmesser des Kugelmittelpunkt-Kreises
d_M	Meßkreisdurchmesser (an Berührstelle mit Meßgerät)
d_{Na}	Kopf-Nutzkreisdurchmesser
d_{Nf}	Fuß-Nutzkreisdurchmesser
$d_{Nf(0)}$	Fuß-Nutzkreisdurchmesser, erzeugt durch Werkzeug, z.B. Schneidrad
e	Lückenweite auf dem Teilzylinder
e_a	Lückenweite auf dem Kopfzylinder
e_b	Grundlückenweite (auf dem Grundzylinder)
e_f	Lückenweite auf dem Fußzylinder
e_v	Lückenweite auf dem V-Zylinder
e_y	Lückenweite auf dem Y-Zylinder
e_p	Lückenweite des Stirnrad-Bezugsprofils
f	Einzelabweichung
f_b	Grundkreisabweichung
f_e	Außermittigkeit
f_{fE}	Erzeugenden-Formabweichung
$f_{f\alpha}$	Profil-Formabweichung
$f_{f\beta}$	Flankenlinien-Formabweichung
f_i'	Einflanken-Wälzsprung
f_i''	Zweiflanken-Wälzsprung
f_k'	Kurzwellige Anteile der Einflanken-Wälzabweichungen
f_l'	Langwelliger Anteil der Einflanken-Wälzabweichung
f_p	Teilungs-Einzelabweichung
f_{pe}	Eingriffsteilungs-Abweichung
f_{px}	Axialteilungs-Abweichung
f_{pz}	Steigungshöhen-Abweichung
f_{pS}	Teilungsspannen-Einzelabweichung
f_r	Rundlaufabweichung einer Verzahnung, am überschnittenen Kopfzylinder gemessen
f_{rw}	Rundlaufabweichung aller rotierenden Teile
f_{rW}	Rundlaufabweichung der Welle
f_{rB}	Rundlaufabweichung der Buchse
f_{rLi}	Rundlaufabweichung Wälzlager-Innenring
f_{rLa}	Rundlaufabweichung Wälzlager-Außenring

f_u	Teilungssprung
$f_{w\alpha}$	Profil-Welligkeit
$f_{w\beta}$	Flankenlinien-Welligkeit
f_{HE}	Erzeugenden-Winkelabweichung
$f_{H\alpha}$	Profil-Winkelabweichung
$f_{H\beta}$	Flankenlinien-Winkelabweichung
f_α	Eingriffswinkelabweichung
f_β	Schrägungswinkelabweichung
f_σ	Kreuzungswinkel zwischen Verzahnungsachse und Radführungsachse
$f_{\Sigma\beta}$	Achsschränkung
$f_{\Sigma\delta}$	Achsneigung
g	Eingriffsstrecke
g_a	Länge der Austritt-Eingriffsstrecke
g_f	Länge der Eintritt-Eingriffsstrecke
g_α	Länge der Eingriffsstrecke (gesamte)
$g_{\alpha a}$	Länge der Kopfeingriffsstrecke
$g_{\alpha f}$	Länge der Fußeingriffsstrecke
$g_{\alpha y}$	Abstand eines Punktes Y vom Wälzpunkt C
g_β	Sprung
h	Zahnhöhe (zwischen Kopf- und Fußlinie)
h_a	Zahnkopfhöhe
h_{aP}	Kopfhöhe des Stirnrad-Bezugsprofils
h_{aP0}	Kopfhöhe des Werkzeug-Bezugsprofils
h_c	Zahnhöhe des Fußgrundes
h_f	Zahnfußhöhe
h_{fP}	Fußhöhe des Stirnrad-Bezugsprofils
h_{fP0}	Fußhöhe des Werkzeug-Bezugsprofils
h_{pr}	Protuberanz-Zahnhöhe
h_w	Gemeinsame Zahnhöhe eines Stirnradpaares
h_{wP}	Gemeinsame Zahnhöhe von Bezugsprofil und Gegenprofil
h_F	durch Formkreise begrenzte nutzbare Zahnhöhe
h_{FaP0}	Kopf-Formhöhe des Werkzeug-Bezugsprofils
h_{Ff}	Zahnfuß-Formhöhe
h_{FfP}	Fuß-Formhöhe des Stirnrad-Bezugsprofils
h_{FfP0}	Fuß-Formhöhe des Werkzeug-Bezugsprofils
h_{FK}	Kantenbrechflanken-Formhöhe
h_K	Radialbetrag des Kopfkantenbruchs oder der Kopfkantenrundung
h_P	Zahnhöhe des Bezugsprofils
h_{Na}	Zahnkopf-Nutzhöhe
h_{Nf}	Zahnfuß-Nutzhöhe
h_P	Zahnhöhe des Stirnrad-Bezugsprofils
$\bar{h}_a$	Höhe über der Sehne $\bar{s}_n$
h_c	Zahnhöhe des Fußgrundes (Zahngrundhöhe)
$\bar{h}_c$	Höhe über der konstanten Sehne $\bar{s}_c$
i	Toleranzfaktor ($N < 500\,\text{mm}$)
i	Übersetzung
i_ω	Momentane Übersetzung
$i_{\omega m}$	Mittlere Übersetzung
i_M	Drehmomentenverhältnis
i_{1s}	Übersetzung (Drehzahlverhältnis von Rad 1 zum Steg)
i_{s1}	Übersetzung (Drehzahlverhältnis vom Steg zu Rad 1)
int	Integerfunktion
inv	Evolventenfunktion
j	Flankenspiel
j_n	Normalflankenspiel
j_r	Radialspiel
j_t	Drehflankenspiel
k	Anzahl der Zähne oder Teilungen in einem Bereich
k	Kopfhöhenänderung
k	Meßzähnezahl (Meßlückenzahl) bei der Zahnweitenmessung
l	Länge der Berührlinie für kleinere Zahnbreite
l_i	Teilstücke der Gesamtberührungslinie
m	Modul (Durchmesserteilung)
m_b	Grundmodul
m_n	Normalmodul
m_t	Stirnmodul
m_x	Axialmodul
n	Drehzahl (Drehfrequenz)
n	Toleranzklasse (Qualität)
n_a	Drehzahl (Drehfrequenz) des treibenden Rades
n_b	Drehzahl (Drehfrequenz) des getriebenen Rades
n_s	Drehzahl des Steges
n_s	Hüllschnittzahl
p	Teilung auf dem Teilzylinder
p_a	Teilung am Kopfzylinder
p_b	Teilung auf dem Grundzylinder
p_e	Eingriffsteilung
p_k	Teilungsspanne (Teilungssumme)
p_n	Normalteilung
p_s	Teilung auf der Zeichenschablone
p_t	Stirnteilung, Teilkreisteilung
p_v	Teilung auf dem V-Zylinder
p_x	Axialteilung
p_y	Teilung auf dem Y-Zylinder
p_z	Steigungshöhe

pr	Protuberanzbetrag
q	Bearbeitungszugabe auf den Stirnrad-Zahnflanken
r	Teilkreishalbmesser
r_a	Kopfkreishalbmesser
r_b	Grundkreishalbmesser
r_e	Exzentrizität
r_f	Fußkreishalbmesser
$\overline{r}_n$	Ersatz-Teilkreishalbmesser Verfahren 3
r_{nx}	Ersatz-Teilkreishalbmesser Verfahren 2
$r_{n\beta}$	Ersatz-Teilkreishalbmesser Verfahren 1
r_v	V-Kreis-Halbmesser
r_w	Wälzkreishalbmesser
r_y	Y-Kreis-Halbmesser
r_{Fa}	Kopf-Formkreishalbmesser
r_{Ff}	Fuß-Formkreishalbmesser
r_H	Wirksamer Hebelarm am Abtriebsrad
r_N	Nutzkreishalbmesser
$r_{Nf(0)}$	Fuß-Nutz-Kreishalbmesser, erzeugt durch bestimmtes Werkzeug
s	Zahndicke auf dem Teilzylinder
s_a	Zahndicke auf dem Kopfzylinder
s_{aK}	Restzahndicke am Zahnkopf bei Kopfkantenbruch oder Kopfkantenrundung
s_b	Grundzahndicke (auf dem Grundzylinder)
s_v	Zahndicke auf dem V-Zylinder
s_w	Zahndicke auf dem Wälzzylinder
s_y	Zahndicke auf dem Y-Zylinder
s_p	Zahndicke des Stirnrad-Bezugsprofils
$\overline{s}$	Zahndickensehne
$\overline{s}_c$	Konstante Sehne
u	Zähnezahlverhältnis
v	Lineare Geschwindigkeit
v_g	Gleitgeschwindigkeit
v_{ga}	Gleitgeschwindigkeit am Zahnkopf
v_{gf}	Gleitgeschwindigkeit am Zahnfuß
v_n	Geschwindigkeit normal zur Berührungstangente
v_r	Geschwindigkeit in Richtung der Berührungstangente
v_t	Tangentialgeschwindigkeit, Umfangsgeschwindigkeit
w	Umrechnungsgröße (Zoll, mm)
x	Profilverschiebungsfaktor
x_n	Profilverschiebungsfaktor für Normalschnitt
x_s	Profilverschiebungsfaktor für Spitzengrenze
x_t	Profilverschiebungsfaktor für Stirnschnitt
x_{unx}	Profilverschiebungsfaktor bei Unterschnittgrenze für Normalschnitt nach Verfahren 2
x_E	Erzeugungs-Profilverschiebungsfaktor
x_{Em}	Mittlerer Erzeugungs-Profilverschiebungsfaktor
$x_{E\,min}$	Erzeugungs-Profilverschiebungsfaktor bei Unterschnittgrenze
x_0	Profilverschiebungsfaktor des Schneidrades
x''	Profilverschiebungsfaktor bei Zweiflanken-Wälzeingriff
y	Teilkreisabstandsfaktor
z	Zähnezahl
$z_{(t)}$	Zähnezahl (Stirnschnitt besonders betont)
z_a	Zähnezahl des treibenden Rades
z_b	Zähnezahl des getriebenen Rades
z_{nx}	Ersatzzähnezahl für Profilverschiebungs-Berechnungen
z_{nM}	Ersatzzähnezahl für Kugel- oder Rollenmaße
z_{nW}	Ersatzzähnezahl für Zahnweiten-Berechnungen
z_s	Zähnezahl für Spitzengrenze
z_u	Zähnezahl für Unterschnittsbeginn
z_0	Zähnezahl des Schneidrades
A	Feldlagen-Abmaß
A	Anfangspunkt des Eingriffs
A_a	Achsabstandsabmaß
A_a''	Abmaß des Zweiflanken-Wälzabstandes
A_{da}	Kopfkreisdurchmesser-Abmaß bei überschnittenen Stirnrädern
A_e	Oberes Grenzabmaß
A_i	Unteres Grenzabmaß
A_s	Zahndickenabmaß (auf dem Teilzylinder)
A_{swn}	Ist-Abmaß der Zahndicke aus den Meßwerten der Kopfkreisdurchmesser bei überschnittenen Außenstirnrädern
A_{sy}	Zahndickenabmaß am Y-Zylinder
$A_{\overline{s}}$	Abmaß der Zahndickensehne
$A_{\overline{s}v}$	Abmaß der Zahndickensehne auf dem V-Kreis
A_B	Abmaß durch Form- und Maßabweichungen der Bauteile
A_E	Abmaß durch Abweichungen aufgrund der Elastizität
A_F	Abmaße durch Verzahnungseinzelabweichungen
A_{Frw}	Abmaß durch umlaufende Exzentrizitäten

A_{Md}	Abmaß des diametralen Zweikugel- oder Zweirollenmaßes
A_{Mr}	Abmaß des radialen Einkugel- oder Einrollenmaßes
A_{SL}	Abmaß durch Lagerspiel
A_W	Zahnweitenabmaß
$A_{\Sigma\beta}$	Abmaß durch Unparallelität der Bohrungen
A_δ	Abmaß durch Erwärmung
B	Innerer Einzeleingriffspunkt am treibenden Rad
C	Wälzpunkt
D	Geometrisches Mittel aus den Grenzen des Nennmaßbereichs
D	Äußerer Einzeleingriffspunkt am treibenden Rad
D_e	Obere Grenze des Nennmaßbereichs
D_i	Untere Grenze des Nennmaßbereichs
D_M	Meßkugel- oder Meßrollendurchmesser
E	Endpunkt des Eingriffs
F	Die Reibung verursachende Kraft
F	Summenabweichung, Gesamtabweichung
F_i'	Einflanken-Wälzabweichung
F_i''	Zweiflanken-Wälzabweichung
F_p	Teilungs-Gesamtabweichung
F_{pk}	Teilungs-Summenabweichung (Summe über k Teilungen)
F_{pkS}	Teilungsspannen-Summenabweichung (über k Spannen)
$F_{pz/8}$	Teilungs-Summenabweichung (Summe über k = z/8 Teilungen)
F_{pS}	Teilungsspannen-Gesamtabweichung
F_r	Rundlaufabweichung einer Verzahnung, in den Zahnlücken gemessen
F_{rR}	Rundlaufabweichung an der Rad-Rückseite
F_{rV}	Rundlaufabweichung an der Rad-Vorderseite
F_r''	Wälz-Rundlaufabweichung
F_E	Erzeugenden-Gesamtabweichung
F_N	Normalkraft
F_R	Reibkraft
F_α	Profil-Gesamtabweichung
F_β	Flankenlinien-Gesamtabweichung
F_1, F_2	Schnittpunkte der Eingriffslinie mit den Fuß-Formkreisen der Räder 1 und 2
FS	Fußfreischnitt
G	Evolventenpunkt am Radius r_{Ff}
I	Toleranzfaktor (N > 500 mm)
K	Klassenfaktor zur Berechnung einer Grundtoleranz
K	Störfaktor
K_g	Gleitfaktor
K_{ga}	Gleitfaktor am Zahnkopf
K_{gf}	Gleitfaktor am Zahnfuß
L	Meßpunkteabstand
L	Prüfbereich
L	Lenker
L_a	Wälzlänge vom Evolventenursprung zum Zahnkopf
L_f	Wälzlänge vom Evolventenursprung zum Zahnfuß
L_y	Wälzlänge zum Punkt Y
L_E	Erzeugenden-Prüfbereich
L_G	Lagermitten-Abstand an einer Radachse
L_α	Profil-Prüfbereich
L_β	Flankenlinien-Prüfbereich
M	Meßwert
M_{abtr}	Abtriebsmoment
M_{antr}	Antriebsmoment
M_{dK}	Diametrales Zweikugelmaß
M_{dR}	Diametrales Zweirollenmaß
M_p	Meßwert einer Teilungsmessung
M_{rK}	Radiales Einkugelmaß
M_{rR}	Radiales Einrollenmaß
N	Nummer eines Zahnes oder einer Teilung
Null-Rad	Stirnrad ohne Profilverschiebung
O	Kreismittelpunkt
P	Berührpunkte (z.B. zwischen Meßkugel und Zahnflanke)
P	Diametral Pitch
P	Passung
P_e	Höchstpassung
P_i	Mindestpassung
P_{jt}	Paßtoleranz des Flankenspiels
P_S	Spiel (beim Längen-Paßsystem)
P_T	Paßtoleranz
P_U	Übermaß
R	Schwankung
R_j	Flankenspielschwankung
R_p	Teilungsschwankung
R_s	Zahndickenschwankung
$R_{\bar{s}}$	Zahndickensehnen-Schwankung
R_{Md}	Schwankung des diametralen Zweikugel- oder Zweirollenmaßes
R_{Mr}	Schwankung des radialen Einkugel- oder Einrollenmaßes
R_W	Zahnweitenschwankung
S_L	Radiallagerspiel
S_R	Spiel Zapfen/Bohrung
T	Berührpunkt der Tangente am Grundkreis

Symbol	Benennung
T	Maß-Toleranz
T_a	Achsabstandstoleranz
T_a''	Toleranz des Zweiflanken-Wälzabstandes
T_{da}	Kopfkreisdurchmesser-Toleranz bei überschnittenen Stirnrädern
T_g	ISO-Grundtoleranz
T_s	Zahndickentoleranz
$T_{\bar{s}}$	Toleranz der Zahndickensehne
T_{Md}	Toleranz des diametralen Zweikugel- oder Zweirollenmaßes
T_{Mr}	Toleranz des radialen Einkugel- oder Einrollenmaßes
T_W	Zahnweitentoleranz
U	Evolventenursprungspunkt
V-Rad	Stirnrad mit Profilverschiebung
W_d	Anteil der Zahnweite ohne Profilverschiebung
W_k	Zahnweite über k Meßzähne oder Meßlücken
W_x	Anteil der Zahnweite durch Profilverschiebung
Y	Beliebiger Punkt auf einer Zahnflanke oder Evolvente
α	Eingriffswinkel
α_a	Profilwinkel am Kopfzylinder
α_n	Normaleingriffswinkel
α_{nK}	Normaleingriffswinkel der Kantenbruch-Evolvente
α_{pr}	Protuberanz-Profilwinkel
α_t	Stirneingriffswinkel
α_{tK}	Stirneingriffswinkel der Kantenbruch-Evolvente
α_{t0}	Stirneingriffswinkel im Erzeugungsgetriebe
α_v	Profilwinkel am V-Zylinder
α_{wn0}	Profilwinkel am Wälzzylinder im Normalschnitt des Erzeugungsgetriebes
α_{wt}	Betriebseingriffswinkel
α_{wt0}	Betriebseingriffswinkel im Erzeugungsgetriebe
α_y	Profilwinkel am Y-Zylinder
α_{Ff}	Profilwinkel am Fuß-Formkreis
α_K	Profilwinkel der Kantenbruchflanke
α_K	Profilwinkel am Kugelmittelpunkt-Kreis
α_{Kt}	Profilwinkel im Stirnschnitt am Kugelmittelpunkt-Kreis
α_M	Profilwinkel am Meßkreis
α_{Mt}	Profilwinkel im Stirnschnitt am Meßkreis
α_{Nf}	Profilwinkel am Fuß-Nutzkreis
α_P	Profilwinkel des Stirnrad-Bezugsprofils
α''	Betriebseingriffswinkel bei Zweiflanken-Wälzprüfung
β	Schrägungswinkel
β_b	Grundschrägungswinkel
β_v	Schrägungswinkel auf dem V-Zylinder
β_w	Schrägungswinkel auf dem Wälzzylinder
β_y	Schrägungswinkel auf dem Y-Zylinder
β_M	Schrägungswinkel am Meßkreis
γ	Steigungswinkel
γ	Steigungswinkel auf dem Teilzylinder
γ_b	Grundsteigungswinkel
δ	Polarwinkel, Winkel zur Berechnung der Eingriffsstörung
ε	Winkel, Berechnung der Eingriffsstörung
ε	Überdeckung
ε_α	Profilüberdeckung
$\varepsilon_{\alpha f}$	Eintritt-Profilüberdeckung
$\varepsilon_{\alpha a}$	Austritt-Profilüberdeckung
ε_β	Sprungüberdeckung
ε_γ	Gesamtüberdeckung
ζ	Spezifisches Gleiten
ζ_f	Spezifisches Gleiten im Endpunkt der Eingriffsstrecke
η	Zahnlücken-Halbwinkel am Teilkreis
η	Verzahnungs-Wirkungsgrad
η_b	Grundlücken-Halbwinkel
η_f	Zahnlücken-Halbwinkel am Fußkreis
η_v	Zahnlücken-Halbwinkel am V-Kreis
η_w	Zahnlücken-Halbwinkel am Wälzkreis
η_y	Zahnlücken-Halbwinkel am Y-Kreis
η_{12}	Wirkungsgrad, Rad 1 treibend
η_{21}	Wirkungsgrad, Rad 2 treibend
κ	Auslenkwinkel, Kopfrücknahmewinkel
λ	Übertragungsfaktor
λ_N	Übertragungsfaktor für Normalkraft
λ_R	Übertragungsfaktor für Reibkraft
μ	Reibwert
μ_w	Betriebsreibwert
μ_k	Klemmreibwert
ν	Winkel, Berechnung der Eingriffsstörung
ξ	Wälzwinkel der Evolvente
ξ_a	Wälzwinkel der Evolvente am Zahnkopfende
ξ_f	Wälzwinkel der Evolvente am Zahnfußende

ξ_{wt0}	Wälzwinkel am Erzeugungswälzkreis
ξ_y	Wälzwinkel der Evolvente im Punkt Y
ξ_{Fa0}	Wälzwinkel am Kopf-Formkreis des Schneidrades
ξ_{Ff}	Wälzwinkel am Fuß-Formkreis
ξ_{Na}	Wälzwinkel am Kopf-Nutzkreis
ξ_{Nf}	Wälzwinkel am Fuß-Nutzkreis
ρ	Krümmungshalbmesser, Rundungshalbmesser
ρ_{an}	Kopfkanten-Rundungshalbmesser im Stirnrad-Normalschnitt
ρ_{aP0}	Kopfkanten-Rundungshalbmesser des Werkzeug-Bezugsprofils
ρ_{a0}	Kopfkanten-Rundungshalbmesser am Werkzeug
ρ_f	Zahnfußradius
ρ_{fP}	Fußrundungsradius des Stirnrad-Bezugsprofils
ρ_y	Krümmungsradius der Evolvente im Punkt Y
ρ_μ	Reibungswinkel
τ	Teilungswinkel
φ	Überdeckungswinkel
φ	Zentriwinkel
φ_e	Zentriwinkel zwischen den Höchstwerten der Rundlaufabweichung F_{rV} und F_{rR}
φ_α	Profil-Überdeckungswinkel
φ_β	Sprung-Überdeckungswinkel
φ_γ	Gesamt-Überdeckungswinkel
ψ	Zahndicken-Halbwinkel am Teilkreis
ψ_a	Zahndicken-Halbwinkel am Kopfkreis
ψ_b	Grunddicken-Halbwinkel
ψ_n	Ersatz-Zahndicken-Halbwinkel
ψ_v	Zahndicken-Halbwinkel am V-Kreis
ψ_w	Zahndicken-Halbwinkel am Wälzkreis
ψ_y	Zahndicken-Halbwinkel am Y-Kreis
ω	Winkelgeschwindigkeit
ω_a	Momentane Winkelgeschwindigkeit des treibenden Rades
ω_{am}	Mittlere Winkelgeschwindigkeit des treibenden Rades
ω_b	Momentane Winkelgeschwindigkeit des getriebenen Rades
ω_{bm}	Mittlere Winkelgeschwindigkeit des getriebenen Rades
ΔW	Längendifferenz bei der Zahnweitenmessung
$\Delta\varphi$	Drehwinkel-Unterschied
Σ	Achsenwinkel
Σx	Summe der Profilverschiebungsfaktoren
Σz	Summe der Zähnezahlen

Indizes

$-$	ohne Index: Größen am Teilzylinder
a	für Größen am Zahnkopf oder für das treibende Rad oder auf den Achsabstand bezogen
b	für Größen am Grundzylinder oder für das getriebene Rad
e	für Größen in der Eingriffsebene oder für eine obere Grenze oder bei Außermittigkeit
f	für Größen am Zahnfuß
g	für "Gleiten"
i	für eine untere Grenze oder auf "Übersetzung" bezogen
k	für eine Anzahl von Zähnen, Teilungen oder Spannen
k	für Klemmreibwert und Klemm-Reibungswinkel
l	für "linkssteigend" bzw. "im Sinne einer Linksschraube"
m	für einen Mittelwert
max	für einen Höchstwert
min	für einen Mindestwert
n	für Größen im Normalschnitt (auch für Ersatz-Geradverzahnung einer Schrägverzahnung)
$n_\beta,\ n_x$	für Ersatz-Geradverzahnungen nach Verfahren 1 und 2
p	für Teilungs-Abweichungen
p	bezogen auf Planetenrad
pr	für Größen an der Protuberanz
r	für "rechtssteigend" bzw. "im Sinne einer Rechtsschraube" oder für "Rundlaufabweichung"
s	bezogen auf "Zahndicke"; bezogen auf Steg, auf Zeichenschablone
t	für Größen im Stirnschnitt oder in Tangentialrichtung
u	für einen Teilungssprung; für Unterschnitt
v	für Größen am V-Zylinder
w	für Größen am Wälzzylinder bzw. gemeinsame Größen eines Radpaares oder für "Welligkeit"
x	für Größen im Axialschnitt (in Richtung der Radachse) oder bezogen auf Profilverschiebung
y	für Größen an einem Punkt Y (am Y-Zylinder)
z	bezogen auf einen Zahn oder die Zähnezahl
zul	zulässiger Grenzwert
B	bezogen auf Bauteile
E	bezogen auf "Erzeugung" (z.B. am Stirnrad erzeugte Größen) bzw.

E   "Erzeugende"; bezogen auf Elastizität

F   für Formkreise (den maximal nutzbaren Flankenbereich bestimmende Größen)

H   Winkelabweichung im Flankenprüfbild

K   für Größen an Kantenbruch- oder Kantenbrechflanken bzw. bei Kugelmaßen

L   zur Bezeichnung eines Lehrzahnrades oder von Linksflanken

M   zur Bezeichnung eines Meßwertes; in bezug auf das Moment

N   für Nutzkreise (den vom Gegenrad genutzten (aktiven) Flankenbereich bestimmende Größen); bezüglich Normalkraft

P   für Größen des Stirnrad-Bezugsprofils

P0   für Größen des Werkzeug-Bezugsprofils

R   für Rückseite, zur Bezeichnung von Rechtsflanken oder von Größen bei einer Rollenmessung; bezüglich Reibkraft

S   für eine Teilungsspanne

SL   für Lagerspiel

V   für Vorderseite, für Vor-Verzahnwerkzeug, für Stirnrad-Vorverzahnung

W   für Zahnweiten-Messung

α für Größen oder Abweichungen in einer Stirnschnittebene oder den Eingriff betreffend

β für Größen oder Abweichungen an einer Flankenlinie

γ für Gesamtüberdeckung

δ für Neigung; für Temperatur

σ für Taumeln

Σ für Achsenwinkel

$\Sigma\beta$ für Unparallelität

0   für Größen am erzeugenden Werkzeug oder im Erzeugungsgetriebe

1   für Größen an dem kleineren Rad einer Radpaarung

2   für Größen an dem größeren Rad einer Radpaarung

'   für Größen bei Einflankeneingriff

"   für Größen bei Zweiflankeneingriff

*   zur Bezeichnung eines Faktors, mit dem eine Größe in Teilen oder Vielfachen des Normalmoduls oder der Zähnezahl ausgedrückt wird oder zur Bezeichnung eines Abmaßfaktors

Wenn sich aus dem Zusammenhang eine gewisse Eindeutigkeit ergibt, werden häufig Indizes eingespart. Es ist dann:

Bezeichnung	Bedeutung	Bezeichnung	Bedeutung
a	a_w, a_{wt}	h_f^*	h_{fn}^*, h_{ft}^*
d	d_t	h_{aP}^*	h_{aPn}^*
d_b	d_{bt}	h_{fP}^*	h_{fPn}^*
d_a	d_{at}	h_{FfP}^*	h_{FfPn}^*
d_f	d_{ft}	$\vdots$	$\vdots$
$\vdots$	$\vdots$	m	m_n
h_a	h_{an}, h_{at}	x	x_n
h_f	h_{fn}, h_{ft}	z	z_t
h_a^*	h_{an}^*, h_{at}^*		

Sachverzeichnis

Springer